名师讲义

全国二级建造师执业资格考试
名师讲义及同步强化训练

市政公用
工程管理与实务

环球网校建造师考试研究院　组编

U0229872

中国石化出版社
HTTP://WWW.SINOPEC-PRESS.COM
教·育·出·版·中·心

图书在版编目（CIP）数据

市政公用工程管理与实务/环球网校建造师考试研
究院组编．—北京：中国石化出版社，2019.1（2021.1重印）
全国二级建造师执业资格考试名师讲义及同步强化训练
ISBN 978-7-5114-5177-4

Ⅰ.①市…Ⅱ.①环…Ⅲ.①市政工程—工程管理—
资格考试—自学参考资料Ⅳ.①TU99

中国版本图书馆 CIP 数据核字（2018）第 299797 号

中国石化出版社出版发行

地址：北京市东城区安定门外大街 58 号
邮编：100011　电话：（010）57512500
发行部电话：（010）57512575
http://www.sinopec-press.com
E-mail：press@sinopec.com
三河市中晟雅豪印务有限公司印刷
全国各地新华书店经销

*

787×1092 毫米 16 开本 25.5 印张 637 千字
2019 年 10 月第 1 版　2021 年 1 月第 4 次印刷
定价：78.00 元

全国二级建造师执业资格考试
名师讲义及同步强化训练·市政公用工程管理与实务

编 委 会

主　　编　李　莹
编写人员　张　君　　王丽雪　　孙文波
（排名不分先后）
　　　　　苏　婷　　安国庆　　赵珊珊
　　　　　武立叶　　吴　然　　张　灿
　　　　　赵金凤　　刘秋颖　　池亚红
　　　　　胡安然　　潘晓宇　　卢　颖

编者寄语

　　建造师是以专业技术为依托、以工程项目管理为主的懂管理、懂技术、懂经济、懂法规，综合素质较高的专业人才。建造师既要具备一定的理论水平，也要有一定的实践经验和组织管理能力。为了检验建设工程项目总承包及施工管理岗位人员的知识结构及能力是否达到以上要求，国家对建设工程项目总承包和施工管理关键岗位的专业技术人员实行执业资格考试制度。

　　二级建造师执业资格考试实行全国统一大纲，各省、自治区、直辖市命题并组织的考试制度。考试合格者可获得由省、自治区、直辖市人事部门颁发的《中华人民共和国二级建造师执业资格证书》，取得建造师执业资格证书经过注册登记后即可受聘执业。

　　二级建造师执业资格考试分综合考试和专业考试。综合考试涉及的主要内容是二级建造师在建设工程各专业施工管理实践中的通用知识，它在各个专业工程施工管理实践中具有一定普遍性，包括《建设工程施工管理》《建设工程法规及相关知识》2个科目，这2个科目为各专业考生统考科目。专业考试涉及的主要内容是二级建造师在专业工程施工管理实际工程中应该掌握和了解的专业知识，它在各个专业工程施工管理中的运用较为单一、有较强的专业性，包括建筑工程、公路工程、水利水电工程、矿业工程、机电工程、市政公用工程6个专业。

　　二级建造师考试分为3场，以纸笔作答方式进行。考试科目、考试时间、题型题量、分值见表1（全国卷，不含机考省份）。

表1　二级建造师考试科目、考试时间、题型题量、分值

考试科目	考试时间/小时	题型题量	满分/分	合格分/分
建设工程法规及相关知识	2	单项选择题60题，多项选择题20题	100	60
建设工程施工管理	3	单项选择题70题，多项选择题25题	120	72
专业工程管理与实务	3	单项选择题20题，多项选择题10题，实务操作和案例分析题4题	120	72

　　纵观近几年的二级建造师执业资格考试，综合考试偏重于理解和灵活运用，侧重于对内容的深度理解。专业考试的考查范围越来越广泛，与现场实际结合越来越紧密，重点和非重点的区分越来越不明显；其中，案例题的考查集中在进度、质量、安全、现场管理四大主题上。

　　为帮助考生更好地复习备考，环球网校建造师考试研究院的名师团队依据二级建造师执业资格考试最新考试大纲，精心选择并剖析常考知识点，深入研究历年真题，倾心打造了这套集准确性、实战性于一体的《全国二级建造师执业资格考试名师讲义及同步强化训练》系列辅导用书。

　　本套辅导用书具有如下主要特点：

◇**知识点精讲：图文并茂、要点突出**

　　本套辅导用书依据最新考试大纲以及知识点之间的内在逻辑关系，精心选择并阐述相关知识点。由于大量的文字内容不便于记忆和理解，本套辅导用书在对知识点进行阐释时，采用了大量的图、表，并用波浪线标注了重点内容，便于读者快速抓取关键词句，高效备考。

◇**名师点拨：学习提示、巧记速记**

本套辅导用书设有"学习提示""考情分析"等栏目，并在知识点后用星号表示需要达到的学习程度（★表示学习程度为"了解"，★★表示学习程度为"熟悉"，★★★表示学习程度为"掌握"），旨在通过分析历年考试特点、命题规律来使读者准确把握考试趋势，从而有针对性地进行复习备考。

备战二级建造师执业资格考试的过程中，有大量的知识点需要记忆。本套辅导用书提供了很多记忆口诀，帮助读者巧记、速记，提高备考效率。

◇**经典习题：实战演练、解析精准**

做题是检验学习效果的必要手段。本套辅导用书在相关知识点后设置了"实战演练"版块，内容以历年真题、经典例题为主；在每个篇章的内容结束后，设置了"同步强化训练"版块，内容以典型习题为主。每道题目都给出了精准的答案和解析，方便读者查漏补缺。通过大量做题，读者可以巩固知识，提高做题的正确率，从而胸有成竹地参加考试。

◇**增值服务：移动课堂、海量题库**

为方便读者更好地复习备考，环球网校建造师考试研究院统计了考生不容易理解的知识点，在这些知识点旁边印有二维码，读者微信扫码即可看到老师对该知识点的讲解。此外，读者还可以下载二级建造师题库APP（包含章节练习、历年真题和模拟试卷三大模块），随时随地进行自测，全方位提升应试水平。

本套辅导用书在编写过程中，虽几经斟酌和校阅，仍难免有不足之处，恳请广大读者和考生予以批评指正。

环球网校建造师考试研究院

备考指导

一、学科特点分析

(一) 科目框架

《市政公用工程管理与实务》是一门参照《二级建造师执业资格考试大纲 (市政公用工程)》与建造师执业制度落实现状相结合的综合学科,包括技术、管理、法律法规三大部分。技术部分包括城镇道路工程、城市桥梁工程、城市轨道交通工程、城镇水处理场站工程、城市管道工程、生活垃圾填埋处理工程、施工测量与监控量测七个专业的内容;管理部分包括市政公用工程施工招标投标管理、造价管理、合同管理、施工成本管理、施工组织设计、施工现场管理、施工进度管理、质量管理、质量检查与检验、施工安全管理、安全事故预防、职业健康安全与环境管理、竣工验收备案等十八个部分的内容;法律法规部分主要讲述城市道路管理、绿化管理与市政公用工程项目施工相关标准等方面的内容。

对比《建设工程施工管理》与《建设工程法规及相关知识》两门公共课,市政公用工程实务科目的考查偏重于解决施工现场的实际问题。考试题目一般体现为以技术为基础,以法律法规为依据,从进度、质量、安全、成本、合同与招投标、施工现场等几个角度对市政公用工程进行全面管理。建议考生在学习中以技术部分为基础,配合管理进行重点学习,法律法规部分作为辅助学习内容。

(二) 命题趋势

从考试角度而言,实务科目的题目形式分为单选、多选和案例题三种题型。单选题和多选题又称为客观题目,主要考查考生对基本的理论原理、概念和方法的基本理解与记忆,相对简单;案例题又称为主观题目,侧重考查考生对理论、概念及方法的深度掌握与运用,难度相对较大。

《市政公用工程管理与实务》全国统一考试大纲内容宽泛,考试内容结合法律、法规相关规定,结合行业标准规范,结合施工现场技术要求。在后续的考试中也会更趋向于考查考生对于基础知识的积累以及在施工中的现场管理能力,需要考生具备对行业规范、施工技术的基本了解,并且有一定的施工经验积累。

(三) 应考攻略

从近几年的考查趋势可以看出,市政公用工程实务的考查覆盖范围逐年拓宽、考点增加、题目难度逐渐提高,大部分题目源于考纲范围,小部分超纲题目一般取自规范文件。因此要求考生在学习过程中,注重理论知识与工程实践的结合,在把握知识架构的基础上,扩充理论知识点,落实到实际进行灵活掌握。为更好地帮助大家明确考查方向及考查核心,现列出近四年的考题中各章节所占的分值,具体见表1。

表 1　近四年考试真题分值统计表　（单位：分）

篇序	篇名	2020 年			2019 年			2018 年			2017 年		
		单选	多选	案例	单选	多选	案例	单选	多选	案例	单选	多选	案例
2K310000	市政公用工程施工技术	17	14	68	16	16	50	15	14	23	14	14	24
2K320000	市政公用工程项目施工管理	3	6	8	4	4	25	4	6	28	6	6	29
2K330000	市政公用工程项目施工相关法规与标准	—	—	—	1	—	—	—	—	2	—	—	—
合计		20	20	76	21	20	75	19	20	53	20	20	53

注：超纲考题的分值分布未计算在列。

二、答题技巧分析

（一）选择题

1. 题型介绍

选择题分为单项选择题和多项选择题。

单项选择题：一般考查基础的概念及原理，要求考生认真审题，注意题干中的限制条件，识别陷阱。做题时间一般控制在每题 1 分钟。

多项选择题：考查难度增加，综合性较强。漏选，每选对 1 项得 0.5 分；有错项不得分，做多选题要小心谨慎，对于没有把握的选项建议放弃。每小题做题时间一般控制在 2 分钟内。

2. 解题技巧

选择题的解题技巧有：错误排除法、矛盾分析法、经验推断法、宁缺毋滥法。

（1）错误排除法。

错误排除法常用于单项选择题，是常见的做题技巧。做单项选择题时，可以利用已知条件，经过推理、判断、筛选，在四个选项中否定三个错误的选项，从而得到正确选项。错误排除法对于解决判断型选择题或不易从已知条件得出正确结论的问题都有非常好的效果。

实战演练

[历年真题·单选] 城市地下雨污水管疏浚检查时，常会从井内冒出一种非常活跃并能置人于死地的高浓度气体是（　　）。

A. 硫化氢　　　　　　　　　　　　　B. 二氧化碳

C. 氮气　　　　　　　　　　　　　　D. 沼气

[解题思路] 题干中描述为对人体有极大伤害的有害气体，而空气中的主要成分就包含二氧化碳和氮气，因而排除选项 B、C。选项 D 沼气为甲烷，是可燃气体，形成伤害的主要方式为燃爆，并非本身有害，因而排除。而硫化氢是一种非常活跃并能置人于死地的高浓度气体，能很快地与一部分废弃有机质结合形成黑色有异味的混合物，因此选项 A 正确。

[答案] A

（2）矛盾分析法。

矛盾分析法常用于有对立选项的选择题。单项选择题中，如果出现一对内容互相对立的选项，则正确选项往往在这两个对立选项中产生。多项选择题中，若存在两对内容互相对立的选项，从两对对立项中分别选择一个选项作为正确选项；如果存在两对互近项或类似项，而这两对选项内容对立，则其中一对互近或类似项为正确选项；如果存在一对内容互相对立的选项，而其他两项不存在内容对立的情况，那么在此对立两项中至少有一个正确项。

实战演练

[历年真题·单选] 按级配原则构成的沥青混合料中，具有内摩擦角较高、黏聚力也较高的结构组成是（ ）。

A. 骨架-密实结构   B. 骨架-空隙结构

C. 骨架-悬浮结构   D. 密实-悬浮结构

[解题思路] 上述四个选项中，A 与 B、C 与 D 为两组对立选项，一般是二选一，两组又为对立。由于题干中说明"内摩擦角较高"，据此判断为骨架结构，因而首先排除选项 C、D，答题正确率提升至 50%。第二个题干已知条件为"黏聚力较高"，因而判断为密实结构，排除选项 B，确定选项 A 为正确答案。

[答案] A

（3）经验推断法。

经验推断法是根据积累的知识和经验对题目作出判断和预测。做选择题时，可以根据实践经验，通过类推和比较，选出正确选项。

实战演练

[历年真题·单选] 应根据钢筋直径、钢材、现场条件确定钢筋（ ）的方式。

A. 计量   B. 切断

C. 弯曲   D. 连接

[解题思路] 根据钢筋直径、钢材、现场条件确定钢筋连接的方式，主要采取绑扎、焊接、机械连接等方式。

[答案] D

（4）宁缺毋滥法。

宁缺毋滥法常用于多项选择题。对于二建考试中的多项选择题，"宁可少答，不可多答"，即只选择有把握的选项，对于没有把握的选项宁可不答，因为只要有一个选项错误，则全题无分。

实战演练

[历年真题·多选] 关于热力站工程施工的说法，错误的有（ ）。

A.《城镇供热管网工程施工及验收规范》（CJJ 28—2014）不适用于热力站工程施工

B. 站内管道应有一定的坡度

C. 安全阀的排汽管应接到室内安全地点

D. 设备基础非胀锚地脚螺栓可使用预留孔

E. 泵的吸入管道可采用共用支架

[**解题思路**] 换热站站内设施安装应符合下列规定：站内设备一般采用法兰连接，管道连接采用焊接，焊缝的无损探伤检验应按设计要求进行，在设计无要求时，应按《城镇供热管网工程施工及验收规范》（CJJ 28—2014）中有关焊接质量检验的规定执行，选项 A 错误。蒸汽管道和设备上的安全阀应有通向室外的排气管，选项 C 错误。泵的吸入管道应有各自独立、牢固的支架，泵不得直接承受系统管道、阀门等的重量和附加力矩，选项 E 存在文字陷阱，两种概念，保险起见建议不要选择。

[**答案**] AC

（二）案例分析题

1. 题型介绍

案例分析题的综合性比较强，难度大、要求高，考试时间紧迫，需要考生熟练掌握知识。碰到超纲题目，应当开拓思路，有时答案可以通过"常理推导"结合基本知识进行判断。时间安排要合理，留出检查时间以及 10 分钟左右涂卡时间，确保案例题的答案写在要求指定的答题区域，尽量做到卷面整洁有条理。

2. 解题技巧

案例分析题有概念问答题、分析改错题、计算分析题、图片识别题等题型，分别有不同的作答技巧。具体如下：

（1）概念问答题。

直接提问知识点原文，但提问方式灵活，多考查技术部分工艺流程、质量通病原因分析及处理措施、监控量测及检验项目以及管理部分中针对各类文件构成、管理原则及程序相关知识点、法规中基本规定等内容。需要考生在考前集中进行记忆。

✎ **实战演练**

[**历年真题·案例节选 1**]

背景资料：

某公司承包一座雨水泵站工程，泵站结构尺寸为 23.4m（长）×13.2m（宽）×9.7m（高），地下部分深度为 5.5m，位于粉土、砂土层，地下水位为地面下 3.0m。

（1）项目部的施工组织设计文件中包括质量、进度、安全、文明环保施工、成本控制等保证措施；基坑土方开挖等安全专项施工技术方案，经审批后开始施工。

（2）机械直接开挖到基底标高夯实后，报请建设、监理单位进行地基验收。

问题：

1. 补充施工组织设计文件中缺少的保证措施。

5. 地基验收时，还需要哪些单位参加？

[**解题思路**] 对于直接提问知识点原文的问题，需要考生在考前集中记忆，梳理知识脉络，结合工程实践重点掌握。

[**答案**]

1. 施工组织设计文件中还应该补充的保证措施有：季节性施工保证措施、交通组织措施、构（建）筑物及文物保护措施、应急措施。

5. 项目部地基验收还应报请勘察、设计、施工单位负责人进行验收。

（2）分析改错题。

根据考题背景资料中工程施工过程中出现的问题让考生判断对错，多考查施工工艺过程中的技术要求、规范中规定的常用数值等要点。要求考生在基础复习过程中加强对细节性考点的记忆与梳理。

实战演练

[历年真题·案例节选 2]

背景资料：

某公司承包一座雨水泵站工程，泵站结构尺寸为 23.4m（长）×13.2m（宽）×9.7m（高），地下部分深度为 5.5m，位于粉土、砂土层，地下水位为地面下 3.0m。设计要求基坑采用明挖放坡，每层开挖深度不大于 2.0m，坡面采用锚杆喷射混凝土支护，基坑周边设置轻型井点降水。

为了能在雨期前完成基坑施工，项目部拟采取以下措施：

（1）采用机械分两层开挖。

（2）开挖到基底标高后一次完成边坡支护。

（3）机械直接开挖到基底标高夯实后，报请建设、监理单位进行地基验收。

问题：

4. 指出项目部拟采取加快进度措施的不当之处，写出正确的做法。

[解题思路] 根据考题背景资料中出现的描述让考生判断对错，注重在基础复习过程中对细节性考点的记忆以及施工原理的理解，需要注意特殊的关键词，比如问题中"加快进度措施"。改错题常出现以下几种模式：施工工艺流程顺序颠倒、施工方法（机械）选择不当、技术管理不到位以及数字错误。

[答案]

4.（1）采用机械分两层开挖不妥。正确做法：设计要求基坑采用明挖放坡，每层开挖深度不大于 2.0m，而地下部分深度为 5.5m，所以应分三层开挖。

（2）开挖到基底标高后一次完成边坡支护不妥。正确做法：应分段进行，随着开挖工作的开展，及时进行边坡保护。

（3）机械直接开挖到基底标高夯实不妥。正确做法：槽底预留 200～300mm 土层，由人工开挖至设计高程，整平。

（3）计算分析题。

根据考题背景资料，进行计算问题的解答，或者通过计算结果进行方法、机械设备及材料的选择。该类问题一般在进度管理、成本管理、机械设备的使用管理中进行考查。

实战演练

[历年真题·案例节选 3]

背景资料：

某公司承建一座城市桥梁，该桥上部结构为 6×20m 简支预制预应力混凝土空心板梁，每跨设置边梁 2 片，中梁 24 片；下部结构为盖梁及 Φ1000mm 圆柱式墩，重力式 U 型桥台，基础均采用 Φ1200mm 钢筋混凝土钻孔灌注桩。桥墩构造如图 1 所示。

图 1　桥墩构造示意图

注：图中尺寸以 mm 为单位。

问题：

2. 列式计算图中构件 A 在桥梁中的总数量。

[**解题思路**] 根据考题背景资料进行计算问题的解答，解题时注重对背景资料中限制条件的提取与运用，包括图片信息与文字信息。

[**答案**]

2. 共 6 跨梁，每跨有 24＋2＝26 片箱梁，每个箱梁一端有 2 个支座（共 4 个支座），那么总共有 26×4×6＝624 个支座。

（4）图片识别题。

第一种形式是根据考题中给出的断面示意图、结构示意图、施工流程图等图片进行结构构件的识别、施工工序的名称补充，考查较为直观；第二种形式是考查图片中的错误信息识别，比如材料、尺寸、单位等信息的错误；第三种形式大多集中在考查管理部分的现场临时工程，根据考题中给出的平面布置图进行缺失区域的补充、区域位置的调整等内容。

✎ 实战演练

[**历年真题·案例节选 4**]

背景资料：

某公司承包一座雨水泵站工程，设计要求基坑采用明挖放坡，每层开挖深度不大于 2.0m，坡面采用锚杆喷射混凝土支护，基坑周边设置轻型井点降水。

基坑临近城市次干路，围挡施工占用部分现况道路，项目部编制了交通导行图，如图 2 所示。在路边按要求设置了 A 区、上游过渡区、B 区、作业区、下游过渡区、C 区 6 个区段，配备了交通导行标志、防护设施、夜间警示信号。

图 2　交通导行平面示意图

基坑周边地下管线比较密集，项目部针对地下管线距基坑较近的现况制定了管理保护措施，设置了明显的标识。

问题：

2. 交通导行平面示意图中，A、B、C 功能区的名称分别是什么？

［**解题思路**］根据考题中给出的结构断面示意图或平面布置示意图进行结构构件以及施工区域的识别，考查形式较为直观。要求考生有一定的识图能力，重点在基础学习阶段积累，多锻炼立体想象能力，并且针对不同的工程侧重考查图片的模式多看多记。遇到没有接触过的构造不要慌张，可以依据施工流程进行合理推断。

［**答案**］

2. A 为警告区，B 为缓冲区，C 为终止区。

三、知识框架体系

图 3　知识框架体系

四、备考方法

在备考时考生需要注意：

（1）对近 3～5 年考试进行总结和分析，结合真题解析，找出一些容易命题的点、经常命题的点，并且找出命题的一些特点。通过答案解析，尤其是案例分析题的解析，抓住分析思路和答题要点，以便有针对性地学习。

（2）考生在复习时应重点了解新旧大纲的不同，了解哪些已经删除、哪些已经改变、哪些是增补的。由于大纲取消了知识属性，因此从某种意义上讲，已经没有重点和非重点之分，全书都需要掌握。

（3）对于本书中举例的地方，一是为了帮助大家理解相关知识，同时也容易考小案例，甚至计算题。但对于有些不太成熟、不确定或者只是特例的情况，命题的可能性不大。对于每章或每节的摘要性质的一些说明，需要认真理解，便于系统地理解全章内容；同时应特别注意新版中增加的内容。由于考试题目越来越灵活，与工程实践结合更加紧密，因此需要特别注意容易与工程实践相结合的知识点。

（4）看书的方法。

1）分层次看，大层次和小细节兼顾，不能一本书逐行逐字看到底。先大层次看可以增加整体感觉，帮助理解；再看小细节，也就是重要的、关键的地方。本书中技术部分，每节配有"思维导图"进行知识点归纳总结，帮助大家理清学习思路。

2）需要区分选择题与问答题的特点，根据选择题特点，要多比较、多找干扰项，有明显提示语的地方可以少看。在采用比较记忆方法时，记少丢多。

3）多注意举例的地方，容易采用小案例的方式命题，包括牵涉一些小计算的地方。根据选择题提问的方式，可能反向提问，因此要顺看和倒看相结合。注意找关键词，帮助记忆。

（5）易出题的地方总结。

新增内容；扩充内容；有例题的地方；容易对比的地方；可以出计算题的地方。

（6）不易出题的地方总结。

有明显错误、过时的地方；旧书内容压缩的地方；有明显提示语的地方；语句中含有"仅供参考、参照""目前还没有统一规定"等的地方。

目 录

2K310000　市政公用工程施工技术

2K311000　城镇道路工程

📖 学习提示

　　本章是市政工程基础内容，一共包括 4 节，第 2、3、4 节都是针对施工技术的内容，考查频率高。在本章复习中，"城镇道路路基施工""城镇道路基层施工""城镇道路面层施工"均为考查分值较高的内容，应当重点学习，注意在学习过程中梳理清楚施工工艺流程，加强对"压实"等关键工序的学习。而"城镇道路工程结构与材料"可以作为次重点，一般多考查选择题。

📖 考情分析

近四年考试真题分值统计表　　　　　　（单位：分）

节序	节名	2020 年			2019 年			2018 年			2017 年		
		单选	多选	案例	单选	多选	案例	单选	多选	案例	单选	多选	案例
2K311010	城镇道路工程结构与材料	1	2	15	2	—	—	2	2	—	2	—	—
2K311020	城镇道路路基施工	—	—	—	—	2	4	—	—	—	—	—	2
2K311030	城镇道路基层施工	1	2	—	—	2	—	—	—	—	—	2	—
2K311040	城镇道路面层施工	1	—	—	—	—	—	—	—	—	—	1	1
合计		3	4	15	2	4	4	2	2	—	2	2	3

注：超纲考题的分值分布未计算在列。

2K311010　城镇道路工程结构与材料

思维导图 ▶▶▶

考点精讲 ▶▶▶

考点 **1**　城镇道路分级及技术指标★

扫码听课

一、城镇道路分级

城镇道路按在道路网中的地位、交通功能以及对沿线的服务功能等分为四个等级。

(1) 快速路：必须设中央分隔、全部控制出入；单向设置不应少于两条车道。

(2) 主干路：应连接城市各主要分区，以交通功能为主。

(3) 次干路：以集散交通的功能为主，兼有服务功能。

(4) 支路：以服务功能为主。

二、城镇道路分级技术指标

各级别城镇道路技术指标见表 2K311010-1。

表 2K311010-1　城镇道路分级及主要技术指标

分类等级	设计车速/ (km/h)	双向机动车 道数/条	分隔带设置	横断面采用形式	设计使用 年限/年
快速路	60~100	≥4	必须设	双、四幅路	20
主干路	40~60	≥4	应设	三、四幅路	20
次干路	30~50	2~4	可设	单、双幅路	15
支路	20~40	2	不设	单幅路	10~15

重点提示

（1）本考点属于道路基本分类，要求掌握不同等级道路的名称及主要特点，做到有所区分；四类等级道路在交通功能和服务功能存在一定的渐变趋势。

（2）四类道路技术指标重点掌握分隔带和横断面形式，延伸至案例题可以通过道路的横断面图来区分道路等级，近些年案例题考查频率增高。

实战演练

[2019真题·单选] 下列城镇道路中，必须设置中央分隔带的是（　　）。

A. 双幅快速路   B. 三幅主干路

C. 单幅次干路   D. 单幅支路

[解析] 我国城镇道路分为快速路、主干路、次干路和支路四个等级。其中，快速路必须设置中央分隔带，主干路应设中央分隔带，次干路可设中央分隔带，支路不设中央分隔带。

[答案] A

[2017真题·单选] 以集散交通的功能为主，兼有服务功能的城镇道路称为（　　）。

A. 快速路   B. 主干路

C. 次干路   D. 支路

[解析] 次干路应与主干路结合组成干路网，以集散交通的功能为主，兼有服务功能。

[答案] C

[经典例题·多选] 城镇主干路应（　　）。

A. 连接城市各主要分区   B. 以交通功能为主

C. 实现交通连续通行   D. 设有配套的交通安全与管理设施

E. 以服务功能为主

[解析] 主干路应连接城市各主要分区，以交通功能为主。主干路两侧不宜设置吸引大量车流、人流的公共建筑物的出入口。

[答案] AB

[经典例题·多选] 下列属于快速路的特征的有（　　）。

A. 设计车速最高可达 120km/h   B. 车道数一般至少设 2 车道

C. 必须设置分隔带   D. 横断面可采用双幅或四幅路形式

E. 设计使用年限一般为 20 年

[解析] 本题考查的是快速路的各项性能指标，选项 A 应为 100km/h；选项 B 应为 4 车道。

[答案] CDE

考点 **2** · **城镇道路路面分类**★

一、按路面结构类型分类

城镇道路路面可分为沥青路面、水泥混凝土路面和砌块路面三大类，每个类别的典型代表材料、适用范围及使用年限见表 2K311010-2、表 2K311010-3。

表 2K311010-2　城镇道路路面分类及适用范围

路面分类	类型	适用范围
沥青路面	沥青混合料	各交通等级
	沥青贯入式、沥青表面处治	中、轻交通道路
水泥混凝土路面	普通、钢筋、连续配筋、钢纤维	各交通等级道路
砌块路面	—	支路、广场、停车场、人行道与步行街

表 2K311010-3　城镇道路路面分级及年限

等级	路面结构类型		
	沥青路面	水泥混凝土路面	砌块路面
快速路	15	30	—
主干路	15	30	—
次干路	15	20	—
支路	10	20	10－混凝土预制块（20－石材）

二、按力学特性分类

（1）柔性路面：荷载作用下产生的弯沉变形较大、抗弯强度小，它的破坏取决于极限垂直变形和弯拉应变。（代表：各种沥青类路面）

（2）刚性路面：行车荷载作用下产生的弯拉强度大，弯沉变形很小，它的破坏取决于极限弯拉强度。（代表：水泥混凝土路面）

重点提示

　　本考点考频相对较高，要求能够区分高级路面与次高级路面的特点、面层材料、适用范围以及柔性路面与刚性路面的特点和代表路面。题型往往是客观题。

实战演练

［2014 真题·单选］与沥青混凝土路面相比，水泥混凝土路面在荷载作用下强度与变形的特点是（　　）。

A. 弯拉强度大，弯沉变形大

B. 弯拉强度大，弯沉变形小

C. 弯拉强度小，弯沉变形大

D. 弯拉强度小，弯沉变形小

［解析］弯拉强度大，弯沉变形小符合刚性路面即水泥混凝土路面的特点，显然选 B 项。

［名师点拨］按力学特性区分，一定要注意变形的描述。对于柔性路面来说，变形的描述为"弯沉变形较大"，严格意义来讲，较大和大是不一样的。虽然柔性路面容易发生变形，但是为了保证基本的道路面层施工功能，这个变形量必然不是字面意义上的大量变形，只是相对刚性面层来说，变形相对大一些。

［答案］B

考点 3　沥青路面结构层功能及性能要求★

道路路面结构示意图如图 2K311010-1 所示。

图 2K311010-1　道路路面结构组成示意图

注：道路结构组成为路基、垫层、基层、面层，而路面结构组成为垫层、基层、面层。

一、垫层

（1）垫层是介于基层和土基之间的层位，其作用为改善土基的湿度和温度状况。

（2）垫层材料的强度要求不一定高，但其水稳定性必须要好。

二、基层

（1）基层是路面结构中的承重层，主要承受车辆荷载的竖向力。

（2）基层应具有的特性：①足够的、均匀一致的承载力和较大的刚度；②有足够的抗冲刷能力和抗变形能力；③不透水性好；④抗冻性满足设计要求。

三、面层

（一）面层

（1）概念：面层是直接同行车和大气相接触的层位，承受行车荷载较大的竖向力、水平力和冲击力的作用。

（2）组成：高等级路面可包括磨耗层、面层上层、面层下层，或称上（表）面层、中面层、下（底）面层。

（3）特性要求：平整度、承载能力、温度稳定性、抗滑能力、透水性、噪声量。

（二）降噪排水路面

沥青路面结构组合：上面层（磨耗层）采用 OGFC 沥青混合料，中面层、下（底）面层等采用密级配沥青混合料。

┌──┐
│ **重点提示**
│
│　　路面结构主要的三个结构层中重点考查基层和面层的性能要求，重点记忆结构层性能
│ 的突出特点，譬如面层的抗滑能力、透水性、噪声量。
└──┘

实战演练

［2019真题·单选］下列沥青路面结构中，主要作用为改善土基的温度和湿度状况的是（　　）。

A. 中间层　　　　　　B. 下面层　　　　　　C. 基层　　　　　　D. 垫层

［解析］垫层是介于基层和土基之间的层位，其作用为改善土基的湿度和温度状况（在干燥地区可不设垫层），保证面层和基层的强度稳定性和抗冻胀能力，扩散由基层传来的荷载应

· 5 ·

力，以减小土基所产生的变形。

[答案] D

[经典例题·多选] 下列不属于沥青面层性能要求的有（　　）。

A. 平整度　　　　　　　B. 宽度　　　　　　　　C. 抗滑能力　　　　　　D. 噪声量

E. 抗变形能力

[解析] 沥青面层的性能要求有：平整度、承载能力、温度稳定性、抗滑能力、透水性、噪声量等，故选 B、E 两项。

[答案] BE

考点 **4**　**沥青混凝土面层类别与层位匹配★**

沥青混凝土面层依照所选择材料粒径的不同可以分为特粗式、粗粒式、中粒式、细粒式和砂粒式沥青混凝土五个类别，其粒径限制、常用厚度和适宜层位见表 2K311010-4。

表 2K311010-4　沥青混凝土面层常用厚度及适宜层位

面层类别	公称最大粒径/mm	常用厚度/mm	适宜层位
特粗式沥青混凝土	37.50	80～100	二层或三层式面层的下面层
粗粒式沥青混凝土	31.5	60～80	二层或三层式面层的下面层
	26.5		
中粒式沥青混凝土	19	40～60	三层式面层的中面层或二层式的下面层
	16		二层或三层式面层的上面层
细粒式沥青混凝土	13.2	25～40	二层或三层式面层的上面层
	9.5	15～20	沥青混凝土面层的磨耗层（上层）
			沥青碎石等面层的封层和磨耗层
砂粒式沥青混凝土	4.75	10～20	自行车道与人行道的面层

重点提示

本考点考频较低，主要理解对于高等级路面一般是二至三层结构，从受力角度分析粒径较大的颗粒往往设置在下面层。

实战演练

[2016 真题·多选] 沥青混凝土路面的下面层通常采用（　　）沥青混凝土。

A. 特粗式　　　　　　　B. 粗粒式　　　　　　　C. 中粒式　　　　　　　D. 细粒式

E. 砂粒式

[解析] 从受力角度分析，粒径较大的颗粒往往设置在下面层，根据表 2K311010-3 可知选 A、B、C 三项。

[答案] ABC

考点 **5**　**沥青混合料结构组成及特点★**

沥青混合料主要是由沥青、粗集料、细集料、填充料组成，有的还加入聚合物和木纤维素；按级配原则构成的沥青混合料，其结构组成可分为三类：

（1）密实-悬浮结构：这种结构具有较大的黏聚力 c，但内摩擦角 φ 较小，高温稳定性较差，如图 2K311010-2（a）所示，典型代表为 AC。

（2）骨架-空隙结构：这种结构内摩擦角 φ 较高，但黏聚力 c 也较低，如图 2K311010-2（b）所示，典型代表为 AM。

（3）骨架-密实结构：这种结构不仅内摩擦角 φ 较高，黏聚力 c 也较高，如图 2K311010-2（c）所示，典型代表为 SMA。

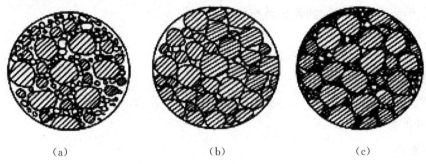

（a）　　　　　　　　　　（b）　　　　　　　　　　（c）

图 2K311010-2　沥青混合料的结构组成示意图

（a）密实-悬浮结构；（b）骨架-空隙结构；（c）骨架-密实结构

重点提示

　　了解沥青混合料的材料组成，重点掌握三种代表沥青混合料结构 c、φ 值的比较，简而言之骨料之间的咬合力就是 φ、沥青之间的粘结力就是 c，通过骨料和沥青构成比例即可判断 c、φ 值大小。

实战演练

［2020 真题·单选］AC 型沥青混合料结构具有（　　）的特点。

A. 黏聚力低，内摩擦角小

B. 黏聚力低，内摩擦角大

C. 黏聚力高，内摩擦角小

D. 黏聚力高，内摩擦角大

［解析］悬浮-密实结构：有较大的黏聚力 c，但内摩擦角 φ 较小，高温稳定性较差，如 AC 型沥青混合料。

［答案］C

［经典例题·多选］一般沥青混合料主要是由（　　）组成的。

A. 沥青　　　　　　　　　　　　　　B. 聚合物

C. 填充料　　　　　　　　　　　　　D. 粗集料

E. 木纤维素

［解析］选项 B 是改性沥青混合料才有。选项 E 只有 SMA 路面材料才掺加。

［答案］ACD

考点 6　沥青混合料主要材料与性能★

一、沥青

（一）沥青选材及适用层位

城镇道路面层宜优先采用 A 级沥青，不宜使用煤沥青。乳化石油沥青根据凝固速度可分为快凝、中凝和慢凝三种，适用于沥青表面处治、沥青贯入式路面，常温沥青混合料面层以及透层、粘层与封层。

（二）用于沥青混合料的沥青应具有的性能

（1）适当的稠度。

（2）较大的塑性（变形而不开裂）。

（3）温度稳定性。

（4）大气稳定性。

（5）较好的水稳性。

二、粗集料

（1）材料要求：洁净、干燥、表面粗糙，具有憎水性。

（2）特殊要求：压碎值不大于 26%（高等级沥青面层）；针片状含量不大于 15%。

三、细集料

（1）材料要求：洁净、干燥、无风化、无杂质，含泥量小于 3%～5%。

（2）特殊要求：热拌密级配沥青混合料中天然砂用量不宜超过骨料总量的 20%，SMA、OGFC 不宜使用天然砂。

四、矿粉

（1）材料选择：应用憎水性石料经磨细得到的矿粉。

（2）特殊要求：城镇快速路、主干路的沥青面层不宜用粉煤灰作填充料。

五、纤维稳定剂

（1）不宜使用石棉纤维。

（2）应采用木质纤维，应在 250℃高温条件下不变质。

重点提示

本考点考频较低，主要了解沥青混合料的五种主要组成材料及沥青的性能要求。

实战演练

[经典例题·单选] 关于沥青混合料中原材料的说法，正确的是（　　）。

A. 变形而不开裂反映的是沥青的稠度

B. 粗集料应具有憎水性

C. 粗集料压碎值不得小于 26%

D. 沥青面层不宜采用粉煤灰作填充料

[解析] 变形而不开裂反映的是沥青的塑性，选项 A 错误。粗集料压碎值不得大于 26%，

选项 C 错误。城镇快速路、主干路的沥青面层不宜用粉煤灰作填充料，选项 D 错误。

[答案] B

考点 7　热拌沥青混合料主要类型★

热拌沥青混合料主要类型、特点及适用范围见表 2K311010-5。

表 2K311010-5　热拌沥青混合料主要类型、特点及适用范围

主要类型	特点及适用范围
普通沥青混合料	AC 料，适用于城镇次干道、辅路或人行道等
改性沥青混合料	(1) 是指掺加橡胶、树脂、高分子聚合物、磨细的橡胶粉或其他填料等外加剂（改性剂），使其性能得以改善 (2) 适用于城镇快速路、主干路
沥青玛蹄脂碎石混合料	(1) 是一种以沥青、矿粉及纤维稳定剂组成的沥青玛蹄脂结合料，填充于间断骨架中所形成的混合料 (2) SMA 属于间断级配，具有"三高"特点：粗集料比例高、矿粉用量高、沥青用量高；黏性要求高，宜选用针入度小、软化点高、温度稳定性好的沥青 (3) 适用于城镇快速路、主干路，SMA
改性沥青玛蹄脂碎石混合料	适用于交通流量和行驶频度急剧增长的城镇快速路、主干路

重点提示

掌握四种沥青混合料的适用，除了普通沥青混合料外，其他三种均可用于城镇快速路、主干路。

实战演练

[经典例题·单选] 关于沥青混合料的说法，正确的是（　　）。

A. 普通沥青混合料适用于快速路、主干路

B. SMA 属于连续级配

C. 沥青玛蹄脂碎石混合料包括沥青、矿粉、纤维稳定剂和细集料

D. SMA 材料组成特点是粗集料比例高、矿粉用量高、沥青用量高

[解析] 普通沥青混合料 AC 料，适用于城镇次干道、辅路或人行道等，选项 A 错误。SMA 属于间断级配，具有"三高"特点：粗集料比例高、矿粉用量高、沥青用量高，选项 B 错误，选项 D 正确。沥青玛蹄脂碎石混合料由沥青、矿粉及纤维稳定剂组成，填充于间断骨架中所形成的混合料，选项 C 错误。

[答案] D

考点 8　水泥混凝土路面各结构层功能及要求★★

水泥混凝土路面由垫层、基层及面层组成。

一、垫层

(1) 温度和湿度不良时，改善路面结构的使用性能，可分为防冻垫层和排水垫层。

（2）垫层材料应与路基宽度相同，其最小厚度为 150mm。

（3）材料：宜采用砂、砂砾等颗粒材料（柔性）；或采用低剂量水泥、石灰或粉煤灰等稳定粒料或土（半刚性）。

二、基层

（1）混凝土面层下设置基层的作用：防止或减轻唧泥、板底脱空和错台等病害。

（2）基层的选用原则：根据交通等级和基层的抗冲刷能力来选择基层。

1）特重交通宜选用贫混凝土、碾压混凝土或沥青混凝土基层；重交通宜选用水泥稳定粒料或沥青稳定碎石基层。

2）中、轻交通宜选择水泥或石灰粉煤灰稳定粒料或级配粒料基层；湿润和多雨地区，繁重交通路段宜采用排水基层。

（3）基层的宽度应比混凝土面层每侧至少宽出 300mm（小型机具施工时）、500mm（轨模式摊铺机施工时）或 650mm（滑模式摊铺机施工时）。

（4）碾压混凝土基层应设置与混凝土面层相对应的接缝。

三、面层

（一）面层要求

水泥混凝土面层应具有足够的强度、耐久性（抗冻性），表面应抗滑、耐磨、平整。

（二）面层混凝土板分类

面层混凝土板常分为普通（素）混凝土板、碾压混凝土板、连续配筋混凝土板、预应力混凝土板和钢筋混凝土板等。目前我国较多采用普通（素）混凝土板。

（三）混凝土弯拉强度

以 28d 龄期的水泥混凝土弯拉强度控制面层混凝土的强度。面层水泥混凝土的抗弯拉强度不得低于 4.5MPa，快速路、主干路和重交通的其他道路的抗弯拉强度不得低于 5.0MPa。

（四）接缝

（1）作用及分类：作用是防止热胀冷缩导致板体裂缝或翘曲，可分为纵向接缝和横向接缝。水泥混凝土面板破坏如图 2K311010-3（a）所示。

（2）纵向接缝：纵向接缝与路线中线平行，可分为纵向缩缝、纵向施工缝，一般应设置拉杆，如图 2K311010-3（b）所示。

（3）横向接缝：可分为横向缩缝、胀缝和横向施工缝。快速路、主干路的横向缩缝应加设传力杆，如图 2K311010-3（c）所示，在邻近桥梁或其他固定构筑物处或与其他道路相交处、板厚改变处、小半径平曲线等处，应设置胀缝。

（a）   （b）   （c）

图 2K311010-3　纵、横向接缝拉杆（螺纹钢筋）、传力杆（光圆钢筋）

（a）水泥混凝土面板破坏；（b）拉杆；（c）传力杆

（五）抗滑性

混凝土面层应具有较大的粗糙度，确保行车安全性。可采用刻槽、压槽、拉槽或拉毛等方法形成面层的构造深度，如图 2K311010-4 所示。

图 2K311010-4　混凝土面层构造深度的形成

> **重点提示**
>
> 由于水泥路面的种种缺点，目前在城镇中应用越来越少，主要了解面层基本施工工艺，掌握水泥面层的接缝种类、作用及不同缝的结构设置。接缝的设置主要解决水泥干缩及热胀冷缩的问题。

实战演练

[2017真题·单选] 关于普通混凝土路面胀缝施工技术的要求，错误的是（　　）。

A. 胀缝应与路面中心线垂直

B. 缝壁必须垂直

C. 缝宽必须一致，缝中不得连浆

D. 缝上部安装胀缝板和传力杆

[解析] 选项D，缝上部灌填缝料，下部安装胀缝板和传力杆。

[答案] D

[经典例题·单选] 快速路、主干路的横向缩缝应加设（　　）。

A. 连接杆　　　　　　　　　　　　　B. 传力杆

C. 拉力杆　　　　　　　　　　　　　D. 伸缩杆

[解析] 快速路、主干路的横向缩缝应加设传力杆。

[答案] B

[经典例题·单选] 下列关于水泥混凝土道路垫层的说法中，不正确的是（　　）。

A. 垫层的宽度与路基宽度相同

B. 垫层最小厚度为100mm

C. 排水垫层宜采用颗粒材料

D. 半刚性垫层宜采用无机结合料稳定材料

[解析] 选项B，垫层材料应与路基宽度相同，其最小厚度为150mm。

[答案] B

考点 9 挡土墙结构及受力特点★

一、常用挡土墙结构

在城镇道路的填土工程、城市桥梁的桥头接坡工程中常用到重力式挡土墙、衡重式挡土墙、钢筋混凝土悬臂式挡土墙和钢筋混凝土扶壁式挡土墙，其结构形式及分类见表2K311010-6。

表 2K311010-6　挡土墙结构形式及分类

类型	结构示意图	结构特点
重力式	路中心线	(1) 依靠墙体自重抵挡土压力作用，是目前城镇道路常用的一种挡土墙形式 (2) 一般用浆砌片（块）石砌筑，缺乏石料地区可用混凝土砌块或现场浇筑混凝土 (3) 形式简单，就地取材，施工简便 (4) 重力式挡土墙横断面、纵断面如图 2K311010-5 所示
衡重式	墙趾　钢筋　凸榫	(1) 依靠墙体自重抵挡土压力作用 (2) 在墙背设少量钢筋，并将墙趾展宽（必要时设少量钢筋）或基底设凸榫抵抗滑动 (3) 可减薄墙体厚度，节省混凝土用量
衡重式	上墙　衡重台　下墙	(1) 上墙利用衡重台上填土的下压作用和全墙重心的后移增加墙体稳定 (2) 墙胸坡，下墙倾斜，可降低墙高，减少基础开挖
钢筋混凝土悬臂式	立壁　钢筋　墙趾板　墙踵板	(1) 采用钢筋混凝土材料，由立壁、墙趾板、墙踵板三部分组成 (2) 墙高时，立壁下部弯矩大，配筋多，不经济 (3) 主要依靠底板上填土重量维持挡土构筑物的稳定
钢筋混凝土扶壁式	墙面板　扶壁　墙趾板　墙踵板	(1) 沿墙长，每隔一定距离加筑肋板（扶壁），使墙面与墙踵板连接 (2) 比悬臂式受力条件好，在高墙时较悬臂式经济 (3) 主要依靠底板上填土重量维持挡土构筑物的稳定

（a）　　　　　　　　　　　　　　　（b）

图 2K311010-5　重力式挡土墙

（a）重力式挡土墙横断面；（b）重力式挡土墙纵断面

【**注意**】挡土墙泄水孔如图 2K311010-5（a）所示，变形缝的留设，以及泄水孔反滤层的设置。

二、挡土墙结构受力

挡土墙结构承受的土压力有：静止土压力、主动土压力和被动土压力，如图 2K311010-6 所示。

（a）　　　　　　　　　（b）　　　　　　　　　（c）

图 2K311010-6　土压力的三种形式

（a）静止土压力；（b）主动土压力；（c）被动土压力

三种土压力中，主动土压力最小；静止土压力其次；被动土压力最大，位移也最大。

重点提示

挡土墙部分近几年考频较高，主要集中在不同挡土墙结构名称（要求能够达到识图的水平）及其不同的挡土原理。而三种土压力是只与土体自身性质有关的指标，能够比较其大小即可。

> ℹ️ **实战演练**

[经典例题·单选] 图 2K311010-7 所示挡土墙的结构形式为（　　）。

图 2K311010-7　挡土墙

A. 重力式   B. 悬臂式

C. 扶壁式   D. 柱板式

[解析] 图示挡土墙结构为悬臂式。

[答案] B

2K311020　城镇道路路基施工

思维导图 ►►►

考点精讲 ►►►

考点 1　路基施工特点与程序★★

一、施工特点

（1）处于露天作业，受自然条件影响大。

（2）在工程施工区域内的专业类型多、结构物多、各专业管线纵横交错。

（3）专业之间及社会之间配合工作多、干扰多，导致施工变化多。

（4）旧路改造，交通压力极大，地下管线复杂，行车安全、行人安全及树木、构筑物等保护要求高。

（5）以机械作业为主，人工配合为辅。

二、施工项目

路基（路床）本身、有关的土石方、沿线的涵洞、挡土墙、路肩、边坡、排水管线等项目。

三、基本流程

（一）准备工作

（1）按照交通管理部门批准的交通导行方案设置围挡。

（2）开工前，施工项目技术负责人应依据获准的施工方案向施工人员进行技术安全交底。（工程难点、技术要点、安全措施）

（3）控制桩放线测量，建立测量控制网，恢复中线，补钉转角桩、路两侧外边桩，增设临时水准点等。

（4）试验：天然含水量、液限、塑限、标准击实、CBR 试验等。

（二）附属构筑物

（1）涵洞（管）等构筑物可与路基（土方）同时进行，但新建的地下管线施工必须遵循"先地下，后地上""先深后浅"的原则。

（2）既有地下管线等构筑物的拆改、加固保护。

（3）修筑地表水和地下水的排除设施，为后续的土、石方工程施工创造条件。

（三）路基（土、石方）施工

开挖路堑、填筑路堤，整平路基、压实路基、修整路床，修建防护工程等。

─────────────── 实战演练 ───────────────

[经典例题·单选] 下列工程项目中，不属于城镇道路路基工程的项目是（　　）。

A. 涵洞　　　　　　　　　　　　　B. 挡土墙

C. 路肩　　　　　　　　　　　　　D. 水泥稳定土基层

[解析] 城市道路路基工程包括路基（路床）本身及有关土（石）方、沿线的涵洞、挡土墙、路肩、边坡、排水管线等项目。水泥稳定土基层属于路面组成部分之一。

[答案] D

[2016 真题·案例节选]

背景资料：

……混凝土浇筑前，项目技术负责人和施工员在现场进行了口头安全技术交底。

问题：

5. 项目部的安全技术交底方式是否正确？如不正确，给出正确做法。

[答案]

5.（1）不正确。

（2）正确做法：混凝土浇筑施工前，施工项目技术负责人应根据获准的施工方案向施工人员进行技术安全交底，强调工程难点、技术要点、安全措施，使作业人员掌握要点、明确责任。交底应当书面签字确认并归档。

考点 2 路基施工要点★★

扫码听课

一、填土路基

（1）填方取土应不占或少占良田，尽量利用荒坡、荒地；路基填土不应使用淤泥、沼泽土、泥炭土、冻土、有机土及含生活垃圾的土。填土内不得含有草、树根等杂物，粒径超过100mm的土块应打碎。

（2）排除原地面积水，清除树根、杂草、淤泥等。应妥善处理坟坑、井穴，并分层填实至原基面高。

（3）填方段内应事先找平，当地面坡度陡于1：5时，需修成台阶形式，宽度不应小于1.0m，台阶顶面应向内倾斜。坡面路基台阶处理如图2K311020-1所示。

图 2K311020-1　坡面路基台阶处理

（4）最后碾压应采用不小于12t级的压路机。

（5）填方高度内的管涵顶面，填土500mm以上才能用压路机碾压，如图2K311020-2所示。

（a）　　　　　　　　　　　　（b）

图 2K311020-2　管涵回填碾压

（a）压路机碾压；（b）人工或小型机械夯实

（6）根据测量中心线桩和下坡脚桩，从最低处起分层填筑，逐层压实。路基填方高度应按设计标高增加预沉量值。预沉量值应与建设单位、监理工程师、设计单位共同商定确认。

（7）若过街雨水支管的覆土厚度小于500mm，则应用素混凝土将过街雨水支管包裹。

（8）性质不同的填料，应分类、分层填筑，不得混合填筑。

二、挖土路基

（1）路基施工前，应将现况地面上积水排除、疏干，将树根坑、坟坑等部位进行技术处理。

（2）作业中断或作业后，开挖面应做成稳定边坡。

（3）挖方段应自上而下分层开挖，严禁掏洞开挖。机械开挖作业时，必须避开构筑物、管线，在距管道 1m 范围内应采用人工开挖；在距直埋缆线 2m 范围内必须采用人工开挖。

（4）挖方段不得超挖，应留有碾压而到设计高程的压实量。

（5）压路机不小于 12t 级。

（6）过街雨水支管沟槽及检查井周围应用石灰土或石灰粉煤灰砂砾填实。

三、石方路基

（1）修筑填石路堤应进行地表清理，先码砌边部，然后逐层水平填筑石料，确保边坡稳定。

（2）先修筑试验段，以确定松铺厚度、压实机具组合、压实遍数及沉降差等施工参数。

（3）填石路堤宜选用 12t 以上的振动压路机、25t 以上轮胎压路机或 2.5t 的夯锤压（夯）实。

（4）路基范围内管线、构筑物四周的沟槽宜回填土料。

四、质量检查与验收

主控项目为压实度和弯沉值（0.01mm）；一般项目有路床纵断面高程、中线偏位、平整度、宽度、横坡及路堤边坡等要求。

┌───┐
重点提示

路基施工要点包括填土路基和挖土路基两部分，重点掌握填土路基对于材料及其相关技术指标的要求；挖土路基部分介绍内容较少，可结合管道部分开槽施工的要求一起复习，考查案例题可能性较大。质量验收则掌握主控项目即可，主要评价路基的压实度和刚度。
└───┘

实战演练

[经典例题·多选] 关于石方路基施工的说法，正确的有（　　　）。

A. 应先清理地表，再开始填筑施工

B. 先填筑石料，再码砌边坡

C. 宜用 12t 以下振动压路机

D. 路基范围内管线四周宜回填石料

E. 碾压前应经过试验段，确定施工参数

[解析] 修筑填石路堤应进行地表清理，先码砌边部，然后逐层水平填筑石料，选项 B 错误。填石路堤宜选用 12t 以上的振动压路机、25t 以上轮胎压路机或 2.5t 的夯锤压（夯）实，选项 C 错误。路基范围内管线、构筑物四周的沟槽宜回填土料，选项 D 错误。

[答案] AE

考点 3　路基材料要求★

一、路基材料要求

（1）填料的强度（CBR）应符合设计要求，其最小值应符合相关规定。

（2）不应使用沼泽土、泥炭土、有机土做路基填料。

二、路基填筑要求

（1）填土应分层进行，路基填土宽度每侧应比设计宽度宽500mm。

（2）对过湿土翻松、晾干，或对过干土均匀加水，使其含水量接近最佳含水量范围之内（±2%）。

┌─────────────────────────────────┐
│ 重点提示
│
│ 填土宽度加宽主要考虑两端压实效果较差，而最佳含水量则能够保证路基土经压实后
│ 达到最佳的密实状态。
└─────────────────────────────────┘

━━━━━━━━━━ ✎ 实战演练 ━━━━━━━━━━

[2015真题·案例节选]

背景资料：

某公司中标北方城市道路工程，道路全长1000m……

施工过程中发生如下事件：

事件一： 部分主路路基施工突遇大雨，未能及时碾压，造成路床积水，土料过湿，影响施工进度。

问题：

3. 针对事件一，写出部分路基雨后土基压实的处理措施。

[答案]

3. 处理措施：如土质过湿，应将其翻松、晾晒、风干后重新夯实。雨后如路基表面含水量过大无法压实时，应先挖出受雨淋湿土料，然后换填石灰土压实。如个别地段仍有反弹，可采用路拌法，将反弹地段用重型铧犁和重型悬耕机粉碎1~2遍，并经过夯实整平后，将全部生石灰粉均匀撒布其上，再用上述机械粉碎拌合4~6遍，然后用两轮压路机全面碾压，直至达到压实度要求。

考点 4 路基试验段及压实要点★★

扫码听课

一、路基试验段目的

通过试验取得相关技术参数如下：

（1）确定路基预沉量值。

（2）合理选用压实机具。

（3）确定压实遍数。

（4）确定每层虚铺厚度。

（5）选择压实方式。

【注意】整理施工参数记忆口诀"沉积（机）是变（遍）厚的方式"。

二、路基下管道回填与压实

（1）当管道位于路基范围内时，且管顶以上500mm范围内不得使用压路机。

（2）当管道结构顶面至路床的覆土厚度不大于500mm时，应对管道结构进行加固。

（3）当管道结构顶面至路床的覆土厚度在500~800mm时，路基压实时应对管道结构采取

保护或加固措施。

三、压实原则

（1）压实方法（式）：重力压实（静压）和振动压实两种。

（2）土质路基压实原则：<u>"先轻后重、先静后振、先低后高、先慢后快，轮迹重叠。"</u>压路机最快速度不宜超过 4km/h。

【注意】<u>直线和不设超高的平曲线段，应由两侧向中心碾压；设超高的平曲线段（如图 2K311020-3），应由内侧向外侧碾压。</u>

图 2K311020-3　超高的平曲线段示意图

（3）碾压不到的部位应采用小型夯压机夯实，防止漏夯，要求夯击面积重叠 1/4～1/3。

重点提示

　　路基试验段的目的要记牢，关键词记忆法，记住口诀"沉积是变厚的方式"；路基下管道的回填记住数字 500mm，出于对管涵保护的目的，只能采用小型夯实机具；压实原则是高频考点，客观题、主观题都曾考查过，重点记忆。

实战演练

[2019真题·多选] 关于路基试验段的说法，正确的有（　　　　）。

A. 填石路基可不修筑试验段

B. 试验段施工完成后应挖除

C. 通过试验段确定路基预沉量值

D. 通过试验段确定每层虚铺厚度

E. 通过试验段取得填料强度值

[解析] 路基试验段试验目的主要有：①确定路基预沉量值；②合理选用压实机具，选用机具考虑因素有道路不同等级、工程量大小、地质条件、作业环境和工期要求等；③按压实度要求，确定压实遍数；④确定路基宽度内每层虚铺厚度；⑤根据土的类型、湿度、设备及场地条件，选择压实方式。

[答案] CD

考点 5　土质路基压实质量检验 ★

土质路基压实质量检验要求如下：

（1）主要检查各层压实度和弯沉值，不符合质量标准时应采取措施改进。

（2）路床应平整、坚实，无显著轮迹、翻浆、波浪、起皮等现象。

（3）路堤边坡应密实、稳定、平顺。

重点提示

本考点考频较低，了解检查的主要项目即可，掌握检查的主控项目：压实度和弯沉值。

实战演练

[2014真题·单选] 下列城镇道路路基施工质量验收项目中，属于主控项目的是（　　）。

A. 平整度 　　　　　　　　　　　　B. 压实度

C. 路堤边坡 　　　　　　　　　　　D. 宽度

[解析] 土质路基压实质量检验主要检查各层压实度和弯沉值。

[答案] B

考点 6　土质路基压实不足的原因及防治★

一、路基行车带压实度不足的原因及防治

（一）原因分析

（1）压实遍数不合理。

（2）压路机质量偏小。

（3）填土松铺厚度过大。

（4）碾压不均匀。

（5）含水量大于最佳含水量（弹簧土成因）。

（6）没有对前一层表面浮土或松软层进行处治。

（7）异类土壤混填（弹簧土成因）。

（8）颗粒过大，颗粒间空隙过大，或采用不符合要求的填料（天然稠度＜1.1、液限＞40、塑性指数＞18）。

（二）治理措施

（1）清除碾压层下软弱层，换填良性土壤后重新碾压。

（2）"弹簧土"部位：过湿土翻晒，拌合均匀后重新碾压，或挖除换填含水量适宜的良性土壤后重新碾压。

（3）"弹簧土"赶工：可掺生石灰粉翻拌，待其含水量适宜后重新碾压。

二、路基边缘压实度不足的原因及防治

（一）原因分析

（1）路基填筑宽度不足，未按超宽填筑要求施工。

（2）压实机具碾压不到边。

（3）路基边缘漏压或压实遍数不够。

（4）采用三轮压路机碾压时，边缘带（0～75cm）碾压频率低于行车带。

（二）预防措施

预防措施与原因相对应。

（三）治理措施

校正坡脚线位置，路基填筑宽度不足时，返工至满足设计和规范要求。

【注意】亏坡补宽时应开蹬填筑，严禁贴坡，控制碾压顺序和碾压遍数。

┌─ 重点提示 ─┐

本考点为新考纲新增内容，需要重点掌握。着重记忆行车带中与"弹簧土"相关的成因及措施。另外从病害分析思路而言，针对不同病害可以从原材料、施工过程控制、施工环境影响等因素进行分析。

考点 7 常用路基土的主要性能参数及不良土质路基处理★

一、常用路基土的主要性能参数

（1）含水量ω：土中水的质量与干土粒质量之比。

（2）塑限ω_P：土由可塑状态转为半固体状态时的界限含水量为塑性下限，称为塑性界限，简称塑限。

（3）液限ω_L：土由可塑状态转为流体状态时的界限含水量为液性上限，称为液性界限，简称液限。

（4）塑性指数I_P：土的液限与塑限之差值，$I_P = \omega_L - \omega_P$。

（5）液限指数I_L：土的天然含水量与塑性之差值对塑性指数之比值，$I_L = (\omega - \omega_P)/I_P$，$I_L$可用以判别土的软硬程度。$I_L < 0$ 为坚硬、半坚硬状态；$0 \leqslant I_L < 0.5$ 为硬塑状态；$0.5 \leqslant I_L < 1.0$ 为软塑状态；$I_L \geqslant 1.0$ 为流塑状态。

常用路基土的主要性能参数，如图2K311020-4所示。

图2K311020-4　塑限和液限

二、不良土质路基处理

（一）不良土质路基处理的分类

（1）土质改良：是指用机械（力学）、化学、电、热等手段增加路基土的密度。

（2）土的置换：是将软土层换填为良质土，如砂垫层等。

（3）土的补强：是采用薄膜、绳网、板桩等约束住路基土，或者在土中放入抗拉强度高的补强材料形成复合路基来加强和改善路基土的剪切特性。

（二）路基处理的方法

主要包括：碾压夯实、换土垫层、排水固结、振密挤密、置换及拌入、加筋等方法。

┌─ 重点提示 ─┐

（1）路基土性能参数属于物理参数的概念，理论性较强，在建造师考试中出现较少，了解概念即可。

（2）理解三类不良土质路基处理的原理，能够对具体的处理方式进行分类。例如：振密挤密属于"土质改良"。

实战演练

[2016 **真题·单选**] 在地基或土体中埋设抗拉强度高的土工聚合物，从而提高地基承载力、改善变形特性的加固处理方法属于（　　）。

A. 置换法　　　　　　　　　　　　B. 土的补强

C. 土质改良　　　　　　　　　　　D. 挤密法

[**解析**] 土的补强是采用薄膜、绳网、板桩等约束住路基土，或者在土中放入抗拉强度高的补强材料形成复合路基以加强和改善路基土的剪切特性，因此选项 B 正确。

[**答案**] B

[2014 **真题·单选**] 当工期紧时，最适宜淤泥质黏性土路基的处理方法是（　　）。

A. 重锤强夯　　　　　　　　　　　B. 振动压实

C. 水泥搅拌桩　　　　　　　　　　D. 塑料排水板加载预压

[**解析**] 因为工期较紧，所以不能用预压，而淤泥质土是不适合振动压实的，会产生翻浆现象。本题没有明确的知识点，但是通过分析可以得到答案。

[**答案**] C

[**经典例题·单选**] 路基土液限指数 $I_L = 0.5$，则该土属于（　　）状态。

A. 流塑　　　　　　　　　　　　　B. 软塑

C. 硬塑　　　　　　　　　　　　　D. 半坚硬

[**解析**] 液限指数 I_L：土的天然含水量与塑性之差值对塑性指数之比值，$I_L = (\omega - \omega_P)/I_P$，$I_L$ 可用以判别土的软硬程度。$I_L < 0$ 为坚硬、半坚硬状态；$0 \leqslant I_L < 0.5$ 为硬塑状态；$0.5 \leqslant I_L < 1.0$ 为软塑状态；$I_L \geqslant 1.0$ 为流塑状态。

[**答案**] B

2K311030　城镇道路基层施工

思维导图 ▶▶▶

考点精讲 ▶▶▶

考点 1 无机结合料稳定基层分类及特性★

扫码听课

一、半刚性基层的分类

基层是路面结构中的承重层。基层的材料与施工质量是影响路面使用性能和使用寿命的最关键因素。

（1）按结合料种类来分，有石灰稳定粒料、水泥稳定粒料、石灰工业废渣稳定粒料（石灰粉煤灰二灰类应用最广）三种。

（2）按被稳定的对象来分，有稳定土、稳定粒料（如碎石）两种。

二、半刚性基层的特性

（1）石灰类水稳性、抗冻性以及早期强度不如水泥稳定类，温度低于5℃时强度几乎不增长。

（2）二灰稳定类的抗冻性能比石灰土高很多，二灰中的粉煤灰用量越多，早期强度越低，3个月后龄期的强度增长幅度也越大。

（3）二灰稳定类收缩特性小于水泥和石灰稳定类。

（4）各类稳定土被禁止用于高等级路面的基层，而只能做底基层。

（5）水泥稳定粒料、二灰稳定粒料可用于高等级路面的基层与底基层。

重点提示

本考点几乎每年都涉及。主要掌握三类稳定土类材料的性能特点，能够做出比较；记住稳定土类只能作为高等级路面的底基层使用，而稳定粒料可用于高等级路面的基层与底基层。

✎ 实战演练

[2020真题·单选] 下列基层材料中，可以作为高等级路面基层的是（　　）。

A. 二灰稳定粒料　　　　　　　　　　B. 石灰稳定土

C. 石灰粉煤灰稳定土　　　　　　　　D. 水泥稳定土

[解析] 二灰稳定粒料可用于高等级路面的基层与底基层。

[答案] A

[2016真题·单选] 下列路面基层材料中，收缩性最小的是（　　）。

A. 二灰稳定土　　　　　　　　　　　B. 石灰稳定土

C. 水泥稳定土　　　　　　　　　　　D. 二灰稳定粒料

[解析] 石灰稳定土、水泥稳定土、二灰稳定土的收缩特性都十分明显，选项D符合题意。

[答案] D

[2017真题·多选] 下列道路材料中，属于柔性基层材料的有（　　）。

A. 石灰稳定土　　　　　　　　　　　B. 级配碎石

C. 水泥稳定土　　　　　　　　　　　D. 级配砾石

E. 石灰粉煤灰稳定砂砾

[解析] 级配碎石、级配砾石属于柔性基层。石灰稳定土、水泥稳定土、石灰粉煤灰稳定

砂砾属于半刚性基层。

[答案] BD

考点 2 石灰稳定类与水泥稳定类基层施工技术★★

一、材料与拌合

（一）拌合方式

城区施工应采用厂拌方式，不得使用路拌方式；以保证配合比准确，且达到文明施工要求。

（二）机械选择

宜用强制式拌合机进行拌合（不宜采用自落式）。

二、运输与摊铺

（1）拌成的稳定土类混合料应及时运送到铺筑现场。

（2）运输中应采取防止水分蒸发和防扬尘措施。

（3）宜在春末和气温较高季节（夏季）施工，施工最低气温为5℃。

三、压实与养护

（1）压实系数应经试验确定。

（2）压实成活后应立即洒水（或覆盖）养护。

【注意】梳理施工工艺流程脉络：材料选择→拌合→运输→摊铺→压实→养护→检验。

重点提示

以施工工序为脉络掌握每道工序的技术要求：材料选择→拌合→运输→现场摊铺→压实→养护，注意具体内容与石灰工业废渣稳定类基层（二灰稳定类基层）中技术的区分。

实战演练

[经典例题·单选] 下列关于水泥稳定类基层施工的说法，正确的是（　　）。

A. 施工前无需做试验段

B. 可采用沥青乳液进行养护

C. 适合自落式拌合

D. 宜在春末和夏季施工

[解析] 宜在春末和气温较高季节（夏季）施工，施工最低气温为5℃。

[答案] D

考点 3 石灰工业废渣稳定类基层（二灰稳定类基层）施工技术

一、材料与拌合

（1）拌合时应先将石灰、粉煤灰拌合均匀，再加入砂砾（碎石）和水均匀拌合。

（2）混合料含水量宜略大于最佳含水量。应使运到施工现场的混合料含水量接近最佳含水量。

二、运输与摊铺

（1）应在春末和夏季组织施工，施工期的日最低气温应在 5℃ 以上。

（2）根据试验确定的松铺系数控制虚铺厚度。

三、压实与养护

（1）混合料摊铺时应根据试验确定的松铺系数控制虚铺厚度，混合料每层最大压实厚度为 200mm，且不宜小于 100mm。

（2）禁止用薄层贴补的方法进行找平。

（3）混合料的养护采用湿养，始终保持表面潮湿，也可采用沥青乳液和沥青下封层进行养护，养护期为 7～14d。沥青乳液保湿养护施工如图 2K311030-1 所示。

图 2K311030-1　沥青乳液保湿养护施工

重点提示

以施工工序为脉络掌握每道工序的技术要求：材料选择→拌合→运输→现场摊铺→压实→养护，注意具体内容与石灰稳定类和水泥稳定类基层施工技术的区分。

实战演练

[经典例题·单选] 下列关于二灰稳定类基层施工的说法，正确的是（　　）。

A. 拌合时应先将砂砾和水拌合均匀，再加入石灰、粉煤灰

B. 可采用沥青乳液进行养护

C. 可以用薄层贴补的方法进行找平

D. 养护期为 14～21d

[解析] 拌合时应先将石灰、粉煤灰拌合均匀，再加入砂砾（碎石）和水均匀拌合；禁止用薄层贴补的方法进行找平；可采用沥青乳液和沥青下封层进行养护，养护期为 7～14d。

[答案] B

考点 4　级配碎石（碎砾石）、级配砾石（砂砾）基层施工技术★

一、材料与拌合

（1）级配砂砾、级配砾石基层，级配碎石、级配碎砾石基层所用原材料的压碎值、含泥量及细长扁平颗粒含量等技术指标应符合规范要求。

（2）采用厂拌方式，强制式拌合机拌制，级配符合要求。

二、运输与摊铺

（1）宜采用机械摊铺，摊铺应均匀一致，发生粗、细骨料离析（"梅花""砂窝"）现象时，应及时翻拌均匀。

（2）压实系数均应通过试验段确定，每层应按虚铺厚度一次铺齐，颗粒分布应均匀，厚度一致，不得多次找补。

三、压实与养护

（1）控制碾压速度，碾压至轮迹不大于5mm，表面平整、坚实。

（2）可采用沥青乳液和沥青下封层进行养护，养护期为7~14d。

（3）未铺装面层前不得开放交通。

重点提示

了解压实与养护的技术要求，注意与其他两种基层施工技术的区别。

实战演练

［经典例题·单选］下列施工内容中，属于级配砂砾基层施工要点的是（　　）。

A. 宜在水泥初凝前碾压成活

B. 压实成活后应立即洒水养护

C. 碾压时采用先轻型、后重型压路机碾压

D. 控制碾压速度，碾压至轮迹不大于5mm，表面平整坚实

［解析］本题考查的级配砂砾基层属于柔性基层。选项A为水泥稳定类基层的施工要求；选项B和选项C实际上是所有无机结合料稳定类基层（包括水泥稳定类基层、石灰稳定类基层、工业废渣稳定类基层）共同的施工要求；选项D是其施工要点。

［答案］D

考点 5 土工合成材料用途★

一、土工合成材料

（一）定义

以人工合成的聚合物为原料制成的各类型产品，是道路岩土工程中应用的合成材料的总称。可以置于岩土或其他工程结构内部、表面或各结构层之间，具有加筋、防护、过滤、排水、隔离等功能。

（二）分类及用途

土工合成材料种类有：土工网、土工格栅、土工模袋、土工织物、土工复合排水材料、玻纤网、土工垫等。土工合成材料的分类如图2K311030-2所示。

图 2K311030-2　土工合成材料分类

（三）工程应用

（1）路堤加筋：主要目的是提高路堤的稳定性，如图 2K311030-3 所示。

图 2K311030-3　路堤加筋

（2）台背路基填土加筋：以减少路基与构造物（包括小桥、涵洞、挡土墙）之间的不均匀沉降，如图 2K311030-4 所示。

图 2K311030-4　台背路基填土加筋示意图

注：图中尺寸以 cm 为单位。

（3）过滤与排水：作为过滤体和排水体可用于暗沟、渗沟及坡面防护等道路工程结构中。

（4）路基防护：采用土工合成材料可以作坡面防护和冲刷防护。

【注意】土工合成材料还可以应用在路面裂缝的防治中，如旧沥青混凝土路面及旧水泥混凝土路面裂缝处理，可减少或延缓旧路面对沥青加铺层的反射裂缝。

二、土工合成材料施工

垫隔土工布加固地基的施工要求：

（1）土工合成材料应具有质量轻、整体连续性好、抗拉强度较高、耐腐蚀、抗微生物侵蚀性好、施工方便等优点。

（2）以土工织物作为补强材料加固地基，铺在路堤底面，起到扩大基础、分散荷载作用，保持路堤基底的稳定性。

（3）所选土工合成材料的幅宽、质量、厚度、抗拉强度、顶破强度和渗透系数应满足设计要求。

（4）为保证土工合成材料的整体性，当采用搭接法连接，搭接长度宜为 0.3～0.9m；采用缝接法时，粘结宽度不小于 50mm，粘结强度不低于土工合成材料的抗拉强度。

（5）上下层接缝应交替错开，错开长度不小于 0.5m。

重点提示

（1）土工合成材料属于常用辅助材料，了解常用土工合成材料作用及应用即可，考频较低。

（2）针对土工合成材料施工应熟悉土工合成材料的优点，了解其施工基本要求，考频较低。

实战演练

[2020 真题·多选] 土工合成材料的优点有（   ）。

A. 质量轻

B. 整体连续性好

C. 抗压强度高

D. 耐腐蚀性好

E. 施工方便

[解析] 土工合成材料应具有质量轻、整体连续性好、抗拉强度较高、耐腐蚀、抗微生物浸蚀好、施工方便等优点。

[答案] ABDE

2K311040　城镇道路面层施工

思维导图 ▶▶▶

考点精讲 ▶▶▶

扫码听课

考点 1　透层、粘层、封层施工 ★★

（1）透层：为使非沥青类基层与沥青类面层粘结紧密，可在它们之间洒布液体沥青、乳化沥青作透层油。

【注意】沥青混合料面层摊铺前应在基层表面喷洒透层油，在透层油完全渗入基层后方可铺筑，应选择渗透性较好的材料。

（2）粘层：为加强路面沥青层之间，沥青层与水泥混凝土路面、沥青稳定碎石基层、旧沥青路面之间，或者沥青层与既有结构、路缘石和检查井等构筑物之间的粘结而洒布的沥青材料薄层。粘层油宜采用快裂或中裂乳化沥青、改性乳化沥青，也可采用快凝或中凝液体石油沥青。

【注意】粘层油宜在摊铺面层当天洒布。

（3）封层：铺筑在面层表面的称为上封层，铺筑在面层下面的称为下封层。封层油宜采用改性沥青或改性乳化沥青，封层集料应质地坚硬、耐磨、洁净且粒径与级配应符合要求。

【注意】封层宜采用层铺法表面处治或稀浆封层法施工。

（4）施工机械选择：透层、粘层宜采用沥青撒布车或手动沥青撒布机喷洒，如图 2K311040-1 所示。用量与渗透深度宜按设计及规范要求并通过试洒确定。

图 2K311040-1　透层、粘层喷洒施工

重点提示

　　掌握透层和粘层作用及所处的位置，能够做到有所区分。

✏ 实战演练

［经典例题·单选］双层式或多层式热拌热铺沥青混合料面层之间应喷洒（　　）。

A. 粘层油

B. 透层油

C. 液体沥青

D. 乳化沥青

［解析］双层式或多层式热拌热铺沥青混合料面层之间应喷洒粘层油，或在水泥混凝土路面、沥青稳定碎石基层、旧沥青路面上加铺沥青混合料时，应在既有结构、路缘石和检查井等构筑物与沥青混合料层连接面喷洒粘层油。

［答案］A

考点 2 沥青混合料面层施工技术★★★

一、运输与布料

（1）为防止沥青混合料粘结运料车车厢板，装料前应喷洒一薄层隔离剂或防粘结剂。

（2）运输中沥青混合料上宜用篷布覆盖，以达到保温、防雨和防污染的效果。

（3）已遭雨淋的沥青混合料不得使用。

（4）对高等级道路，开始摊铺前等候的运料车宜在 5 辆以上。

二、摊铺作业

（一）机械施工

（1）热拌沥青混合料应采用履带式或轮胎式沥青摊铺机。

（2）铺筑高等级道路沥青混合料时，1 台摊铺机的铺筑宽度不宜超过 6m，通常采用 2 台或多台摊铺机前后错开 10～20m 呈梯队方式同步摊铺，两幅之间应有 30～60mm 宽度的搭接，上下层搭接位置宜错开 200mm 以上，如图 2K311040-2 所示。

图 2K311040-2 联合摊铺

（3）摊铺前应提前 0.5～1h 预热摊铺机熨平板使其不低于 100℃。

（4）摊铺机必须缓慢、均匀、连续不间断地摊铺，摊铺速度宜控制在 2～6m/min 的范围内。

（5）摊铺机应采用自动找平方式。下面层宜采用钢丝绳引导的高程控制方式；上面层宜采用平衡梁或滑靴并辅以厚度控制方式摊铺。

（6）热拌沥青混合料的最低摊铺温度根据沥青混合料种类、铺筑层厚度、气候条件及下卧层表面温度，按现行规范要求执行。

（7）沥青混合料的松铺系数（见表 2K311040-1）应根据试铺试压确定。施工中随时检查铺筑层厚度、路拱及横坡，并以铺筑的沥青混合料总量与面积之比校验平均厚度。

表 2K311040-1 沥青混合料的松铺系数

种类	机械摊铺	人工摊铺
沥青混凝土混合料	1.15～1.35	1.25～1.50
沥青碎石混合料	1.15～1.30	1.20～1.45

（二）人工施工

（1）不具备机械摊铺条件时（如路面狭窄部分，平曲线半径过小的匝道或加宽部分，以及小规模工程），可采用人工摊铺作业。

（2）半幅施工时，路中一侧宜预先设置挡板；摊铺时应扣锹布料，不得扬锹远甩；边摊铺边整平，严防集料离析；摊铺不得中途停顿，并尽快碾压；低温施工时，卸下的沥青混合料应覆盖篷布保温。

（3）沥青混合料应卸在铁板上，铁锹等工具宜涂防粘结剂或加热使用。

三、压实成型与接缝

（一）压实成型

（1）压实分为初压、复压、终压三个阶段。压实层最大厚度不宜大于100mm。

（2）碾压速度做到慢而均匀。

（3）碾压温度应根据沥青和沥青混合料种类、压路机、气温、层厚等因素经试压确定。

（4）初压宜采用钢轮压路机静压1～2遍，如图2K311040-3所示。碾压时应将压路机的驱动轮面向摊铺机，从外侧向中心碾压，在超高路段和坡道上则由低处向高处碾压。复压应紧跟初压。碾压路段总长度不超过80m。

图2K311040-3　双钢轮压路机（静压）

（5）密级配沥青混合料复压宜优先采用重型轮胎压路机进行碾压，其总质量不宜小于25t，如图2K311040-4（a）所示。对粗集料为主的混合料，宜优先采用振动压路机复压，如图2K311040-4（b）所示。层厚较大时宜采用高频大振幅，厚度较薄时宜采用低振幅。当采用三轮钢筒式压路机时，总质量不小于12t，如图2K311040-4（c）所示。

（a）　　　　　　　　　　（b）　　　　　　　　　　（c）

图2K311040-4　压路机类型

（a）重型轮胎压路机（静压）；（b）双钢轮压路机（动压）；（c）三轮钢筒式压路机（静压）

（6）终压应紧接在复压后进行。终压应选用双轮钢筒式压路机或关闭振动的振动压路机，碾压不宜少于2遍，如图2K311040-5所示。

图2K311040-5　振动压路机（单钢轮，可以静压或动压）

（7）为防止粘轮，对压路机钢轮可涂刷隔离剂或防粘结剂，严禁刷柴油；亦可向碾轮喷淋添加少量表面活性剂的雾状水。

（8）压路机不得在未碾压成型路段上转向、掉头、加水或停留。在当天成型的路面上，不得停放各种机械设备或车辆，不得散落矿料、油料及杂物。

（二）接缝

（1）上、下层的纵缝应错开 150mm（热接缝）或 300～400mm（冷接缝）以上。相邻两幅及上、下层的横向接缝均应错位 1m 以上。应采用 3m 直尺检查，确保平整度达到要求。如图 2K311040-6 所示。

（a）　　　　　　　　　　　　　　（b）

图 2K311040-6　接缝处理

（a）沥青混合料路面冷热接缝；（b）水泥混凝土路面接缝

（2）采用梯队作业摊铺时（纵向接缝）应选用热接缝，将已铺部分留下 100～200mm 宽暂不碾压，作为后续部分的基准面，然后跨缝压实。

纵缝（冷接缝）：刨毛槎→刷粘层油→铺新料软化下层后铲走→跨缝碾压。

（3）高等级道路的表面层横向接缝应采用垂直的平接缝，以下各层和其他等级道路的各层均可采用斜接缝或阶梯形接缝。如图 2K311040-7 所示。

斜接缝的搭接长度与厚度有关，宜为 0.4～0.8m；阶梯形接缝的台阶经铣刨而成，并洒粘层沥青，搭接长度不宜小于 3m；平接缝宜采用机械切割或人工刨除层厚不足部分，使工作缝成直角连接。

（a）　　　　　　　　　　（b）　　　　　　　　　　（c）

图 2K311040-7　横向接缝形式

（a）斜接缝；（b）阶梯形接缝；（c）平接缝

横缝：厚度平整度检查并刨除层厚不足部分→清除泥水干燥→刷粘层油→铺新料软化接槎→先横向后纵向碾压。

四、开放交通

热拌沥青混合料路面应待摊铺层自然降温至表面温度低于 50℃后，方可开放交通。

重点提示

　　以施工工序为脉络掌握面层每道工序的技术要求：运输→布料→摊铺→压实成型→接缝处理→开放交通，考试重点集中在摊铺和压实成型上。施工关键除了保证摊铺厚度均匀外，重点控制材料种类、压实时机、压实方式三者之间的关系，确保面层压实度。

实战演练

[经典例题·单选] 热拌沥青混合料相邻两幅及上下层的横接缝应错开（　　）以上。

A. 0.5m　　　　B. 1m　　　　C. 1.5m　　　　D. 2m

[解析] 沥青混合料面层的施工接缝应紧密、平顺。上、下层的纵缝应错开150mm（热接缝）或300～400mm（冷接缝）以上，相邻两幅及上、下层的横向接缝均应错位1m以上。

[答案] B

[经典例题·案例分析]

背景资料：

　　甲公司中标承包某市主干道道路工程施工，其路面结构为20mm细粒式沥青混凝土表面层，40mm中粒式沥青混凝土中面层，60mm粗粒式沥青混凝土底面层，300mm石灰粉煤灰稳定碎石基层和200mm石灰土底基层。路面下设有给水排水、燃气、电力、通信管线，由建设方直接委托专业公司承建。

　　该工程年初签订了施工承包合同，合同约定当年年底竣工。受原有管线迁移影响，建设方要求甲公司调整施工部署，主要道路施工安排在9月中旬开始，并保持总工期和竣工日期不变。为此甲公司的项目部决定如下：

　　（1）为满足进度要求，项目部负责人下达了提前开工令，见缝插针，抢先施工能施工的部位。

　　（2）项目部安排9月中旬完成管道回填压实、做挡墙等工程，于10月底进入路面基层结构施工，施工期日最低温度为－1℃；石灰粉煤灰稳定碎石基层采用沥青乳液下封层进行养护，3d后进入下一道工序施工。

　　（3）开始路面面层施工时，日最低气温为－3℃，最高温度为3℃，但天气晴好；项目部组织突击施工面层，没有采取特殊措施。

　　（4）为避免对路下管道和周围民宅的损坏，振动压路机作业时取消了振动压实。

　　工程于12月底如期竣工，开放交通。次年4月，该道路路面出现成片龟裂，6月中旬沥青面层开始出现车辙。

问题：

　　1. 项目部下达提前开工令的做法对吗？为什么？

　　2. 指出路面各层结构施工的不妥之处。

　　3. 分析道路面层出现龟裂、车辙的主要原因。

[答案]

　　1. 项目部下达提前开工令的做法不对。

　　理由：项目部准备提前开工，应向总监理工程师提交开工报审表并附相关资料，总监理工程师审查合格后下达开工令。

　　2. 不妥之处有：

　　（1）"于10月底进入路面基层结构施工，施工期日最低温度为－1℃"。

（2）"沥青乳液下封层进行养护 3d 后进入下一道工序施工"。

（3）"开始路面面层施工时，日最低气温为−3℃，没有采取特殊措施"。

（4）"振动压路机作业时取消了振动压实"。

3. 主要原因有：

（1）本工程的基层结构施工时，日最低温度为−1℃，根据相关标准规定：石灰粉煤灰稳定碎石基层和石灰土底基层气温低于 5℃时严禁施工，并且应在冬期来临前 30～45d 停止施工。

（2）沥青乳液下封层进行养护 3d 后进入下一道工序，根据相关标准规定：沥青乳液下封层养护时间不得少于 7d。

（3）开始路面面层施工时，日最低气温为−3℃，没有采取特殊措施，根据相关标准规定：连续 5 日平均气温低于 5℃时，进入冬期施工，应采取特殊的冬期施工措施，如适当提高沥青混合料的拌合温度、运输过程中加强保温措施、到达现场后"快卸、快铺、快平、及时碾压、及时成型"等措施。

（4）振动压路机作业时取消了振动压实，根据相关标准规定：取消振动后应采取特殊措施确保基层和面层的压实度，如通过试验段的试验调换较大吨位的压路机、减小每层的摊铺厚度等。

考点 3　改性沥青混合料面层施工技术★★

一、生产和运输

（一）生产

（1）改性沥青混合料正常生产温度应根据改性沥青品种、粘度、气候条件、铺装层的厚度确定。通常宜较普通沥青混合料的生产温度提高 10～20℃。最高温度（废弃温度）不得超过 195℃。

（2）改性沥青混合料宜采用间歇式拌合设备生产，这种设备除尘系统完整，能达到环保要求；给料仓数量较多，能满足配合比设计配料要求；且具有添加纤维等外掺料的装置。

（3）间歇式拌合机宜备有保温性能好的成品储料仓，贮存过程中混合料温降不得大于 10℃。改性沥青混合料的贮存时间不宜超过 24h；改性沥青 SMA 混合料只限当天使用；OGFC 混合料宜随拌随用。

（二）运输

改性沥青混合料运输除应按照普通沥青混合料运输要求执行外，还应做到：运料车卸料必须倒净，如有粘在车厢板上的剩料必须及时清除，防止硬结。在运输、等候过程中，如发现有沥青结合料滴漏时，应采取措施纠正。

二、施工

（一）摊铺

（1）改性沥青混合料宜使用履带式摊铺机。SMA 混合料施工温度应试验确定，一般情况下，摊铺温度不低于 160℃。

（2）改性沥青混合料的摊铺速度宜放慢至 1～3m/min。

（3）摊铺机应采用自动找平方式，中、下面层宜采用钢丝绳或铝合金导轨引导的高程控制方式，如图 2K311040-8（a）所示。铺筑改性沥青混合料和 SMA 混合料路面时宜采用非接触式平衡梁，如图 2K311040-8（b）所示。

（a）　　　　　　　　　　　　　　　（b）

图 2K311040-8　摊铺机找平方式

（a）钢丝绳高程控制方式；（b）非接触式平衡梁

（二）压实与成型

（1）改性沥青混合料初压开始温度不低于 150℃，碾压终了的表面温度应不低于 90℃。

（2）改性沥青混合料路面宜采用振动压路机或钢筒式压路机碾压，不宜采用轮胎压路机碾压。OGFC 混合料宜采用 12t 以上的钢筒式压路机碾压。

（3）振动压路机应遵循"紧跟、慢压、高频、低幅"的原则，如发现 SMA 混合料高温碾压有推拥现象，应复查其级配是否合适。不得采用轮胎压路机碾压，以防沥青混合料被搓擦挤压上浮，造成构造深度降低或泛油。

（三）接缝处理

（1）应尽量避免出现冷接缝。

（2）摊铺时应保证充足的运料车，以满足摊铺的需要，使纵向接缝成为热接缝。在摊铺特别宽的路面时，可在边部设置挡板。

三、开放交通及其他

（1）热拌改性沥青混合料路面开放交通的条件应同于热拌沥青混合料路面的有关规定。

（2）改性沥青面层施工应严格控制开放交通的时机，做好成品保护，保持整洁，不得造成污染。严禁在改性沥青面层上堆放施工产生的土或杂物，严禁在已完成的改性沥青面层上制作水泥砂浆等可能造成污染成品的作业。

【重点提示】

（1）关于改性沥青混合料的生产及运输考频较低，熟悉改性沥青混合料生产及运输期间基本技术要求即可。

（2）重点掌握改性沥青混合料压实与成型中的技术要求，与普通混凝土压实技术要求对比记忆，做到能够在客观题中进行区分。

ⓘ实战演练

[2018 真题·单选] 改性沥青混合料所具有的优点中，说法错误的是（　　）。

A. 较长的使用寿命

B. 较高的耐磨耗能力

C. 较大抗弯拉能力

D. 良好的低温抗开裂能力

[解析] 改性沥青混合料与 AC 型沥青混合料相比具有较高的高温抗车辙能力，良好的低温抗开裂能力，较高的耐磨耗能力和较长的使用寿命。

[答案] C

[经典例题·单选] 通常改性沥青混合料比普通沥青混合料的施工温度（　　）。

A. 低

B. 高

C. 相同

D. 无要求

[解析] 改性沥青混合料的正常生产温度根据实践经验并参照正常的生产温度范围表格选取，通常宜较普通沥青混合料的生产温度提高 10～20℃；初压开始温度不低于 150℃，碾压终了的表面温度应不低于 90℃。

[答案] B

[经典例题·单选] 关于改性沥青混合料的说法，正确的是（　　）。

A. 宜使用轮胎式摊铺机

B. 摊铺速度宜放慢至 2～6m/min

C. 振动压路机应遵循"紧跟、慢压、高频、低幅"的原则

D. 碾压终了的表面温度应不低于 120℃

[解析] 改性沥青混合料路面宜采用振动压路机或钢筒式压路机碾压，不宜采用轮胎压路机碾压；改性沥青混合料的摊铺速度宜放慢至 1～3m/min；改性沥青混合料初压开始温度不低于 150℃，碾压终了的表面温度应不低于 90℃。

[答案] C

考点 4 水泥混凝土路面施工技术★★

一、混凝土配合比设计、搅拌和运输

（一）配合比设计

（1）混凝土的配合比设计在兼顾技术经济性的同时应满足弯拉强度、工作性、耐久性三项指标要求。

（2）混凝土外加剂的使用应符合：高温施工时混凝土拌合物的初凝时间不得小于 3h，低温施工时终凝时间不得大于 10h。

（二）搅拌

（1）搅拌设备应优先选用间歇式拌合设备，并在投入生产前进行标定和试拌。

（2）搅拌过程中，应对拌合物的水胶比及稳定性、坍落度及均匀性、坍落度损失率、振动黏度系数、含气量、泌水率、视密度、离析等项目进行检验与控制，均应符合质量标准的要求。

（三）运输

（1）应根据施工进度、运量、运距及路况，选配车型和车辆总数。

（2）不同摊铺工艺的混凝土拌合物从搅拌机出料到铺筑完成的允许最长时间应符合规定，见表 2K311040-2。

表 2K311040-2　混凝土拌合物出料到运输、铺筑完毕允许最长时间　（单位：h）

施工气温/℃	到运输完毕允许最长时间		到铺筑完毕允许最长时间	
	滑模、轨道	三辊轴、小机具	滑模、轨道	三辊轴、小机具
5～9	2.0	1.5	2.5	2.0
10～19	1.5	1.0	2.0	1.5
20～29	1.0	0.75	1.5	1.25
30～35	0.75	0.50	1.25	1.0

注：表中温度指施工时间的日间平均气温，使用缓凝剂延长凝结时间后，本表数值可增加 0.25～0.5h。

二、混凝土面板施工

（一）模板

（1）宜使用钢模板，每 1m 设置 1 处支撑装置。如采用木模板且用前须浸泡，木模板直线部分板厚不宜小于 50mm，每 0.8～1m 设 1 处支撑装置。

（2）模板安装应符合：支模前应核对路面高程、面板分块、胀缝和构造物位置；模板应安装稳固、顺直、平整、无扭曲，相邻模板连接应紧密平顺，不得错位；严禁在基层上挖槽嵌入模板；使用轨道摊铺机应采用专用钢制轨模；模板安装完毕，应检验合格后方可使用；模板安装检验合格后表面应涂脱模剂，接头应粘贴胶带或塑料薄膜等密封。

（二）钢筋安装

钢筋安装前应检查其原材料品种、规格与加工质量；钢筋网、角隅钢筋等安装应牢固、位置准确，如图 2K311040-9 所示。钢筋安装后应进行检查，合格后方可使用；传力杆安装应牢固、位置准确。胀缝传力杆应与胀缝板、提缝板一起安装。

（a）

（b）

图 2K311040-9　水泥混凝土面板钢筋
（a）水泥混凝土面板钢筋网片；（b）面板角隅钢筋

（三）摊铺与振动

1. 三辊轴机组

（1）铺筑混凝土面层时，辊轴直径应与摊铺层厚度匹配，且必须同时配备一台安装插入式振捣器组的排式振捣机；当面层铺装厚度小于 150mm 时，可采用振动梁；当一次摊铺双车道面层时应配备纵缝拉杆插入机，并配有插入深度控制和拉杆间距调整装置。

（2）铺筑作业时卸料应均匀，布料应与摊铺速度相适应；设有纵缝、缩缝拉杆的混凝土面层，应在面层施工中及时安设拉杆；三辊轴整平机分段整平的作业单元长度宜为 20～30m，振动机振实与三辊轴整平工序之间的时间间隔不宜超过 15min；在一个作业单元长度内，应采用前进振动、后退静滚方式作业，最佳滚压遍数应经过试铺段确定。

三辊轴机组施工如图 2K311040-10 所示。

图 2K311040-10 三辊轴机组施工

2. 轨道摊铺机

采用轨道摊铺机铺筑时，最小摊铺宽度不宜小于 3.75m，并选择适宜的摊铺机；坍落度宜控制在 20～40mm，根据不同坍落度时的松铺系数计算出松铺高度；轨道摊铺机应配备振捣器组，当面板厚度超过 150mm，坍落度小于 30mm 时，必须插入振捣；轨道摊铺机应配备振动梁或振动板对混凝土表面进行振捣和修整，使用振动板提浆饰面时，提浆厚度宜控制在（4±1）mm；面层表面整平时，应及时清除余料，用抹平板完成表面整修。

轨道摊铺机施工如图 2K311040-11 所示。

图 2K311040-11 轨道摊铺机施工

3. 人工摊铺混凝土

松铺系数宜控制在 1.10～1.25；摊铺厚度达到混凝土板厚的 2/3 时，应拔出模内钢钎，并填实钎孔；混凝土面层分两次摊铺时，上层混凝土的摊铺应在下层混凝土初凝前完成，且下层厚度宜为总厚的 3/5；混凝土摊铺应与钢筋网、传力杆及边缘角隅钢筋的安放相配合；一块混凝土板应一次连续浇筑完毕。混凝土使用插入式振捣器振捣时，不应过振，且振动时间不宜少于 30s，移动间距不宜大于 50cm。使用平板式振动器振捣时应重叠 10～20cm，振动器行进速度应均匀一致。

【注意】 摊铺方法中还应包括滑模摊铺机，注意预留两侧轨道行走空间，一般基层应比面层设计宽度单侧增加至少 650mm。

人工摊铺混凝土施工如图 2K311040-12 所示。

图 2K311040-12　人工摊铺混凝土施工

(四) 接缝

1. 胀缝

普通混凝土路面的胀缝应设置胀缝补强钢筋支架、胀缝板和传力杆。胀缝应与路面中心线垂直；缝壁必须垂直；缝宽必须一致，缝中不得连浆。缝上部灌填缝料，下部安装胀缝板和传力杆。

2. 传力杆的固定安装方法

(1) 端头木模固定传力杆安装方法：宜用于混凝土板不连续浇筑时设置的胀缝。胀缝宽 20～25mm，使用沥青或塑料薄膜滑动封闭层时，胀缝板及填缝宽度宜加宽到 25～30mm。传力杆一半以上长度的表面应涂防粘结涂层。如图 2K311040-13 (a) 所示。

(2) 支架固定传力杆安装方法：宜用于混凝土板连续浇筑时设置的胀缝。胀缝板应连续贯通整个路面板宽度。如图 2K311040-13 (b) 所示。

图 2K311040-13　胀缝传力杆固定安装方法

(a)：1—端头挡板；2—外侧定位模板；3—固定模板

(b)：1—现浇混凝土；2—传力杆；3—金属套管；4—钢筋；5—支架；6—压缝板条；7—嵌缝板；8—胀缝模板

(a) 胀缝传力杆的架设 (顶头模固定法)；(b) 胀缝传力杆的架设 (钢筋支架法)

3. 横向缩缝

横向缩缝采用切缝机施工 (如图 2K311040-14)，宜在水泥混凝土强度达到设计强度 25%～30%时进行，宽度控制在 4～6mm。切缝深度：设传力杆时，不应小于面层厚度的 1/3，且不得小于 70mm；不设传力杆时不应小于面层厚度的 1/4，且不应小于 60mm。混凝土板养护期满后应及时灌缝。

图 2K311040-14 切缝机施工

4. 填缝

灌填缝料前，清除缝中砂石、凝结的泥浆、杂物等并冲洗干净。缝壁必须干燥、清洁。缝料充满度应根据施工季节而定，常温施工时缝料宜与板面平，冬期施工时缝料应填为凹液面，中心宜低于板面1~2mm。填缝必须饱满均匀、厚度一致、连续贯通，填缝料不得缺失、开裂、渗水。填缝料养护期间应封闭交通。

（五）养护

混凝土浇筑完成后应及时进行养护，可采取喷洒养护剂或保湿覆盖等方式；在雨天或养护用水充足的情况下，可采用保湿膜、土工毡、麻袋、草袋、草帘等覆盖物洒水湿养护方式，不宜使用围水养护；昼夜温差大于10℃以上的地区或日均温度低于5℃施工的混凝土板应采用保温养护措施。养护时间应根据混凝土弯拉强度增长情况而定，不宜小于设计弯拉强度的80%，一般宜为14~21d。应特别注重前7d的保湿（温）养护。

（六）开放交通

在混凝土达到设计弯拉强度40%以后，可允许行人通过。混凝土完全达到设计弯拉强度后，并且完成填缝（填缝材料也养护成型）后，方可开放交通。

┌───
│ **重点提示**
│
│ （1）混凝土配合比设计、搅拌和运输属于低频考点，熟悉即可，2016年已考查，近几年考查概率较小。
│
│ （2）近几年的混凝土路面考查频率在下降，了解混凝土面板基本施工工序：模板→混凝土摊铺→振动→接缝处理→养护→开放交通，重点掌握接缝及开放交通两部分内容。
└───

实战演练

［2016真题·单选］下列指标中，不属于混凝土路面配合比设计指标的是（ ）。

A. 工作性 B. 抗压强度 C. 耐久性 D. 弯拉强度

［解析］混凝土的配合比设计在兼顾技术经济性的同时应满足弯拉强度、工作性、耐久性三项指标要求。

［答案］B

［2015真题·单选］水泥混凝土路面设胀缝施工时，不设置（ ）。

A. 模板 B. 传力杆

C. （胀、缩）缝板 D. 预应力筋

［解析］普通混凝土路面的胀缝应设置胀缝补强钢筋支架、胀缝板和传力杆。胀缝应与路面中心线垂直；缝壁必须垂直；缝宽必须一致，缝中不得连浆。缝上部灌填缝料，下部安装胀

缝板和传力杆。

[答案] D

[2018 真题·多选] 关于现浇水泥混凝土路面对原材料要求的说法，正确的有（　　）。

A. 城镇快速路可采用矿渣水泥

B. 粗集料应采用质地坚硬、耐久、洁净的碎石，粒径不得大于 31.5mm

C. 外加剂应符合国家标准并有合格证

D. 传力杆、滑动套材质、规格应符合规定

E. 海砂不得用于混凝土面层

[解析] 选项 A，城镇快速路、主干路应采用 42.5 级以上的道路硅酸盐水泥或硅酸盐水泥、普通硅酸盐水泥；其他道路可采用矿渣水泥，其强度等级宜不低于 32.5 级。选项 E，淡化海砂不得用于城镇快速路、主干路、次干路，可用于支路。

[答案] BCD

考点 5　城镇道路大修维护技术要点

一、稀浆罩面

（一）定义

1. 稀浆封层

采用机械设备将乳化沥青或改性乳化沥青、粗细集料、填料、水和添加剂等按照设计配合比拌合成稀浆混合料及时均匀地摊铺在原路面上经养护后形成的薄层。

2. 微表处

采用机械设备将改性乳化沥青、粗细集料、填料、水和添加剂等按照设计配合比拌合成稀浆混合料并摊铺到原路面上的薄层。

（二）稀浆封层及微表处类型、功能及适用范围

稀浆封层及微表处类型、功能及适用范围见表 2K311040-3。

表 2K311040-3　稀浆封层及微表处类型、功能及适用范围

稀浆混合料类型	混合料规格	功能	适用范围
稀浆封层	ES-1（细封层）	封水、防滑和改善路表外观	支路、停车场的罩面
	ES-2（中封层）		次干路以下的罩面，以及新建道路的下封层
	ES-3（粗封层）		次干路的罩面，以及新建道路的下封层
微表处	MS-2（Ⅱ型）	封水、防滑、耐磨和改善路表外观	中等交通等级快速路和主干路的罩面
	MS-3（Ⅲ型）	封水、防滑、耐磨、改善路表外观和填补车辙	快速路、主干路的罩面

（三）施工要求

（1）施工步骤：修补、清洁原路面→放样画线→湿润原路面或喷洒乳化沥青→拌合、摊铺稀浆混合料→手工修补局部施工缺陷→成型养护→开放交通。

（2）稀浆封层和微表处施工前，应对原路面进行检测与评定。原路面应符合强度、刚度和整体稳定性的要求，且表面应平整、密实、清洁。

（3）当原路面为沥青路面，天气过于干燥或炎热时，摊铺前应对原路面预先洒水，应以路面湿润为准，不得有积水现象，湿润后应立即施工；非沥青路面宜预先喷洒粘层油；用于半刚性基层沥青路面的下封层时，应首先在半刚性基层上喷洒透层油。

（4）正式施工前，应选择合适的路段摊铺试验段，长度不宜小于200m。施工前应进行混合料配合比设计，符合技术要求后方可施工。

（5）稀浆封层和微表处应采用专用机械施工，施工期及养护期内的气温应高于10℃。

（6）路面过湿或有积水时，严禁进行施工；在雨天及空气湿度大、混合料成型困难的天气时，不得施工；施工中遇雨或施工后混合料尚未成型遇雨时，严禁开放交通，并应在雨后将无法正常成型的材料铲除重做。

（7）初期养护应符合下列要求。

1）在开放交通前严禁车辆和行人通行。

2）对交叉路口、单位门口等摊铺后需尽快开放交通的路段，应采用铺撒一层薄砂等保护措施，撒砂时间应在破乳之后，并应避免急刹车和急转弯等。

3）摊铺后可不采用压路机碾压，通车后可采用交通车辆自然压实。在特殊情况下，可采用轮重6～10t轮胎压路机压实，压实应在混合料初凝后进行。

4）用于下封层时，宜使用6～10t轮胎压路机对初凝后的稀浆混合料进行碾压。

5）当混合料能满足开放交通要求时，应尽快开放，初期行车速度不宜超过30km/h。

6）当混合料粘结力达到2.0N·m时，可结束初期养护。

（四）质量验收

（1）施工前必须检查原材料的检测报告、稀浆混合料设计报告、摊铺车标定报告，并应确认符合要求。

（2）工程完工后，应将施工全线以1km作为一个评价路段，按规定进行质量检查和验收。

（3）主控项目：抗滑性能、渗水系数、厚度。一般项目：表观质量（应平整、密实、均匀，无松散、花白料、轮迹和划痕）、横向接缝、纵向接缝和边线质量。

二、旧路加铺沥青混合料面层工艺

旧沥青路面作为基层加铺沥青混合料面层如图2K311040-15所示，旧水泥混凝土路作为基层加铺沥青混合料面层如图2K311040-16所示。

图 2K311040-15 沥青路面加铺　　　　图 2K311040-16 水泥混凝土路面加铺

（一）旧沥青路面作为基层加铺沥青混合料面层

1. 路面病害示例

（1）沥青路面不平整，如车辙（如图 2K311040-17）、沉陷（如图 2K311040-18）等。

图 2K311040-17　车辙　　　　　图 2K311040-18　沉陷

（2）沥青路面裂缝病害，如横向开裂（如图 2K311040-19）、纵向开裂（如图 2K311040-20）、网状开裂（如图 2K311040-21）、井圈处碎裂坑槽（如图 2K311040-22）等。

图 2K311040-19　横向开裂　　　　图 2K311040-20　纵向开裂

图 2K311040-21　网状开裂　　　　图 2K311040-22　井圈处碎裂坑槽

2. 施工要点

（1）对原有路面进行调查处理、整平或补强，符合设计要求。

（2）符合设计强度、基本无损坏的旧沥青路面经整平后可作基层使用。

（3）旧沥青路面有明显的损坏，但强度能达到设计要求的，应对损坏部分进行处理。

（4）填补旧沥青路面，凹坑应按高程控制、分层摊铺，每层最大厚度不宜超过 100mm。

（二）旧水泥混凝土路作为基层加铺沥青混合料面层

1. 路面病害示例

（1）水泥混凝土路面裂缝，如横向开裂（如图 2K311040-23）、纵向开裂（如图 2K311040-24）。

图 2K311040-23　横向开裂　　　　　　图 2K311040-24　纵向开裂

（2）水泥混凝土路面断板，如碎裂（如图 2K311040-25）、断板（如图 2K311040-26）、沉陷（如图 2K311040-27）、错台（如图 2K311040-28）。

图 2K311040-25　碎裂　　　　　　　图 2K311040-26　断板

图 2K311040-27　沉陷　　　　　　　图 2K311040-28　错台

2. 施工要求

（1）对旧水泥混凝土路做综合调查，符合基本要求，经处理后可作为基层使用。

（2）对旧水泥混凝土路面层与基层间的空隙，应作填充处理。

（3）对局部破损的原水泥混凝土路面层应剔除，并修补完好。

（4）对旧水泥混凝土路面层的胀缝、缩缝、裂缝应清理干净，并应采取防反射裂缝措施。

（三）加铺沥青面层技术要点

1. 面层水平变形反射裂缝预防措施

（1）在旧水泥混凝土路面加铺沥青混凝土必须处理好反射裂缝，尽可能减少或延缓反射裂缝的出现。

（2）在沥青混凝土加铺层与旧水泥混凝土路面之间设置应力消减层（土工合成材料），具有延缓和抑制反射裂缝产生的效果。

2. 面层垂直变形破坏预防措施

（1）在大修前应将局部破损部位彻底剔除并重新修复；不需要将板体整块凿除重新浇筑，

采用局部修补的方法即可。

（2）使用沥青密封膏处理旧水泥混凝土板缝。

3. 基底处理要求

必须对脱空和路面板局部破裂处的基底进行处理，并对破损的路面板进行修复。基底处理方法：开挖式换填基底材料；非开挖式注浆填充，如图 2K311040-29 所示（灌注压力宜为1.5～2.0MPa）。

图 2K311040-29　非开挖式注浆填充

三、路面改造技术

路面改造技术见表 2K311040-4。

表 2K311040-4　路面改造技术

裂缝修补	灌注法、消减层
局部修补	（1）人工剔凿，将酥空、空鼓、破损部分清除，深度5cm以上 （2）基面清理后涂刷界面剂 （3）面板边角破损参照修补 （4）有钢筋应保留，不能保留应植入钢筋
整块板更换	（1）错台或板块网状开裂，原路基质量出现问题 （2）整板凿除，重新夯实路基
加铺面层	（1）注意原有雨水管及检查井的位置和高程 （2）加铺前采用洒布沥青粘层油摊铺土工布等方式进行处理

（1）裂缝修补通常通过裂缝检测、裂缝灌注对裂缝进行修补，裂缝修补效果如图2K311040-30 所示。

图 2K311040-30　裂缝修补

（2）局部修补，破损部位切割如图 2K311040-31 所示，开挖基底处理如图 2K311040-32 所示，重新摊铺如图 2K311040-33 所示，修补处压实如图 2K311040-34 所示。

图 2K311040-31 破损部位切割

图 2K311040-32 开挖基底处理

图 2K311040-33 重新摊铺

图 2K311040-34 修补处压实

重点提示

病害处理内容比较贴近工程实践，需要区分病害情况，查明原因，综合处理，需要在学习过程中多积累分析。

实战演练

[2017真题·案例节选]

背景资料：

某施工单位承建城镇道路改扩建工程，全长 2km。

施工中，旧水泥混凝土路面加铺前，项目部进行了外观调查，并采用探地雷达对道板下状况进行扫描探测，将旧水泥混凝土道板的现状分为三种状态：A 为基本完好；B 为道板面上存在接缝和裂缝；C 为局部道板底脱空，道板局部断裂或碎裂。

问题：

4. 在加铺沥青混凝土前，对 C 状态的道板应采取哪些处置措施？

[答案]

4. 首先进行路面评定，对于路面局部断裂或碎裂部位，将破坏部位凿除，换填基底材料并压实后，重新浇筑混凝土；对于板底脱空部位用雷达探查脱空区域，然后采用地面钻孔注浆的方法进行基底处理。

考点 6　压实度的检测方法与评定标准★

一、压实度的测定

（一）路基、基层

1. 环刀法

环刀法适用于细粒土及无机结合料稳定细粒土的密度和压实度检测。环刀法测定过程如图

2K311040-35 所示。

图 2K311040-35　环刀法测定过程

（a）将环刀切入结构层；（b）取出环刀；（c）取出土块；（d）装袋进实验室测定

2. 灌砂法

灌砂法适用于土路基压实度检测，不宜用于填石路堤。在路面工程中适用于基层、砂石路面、沥青路面表面处治及沥青贯入式路面的密度和压实度的检测。灌砂法如图 2K311040-36 所示。

图 2K311040-36　灌砂法（标准砂的灌入）

3. 灌水法

灌水法适用于沥青路面表面处治及沥青贯入式路面的压实度检测。

（二）沥青路面

1. 钻芯法

一般控制孔隙率在 3%～7%、压实度在 93%～97% 为理想状态。

2. 核子密度仪

（1）直接透射法测定，测定层的厚度不超过 20cm 检测。

（2）路面或路基材料的密度和含水率。

二、压实质量标准

压实质量标准重点关注快速路、主干路的要求。

（一）土基与路基

土基与路基压实质量标准见表 2K311040-5。

表 2K311040-5 土基与路基压实质量标准

类型	路床顶面以下深度/cm	道路类型	压实度/%	检验频率	
				范围	点数
挖方	0~30	快速路、主干路	≥95	每1000m²	每层一组（3点）
		次干路	≥93		
		支路	≥90		
填方	0~80	快速路、主干路	≥95		
		次干路	≥93		
		支路	≥90		
	>80~150	快速路、主干路	≥93		
		次干路	≥90		
		支路	≥90		
	>150	快速路、主干路	≥90		
		次干路	≥90		
		支路	≥87		

（二）沥青路面

沥青路面压实质量标准见表 2K311040-6。

表 2K311040-6 沥青路面压实质量标准

类型	道路类型	压实度/%	检验频率	
			范围	点数
热拌沥青混合料	快速路、主干路	≥96	每1000m²	1
	次干路	≥95		
	支路	≥95		
冷拌沥青混合料	—	≥95		
沥青贯入式	—	≥95		

同步强化训练

一、单项选择题（每题的备选项中，只有1个最符合题意）

1. 沥青混合料结构组成中，骨架-空隙结构的特点是（　）。
   A. 黏聚力较高，内摩擦角较小，高温稳定性较差
   B. 黏聚力较高，内摩擦角较大，高温稳定性较差
   C. 黏聚力较低，内摩擦角较小，高温稳定性较好
   D. 黏聚力较低，内摩擦角较大，高温稳定性较好

2. 基层材料应根据道路交通等级和路基（　）来选择。
   A. 承载能力　　　　　　　　　B. 抗冲刷能力
   C. 变形协调能力　　　　　　　D. 抗弯能力

3. 路基工程中，新建的地下管线施工必须依照（　）的原则进行。
   A. 先地下，后地上，先浅后深

B. 先地上，后地下，先深后浅

C. 先地上，后地下，先浅后深

D. 先地下，后地上，先深后浅

4. 路基施工要点中，说法错误的是（　　）。

    A. 地面坡度1:5处修筑台阶

    B. 每层台阶高度不宜大于300mm，宽度不应小于1.0m

    C. 填方高度内的管涵顶面填土300mm以上才能用压路机碾压

    D. 路基填筑最后的碾压选用不小于12t级压路机

5. 某城市新建主干路经过一处淤泥深1.2m的水塘，路基施工时，对淤泥应用（　　）处理。

    A. 强夯法　　　　　　　　　　　　　B. 换填法

    C. 排水固结法　　　　　　　　　　　D. 堆载预压法

6. 关于水泥稳定土基层的说法，错误的是（　　）。

    A. 有良好的板体性　　　　　　　　　B. 初期强度比石灰土低

    C. 低温时会冷缩　　　　　　　　　　D. 水稳性比石灰土好

7. 沥青混凝土路面的压实层最大厚度不宜大于（　　）mm，各层应符合压实度及平整度的要求。

    A. 50　　　　　　　　　　　　　　　B. 80

    C. 100　　　　　　　　　　　　　　　D. 150

8. 热拌沥青混合料面层纵缝应采用热接缝，上、下层的纵缝应错开（　　）以上。

    A. 50mm　　　　　　　　　　　　　　B. 100mm

    C. 150mm　　　　　　　　　　　　　　D. 200mm

9. EVA、PE类聚合物改性沥青混合料的废弃温度为（　　）。

    A. 165℃　　　　　　　　　　　　　　B. 175℃

    C. 185℃　　　　　　　　　　　　　　D. 195℃

10. 水泥混凝土路面缩缝设传力杆时的切缝深度，不宜小于板厚的（　　），且不得小于70mm。

    A. 1/2　　　　　　　　　　　　　　　B. 1/3

    C. 1/4　　　　　　　　　　　　　　　D. 1/5

二、多项选择题 （每题的备选项中，有2个或2个以上符合题意，至少有1个错项）

1. 可用于城市快速路、主干路的热拌沥青混合料有（　　）。

    A. AC型沥青混合料　　　　　　　　　B. 改性沥青混合料

    C. SMA混合料　　　　　　　　　　　D. 改性沥青SMA混合料

    E. 煤沥青

2. 土工合成材料的用途有（　　）。

    A. 路堤加筋

    B. 台背路基填土加筋

    C. 过滤与排水

    D. 路基防护

    E. 减少路基与构造物之间的不均匀沉降

三、案例分析题

背景资料：

A 公司中标一城市主干道拓宽改造工程，道路基层结构为 150mm 石灰土和 400mm 水泥稳定碎石，面层为 150mm 沥青混凝土。总工期为 7 个月。

开工前，项目部做好了施工交通准备工作，以减少施工对群众社会经济生活的影响；并根据有关资料，结合工程特点和自身施工能力编制了工程施工方案和质量计划。

方案确定水泥稳定碎石采用集中厂拌方式生产，为确保质量采取以下措施：不同粒级的石料、细集料分开堆放；水泥、细集料覆盖防雨。

质量计划确定沥青混凝土面层为关键工序，制定了面层施工专项方案，安排铺筑面层试验路段，试验包括以下内容：

(1) 通过试拌确定拌合机的操作工艺。

(2) 通过试铺确定透层油的喷洒方式和效果，摊铺、压实工艺及松铺系数。

水泥稳定碎石分层施工，施工中发现某段成品水泥稳定碎石基层表面出现部分横向收缩裂缝。

问题：

1. 工程施工前施工交通准备工作包括哪些内容？

2. 补充背景中确保水泥稳定碎石料出厂质量的措施。

3. 补充面层试验路段的试验内容。

4. 造成本工程水泥稳定碎石基层表面出现横向裂缝的可能原因有哪些？

参考答案及解析

一、单项选择题

1. ［答案］D

［解析］骨架-空隙结构粗集料所占比例大，可互相嵌锁形成骨架结构，细集料很少甚至没有，容易在粗集料之间形成空隙。具有较低的黏聚力，但内摩擦角较大，高温稳定性较好。

2. ［答案］B

［解析］根据交通等级和基层的抗冲刷能力来选择基层材料。特重交通宜选用贫混凝土、碾压混凝土或沥青混凝土基层；重交通宜选用水泥稳定粒料或沥青稳定碎石基层；中、轻交通宜选择水泥或石灰粉煤灰稳定粒料或级配粒料基层；湿润和多雨地区，繁重交通路段宜采用排水基层。

3. ［答案］D

［解析］地下管线、涵洞（管）等构筑物是城镇道路路基工程中必不可少的组成部分。涵洞（管）等构筑物可与路基（土方）同时进行，但新建的地下管线施工必须遵循"先地下，后地上""先深后浅"的原则。

4. ［答案］C

［解析］填方段内应事先找平，当地面坡度陡于 1:5 时，需修成台阶形式，每层台阶高度不宜大于 300mm，宽度不应小于 1.0m。碾压前检查铺筑土层的宽度与厚度，合格后即可碾压，碾压"先轻后重"，最后碾压应采用不小于 12t 级的压路机。填方高度内的管涵顶面填土 500mm 以上才能用压路机碾压。

5. ［答案］B

［解析］路基处理的方法，根据其作用和原理大致分为六类：碾压及夯实、换土垫层、排水固结、振密挤密、置换及拌入、加筋。换填法以砂石、素土、灰土和矿渣

等强度较高的材料，置换地基表层软弱土，提高持力层的承载力，扩散应力，减小沉降量，适用于暗沟、暗塘等软弱土的浅层处理。

6. ［答案］B

［解析］水泥稳定土有良好的板体性，其水稳性和抗冻性都比石灰稳定土好。水泥稳定土的初期强度高，其强度随龄期增长。水泥稳定土在暴露条件下容易干缩，低温时会冷缩，而导致裂缝。

7. ［答案］C

［解析］沥青混凝土路面的压实层最大厚度不宜大于100mm，各层应符合压实度及平整度的要求。

8. ［答案］C

［解析］沥青混合料面层的施工接缝应紧密、平顺。上、下层的纵缝应错开150mm（热接缝）或300～400mm（冷接缝）以上。

9. ［答案］D

［解析］改性沥青混合料生产温度应根据改性沥青品种、粘度、气候条件、铺装层的厚度确定。改性沥青混合料的正常生产温度根据实践经验并参照表格选择。通常宜较沥青混合料的生产温度提高10～20℃。改性沥青混合料的废弃温度为195℃。

10. ［答案］B

［解析］水泥混凝土路面横向缩缝采用切缝机施工，宜在水泥混凝土强度达到设计强度25%～30%时进行，宽度控制在4～6mm。切缝深度：设传力杆时，不应小于面层厚度的1/3，且不得小于70mm；不设传力杆时不应小于面层厚度的1/4，且不应小于60mm。

二、多项选择题

1. ［答案］BCD

［解析］改性沥青混合料面层适用城镇快速路、主干路。SMA是当前国内外使用较多的一种抗变形能力强，耐久性较好的沥青面层混合料，适用于城镇快速路、主干路。改性沥青玛蹄脂碎石混合料（SMA）适用于交通流量和行驶频度急剧增长，客运车的轴重不断增加，严格实行分车道单向行驶的城镇快速路、主干路。

2. ［答案］ABCD

［解析］土工合成材料的用途有路堤加筋、台背路基填土加筋、路面裂缝防治、过滤与排水、路基防护。

三、案例分析题

1. 工程施工前交通准备工作内容包括：修建临时便线（道）；导行临时交通（编制交通疏导方案或交通组织方案）；协助交通管理部门管好交通，使施工对群众社会经济生活的影响降到最低。

2. 质量措施还有：严格按设计配合比配料，拌制均匀，混合料的含水量略大于最佳含水量。

3. 试验内容还有：检验各种施工机械的类型、数量及组合方式是否匹配（施工机械选择），验证沥青混合料生产配合比设计，提出生产的标准配合比和最佳沥青用量。

4. 可能原因有：水泥含量过高（配合比不适当），含水量过高（含水量不符合要求），养护不周（养护天数不足，洒水不足）。

2K312000　城市桥梁工程

📖 学习提示

　　本章是市政工程基础内容，一共包括 4 节，第 2、3 节都是针对桥梁主体结构施工技术的内容，考查频率高。在本章复习中，"城市桥梁下部结构施工""城市桥梁上部结构施工"均为考查分值较高的内容，应当重点学习，注意在学习过程中梳理清楚施工工艺流程，加强针对"桩基础""上部结构支架法施工""上部结构悬臂施工"等关键施工方法的学习。而"城市桥梁工程结构形式及通用施工技术""管涵和箱涵施工"可以作为次重点，一般多考查选择题。

📖 考情分析

近四年考试真题分值统计表 （单位：分）

节序	节名	2020 年			2019 年			2018 年			2017 年		
		单选	多选	案例	单选	多选	案例	单选	多选	案例	单选	多选	案例
2K312010	城市桥梁结构形式及通用施工技术	2	2	25	3	2	4	2	—	4	1	4	3
2K312020	城市桥梁下部结构施工	1	—	—	—	—	5	1	—	—	—	2	2
2K312030	城市桥梁上部结构施工	1	2	—	—	—	—	—	2	3	—	—	—
2K312040	管涵和箱涵施工	—	—	—	—	2	—	—	—	—	—	—	—
	合计	4	4	25	3	4	9	3	2	7	1	6	5

注：超纲考题的分值分布未计算在列。

2K312010　城市桥梁结构形式及通用施工技术

思维导图▶▶▶

考点精讲▶▶▶

考点 1　桥梁基本组成与常用术语★

一、桥梁的基本组成

（1）桥梁结构组成一般可分为：上部结构（桥跨系统）、下部结构（桥墩、桥台和墩台基础）、支座系统、附属设施，如图2K312010-1所示，其实例图如图2K312010-2所示。

图2K312010-1　桥梁结构组成示意图

图 2K312010-2 桥梁主体构件

1）桥跨结构：在线路中断时跨越障碍的主要承载结构，也叫上部结构。

2）桥墩：河中或岸上支承桥跨结构的结构物。

3）桥台：设置在桥两端，一边与路堤相接，以防止路堤滑塌；另一边支承桥跨结构的端部。桥台两侧常做锥形护坡、挡土墙等防护工程。

4）墩台基础：保证墩台安全，使全部荷载传至地基的结构。

5）支座系统：设置在桥跨结构与墩台支承处的传力装置，传递荷载还要保证桥跨结构能产生一定的变位。

（2）附属设施：桥面铺装、排水防水系统、栏杆、伸缩缝、灯光照明，如图 2K312010-3 所示。

（a）　　　　　　　　　　　　　　　　（b）

（c）　　　　　　　　　　　　　　　　（d）

图 2K312010-3 附属设计

（a）伸缩缝；（b）排水设施；（c）栏杆；（d）灯光照明

二、相关常用术语

桥梁相关常用术语如图 2K312010-4 所示。

图 2K312010-4　桥梁术语示意图

（1）净跨径：相邻两个桥墩（或桥台）之间的净距。对于拱式桥是每孔拱跨两个拱脚截面最低点之间的水平距离。

（2）总跨径：多孔桥梁中各孔净跨径的总和，也称桥梁孔径。

（3）计算跨径：对于具有支座的桥梁，是指桥跨结构相邻两个支座中心之间的距离；对于拱式桥，是指两相邻拱脚截面形心点之间的水平距离，即拱轴线两端点之间的水平距离。

（4）桥梁全长：是桥梁两端两个桥台的侧墙或八字墙后端点之间的距离，简称桥长。

（5）桥梁高度：指桥面与低水位之间的高差，或指桥面与桥下线路路面之间的距离，简称桥高。

（6）桥下净空高度：设计洪水位、计算通航水位或桥下线路路面至桥跨结构最下缘之间的距离。

（7）建筑高度：桥上行车路面（或轨顶）标高至桥跨结构最下缘之间的距离。

（8）容许建筑高度：公路或铁路定线中所确定的桥面或轨顶标高，对通航净空顶部标高之差。

（9）拱轴线：拱圈各截面形心点的连线。

（10）净矢高：从拱顶截面下缘至相邻两拱脚截面下缘最低点之连线的垂直距离。

（11）计算矢高：从拱顶截面形心至相邻两拱脚截面形心之连线的垂直距离。

（12）矢跨比：计算矢高与计算跨径之比，也称拱矢度。

（13）涵洞：凡是多孔跨径的全长不到8m和单孔跨径不到5m的泄水结构物，均称为涵洞。

［重点提示］

　　了解桥梁的基本组成结构，能够区分桥梁五大部件和五小部件及五大部件中哪些属于上部结构、哪些属于下部结构。桥梁常用术语做到给出后面一段话能够判断出对应是哪个术语，对于相似术语（净跨径与总跨径、计算跨径；桥梁高度与桥下净空高度）能够区分。通常考查客观题。

✎ 实战演练

［2017真题·单选］直接或间接承受汽车等荷载作用，对桥梁结构安全起保证作用的部件是（　）。

A. 桥台基础　　　　　　　　　　　B. 桥面沥青混凝土铺装

C. 桥梁栏杆　　　　　　　　　　　D. 桥面排水系统

［解析］桥墩和桥台中使全部荷载传至地基的部分，通常称为基础。

［答案］A

［经典例题·单选］桥梁全长是指（　　）。

A. 多孔桥梁中各孔净跨径的总和

B. 单孔拱桥两拱脚截面形心点之间的水平距离

C. 桥梁两端两个桥台的侧墙或八字墙后端点之间的距离

D. 单跨桥梁两个桥台之间的净距

［解析］桥梁全长是指桥梁两端两个桥台的侧墙或八字墙后端点之间的距离。

［答案］C

考点 2　桥梁的分类及各自特点★

一、按受力特点分

（一）梁式桥

梁式桥是一种在竖向荷载作用下无水平反力的结构。与同样跨径的其他结构体系相比，梁内产生的弯矩最大。如图 2K312010-5 所示。

图 2K312010-5　梁式桥

（二）拱式桥

拱式桥的主要承重结构是拱圈或拱肋。这种结构在竖向荷载作用下，桥墩或桥台将承受水平推力。拱桥的承重结构以受压为主。如图 2K312010-6 所示。

图 2K312010-6　拱式桥

（三）刚架桥

刚架桥，其受力状态介于梁桥和拱桥之间。同样的跨径在相同荷载作用下，刚架桥的正弯矩比梁式桥要小，刚架桥的建筑高度就可以降低。但刚架桥施工比较困难，用普通钢筋混凝土修建，梁柱刚结处易产生裂缝。如图 2K312010-7 所示。

图 2K312010-7　刚架桥

（四）悬索桥

悬索桥以悬索为主要承重结构，结构自重较轻，构造简单，受力明确，适合修建大跨度桥。如图 2K312010-8 所示。

图 2K312010-8　悬索桥

（五）组合体系桥

组合体系桥由几个不同体系的结构组合而成，最常见的为连续刚构，梁、拱组合等。斜拉桥也是组合体系桥的一种。如图 2K312010-9 所示。

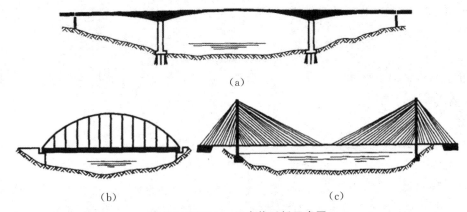

（a）

（b）　　　　　　　　　　　　　（c）

图 2K312010-9　组合体系桥示意图

（a）连续刚构；（b）梁、拱组合（下承式）；（c）斜拉桥

二、其他分类方式

（1）按用途不同划分为：公路桥、铁路桥、公铁两用桥、农用桥、人行桥、运水桥及其他专用桥梁。

（2）按桥梁全长和跨径的不同分为：特大桥、大桥、中桥、小桥，见表 2K312010-1。

表 2K312010-1　按桥梁全长和跨径分类

桥梁分类	多孔跨径总长 L/m	单孔跨径 L_0/m
特大桥	$L > 1000$	$L_0 > 150$
大桥	$1000 \geq L \geq 100$	$150 \geq L_0 \geq 40$
中桥	$100 > L > 30$	$40 > L_0 \geq 20$
小桥	$30 \geq L \geq 8$	$20 > L_0 \geq 5$

（3）按主要承重结构所用的材料不同划分为：圬工桥、钢筋混凝土桥、预应力混凝土桥、钢桥、钢-混凝土结合梁桥和木桥等。

（4）按跨越障碍的性质不同划分为：跨河桥、跨线桥、高架桥和栈桥。

（5）按上部结构的行车道位置分为：上承式桥、下承式桥、中承式桥，如图 2K312010-10 所示。

图 2K312010-10　下承式桥、中承式桥、上承式桥

重点提示

熟悉桥梁的分类方式及每种分类都有哪些桥梁，类似于其他专业的分类部分，通常在客观题中考查。

✐ 实战演练

[2020 真题·单选] 拱桥承重结构以（　　）为主。

A. 拉　　　　　　　　　　　　　　　B. 压

C. 弯　　　　　　　　　　　　　　　D. 扭

[解析] 拱桥的承重结构以受压为主，通常用抗压能力强的圬工材料（砖、石、混凝土）和钢筋混凝土等来建造。

[答案] B

[2019 真题·单选] 三孔标准跨径总长为 500m 的桥梁属于（　　）。

A. 特大桥　　　　　　B. 大桥　　　　　　C. 中桥　　　　　　D. 小桥

[解析] 按桥梁多孔跨径总长或单孔跨径的长度，分为特大桥、大桥、中桥、小桥。其中，$100m \leqslant$ 多孔跨径总长 $L \leqslant 1\ 000m$ 或 $40m \leqslant$ 单孔跨径总长 $L_0 \leqslant 150m$ 的桥梁为大桥。500m 属于大桥范围，选项 B 正确。

[答案] B

考点 3　钢筋施工技术★

扫码听课

一、一般规定

（1）钢筋的级别、种类和直径应按设计要求采用。当需要代换时，应由原设计单位作变更设计。

（2）预制构件的吊环必须采用未经冷拉的 HPB300 热轧光圆钢筋制作，不得以其他钢筋替代，且其使用时的计算拉应力应不大于 50MPa。

（3）在浇筑混凝土之前应对钢筋进行隐蔽工程验收，确认符合设计要求。

二、钢筋加工

（1）钢筋弯制前应先调直。钢筋宜优先选用机械方法调直。

（2）钢筋下料前，应核对钢筋品种、规格、等级及加工数量，并应根据设计要求和钢筋长度配料。下料后应按种类和使用部位分别挂牌标明。

（3）箍筋弯钩的弯曲直径应大于被箍主钢筋的直径，且 HPB300 不得小于箍筋直径的 2.5

倍，HRB335 不得小于箍筋直径的 4 倍；弯钩平直部分的长度，一般结构不宜小于箍筋直径的 5 倍，有抗震要求的结构不得小于箍筋直径的 10 倍。

（4）钢筋宜在常温状态下弯制，不宜加热。钢筋宜从中部开始逐步向两端弯制，弯钩应一次弯成。

（5）钢筋加工过程中，应采取防止油渍、泥浆等物污染和防止受损伤的措施。

三、钢筋连接

（一）热轧钢筋接头

（1）钢筋接头宜采用焊接接头或机械连接接头。

（2）焊接接头应优先选择闪光对焊。

（3）机械连接接头适用于 HRB335 和 HRB400 带肋钢筋的连接。

（4）当普通混凝土中钢筋直径等于或小于 22mm 时，在无焊接条件时，可采用绑扎连接，但受拉构件中的主钢筋不得采用绑扎连接。

（5）钢筋骨架和钢筋网片的交叉点焊接宜采用电阻点焊。

（6）钢筋与钢板的 T 形连接，宜采用埋弧压力焊或电弧焊。

（二）钢筋接头设置

（1）在同一根钢筋上宜少设接头。

（2）钢筋接头应设在受力较小区段。

（3）在任一焊接或绑扎接头长度区段内，同一根钢筋不得有两个接头。

（4）接头末端至钢筋弯起点的距离不得小于钢筋直径的 10 倍。

（5）施工中钢筋受力分不清受拉、受压的，按受拉办理。

（6）钢筋接头部位横向净距不得小于钢筋直径，且不得小于 25mm。

四、钢筋骨架和钢筋网的组成与安装

（一）钢筋骨架制作和组装

（1）组装时应按设计图纸放大样，放样时应考虑骨架预拱度。

（2）骨架接长焊接时，不同直径钢筋的中心线应在同一平面上。

（二）钢筋现场绑扎

（1）钢筋网的外围两行钢筋交叉点应全部扎牢，中间部分交叉点可间隔交错扎牢，但双向受力的钢筋网，钢筋交叉点必须全部扎牢。

（2）绑扎接头搭接长度范围内的箍筋间距：当钢筋受拉时应小于 $5d$，且不得大于 100mm；当钢筋受压时应小于 $10d$，且不得大于 200mm。

（3）钢筋骨架的多层钢筋之间，应用短钢筋支垫，确保位置准确。

（三）钢筋的混凝土保护层厚度

钢筋的混凝土保护层厚度，必须符合设计要求。设计无规定时应符合下列规定：

（1）普通钢筋和预应力直线形钢筋的最小混凝土保护层厚度不得小于钢筋公称直径。后张法构件预应力直线形钢筋不得小于其管道直径的 1/2。

（2）当受拉区主筋的混凝土保护层厚度大于 50mm 时，应在保护层内设置直径不小于 6mm、间距不大于 100mm 的钢筋网。

（3）钢筋机械连接件的最小保护层厚度不得小于 20mm。

（4）应在钢筋与模板之间设置垫块，确保钢筋的混凝土保护层厚度，垫块应与钢筋绑扎牢

固、错开布置。

重点提示

　　了解钢筋设计的一般规定，重点掌握钢筋连接中接头设置部分的要求，基本上每年都会考查。

实战演练

[2019真题·单选] 钢筋与钢板的 T 形连接，宜采用（　　）。

A. 闪光对焊　　　　B. 电阻点焊　　　　C. 电弧焊　　　　D. 氩弧焊

[解析] 钢筋与钢板的 T 形连接，宜采用埋弧压力焊或电弧焊，选项 C 正确。

[答案] C

[2016真题·单选] 钢筋的级别、种类和直径应按设计要求采用，当需要代换时，应由（　　）单位作变更设计。

A. 施工　　　　B. 建设　　　　C. 监理　　　　D. 原设计

[解析] 钢筋的级别、种类和直径应按设计要求采用。当需要代换时，应由原设计单位作变更设计。

[答案] D

[经典例题·单选] 下列关于钢筋弯制的说法中，错误的是（　　）。

A. 钢筋宜在常温状态下弯制，不宜加热

B. 钢筋宜从中部开始逐步向两端弯制，弯钩应一次弯成

C. 用于抗震结构的箍筋，弯钩平直部分长度不得小于箍筋直径的 5 倍

D. 受力钢筋弯制和末端弯钩均应符合设计要求

[解析] 箍筋弯钩平直部分的长度，一般结构不宜小于箍筋直径的 5 倍，有抗震要求的结构不得小于箍筋直径的 10 倍。

[答案] C

考点 4　混凝土施工技术★

一、原材料计量

对骨料的含水率的检测，每一工作班不应少于一次。雨期施工应增加测定次数，根据骨料实际含水量调整骨料和水的用量。

二、混凝土搅拌、运输和浇筑

（一）混凝土搅拌

混凝土拌合物的坍落度应在搅拌地点和浇筑地点分别随机取样检测。每一工作班或每一单元结构物不应少于两次。评定时应以浇筑地点的测值为准。

（二）混凝土运输

（1）混凝土拌合物在运输过程中，应保持均匀性，不产生分层、离析现象，如出现分层、离析等现象，则应对混凝土拌合物进行二次快速搅拌。

（2）严禁在运输过程中向混凝土拌合物中加水。

（3）预拌混凝土在卸料前需要掺加外加剂时，外加剂的掺量应按配合比通知书执行。掺入外加剂后，应快速搅拌，搅拌时间应根据试验确定。

（4）采用泵送混凝土时，应保证混凝土泵连续工作，泵送间歇时间不宜超过 15min。

（三）混凝土浇筑

（1）浇筑前的检查。

浇筑混凝土前，应检查模板、支架的承载力、刚度、稳定性。在原混凝土面上浇筑新混凝土时，相接面应凿毛，并清洗干净，表面湿润但不得有积水。

（2）混凝土浇筑。

1）混凝土运输、浇筑及间歇的全部时间不应超过混凝土的初凝时间。同一施工段的混凝土应连续浇筑，并应在底层混凝土初凝之前将上一层混凝土浇筑完毕。

2）采用振捣器振捣混凝土时，每一振点的振捣延续时间，应以使混凝土表面呈现浮浆、不出现气泡和不再沉落为准。

三、混凝土养护

（1）一般混凝土浇筑完成后，应在收浆后尽快予以覆盖和洒水养护。

（2）洒水养护的时间，采用硅酸盐水泥、普通硅酸盐水泥或矿渣硅酸盐水泥的混凝土，不得少于 7d。掺用缓凝型外加剂或有抗渗等要求以及高强度混凝土，不少于 14d。

（3）当气温低于 5℃时，应采取保温措施，不得对混凝土洒水养护。

四、混凝土原材料及强度

（1）混凝土原材料包括水泥、粗细骨料、矿物掺合料、外加剂和水。

（2）配制高强混凝土的矿物掺合料可选用优质粉煤灰、磨细矿渣粉、硅粉和磨细天然沸石粉。

（3）常用的外加剂有减水剂、早强剂、缓凝剂、引气剂、防冻剂、膨胀剂、防水剂、混凝土泵送剂、喷射混凝土用的速凝剂等。

（4）混凝土的强度应以边长为 150mm 的立方体标准试件测定的抗压强度为准。

五、混凝土配合比设计步骤

（1）初步配合比设计。

（2）试验室配合比设计。

（3）基准配合比设计。

（4）施工配合比设计。

〖实战演练〗

［经典例题·单选］混凝土配合比设计步骤是（　　）。

A. 初步配合比设计→基准配合比设计→试验室配合比设计→施工配合比设计

B. 初步配合比设计→试验室配合比设计→基准配合比设计→施工配合比设计

C. 试验室配合比设计→基准配合比设计→初步配合比设计→施工配合比设计

D. 试验室配合比设计→初步配合比设计→基准配合比设计→施工配合比设计

［解析］混凝土配合比设计步骤是初步配合比设计→试验室配合比设计→基准配合比设计→施工配合比设计。

[答案] B

[2015 真题·多选] 下列现浇混凝土需洒水养护不少于 14d 的有（   ）。

A. 抗渗混凝土   B. 缓凝混凝土

C. 高强混凝土   D. 普通硅酸盐水泥混凝土

E. 矿渣硅酸盐水泥混凝土

[解析] 掺用缓凝型外加剂或有抗渗等要求以及高强度混凝土，洒水养护时间不少于 14d。

[名师点拨] 这里注意与大体积混凝土的养护时间区分，对于一般钢筋混凝土构件的养护，基本湿养护时间为 7d，而大体积混凝土普通材料基本养护时间为 14d。第一章中涉及的水泥混凝土面层，也划入大体积范畴，按照 14d 为养护底限要求。而普通构件养护中只有特殊要求的情况，比如题干中的高强、抗渗、掺加缓凝剂才需要将养护时间延长。

[答案] ABC

[经典例题·多选] 配制高强混凝土的矿物掺合料可选用（   ）。

A. 优质粉煤灰   B. 磨细矿渣粉   C. 磨细石灰粉   D. 硅粉

E. 磨细天然沸石粉

[解析] 配制高强混凝土的矿物掺合料可选用优质粉煤灰、磨细矿渣粉、硅粉和磨细天然沸石粉。

[答案] ABDE

重点提示

（1）了解基本规定，注意施工技术要求中含"严禁""必须"等字眼的内容，往往是规定中的强制条文。

（2）对于原材料及强度、配合比考频较低，了解混凝土材料组成，熟悉常用的外加剂种类、熟悉其配合比的设计流程的四个阶段（是一个从理论到实践的过程）即可。

考点 5   预应力混凝土相关规定及原材料要求 ★★

一、后张预应力筋材料要求

（1）每批钢丝、钢绞线、钢筋应由同一牌号、同一规格、同一生产工艺的产品组成。

（2）预应力筋进场时，应对其质量证明文件、包装、标志和规格进行检验，并应符合表 2K312010-2 的规定。

表 2K312010-2 预应力材料进场验收要求

预应力类别		钢丝（检验批不得大于 60t）	钢绞线（检验批不得大于 60t）	钢筋（检验批不得大于 60t）
首先	检查频率	逐盘	逐盘	逐根
	检查项目	外形、尺寸、表面质量	表面质量、外形尺寸	外观
其次	抽检频率	从检查合格的钢丝中，抽查 3 盘，在每盘钢丝任一端取样	从检查合格的钢绞线中，任取 3 盘，在每一盘钢丝任一端取样	外观检查合格后每批中任选 2 根钢筋截取试件
	检查项目	进行力学性能试验及其他试验	进行力学性能试验及其他试验	进行拉伸试验

续表

预应力类别		钢丝（检验批不得大于60t）	钢绞线（检验批不得大于60t）	钢筋（检验批不得大于60t）
其次	结果处理	若有一项不合格，则该盘钢丝报废，并从同批次未试验过的钢丝盘中取双倍试样进行该不合格项的复验	若有一项不合格，则不合格盘报废，并从同批次未试验过的钢绞线中取双倍试样进行该不合格项的复验	试验结果有一项不合格，则取双倍数量的试样重做试验
最后	结果处理	仍有一项不合格，应逐盘检验，合格者接收	仍有一项不合格，应逐盘检验，合格者接收	如仍有一项不合格，则该批钢筋为不合格

（3）存放的仓库应干燥、防潮、通风良好、无腐蚀气体和介质。存放在室外时不得直接堆放在地面上，必须垫高、覆盖、防腐蚀、防雨露，时间不宜超过6个月。

（4）预应力筋的制作：

1）预应力筋下料长度应通过计算确定，计算时应考虑结构的孔道长度或台座长度、锚夹具长度、千斤顶长度、焊接接头或镦头预留量、冷拉伸长值、弹性回缩值、张拉伸长值和外露长度等因素。

2）预应力筋宜使用砂轮锯或切断机切断，不得采用电弧切割。

二、预留管道

（1）后张法有粘结预应力混凝土结构中，预应力筋的孔道一般由浇筑在混凝土中的刚性或半刚性管道构成。一般工程可由钢管抽芯、胶管抽芯或金属伸缩套管抽芯预留孔道。如图2K312010-11所示。

图2K312010-11　后张法管道施工

（2）管道需设压浆孔，还应在最高点处设排气孔，需要时在最低点设排水孔。

（3）管道的检验：

1）管道进场时，应检查出厂合格证和质量保证书，核对其类别、型号、规格及数量，应对外观、尺寸、集中荷载下的径向刚度、荷载作用后的抗渗及抗弯曲渗漏等进行检验。

2）管道按批进行检验。金属螺旋管每批由同一生产厂家，同一批钢带所制作的产品组成，累计半年或50000m生产量为一批。塑料管每批由同配方、同工艺、同设备稳定连续生产的产品组成，每批数量不应超过10000m。

（4）管（孔）道的其他要求：

1）某些特殊部位设计无要求时，可采用符合要求的平滑钢管或高密度聚乙烯管，其管壁厚不得小于2mm。

2）管道的内横截面积至少应是预应力筋净截面积的 2.0 倍。不足时应通过试验验证其可否进行正常压浆作业。超长钢束的管道也应通过试验确定其面积比。

三、锚具和连接器

（1）后张预应力锚具和连接器按照锚固方式不同，可分为夹片式（单孔和多孔夹片锚具）、支承式（镦头锚具、螺母锚具）、握裹式（挤压锚具、压花锚具）和组合式（热铸锚具、冷铸锚具）。

（2）适用于高强度预应力筋的锚具（或连接器），也可以用于较低强度的预应力筋。仅能适用于低强度预应力筋的锚具（或连接器），不得用于高强度预应力筋。

（3）锚具、夹片应以不超过 1000 套为一个验收批。连接器的每个验收批不宜超过 500 套。

1）外观检查：从每批锚具中抽取 10％且不少于 10 套，进行外观质量和外形尺寸检查。

2）硬度检验：从每批锚具中抽取 5％且不少于 5 套进行硬度检验。

3）静载锚固性能试验：对大桥、特大桥等重要工程、质量证明资料不齐全、不正确或质量有疑点的锚具，在通过外观和硬度检验的同批中抽取 6 套锚具（夹片或连接器），组成 3 个预应力筋锚具组装件，由具有相应资质的专业检测机构进行静载锚固性能试验。

┌───┐
│ **重点提示**

（1）熟悉预应力混凝土材料的要求，掌握预应力筋张拉的"双控指标"：应力控制为主，伸长值作为校核（水池中预应力张拉也有这个要求，属于通用要求）。掌握先张法和后张法的工序及原理区别。

（2）预应力筋的检验是新规范发布以后大纲变动部分，要求记忆不同检验项目的比例。掌握其存放的基本要求（主要从防锈的角度考虑）。

（3）预留管道主要是为了预应力筋留出位置，后期需要压浆，对于压浆材料、时机、养护等都做出了规定，要求压浆密实，起到减少预应力损失及防锈的效果。

（4）锚具、夹具和连接器相对次要一些，熟悉锚具的检查项目及比例要求，数字不要记混。
└───┘

实战演练

[经典例题·单选] 预应力混凝土应优先采用（　　　）水泥。

A. 火山灰质硅酸盐　　　　　　　　　　　　B. 硅酸盐

C. 矿渣硅酸盐　　　　　　　　　　　　　　D. 粉煤灰硅酸盐

[解析] 预应力混凝土应优先采用硅酸盐水泥、普通硅酸盐水泥。但实践中，预制构件厂在生产预应力构件时，很多情况下都采用掺大量混合材料的硅酸盐水泥来节约生产成本。

[答案] B

[经典例题·单选] 切断预应力筋不得采用（　　　）。

A. 砂轮锯　　　　　　　　　　　　　　　　B. 切断机

C. 大力剪　　　　　　　　　　　　　　　　D. 电弧切割

[解析] 预应力筋宜使用砂轮锯或切断机切断，不得采用电弧切割。

[答案] D

[经典例题·多选] 按锚固方式分类，后张预应力锚具和连接器分为（　　　）。

A. 夹片式　　　　　　　　　　　　　　　　B. 压花式

C. 挤压式 D. 支承式

E. 组合式

[解析] 后张预应力锚具和连接器，按锚固方式分类，可分为夹片式（单孔和多孔夹片锚具）、支承式（镦头锚具、螺母锚具）、握裹式（挤压锚具、压花锚具）和组合式（热铸锚具、冷铸锚具）。

[答案] ADE

[经典例题·多选] 锚具、夹具和连接器进场时，确认其锚固性能类别、型号、规格、数量后进行（　　）。

A. 外观检查 B. 强度检验

C. 硬度检验 D. 静载锚固性能试验

E. 动载锚固性能试验

[解析] 锚具、夹具和连接器进场时，确认其锚固性能类别、型号、规格、数量后进行外观检查、硬度检验和静载锚固性能试验。

[答案] ACD

[2014真题·案例节选]

背景资料：

某公司承建一座市政桥梁工程，……，在施工过程中发生了如下事件：

事件一： 雨季导致现场堆放的钢绞线外包装腐烂破损，钢绞线堆放场处于潮湿状态。

问题：

4. 事件一中的钢绞线应如何存放？

[答案]

4. 存放的仓库应干燥、防潮、通风良好、无腐蚀气体和介质。存放在室外时不得直接堆放在地面上，必须垫高、覆盖、防腐蚀、防雨露，时间不宜超过 6 个月。

四、预应力混凝土相关规定

(一) 配制

(1) 预应力混凝土应优先采用硅酸盐水泥、普通硅酸盐水泥，不宜使用矿渣硅酸盐水泥，不得使用火山灰质硅酸盐水泥及粉煤灰硅酸盐水泥。

(2) 混凝土中的水泥用量不宜大于 $550kg/m^3$。

(3) 混凝土中严禁使用含氯化物的外加剂及引气剂或引气型减水剂。

(4) 从各种材料引入混凝土中的氯离子总含量不宜超过水泥用量的 0.06%；超过 0.06% 时，宜采取掺加阻锈剂、增加保护层厚度、提高混凝土密实度等防锈措施。

(二) 浇筑

(1) 浇筑混凝土时，对预应力筋锚固区及钢筋密集部位，应加强振捣。

(2) 对先张构件应避免振动器碰撞预应力筋，对后张构件应避免振动器碰撞预应力筋的管道。

(三) 张拉施工基本规定

(1) 预应力筋采用应力控制方法张拉时，应以伸长值进行校核。实际伸长值与理论伸长值的差值应符合设计要求；设计无规定时，实际伸长值与理论伸长值之差应控制在 6% 以内。

(2) 预应力张拉时，应先调整到初应力（σ_0），该初应力宜为张拉控制应力（σ_{con}）的 10%～

15%，伸长值应从初应力时开始量测。

（3）按预加应力的方式可分为先张法预应力混凝土和后张法预应力混凝土。

1）先张法特点：先张拉预应力筋后，再浇筑混凝土；预应力是靠预应力筋与混凝土之间的粘结力传递给混凝土，并使其产生预压应力。

2）后张法特点：先浇筑混凝土，达到一定强度后，再在其上张拉预应力筋；预应力是靠锚具传递给混凝土，并使其产生预压应力。在后张法中，按预应力筋粘结状态又可分为：有粘结预应力混凝土和无粘结预应力混凝土。

考点 6 先张法施工技术★★

先张法施工示意图如图 2K312010-12 所示。

图 2K312010-12 先张法施工示意图

1—台座承力结构；2—横梁；3—台面；4—预应力筋；5—锚固夹具；6—混凝土构件

（1）张拉台座应具有足够的强度和刚度，其抗倾覆安全系数不得小于 1.5，抗滑移安全系数不得小于 1.3。张拉横梁应有足够的刚度，受力后的最大挠度不得大于 2mm。

（2）预应力筋连同隔离套管应在钢筋骨架完成后一并穿入就位。就位后，严禁使用电弧焊对梁体钢筋及模板进行切割或焊接。隔离套管应堵严。

（3）张拉钢筋时，为保证施工安全，应在超张拉放张至 $0.9\sigma_{con}$ 才安装模板、普通钢筋及预埋件等。

（4）张拉过程中，预应力筋的断丝、断筋数量不得超过表 2K312010-3 的规定。

表 2K312010-3 先张法预应力筋断丝限制

预应力筋种类	项目	控制值
钢筋	断筋	不允许
钢丝、钢绞线	同一构件内断丝数不得超过钢丝总数的	1%

（5）放张预应力筋时混凝土强度必须符合设计要求，设计未规定时，不得低于强度设计值的 75%。放张顺序应符合设计要求，设计未要求时，应分阶段、对称、交错地放张。放张前，应将限制位移的模板拆除。

┌─────────────────────────────┐
重点提示

先张法往往用于一些小型构件，张拉应力有限，考查较少，熟悉其基本工序及要求即可。
└─────────────────────────────┘

⊙ 实战演练

[经典例题·多选] 下列先张法预应力张拉施工规定中，正确的有（　　　）。

A. 张拉台座应具有足够的强度和刚度

B. 锚板受力中心应与预应力筋合力中心一致

C. 同时张拉多根预应力筋时，各根预应力筋的初始应力差值不得大于5%

D. 预应力筋就位后，严禁使用电弧焊对梁体钢筋及模板进行切割或焊接

E. 设计未规定时，应分阶段、对称、交错地放张

[解析] 选项C，同时张拉多根预应力筋时，各根预应力筋的初始应力应一致。

[答案] ABDE

考点 7 后张法施工技术★★★

后张法施工示意图如图2K312010-13所示。

(a)

(b)

(c)

图2K312010-13　后张法施工示意图
（a）制作混凝土构件；（b）张拉钢筋；（c）锚固和孔道灌浆

一、预应力管道安装

管道应留压浆孔与溢浆孔；曲线孔道的波峰部位应留排气孔；在最低部位宜留排水孔。

二、预应力筋安装

预应力筋可在混凝土浇筑之前穿束，也可在浇筑之后穿束。采用蒸汽养护的结构，养护完成前不应安装预应力筋。

三、预应力筋张拉应符合下列要求

（1）混凝土强度应符合设计要求。设计未要求时，不得低于强度设计值的75%，且应将限制位移的模板拆除后，方可进行张拉。

（2）预应力筋张拉端的设置应符合设计要求。当设计未要求时，应符合下列规定：

曲线预应力筋或长度大于等于25m的直线预应力筋，宜在两端张拉；长度小于25m的直线预应力筋，可在一端张拉。

（3）预应力筋的张拉顺序应符合设计要求。当设计未要求时，可采取分批、分阶段对称张

拉（宜先中间，后上、下或两侧）。

（4）张拉过程中预应力筋断丝、滑丝、断筋的数量不得超过表 2K312010-4 的规定。

表 2K312010-4　后张法预应力筋断丝、滑丝、断筋控制值表

预应力筋种类	项目	控制值
钢丝束、钢绞线束	每束钢丝断丝、滑丝	1 根
	每束钢绞线断丝、滑丝	1 丝
	每个断面断丝之和不超过该断面钢丝总数的	1％
钢筋	断筋	不允许

四、孔道压浆

（1）预应力筋张拉后，应及时进行孔道压浆，多跨连续有连接器的预应力筋孔道，应张拉完一段灌注一段；孔道压浆宜采用水泥浆，水泥浆的强度应符合设计要求，设计无要求时不得低于 30MPa。

（2）压浆后应从检查孔抽查压浆的密实情况，如有不实，应及时处理。压浆作业，每一工作班应留取不少于 3 组砂浆试块，标养 28d，以其抗压强度作为水泥浆质量的评定依据。

（3）压浆过程中及压浆后 48h 内，结构混凝土的温度不得低于 5℃，否则应采取保温措施。当白天气温高于 35℃时，压浆宜在夜间进行。

（4）封锚混凝土的强度等级应符合设计要求，不宜低于结构混凝土强度等级的 80％，且不低于 30MPa。

（5）孔道内的水泥浆强度达到设计规定后方可吊移预制构件；设计未要求时，应不低于砂浆设计强度的 75％。

五、后张法施工步骤

后张法预制梁施工步骤如图 2K312010-14 所示。

(a)

(b)

(c)

(d)

(e)　　　　　　　　　　　(f)

图 2K312010-14　后张法预制梁施工步骤

(a) 设底模、绑扎钢筋、固定波纹管；(b) 立侧模、浇筑振捣混凝土、拆模养护；

(c) 穿预应力筋、预应力筋张拉；(d) 千斤顶工作；(e) 压浆；(f) 封锚

重点提示

　　后张法往往用于大型预应力构件的施工，涉及专业较多，考频较高，客观题、主观题都曾考查过，重点掌握其施工工序及每道工序的基本要求。

实战演练

[经典例题·单选] 在后张法预应力筋曲线孔道的最低部位宜留（　　　）。

A. 压浆孔　　　　　　　　　　　　　B. 排水孔

C. 溢浆孔　　　　　　　　　　　　　D. 排气孔

[解析] 在后张法预应力筋曲线孔道的最低部位宜留排水孔。

[答案] B

[经典例题·多选] 下列后张法预应力张拉施工规定中，正确的有（　　　）。

A. 设计未要求，张拉时混凝土构件的强度不得低于设计值的 70%

B. 张拉前应根据设计要求对孔道的摩阻损失进行实测

C. 长度小于 25m 的直线预应力筋，可在一端张拉

D. 当设计无要求时，预应力筋的张拉顺序宜先中间，后上、下或两侧

E. 张拉控制应力达到稳定后方可锚固

[解析] 选项 A，混凝土强度应符合设计要求，设计未要求时，不得低于强度设计值的 75%。

[答案] BCDE

[经典例题·多选] 下列后张法预应力孔道压浆与封锚规定中，正确的有（　　　）。

A. 压浆过程中及压浆后 24h 内，结构混凝土的温度不得低于 5℃

B. 多跨连续有连接器的预应力筋孔道，应张拉完一段灌注一段

C. 压浆作业，每一工作班应留取不少于 3 组砂浆试块，标养 28d

D. 当白天气温高于 35℃ 时，压浆宜在夜间进行

E. 封锚混凝土的强度等级不宜低于结构混凝土强度等级的 75%，且不低于 30MPa

[解析] 压浆过程中及压浆后 48h 内，结构混凝土的温度不得低于 5℃；封锚混凝土的强度等级应符合设计要求，不宜低于结构混凝土强度等级的 80%，且不低于 30MPa。

[答案] BCD

考点 8 桥面防水系统施工技术★

桥面防水系统中，防水卷材施工如图 2K312010-15 所示，防水涂料施工如图 2K312010-16 所示。

图 2K312010-15 防水卷材施工

图 2K312010-16 防水涂料施工

一、桥面防水系统基层

（一）基层要求

（1）基层混凝土强度：达到设计强度的 80% 以上方可进行防水层施工。

（2）基层混凝土表面粗糙度。

采用防水卷材时，表面粗糙度为 1.5～2.0mm；采用防水涂料时，表面粗糙度为 0.5～1.0mm。

（3）混凝土基层平整度应≤1.67mm/m。

（4）基层混凝土（含水率）（取决于防水材料、质量比）。

对于卷材及聚氨酯涂料：含水率<4%；对于聚合物改性沥青涂料和聚合物水泥涂料：含水率<10%。

（5）粗糙度处理宜采用抛丸打磨，并将浮灰、杂物清理干净。其处理标准如图 2K312010-17 所示。

SP2	SP3	SP4	SP5
研磨	轻度抛丸	中度抛丸	轻度铣刨
SP6	SP7	SP9	
重度抛丸	中度铣刨	重度铣刨	

图 2K312010-17 粗糙度处理标准

（二）基层处理

（1）基层处理剂可采用喷涂法或刷涂法施工。

（2）喷涂处理剂前，应采用毛刷对桥面排水口、转角等处先行涂刷，然后再进行大面积基层面的喷涂。

（3）防水基层处理剂选用依据：防水层类型、防水基层混凝土龄期及含水率、铺设防水层前对处理剂的要求。

二、防水卷材施工

防水卷材施工中，防水层断面构造示意图如图 2K312010-18 所示。

图 2K312010-18　防水层断面构造示意图

（1）铺设前应先做好节点、转角、排水口等部位的局部处理，然后大面积铺设。

（2）气温和卷材温度应高于5℃，基面层温度必须高于0℃；下雨、下雪和风力≥5级时，严禁施工。

（3）任何区域卷材不得多于3层，搭接接头应错开500mm以上，严禁沿道路宽度方向搭接形成通缝。接头处卷材的搭接宽度沿卷材的长度方向应为150mm，沿卷材的宽度方向应为100mm。

（4）铺设防水卷材应平整顺直，搭接尺寸应准确，不得扭曲、皱褶。卷材的展开方向应与车辆的运行方向一致，卷材应采用沿桥梁纵、横坡从低处向高处的铺设方法，高处卷材应压在低处卷材之上。防水卷材铺设如图2K312010-19所示。

图 2K312010-19　防水卷材铺设（沿桥向、高压低）

（5）热熔法。

1）均匀加热，压实防水层。

2）卷材表面热熔后应立即滚铺，滚筒辊压。

3）搭接缝部位应将热熔改性沥青挤压溢出，宽度20mm左右；卷材压薄，总厚度不得超过单片卷材初始厚度的1.5倍。

（6）热熔胶法：排除空气，辊压粘牢，搭接封严。

（7）使用自粘性防水卷材应先将底面的隔离纸完全撕净。

三、防水涂料施工

（1）严禁在雨天、雪天和风力≥5级时施工。

（2）配料时不得混入已固化或结块的涂料。

（3）宜多遍涂布。应保障固化时间，待涂布的涂料干燥成膜后，方可涂布后一遍涂料。防水涂料喷涂如图2K312010-20所示。

（4）涂料防水层的收头，应采用防水涂料多遍涂刷或采用密封材料封严。

（5）涂层间设置胎体增强材料，宜边涂布边铺胎体；应使涂料浸透胎体，覆盖完全，不得有胎体外露现象。

图2K312010-20　防水涂料喷涂

（6）胎体增强材料。

1）顺桥向，低向高，顺宽搭接，高压低。

2）沿胎体长度方向搭接宽度不得小于70mm，沿胎体宽度方向搭接宽度不得小于50mm。

3）严禁沿道路宽度方向胎体搭接形成通缝。

4）双层铺设搭接缝应错开，其间距不应小于幅宽的1/3。

（7）应先做好节点处理，然后再进行大面积涂布。

四、质量验收及其他相关要求

（一）混凝土基层检测

（1）主控项目：含水率、粗糙度、平整度。

（2）一般项目：外观质量。

（二）防水层现场检测（防水层与防水涂料）

（1）主控项目：粘结强度、涂料厚度。

（2）一般项目：外观质量。

（三）其他相关要求

（1）防水层铺设完毕后，铺设桥面沥青混凝土之前严禁车辆在其上行驶和人员踩踏，并应对防水层进行保护，防止潮湿和污染。

（2）沥青混凝土摊铺温度：

卷材防水层应高于耐热度10～20℃，同时应小于170℃。

涂料防水层应低于耐热度10～20℃。

重点提示

常以选择题的形式考查，在学习过程中把握施工技术要求，着重记忆重要的细节问题。

📝 **实战演练**

[经典例题·单选] 桥梁防水混凝土基层施工质量检验的主控项目不包括（ ）。

A. 含水率 B. 粗糙度 C. 平整度 D. 外观质量

[解析] 防水混凝土基层主控项目包括含水率、粗糙度、平整度。

[答案] D

[经典例题·单选] 关于桥梁防水涂料的说法，正确的是（ ）。

A. 防水涂料配料时，可掺加少量结块的涂料

B. 第一层防水涂料完成后应立即涂布第二次涂料

C. 涂料防水层内设置的胎体增强材料，应顺桥面行车方向铺贴

D. 防水涂料施工应先进行大面积涂布后，再做好节点处理

[解析] 防水涂料配料时，不得混入已固化或结块的涂料，选项 A 错误。应保障固化时间，待涂布的涂料干燥成膜后，方可涂布后一遍涂料，选项 B 错误。应先做好节点处理，然后再进行大面积涂布，选项 D 错误。

[答案] C

考点 9 桥梁支座安装技术★★

扫码听课

一、桥梁支座概述

桥梁支座是连接桥梁上部结构和下部结构的重要结构部件，位于桥梁和垫石之间，它能将桥梁上部结构承受的荷载和变形（位移和转角）可靠地传递给桥梁下部结构，是桥梁的重要传力装置，如图 2K312010-21 所示。

| （a） | （b） | （c） |

图 2K312010-21 桥梁支座

（a）支座在结构中的位置；（b）盖梁上安装支座；（c）支座上吊装梁片

（一）桥梁支座的作用

（1）功能要求：有足够的承载能力，传递支座反力。

（2）对桥梁变形约束尽可能小，以适应梁体自由伸缩和转动需要。

（3）便于安装、养护和维修，必要时可以进行更换。

（二）桥梁支座的分类

（1）按变形：固定、单向活动、多向活动。

（2）按材料：钢、聚四氟乙烯（滑动）、橡胶（板式、盆式），橡胶支座图例如图 2K312010-22 所示。

（3）按结构：弧形、摇轴、辊轴、橡胶、球形、拉压。

图 2K312010-22　橡胶支座图例

（a）板式橡胶支座，圆形 GYZ、矩形 GJZ（四氟板 F4）；

（b）盆式橡胶支座，盆式 GPZ15 单向 DX（双向 SX、固定 GD）

二、桥梁支座施工

（一）一般规定

（1）实际安装温度与设计要求不同时，应通过计算设置支座顺桥向预偏量。

（2）平面位置和顶面高程必须正确，不得偏斜、脱空、不均匀受力。

（3）滑动面上聚四氟乙烯滑板和不锈钢板位置应正确，不得有划痕、碰伤。

（4）活动支座安装前应采用丙酮或酒精解体清洗各相对滑移面，擦净后满注硅脂。

（5）支座垫石和挡块宜二次浇筑，确保其高程和位置准确。

（二）板式橡胶支座

板式橡胶支座构造如图 2K312010-23 所示。

图 2K312010-23　板式橡胶支座构造

（1）安装前将垫石顶面清理干净，干硬性水泥砂浆抹平，顶面标高应符合设计要求。

（2）梁、板安放时应位置准确，且与支座密贴。（重新起吊，垫钢板，不得用撬棍移动）

（三）盆式橡胶支座

盆式橡胶支座构造如图 2K312010-24 所示。

图 2K312010-24　盆式橡胶支座构造

1. 现浇梁盆式支座安装

（1）安装前检查支座连接状况，不得松动上下钢板连接螺栓。

（2）就位部位垫石凿毛，清除预留锚栓孔，安装灌浆用模板，检查支座中心位置及标高，重力方式灌浆。盆式橡胶支座吊装如图 2K312010-25 所示。

图 2K312010-25　盆式橡胶支座吊装

（3）灌浆材料终凝后，拆除模板，检查漏浆，箱梁浇筑完混凝土后，及时拆除各支座上下钢板连接螺栓。

2. 预制梁盆式支座安装

（1）生产过程中按设计位置预先将支座上钢板预埋至梁体内，预制构件底部如图 2K312010-26 所示。

图 2K312010-26　预制构件底部

（2）吊装前将支座固定在预埋钢板上并用螺栓拧紧。预制梁就位前安装支座如图 2K312010-27 所示，梁底支座连接如图 2K312010-28 所示。

图 2K312010-27　预制梁就位前安装支座

图 2K312010-28　梁底支座连接

（3）缓慢吊起，将支座下锚杆对准盖梁上预留孔，缓慢落至临时支撑上，安装支座同时盖梁上安装支座灌浆模板，进行支座灌浆作业。

（4）安装结束检查漏浆，并拆除各支座上、下连接钢板及螺栓。支座支模灌浆如图2K312010-29所示。

图 2K312010-29　支座支模灌浆

（5）支座安装后，支座与墩台顶钢垫板间应密贴。

3. 支座施工质量检验标准

支座施工质量检验标准见表 2K312010-5。

表 2K312010-5　支座施工质量检验标准

主控项目	量	检验方法
进场检验	全数检查	合格证、出厂试验报告
安装前：跨距、支座栓孔位置、支座垫石顶面高程、平整度、坡度、坡向		经纬仪、水准仪与钢尺
梁底及垫石密贴（0.3mm）		观察或用塞尺检查、检查垫层材料产品合格证
支座锚栓的埋置深度和外露长度		观察
支座的粘结灌浆和润滑材料		粘结材料配合比通知单、润滑材料产品合格证和进场验收记录

重点提示

了解桥梁支座的分类、作用、受力特点，重点掌握在不同类型桥跨中的安装顺序。客观题中易考查类型、支座的一般构造、使用要求等，主观案例题中一般考查支座在桥梁结构中的位置以及支座的作用。

实战演练

[经典例题·单选] 桥梁活动支座安装时，应在聚四氟乙烯板顶面凹槽内满注（　　）。

A. 丙酮　　　　　　　　　　　　B. 硅脂

C. 清机油　　　　　　　　　　　D. 脱模剂

[解析] 活动支座安装前应采用丙酮或酒精解体清洗其各相对滑移面，擦净后在聚四氟乙

城市桥梁工程

2K312000

烯板顶面凹槽内满注硅脂。

[答案] B

考点 10 伸缩装置安装技术★★

伸缩装置安装如图 2K312010-30 所示。

图 2K312010-30 伸缩装置安装

一、伸缩装置概述

（1）作用：调节由车辆荷载和桥梁建筑材料引起的上部结构之间的位移和连结。

（2）要求：平行、垂直均能自由收缩，牢固可靠；车辆行驶过时应平顺、无突跳与噪声；防止雨水和垃圾泥土渗入阻塞；安装、检查、养护、消除污物简易方便；设置处，栏杆与桥面铺装都要断开。

（3）分类：对接式、钢制支承式、组合剪切式、模数支承式以及弹性装置。

二、伸缩装置的性能要求

（1）能够适应、满足桥梁纵、横、竖三向的变形要求。

（2）具有可靠的防水、排水系统，防水性能应符合注满水 24h 无渗漏。

三、伸缩装置施工技术

（一）运输与储存

（1）避免阳光直晒，防止雨淋雪浸，保持清洁，防止变形，且不能和其他有害物质相接触，注意防火。

（2）不得露天堆放，存放场所应干燥通风，产品应远离热源 1m 以外，不得与地面直接接触。

（二）伸缩装置施工安装

伸缩装置吊装如图 2K312010-31 所示；锚固钢筋与预埋钢筋焊接如图 2K312010-32 所示。

（1）施工安装前核对预留槽尺寸、预埋锚固筋位置等。

（2）按照气温调整安装定位，安装负责人检查签字。

（3）吊装就位前，预留槽内混凝土凿毛清理。

图 2K312010-31　伸缩装置吊装

图 2K312010-32　锚固钢筋与预埋钢筋焊接

（4）伸缩装置中心线与桥梁中心线重合，顺桥向应对称放置于伸缩缝的间隙上，桥面横坡方向测量水平标高，并用水平尺或板尺定位，使其顶面标高与设计及规范要求相吻合后垫平。随即将伸缩装置的锚固钢筋与桥梁预埋钢筋焊接牢固。

（5）浇筑混凝土前，应彻底清扫预留槽（如图 2K312010-33），并用泡沫塑料将伸缩缝间隙处填塞，然后安装必要的模板。混凝土强度等级应满足设计及规范要求，浇筑时要振捣密实，浇筑混凝土如图 2K312010-34 所示。

（6）伸缩装置两侧预留槽混凝土强度在未满足设计要求前不得开放交通。

图 2K312010-33　浇筑前预留槽清扫

图 2K312010-34　浇筑混凝土

重点提示

了解伸缩缝基本构造、作用，可在客观题中考查。识图和施工技术，可在案例题中考查。

2K312020　城市桥梁下部结构施工

思维导图 ▶▶▶

```
                    ┌─────────────┐     ┌──────────────────┐
                    │各类围堰施工要求│─────│  各类围堰适用范围  │
                    └─────────────┘     └──────────────────┘
                          │             ┌──────────────────┐
                          │─────────────│  土围堰施工要求    │
                          │             └──────────────────┘
┌───────────┐            │             ┌──────────────────┐
│城市桥梁下  │     ┌─────────────┐     │  沉入桩施工技术    │
│部结构施工  │─────│桩基础施工方法与│─────└──────────────────┘
└───────────┘     │设备选择      │     ┌────────────────────────┐
                    └─────────────┘─────│钻孔灌注桩、干作业成孔施工技术│
                          │             └────────────────────────┘
                    ┌─────────────┐     ┌──────────────────────────────┐
                    │承台、桥台、墩柱、│───│现浇桩基础钢筋笼与灌注混凝土施工要点│
                    │盖梁施工技术    │     └──────────────────────────────┘
                    └─────────────┘
```

考点精讲 ▶▶▶

考点 1　各类围堰适用范围★

一、围堰基本要求

（1）桥梁下部结构主要包括：基础（浅基础、桩基础）、桥墩、桥台、承台、盖梁等，如图 2K312020-1 所示。

图 2K312020-1　桥梁下部结构示意图

（2）围堰结构，是当桥梁的下部结构位于地表水位以下时，为防止水进入构筑物的位置而修建的临时性围护结构。围堰高度应高出施工期间可能出现的最高水位（包括浪高）0.5～0.7m。

二、围堰类型

围堰类型及适用条件见表 2K312020-1。

表 2K312020-1　围堰类型及适用条件

围堰类型		适用条件
土石围堰	土围堰	水深不大于 1.5m，流速不大于 0.5m/s，河边浅滩，河床渗水性较小
	土袋围堰	水深不大于 3.0m，流速不大于 1.5m/s，河床渗水性较小，或淤泥较浅
	木桩竹条土围堰	水深 1.5～7m，流速不大于 2.0m/s，河床渗水性较小，能打桩，盛产竹木地区
	竹篱土围堰	水深 1.5～7m，流速不大于 2.0m/s，河床渗水性较小，能打桩，盛产竹木地区
	竹、铁丝笼围堰	水深 4m 以内，河床难以打桩，流速较大
	堆石土围堰	河床渗水性很小，流速不大于 3.0m/s，石块能就地取材
板桩围堰	钢板桩围堰	深水或深基坑，流速较大的砂类土、黏性土、碎石土及风化岩等坚硬河床。防水性能好，整体刚度较强
	钢筋混凝土板桩围堰	深水或深基坑，流速较大的砂类土、黏性土、碎石土河床。除用于挡水防水外还可作为基础结构的一部分，亦可采取拔除周转使用，能节约大量木材
钢套箱围堰		流速不大于 2.0m/s，覆盖层较薄，平坦的岩石河床，埋置不深的水中基础，也可用于修建桩基承台
双壁围堰		大型河流的深水基础，覆盖层较薄、平坦的岩石河床

重点提示

（1）桥梁专业部分的内容主要按照施工顺序，由下而上进行介绍。掌握围堰的高度要求。

（2）熟悉各类围堰的适用条件，重点掌握钢板桩、钢套箱等适用条件特殊的大型围堰。

实战演练

[2020 真题·单选] 下列河床地层中，不宜使用钢板桩围堰的是（　　　）。

A. 砂类土

B. 碎石土

C. 含有大漂石的卵石土

D. 强风化岩

[解析] 含有大漂石及坚硬岩石的河床不宜使用钢板桩围堰。

[答案] C

考点 2　各类围堰施工要求★

一、土围堰及土袋围堰施工

土围堰及土袋围堰施工如图 2K312020-2 所示。

（单位：m）

（a）　　　　　　　　　　　（b）

图 2K312020-2　土围堰、土袋围堰

（a）土围堰、土袋围堰施工图；（b）土围堰截面示意图

（1）筑堰材料宜用黏性土、粉质黏土或砂质黏土。填出水面之后应进行夯实。填土应自上游开始至下游合龙。

（2）土围堰堰顶宽度可为 1～2m。机械挖基时不宜小于 3m；堰外边坡迎水一侧坡度宜为 1：2～1：3。堰内边坡宜为 1：1～1：1.5；内坡脚与基坑边不得小于 1m。

二、钢板桩围堰施工要求

钢板桩围堰如图 2K312020-3 所示。

图 2K312020-3　钢板桩围堰

（1）有大漂石及坚硬岩石的河床不宜使用钢板桩围堰。

（2）施打钢板桩前，应在围堰上下游及两岸设测量观测点，控制围堰长、短边方向的施打定位。施打时，必须备有导向设备，以保证钢板桩的正确位置。

（3）施打前，应对钢板桩的锁口用止水材料捻缝，以防漏水。

（4）施打顺序一般从上游向下游合龙。

（5）钢板桩可用捶击、振动、射水等方法下沉，但在黏土中不宜使用射水下沉办法。

（6）经过整修或焊接后的钢板桩应用同类型的钢板桩进行锁口试验、检查；接长的钢板桩，其相邻两钢板桩的接头位置应上下错开。

（7）打桩过程中，应随时检查桩的位置是否正确、桩身是否垂直，否则应立即纠正或拔出重打。

三、钢筋混凝土板桩围堰施工要求

钢筋混凝土板桩围堰如图 2K312020-4 所示。

图 2K312020-4　钢筋混凝土板桩围堰

（1）板桩桩尖角度视土质坚硬程度而定。沉入砂砾层的板桩桩头，应增设加劲钢筋或钢板。

（2）目前钢筋混凝土板桩中，空心板桩较多，空心多为圆形，用钢管作芯模。板桩的榫口一般圆形的较好，桩尖一般斜度为 $1:2.5\sim1:1.5$。

四、套箱围堰施工要求

套箱围堰如图 2K312020-5 所示。

图 2K312020-5　套箱围堰

（1）无底套箱用木板、钢板或钢丝网水泥制作，内设木、钢支撑。套箱可制成整体式或装配式。

（2）制作中应防止套箱接缝漏水。

（3）下沉套箱前，同样应清理河床。当套箱设置在岩层上时，应整平岩面；当岩面有坡度时，套箱底的倾斜度应与岩面相同，以增加稳定性并减少渗漏。

重点提示

了解常用围堰的施工要求，尤其对于其中的一些强制规定。以往考查以客观题为主，但在一建中已经多次进行案例题的考查，要引起足够重视。

ⅰ实战演练

[2018真题·单选] 关于套箱围堰施工技术要求的说法，错误的是（　　）。

A. 可用木板、钢板或钢丝网水泥制作箱体

B. 箱体可制成整体式或装配式

C. 在箱体壁四周应留射水通道

D. 箱体内应设木、钢支撑

[解析] 套箱围堰施工要求：①无底套箱用木板、钢板或钢丝网水泥制作，内设木、钢支撑。套箱可制成整体式或装配式。②制作中应防止套箱接缝漏水。③下沉套箱前，同样应清理河床。当套箱设置在岩层上时，应整平岩面；当岩面有坡度时，套箱底的倾斜度应与岩面相同，以增加稳定性并减少渗漏。

[答案] C

[经典例题·单选] 钢板桩围堰施工顺序按施工组织设计规定进行，一般（　　）。

A. 由下游分两头向上游施打至合龙

B. 由上游开始逆时针施打至合龙

C. 由上游分两头向下游施打至合龙

D. 由上游开始顺时针施打至合龙

[解析] 钢板桩围堰施工顺序一般从上游向下游合龙。

[答案] C

五、双壁钢围堰施工要求

双壁钢围堰如图 2K312020-6 所示。

图 2K312020-6　双壁钢围堰

（1）各节、块拼焊时，应按预先安排的顺序对称进行。拼焊后应进行焊接质量检验及水密性试验。

（2）钢围堰浮运定位时，应对稳定性进行验算。在水深或水急处浮运时，可在围堰两侧设导向船。围堰下沉前初步锚锭于墩位上游处。浮运、下沉过程中，围堰露出水面的高度不应小于1m。

（3）准确定位后，应向堰体壁腔内迅速、对称、均衡地灌水，使围堰落床。

（4）水下封底前，应清基，逐片检查合格。

考点 3　沉入桩施工技术★

桥梁下部结构桩基础示意图如图 2K312020-7 所示。

图 2K312020-7　桥梁下部结构桩基础示意图

常用的沉入桩有钢筋混凝土桩、预应力混凝土桩和钢管桩。

一、准备工作

（1）沉桩前应掌握工程地质钻探资料、水文资料和打桩资料。

（2）沉桩前必须处理地上（下）障碍物，平整场地，并应满足沉桩所需的地面承载力。

（3）应根据现场环境状况采取降噪声措施；城区、居民区等人员密集的场所不得进行沉桩施工。

（4）对地质复杂的大桥、特大桥，为检验桩的承载能力和确定沉桩工艺应进行试桩。

（5）贯入度应通过试桩或做沉桩试验后会同监理及设计单位研究确定。

二、施工技术要点

（1）预制桩的接桩可采用焊接、法兰连接或机械连接，压桩施工顺序如图 2K312020-8 所示。

图 2K312020-8　压桩施工顺序

1—第一段；2—第二段；3—第三段；4—送桩；5—接桩处

（2）沉桩时桩锤、桩帽或送桩帽应和桩身在同一中心线上；桩身垂直度偏差不得超过 0.5%。

（3）沉桩顺序：对于密集桩群，自中间向两个方向或四周对称施打，宜先深后浅、先大后小、先长后短。

（4）桩终止锤击的控制应视桩端土质而定，一般情况下以控制桩端设计高程为主、贯入度为辅。

三、沉桩方式选择

（1）锤击沉桩宜用于砂类土、黏性土。

（2）振动沉桩宜用于锤击沉桩效果较差的密实的黏性土、砾石、风化岩。锤击沉桩、振动沉桩如图 2K312020-9 所示。

图 2K312020-9　锤击沉桩、振动沉桩

（3）在密实的砂土、碎石土、砂砾的土层中用锤击法、振动沉桩法有困难时，可采用射水作为辅助手段进行沉桩施工，如图 2K312020-10 所示。在黏性土中应慎用射水沉桩；在重要建筑物附近不宜采用射水沉桩。

图 2K312020-10　射水法静力沉桩

（4）静力压桩宜用于软黏土（标准贯入度 $N < 20$）、淤泥质土。

（5）钻孔埋桩宜用于黏土、砂土、碎石土，且河床覆土较厚的情况。

重点提示

　　沉入桩基础由于噪音较大，目前在城市桩基础施工中应用较少，考频较低，熟悉其施工技术要点及沉桩方式选择，多以客观题形式考查。

──────── 实战演练 ────────

[经典例题·单选] 应通过试桩或做沉桩试验后会同监理及设计单位研究确定的沉入桩指标是（　　）。

A. 贯入度

B. 桩端标高

C. 桩身强度

D. 承载能力

[**解析**] 应通过试桩或做沉桩试验后会同监理及设计单位研究确定贯入度。

[**答案**] A

[**经典例题·单选**] 应慎用射水沉桩的土层是（   ）。

A. 砂类土   B. 黏性土

C. 碎石土   D. 风化岩

[**解析**] 黏性土中应慎用射水沉桩。

[**答案**] B

考点 4 钻孔灌注桩、干作业成孔施工技术★★

一、泥浆护壁成孔

（一）一般规定

（1）施工前应掌握工程地质资料、水文地质资料，具备所用各种原材料及制品的质量检验报告。

（2）施工前应按有关规定，制定安全生产、保护环境等措施。

（3）灌注桩施工应有齐全、有效的施工记录。

（二）成孔方式与设备选择

依据成桩方式可分为泥浆护壁成孔、干作业成孔、沉管成孔灌注桩及爆破成孔，施工机具类型及土质适用条件见表 2K312020-2。

表 2K312020-2 成孔方式与适用条件

成桩方式与设备		适用土质条件
泥浆护壁成孔桩	正循环回转钻	黏性土、粉砂、细砂、中砂、粗砂，含少量砾石、卵石（含量少于20%）的土、软岩
	反循环回转钻	黏性土、砂类土、粗砂，含少量砾石、卵石（含量少于20%，粒径小于钻杆内径2/3）的土
	冲抓钻	黏性土、粉土、砂土、填土、碎石土及风化岩层
	冲击钻	
	旋挖钻	
	潜水钻	黏性土、淤泥、淤泥质土及砂土
干作业成孔桩	长螺旋钻孔	地下水位以上的黏性土、砂土及人工填土非密实的碎石类土、强风化岩
	钻孔扩底	地下水位以上的坚硬、硬塑的黏性土中及中密以上的砂土风化岩层
	人工挖孔	地下水位以上的黏性土、黄土及人工填土
沉管成孔桩	夯扩	桩端持力层为埋深不超过20m的中、低压缩性黏性土、粉土、砂土和碎石类土
	振动	黏性土、粉土和砂土
爆破成孔		地下水位以上的黏性土、黄土碎石土及风化岩

（三）泥浆护壁成孔

（1）泥浆制备。

1）泥浆制备宜选用高塑性黏土或膨润土。

2）泥浆护壁施工期间护筒内的泥浆面应高出地下水位 1.0m 以上，护筒顶面宜高出施工水位或地下水位 2m，并宜高出地面 0.3m。在清孔过程中应不断置换泥浆，直至灌注水下混凝土。

3）灌注混凝土前，清孔后的泥浆相对密度应小于 1.10；含砂率不得大于 2％；黏度不得大于 20Pa·s。

4）现场应设置泥浆池和泥浆收集设施，废弃的泥浆、渣应进行处理，不得污染环境。

5）泥浆的作用：护壁作用；携渣作用；冷却和滑润（补充）。

（2）正、反循环钻孔如图 2K312020-11（a）、（b）所示。

（a）　　　　　　　　　　　　　（b）

图 2K312020-11　正、反循环钻孔

（a）正循环回转钻机成孔原理示意图；（b）反循环回转钻机成孔原理示意图

1）钻进过程中如发生斜孔、塌孔和护筒周围冒浆、失稳等现象时，应先停钻，待采取相应措施后再进行钻进。

2）钻孔达到设计深度，灌注混凝土之前，孔底沉渣厚度应符合设计要求。设计未要求时端承型桩的沉渣厚度不应大于 100mm；摩擦型桩的沉渣厚度不应大于 300mm。

（3）冲击钻成孔如图 2K312020-12 所示。

冲击钻

图 2K312020-12　冲击钻成孔

1）冲击钻开孔时，应低锤密击，反复冲击造壁，保持孔内泥浆面稳定。

2）应采取有效的技术措施防止扰动孔壁、塌孔、扩孔、卡钻和掉钻及泥浆流失等事故。

3）每钻进 4～5m 应验孔一次，在更换钻头前或容易缩孔处，均应验孔并应做记录。

4）冲孔中遇到斜孔、梅花孔、塌孔等情况时，应采取措施后方可继续施工。

5）稳定性差的孔壁应采用泥浆循环或抽渣筒排渣。

（4）旋挖成孔如图 2K312020-13 所示。

图 2K312020-13　旋挖成孔

1）旋挖钻成孔灌注桩应根据不同的地层情况及地下水位埋深，采用不同的成孔工艺。

2）泥浆制备的能力应大于钻孔时的泥浆需求量，每台套钻机的泥浆储备量不少于单桩体积。

3）旋挖钻机成孔应采用跳挖方式，并根据钻进速度同步补充泥浆，保持所需的泥浆面高度不变。

二、干作业成孔

（一）长螺旋钻孔

长螺旋钻孔如图 2K312020-14 所示。

图 2K312020-14　长螺旋钻孔

（1）钻机定位后，应进行复检，钻头与桩位点偏差不得大于 20mm，开孔时下钻速度应缓慢；钻进过程中，不宜反转或提升钻杆。

（2）在钻进过程中遇到卡钻、钻机摇晃、偏斜或发生异常声响时，应立即停钻，查明原因，采取相应措施后方可继续作业。

（3）钻至设计高程后，应先泵入混凝土并停顿 10～20s，再缓慢提升钻杆。提钻速度应根据土层情况确定，并保证管内有一定高度的混凝土。

（4）混凝土压灌结束后，应立即将钢筋笼插至设计深度，并及时清除钻杆及泵（软）管内的残留混凝土。

（二）钻孔扩底

钻孔扩底钻头如图 2K312020-15 所示。

（a）　　　　　　　　　　　（b）

图 2K312020-15　钻孔扩底钻头

（a）土层扩底钻头；（b）牙轮扩底钻头

（1）钻杆应保持垂直稳固，位置准确，防止因钻杆晃动引起孔径扩大。

（2）灌注混凝土时，第一次应灌到扩底部位的顶面，随即振捣密实；灌注桩顶以下 5m 范围内混凝土时，应随灌注随振动，每次灌注高度不大于 1.5m。钻孔扩底施工流程如图 2K312020-16 所示。

成孔　　扩底　　下笼　　清孔　　灌混凝土　　成桩

图 2K312020-16　钻孔扩底施工流程

（三）人工挖孔

人工挖孔如图 2K312020-17 所示。

图 2K312020-17　人工挖孔

（1）人工挖孔桩必须在保证施工安全前提下选用。

（2）挖孔桩截面一般为圆形，也有方形桩；孔径 1200～2000mm，最大可达 3500mm；挖孔深度不宜超过 25m。

（3）采用混凝土或钢筋混凝土支护孔壁技术，护壁的厚度、拉接钢筋、配筋、混凝土强度等级均应符合设计要求；井圈中心线与设计轴线的偏差不得大于 20mm；上下节护壁混凝土的搭接长度不得小于 50mm；每节护壁必须保证振捣密实，并应当日施工完毕；应根据土层渗水情况使用速凝剂；模板拆除应在混凝土强度大于 2.5MPa 后进行。

（4）挖孔达到设计深度后，应进行孔底处理。必须做到孔底表面无松渣、泥、沉淀土。

┏重┃点┃提┃示┓

钻孔灌注桩是目前城市桥梁桩基础施工常用形式，主要涉及干作业及泥浆护壁成孔桩。要求能够对二者具体形式进行区分，重点掌握泥浆护壁成孔桩中正、反循环钻及冲击钻成孔工艺、施工技术要点。因涉及较多施工安全问题，较适合案例题形式考查。

✎ 实战演练

[经典例题·单选] 在钻孔灌注桩钻孔过程中，护筒内的泥浆面应高出地下水位（   ）以上。

A. 0.5m   B. 0.8m

C. 1.0m   D. 2.0m

[解析] 根据《城市桥梁工程施工与质量验收规范》（CJJ 2—2008）可知，护筒内的泥浆面应高出地下水位 1.0m 以上。

[答案] C

[经典例题·多选] 下列属于干作业成孔的有（   ）。

A. 长螺旋钻孔   B. 正循环回转钻

C. 人工挖孔   D. 冲击钻

E. 钻孔扩底

[解析] 干作业成孔包括长螺旋钻孔、钻孔扩底、人工挖孔。

[答案] ACE

考点 5 **现浇桩基础钢筋笼与灌注混凝土施工要点★★★**

一、一般规定

（1）吊放钢筋笼入孔时，不得碰撞孔壁，就位后应采取加固措施固定钢筋笼的位置。

（2）沉管灌注桩钢筋笼内径应比套管内径小 60～80mm，用导管灌注水下混凝土的桩钢筋笼内径应比导管连接处的外径大 100mm 以上。

（3）灌注桩采用的水下灌注混凝土宜采用预拌混凝土，其骨料粒径不宜大于 40mm。

（4）灌注桩各工序应连续施工，钢筋笼放入泥浆后 4h 内必须浇筑混凝土。

（5）桩顶混凝土浇筑完成后应高出设计高程 0.5～1.0m，确保桩头浮浆层凿除后桩基面混凝土达到设计强度。

（6）当气温低于 0℃时，浇筑混凝土应采取保温措施，浇筑时混凝土的温度不得低于 5℃。当气温高于 30℃时，应根据具体情况对混凝土采取缓凝措施。

（7）灌注桩的实际浇筑混凝土量不得小于计算体积；套管成孔的灌注桩任何一段平均直径与设计直径的比值不得小于 1.0。

二、水下混凝土灌注

（1）桩孔检验合格，吊装钢筋笼完毕后，安置导管浇筑混凝土。

（2）混凝土配合比应通过试验确定，须具备良好的和易性，坍落度宜为 180～220mm。

（3）导管应符合下列要求：

1）导管内壁应光滑圆顺，直径宜为 20～30cm，节长宜为 2m。

2）导管不得漏水，使用前应试拼、试压，试压的压力宜为孔底静水压力的 1.5 倍。

3）导管轴线偏差不宜超过孔深的 0.5%，且不宜大于 10cm。

（4）开始灌注混凝土时，导管底部至孔底的距离宜为 300～500mm；导管第一次埋入混凝土灌注面以下不应少于 1m；正常灌注时导管埋入混凝土深度宜为 2～6m。

（5）灌注水下混凝土必须连续施工，并应控制提拔导管速度，严禁将导管提出混凝土灌注面。灌注过程中的故障应记录备案。

灌注水下混凝土施工流程如图 2K312020-18 所示。

图 2K312020-18　灌注水下混凝土施工流程

重点提示

本考点涉及水下混凝土的灌注施工要点，要求掌握灌注工序及导管下放要求中的一些数字规定，主要控制灌注过程中导管与混凝土面的埋深，防止出现桩身夹渣甚至断桩情况。

实战演练

[经典例题·单选] 为确保灌注桩顶质量，在桩顶设计标高以上应加灌一定高度，一般不宜小于（　　）。

A. 0.5m

B. 0.4m

C. 0.3m

D. 0.2m

[解析] 桩顶混凝土浇筑完成后应高出设计高程 0.5～1m，确保桩头浮浆层凿除后桩基面混凝土达到设计强度。

[答案] A

[经典例题·单选] 钻孔灌注桩浇筑水下混凝土时，导管埋入混凝土深度最多为（　　）。

A. 2m

B. 4m

C. 6m

D. 8m

[解析] 开始灌注混凝土时，导管底部至孔底的距离宜为 300～500mm；导管第一次埋入混凝土，灌注面以下不应少于 1.0m；导管埋入混凝土深度宜为 2～6m。

[答案] C

考点 **6** 承台、桥台、墩柱、盖梁施工技术★

梁式桥如图 2K312020-19 所示。

图 2K312020-19 梁式桥

一、承台施工

（1）承台施工前应检查基桩位置，确认符合设计要求，如偏差超过检验标准，应会同设计、监理工程师制定措施，实施后方可施工。

（2）在基坑无水情况下浇筑钢筋混凝土承台，如设计无要求，基底应浇筑 10cm 厚混凝土垫层。

（3）在基坑有渗水情况下浇筑钢筋混凝土承台，应有排水措施，基坑不得积水。如设计无要求，基底可铺 10cm 厚碎石，并浇筑 5～10cm 厚混凝土垫层。

二、现浇混凝土墩台、盖梁

（一）重力式混凝土墩、台施工

重力式混凝土墩、台施工如图 2K312020-20 所示。

图 2K312020-20 重力式混凝土墩、台施工

（1）墩台混凝土浇筑前应对基础混凝土顶面做凿毛处理，并清除锚筋污、锈。

（2）墩台混凝土宜水平分层浇筑，每层高度宜为 1.5～2m。

（3）墩台混凝土分块浇筑时，接缝应与墩台水平截面尺寸较小的一边平行。分块数量，墩台水平截面积在 200m² 内不得超过 2 块；在 300m² 以内不得超过 3 块。每块面积不得小于 50m²。

（二）柱式墩台施工

（1）模板、支架除应满足强度、刚度要求外，稳定计算中应考虑风力影响。

（2）墩台柱与承台基础接触面应凿毛处理，清除钢筋污、锈。浇筑墩台柱混凝土时，铺同配合比的水泥砂浆一层。墩台柱的混凝土宜一次连续浇筑完成。

（3）柱身高度内有系梁连接时，系梁应与柱同步浇筑。V形墩柱混凝土应对称浇筑。

（4）采用预制混凝土管做柱身外模时，预制管安装应符合下列要求：

1）基础面宜采用凹槽接头，凹槽深度不得小于50mm。

2）上下管节安装就位后，应采用四根竖向方木对称设置在管柱四周并绑扎牢固，防止撞击错位。

3）混凝土管柱外模应设斜撑，保证浇筑时的稳定。

4）管节接缝应采用水泥砂浆等材料密封。

（5）钢管混凝土墩柱应采用补偿收缩混凝土，一次连续浇筑完成。钢管的焊制与防腐应符合设计要求或相关规范规定。

（三）在城镇交通繁华路段盖梁施工

宜采用整体组装模板、快装组合支架，从而减少占路时间。盖梁为悬臂梁时，混凝土浇筑应从悬臂端开始。

三、预制混凝土柱和盖梁安装

（一）预制柱安装

预制柱安装如图2K312020-21所示。

（1）基础杯口的混凝土强度必须达到设计要求，方可进行预制柱安装。

（2）预制柱安装就位后应采用硬木楔或钢楔固定，并加斜撑保持柱体稳定，在确保稳定后方可摘去吊钩。

（3）安装后应及时浇筑杯口混凝土，待混凝土硬化后拆除硬楔，浇筑二次混凝土，待杯口混凝土达到设计强度75%后方可拆除斜撑。

（二）预制钢筋混凝土盖梁安装

预制盖梁安装如图2K312020-22所示。

（1）预制盖梁安装前，应对接头混凝土面凿毛处理，预埋件应除锈。

（2）在墩台柱上安装预制盖梁时，应对墩台柱进行固定和支撑，确保稳定。

（3）盖梁就位时，应检查轴线和各部尺寸，确认合格后方可固定，并浇筑接头混凝土。接头混凝土达到设计强度后，方可卸除临时固定设施。

图2K312020-21　预制柱安装

图2K312020-22　预制盖梁安装

四、重力式砌体墩台

（1）墩台砌筑前，应清理基础，保持洁净，并测量放线，设置线杆。

（2）墩台砌体应采用坐浆法分层砌筑，竖缝均应错开，不得贯通。

（3）砌筑墩台镶面石应从曲线部分或角部开始。

（4）桥墩分水体镶面石的抗压强度不得低于设计要求。

（5）砌筑的石料和混凝土预制块应清洗干净，保持湿润。

重点提示

本考点考查频率较低，熟悉桩基础施工完成后的结构施工顺序：承台、桥台、墩柱、盖梁。承台及墩柱的施工技术要点主要考虑大体积混凝土裂缝的控制。

实战演练

[经典例题·多选] 关于重力式混凝土墩、台施工要求，正确的有（　　）。

A. 墩台混凝土浇筑前应对基础混凝土顶面做凿毛处理，清除锚筋污锈

B. 墩台混凝土宜水平分层浇筑，每层高度宜为 1m

C. 墩台混凝土分块浇筑时，每块面积不得小于 $50m^2$

D. 明挖基础上灌注墩、台第一层混凝土时，要防止水分被基础吸收

E. 应选用低流动度的或半干硬性的混凝土

[解析] 选项 B 墩台混凝土宜水平分层浇筑，每层高度宜为 1.5～2m；选项 E 属于柱式墩台施工要求，而非重力式墩台。

[答案] ACD

2K312030　城市桥梁上部结构施工

思维导图 ▶▶▶

考点精讲 ▶▶▶

考点 1　装配式梁（板）施工技术 ★★★　

一、装配式梁（板）施工方案

（1）施工方案编制前，应对施工现场条件和拟定运输路线社会交通进行充分调研和评估。

（2）依照吊装机具不同，梁板架设方法分为起重机架梁法（如图 2K312030-1）、跨墩龙门

吊架梁法（如图 2K312030-2）和穿巷式架桥机架梁法（如图 2K312030-3）；每种方法选择都应在充分调研和技术经济综合分析的基础上进行。浮运浮吊如图 2K312030-4 所示。

图 2K312030-1　起重机架梁法

图 2K312030-2　跨墩龙门吊架梁法

图 2K312030-3　穿巷式架桥机架梁法

图 2K312030-4　浮运浮吊

二、装配式梁（板）的预制、场内移运和存放

（一）构件预制

预制场布置如图 2K312030-5 所示。

图 2K312030-5　预制场布置

（1）构件预制场场地要求：应平整、坚实；应根据地基及气候条件，设置必要的排水设施；应采取有效措施防止场地沉陷；砂石料场宜进行硬化处理。

（2）预制台座要求：在 2m 长度上平整度的允许偏差应不超过 2mm，且应保证底座或底模的挠度不大于 2mm。

　1）腹板底部为扩大断面的 T 形梁，应先浇筑扩大部分并振实后，再浇筑其上部腹板。

　2）U 形梁（如图 2K312030-6）可上下一次浇筑或分两次浇筑。

　3）采用平卧重叠法支立模板、浇筑构件混凝土时，下层构件顶面应设临时隔离层；上层构件须待下层构件混凝土强度达到 5.0MPa 后方可浇筑。

图 2K312030-6　U 形梁

（二）构件的场内移运

（1）对后张预应力混凝土梁、板，在施加预应力后可将其从预制台座吊移至场内的存放台座上后再进行孔道压浆，但必须满足下列要求：

1）仅限一次，不得在孔道压浆前多次倒运。

2）吊移范围必须限制在存放区域，不得移往他处。

3）吊移过程中不得对梁板产生任何冲击和碰撞。

（2）在孔道压浆后移运，浆体强度应不低于设计强度的 80％。

【注意】此处"80％"为公路桥涵规范中数字，市政规范中一般取 75％。

（3）吊点位置应按设计规定或计算决定。构件吊环应顺直，吊绳与起吊构件的交角小于 60°时，应设置吊架或起吊扁担，使吊环垂直受力。吊移板式构件时，不得吊错上、下面。

（三）构件的存放

预制场制梁区与存梁区如图 2K312030-7 所示，预制梁体的存放如图 2K312030-8 所示。

图 2K312030-7　预制场制梁区与存梁区

图 2K312030-8　预制梁体的存放

（1）存放台座应坚固稳定，且宜高出地面 200mm 以上。存放场地应有相应的防水排水设施。

（2）支点处应采用垫木和其他适宜材料支承，不得将构件直接支承在坚硬存放台座上；养护期未满应继续洒水养护。

（3）构件应按其安装的先后顺序编号存放，预应力混凝土梁、板的存放时间不宜超过 3 个月（特殊情况 5 个月）。

（4）当构件多层叠放时，上下层垫木应在同一条竖直线上；叠放高度宜按构件强度、台座地基承载力、垫木强度以及堆垛的稳定性等经计算确定。大型构件宜为 2 层，不应超 3 层；小型构件 6～10 层。

三、装配式梁（板）的安装

自行式吊机吊装如图 2K312030-9 所示；预制梁片拼装如图 2K312030-10 所示。

图 2K312030-9　自行式吊机吊装

图 2K312030-10　预制梁片拼装

（一）吊运方案

（1）吊运应编制专项方案，并按有关规定进行论证、批准。

（2）吊运方案应对各受力部分的设备、杆件进行验算，特别是吊车等机具安全性验算，起吊过程中构件内产生的应力验算必须符合要求。梁长 25m 以上的预应力简支梁应验算裸梁的稳定性。

（3）应按照起重吊装的有关规定，选择吊运工具、设备，确定吊车站位、运输路线与交通导行等具体措施。

（二）技术准备

技术准备内容：技术及安全交底；培训考核；测量放线。

（三）构件的运输

（1）板式构件：特制的固定架。板式构件运输如图 2K312030-11 所示。

（2）小型构件：宜顺宽度方向侧立放置，采取措施防止倾倒。

（3）梁：应顺高度方向竖立放置，并采取防倾倒固定措施；装卸时，必须在支撑稳妥后方可卸除吊钩。梁体运输如图 2K312030-12 所示。

（4）平板或超长拖车：车长应能满足支点间的距离要求，支点处应设活动转盘；运输道路应平整。拖车运输如图 2K312030-13 所示。

（5）水上运输：应有相应的封仓加固措施。

图 2K312030-11　板式构件运输

图 2K312030-12　梁体运输

图 2K312030-13　拖车运输

（四）简支梁、板安装

（1）安装构件前必须检查构件外形及其预埋件尺寸和位置。

（2）脱底模、移运、堆放和吊装就位强度：不应低于设计强度（无设计强度时，不应低于设计强度的 75%）。后张预应力构件孔道水泥浆强度：不低于设计要求（无设计要求时，不应低于 30MPa）。

（3）支承结构的强度、桥梁支座的安装质量应符合要求。墩台、盖梁、支座顶面应清扫干净。

（4）架桥机安装时，抗倾覆稳定系数应不小于1.3；架桥机过孔时，应将起重小车置于对稳定最有利的位置，且抗倾覆系数应不小于1.5。

（5）梁、板安装施工期间及架桥机移动过孔时，严禁行人、车辆和船舶在作业区域的桥下通行。

（6）梁板就位后，应及时设置保险垛或支撑将构件临时固定，对横向自稳性较差的T形梁和I形梁等，应与先安装的构件进行可靠的横向连接，防止倾倒，如图2K312030-14所示。

图2K312030-14　预制梁片横向连接

（7）安装在同一孔跨的梁、板，其预制施工的龄期差不宜超过10d。梁、板上有预留孔洞的，其中心应在同一轴线上，偏差应不大于4mm。梁、板之间的横向湿接缝，应在一孔梁、板全部安装完成后方可进行施工。

（五）先简支后连续梁的安装

（1）临时支座顶面的相对高差不应大于2mm。

（2）施工程序应符合设计规定，应在一联梁全部安装完成后再浇筑湿接头混凝土。

（3）对湿接头处的梁端，应按施工缝的要求进行凿毛处理。永久支座应在设置湿接头底模之前安装。

（4）湿接头的混凝土宜在一天中气温相对较低的时段浇筑，且一联中全部湿接头应一次浇筑完成。养护时间应不少于14d。

（5）湿接头应按设计要求施加预应力、孔道压浆；浆体达到强度后应立即拆除临时支座，按设计规定的程序完成体系转换。同一片梁的临时支座应同时拆除。

重点提示

（1）了解装配式梁（板）施工方案的编制程序及内容即可，加深对该分部工程的理解，了解基本的梁板架设方法。

（2）掌握装配式桥梁构件吊装的结构强度标准要求，注意吊装应编制专项方案并进行专业的人员培训、考核及相关技术安全交底，涉及较多安全问题，注意主观题的考查。

（3）吊装构件时吊绳与起吊构件的交角的要求主要考虑尽量减少附加弯矩，减少吊装过程中对构件的损坏，在水池构件吊装中也有所涉及。

实战演练

［经典例题·单选］装配式桥梁构件在脱底模、移运、堆放和吊装就位时，混凝土强度一般应大于设计强度的（　　）。

A. 75％　　　　　　　B. 70％　　　　　　　C. 65％　　　　　　　D. 60％

［解析］装配式桥梁构件在脱底模、移运、堆放和吊装就位时，混凝土强度一般应大于设计强度的75％。

［答案］A

［经典例题·单选］吊装或移运装配式钢筋混凝土或预应力混凝土构件时，当吊绳与构件的交角大于（　　）时，可不设吊架或扁担。

A. 30°　　　　　　　B. 40°　　　　　　　C. 50°　　　　　　　D. 60°

［解析］吊装或移运装配式钢筋混凝土或预应力混凝土构件时，当吊绳与构件的交角大于60°时，可不设吊架或扁担。

［答案］D

［经典例题·单选］关于梁板吊放技术要求的说法，错误的是（　　）。

A. 捆绑吊点距梁端悬出的长度不得大于设计规定

B. 采用千斤绳吊放混凝土T梁时，可采用让两个翼板受力的方法

C. 钢梁经过验算不超过容许应力时，可采用人字千斤绳起吊

D. 各种起吊设备在每次组装后，初次使用时，应先进行试吊

［解析］采用千斤绳吊放混凝土T梁时，不得让两个翼板受力，故选项B错误。

［答案］B

［经典例题·案例分析］

背景资料：

A公司中标承建一座城市高架桥，上部结构为30m预制T梁，采用先简支后连续的结构形式，共12跨，桥宽29.5m，为双幅式桥面。项目部在施工方案确定后，便立即开始了预制场的施工。因为处理T梁预制台座基础沉降影响了工程进度，为扭转工期紧迫的被动局面，项目部加快调度，但一度出现技术管理问题：如千斤顶张拉超200次未安排重新标定；T梁张拉后即把T梁吊移到存梁区压浆，以加快台座的周转率。被监理工程师要求停工整顿。

问题：

1. 预制场施工方案的编制、审批程序是什么？

2. 预制台座基础如何施工才能保证不发生沉降？

3. 千斤顶张拉超过200次，但钢绞线的实际伸长量满足规范要求，即±6％以内，千斤顶是否可以不重新标定？说明理由。

4. 项目部加快台座的周转率做法正确吗？为什么？

［答案］

1. 预制场施工方案的编制、审批程序为：

(1) 由项目负责人组织编制预制场的施工方案。

(2) 报企业技术负责人审批，并加盖公章。

(3) 报总监理工程师和建设单位审核签认。

2. (1) 选择地质条件良好、地基承载力足以满足梁重要求的现场区域。

(2) 如果地基达不到承载力要求，则须对地基进行处理：采用换填灰土夯实的方法或采用挤密桩的形式，保证处理后的地基的承载力满足要求。

(3) 确保台座具有足够的强度和刚度。

(4) 做好预制场场地排水工作，以防止雨水浸泡地基。

3. 千斤顶应重新标定。理由：根据相关规范，千斤顶张拉作业以应力控制为主，以伸长量控制为辅，张拉满6个月或者张拉次数达到200次的千斤顶，必须重新标定后，方可继续投入使用。

4. 项目部加快台座的周转率做法不正确。理由：根据相关规范的规定，T梁（预应力混凝土构件）应在台座上张拉后压浆，其水泥浆强度满足设计要求，设计没有要求时，应达到设计强度等级的75%，且不低于30MPa，才能吊移。

考点 2 支（模）架法施工★★★

桥梁工程施工过程中常用的支架法有：满堂支架、支架通行孔、梁柱式支架等。如图2K312030-15所示。

(a)　　　　　　　　　(b)　　　　　　　　　(c)

图2K312030-15　桥梁工程常用的支架法

(a) 满堂支架；(b) 支架通行孔；(c) 梁柱式支架

支架法现浇箱梁施工流程：地基处理→支架系统搭设→安装底模→底模支架系统预压→调整标高，安装侧模→底板、腹板钢筋加工安装，预应力管道安装→内模安装→顶板钢筋加工安装，端模及锚垫板安装→预应力筋制作安装→浇筑箱梁混凝土→混凝土养护→预应力筋张拉→孔道压浆封锚→拆除侧模、底模及支架→拆模落架。

支架示意图如图2K312030-16所示。

图2K312030-16　支架示意图

一、工前准备

（1）作业人员应经培训、考试合格、持证上岗、定期体检，不适合高处作业者不得进行作业。

（2）个人安全防护：安全帽、安全带、防滑鞋。

（3）设备及材料应符合方案及规范要求。

（4）应编制专项施工方案，需专家论证的，必须经过专家论证。

二、模板、支架和拱架的设计和验算

（1）足够的承载能力、刚度和稳定性计算荷载见表 2K312030-1。

表 2K312030-1　模板构件验算时的荷载组合

模板构件名称	荷载组合	
	计算强度	验算刚度
梁、板和拱的底模及支承板、拱架、支架等	①+②+③+④+⑦+⑧	①+②+⑦+⑧
缘石、人行道、栏杆、柱、梁板、拱等的侧模板	④+⑤	⑤
基础、墩台等厚大结构物的侧模板	⑤+⑥	⑤

注：表中代号：①模板、拱架和支架自重；②新浇筑混凝土、钢筋混凝土或圬工、砌体的自重力；③施工人员及施工材料机具等行走运输或堆放的荷载；④振捣混凝土时的荷载；⑤新浇筑混凝土对侧面模板的压力；⑥倾倒混凝土时产生的水平向冲击荷载；⑦水流压力、波浪力、流冰压力、撞击力；⑧其他可能荷载，如风雪、冬期施工保温设施荷载等。

（2）验算模板、支架和拱架的抗倾覆稳定时，各施工阶段的稳定系数均不得小于1.3。

（3）施工预拱度应考虑的因素：结构预拱度、弹性变形、非弹性变形、受载后沉降。

（4）支架的立杆、水平杆步距应根据承受的荷载确定，其构造要求和剪刀撑设置应满足现行规范标准。

三、模板、支架和拱架的制作与安装

（1）地基处理：足够承载力（预压地基），立柱底端必须放置垫板或混凝土垫块，如图 2K312030-17 所示。底部应有良好的排水措施，严禁被水浸泡。冬期施工必须采取防止冻胀的措施。

（2）通行孔两边应加护桩、限高架及安全警示标志，夜间应设警示灯，如图 2K312030-18 所示。施工中易受漂流物冲撞的河中支架应设牢固的防护设施。

图 2K312030-17　支架底部垫块

图 2K312030-18　通行孔防护

（3）随安装随架设临时支撑。上下层立柱应在同一中心线上。

（4）施工脚手架（如图 2K312030-19）、便桥须设立独立的支撑体系，不得与支架或拱架共用同一支撑结构。

图 2K312030-19 脚手架

（5）预压合格并形成记录，消除拼装间隙和地基沉降等非弹性变形，预压如图 2K312030-20 所示。

（a）　　　　　　　　　　（b）

图 2K312030-20　预压

（a）梁式桥预压；（b）拱架预压

（6）支搭完成后必须进行质量检查，验收合格，形成文件后方可交付使用。

四、脚手架搭设

（1）脚手架应按规定采用连接件与构筑物相连，使用期间不得拆除。

（2）作业平台上脚手板必须铺满、铺稳。平台下设置水平安全网或脚手架防护层。

（3）严禁在脚手架上拴缆风绳、架设混凝土泵等设备。

（4）脚手架支搭完成后应与模板、支架和拱架一起进行检查验收，形成文件后，方可交付使用。

五、模板、支架和拱架的拆除

（1）拆除现场应设作业区，边界设警示标志，并由专人值守，非作业人员严禁入内。

（2）应有简便可行的落架拆模措施。

（3）按施工方案或专项方案要求由上而下逐层进行，严禁上下同时作业。

（4）拆模落架时间节点控制：

1）非承重侧模：保证结构棱角无损坏，混凝土强度为 2.5MPa。

2）芯模和预留孔道：保证表面不发生塌陷和裂缝。

3）承重模板、支架：强度能承受自重荷载及其他叠加荷载。

4）浆砌石、混凝土砌块拱桥：砂浆强度 80% 以上。

5）跨径：<10m 全部完成；中等跨径实腹式护拱完成；大跨径空腹式腹拱墙完成。

6）预应力结构侧模：预应力张拉前拆除。

7）预应力结构底模：结构建立预应力后拆除。

（5）拆除原则：先支后拆、后支先拆；按几个循环卸落，卸落量宜由小渐大。

（6）拆除方向：简支、连续梁——跨中向支座；悬臂梁——悬臂端开始。

（7）严禁敲击、硬拉模板、杆件和配件。

（8）拆除的模板、杆件、配件应分类码放。

重点提示

本考点涉及市政工程中多个专业，曾经以桥梁、水池等多个专业背景考查过，属于高频考点，重点掌握上述基本规定。较适合案例题的考查，重点掌握支架搭设及地基处理的技术要求。

实战演练

[经典例题·多选] 关于支架法现浇预应力混凝土连续梁的要求，正确的有（　　）。

A. 支架的地基承载力应符合要求

B. 安装支架时，应根据设计和规范要求设置预拱度

C. 各种支架和模板安装后，宜采取预压方法消除拼装间隙和地基沉降等弹性变形

D. 浇筑混凝土时应采取防止支架均匀下沉的措施

E. 有简便可行的落架拆模措施

[解析] 各种支架和模板安装后宜采取预压方法消除拼装间隙和地基沉降等非弹性变形，故选项 C 错误；浇筑混凝土时应采取防止支架不均匀下沉的措施，故选项 D 错误。

[答案] ABE

[经典例题·案例分析]

背景资料：

某公司中标承建该市城郊结合部交通改扩建高架工程，该高架上部结构为现浇预应力钢筋混凝土连续箱梁，桥梁底板距地面高 15m，宽 17.5m，主线长 720m，桥梁中心轴线位于既有道路边线，在既有道路中心线附近有埋深 1.5m 的现状 DN500 自来水管道和光纤线缆，平面布置如图 2K312030-21 所示，高架桥跨越 132m 鱼塘和菜地，支架法施工。

图 2K312030-21　某市城郊改扩建高架桥平面布置图

注：本图尺寸均以 m 为单位。

项目部进场后编制的施工组织设计提出了"支架地基加固处理"和"满堂支架"两个专项方案。在"支架地基加固处理"专项方案中，项目部认为在支架地基预压时荷载应是不小于支

架地基承受的混凝土结构物恒载的 1.2 倍即可，并根据相关规定组织召开了专家论证会。

问题：

1. 写出该工程上部结构施工流程（自箱梁钢筋验收完成到落架结束，混凝土采用一次浇筑法）。

2. 编写"支架地基加固处理"专项方案的主要因素是什么？

3. "支架地基加固处理"后的合格判定标准是什么？

4. 项目部在支架地基预压方案中，还有哪些因素应计入预压荷载计算？

[答案]

1. 该工程上部结构施工流程为：地基处理→地基预压→搭设支架→支架预压→制作加工安装模板→钢筋安装→浇筑混凝土→混凝土养护→预应力张拉→孔道压浆→封锚→支架、模板拆除。

2. 编制专项方案的主要因素是：根据上部结构预应力箱梁的断面尺寸及支架的形式对地基的要求以及施工现场地质情况（鱼塘、菜地）而决定，支架的跨径大，箱梁的断面尺寸大，对地基的要求高，所以地基的处理形式需要加强处理。

3. "支架地基加固处理"后的合格判定标准是地基的承载力、强度、稳定性要满足设计要求，并且支架地基预压时荷载满足不小于支架地基承受的混凝土结构物恒载及支架模板自重的 1.2 倍的要求。

4. 还应计入预压荷载计算的因素：上部钢支架自重、模板的自重、新浇筑混凝土的自重、施工人员及施工材料机具行走运输或堆放的荷载、振捣和倾倒混凝土时的水平冲击荷载、支架所承受的水流压力以及其他可能产生的荷载，如风雪荷载、冬期施工保温设施荷载。

[经典例题·案例分析]

背景资料：

某城市高架桥上部结构为钢筋混凝土预应力简支梁，下部结构采用独柱式 T 形桥墩，钻孔灌注桩基础。

项目部编制了桥墩专项施工方案，方案中采用扣件式钢管支架及定型钢模板。为了加强整体性，项目部将支架与脚手架一体化搭设，现场采用的支架模板施工图如图 2K312030-22 所示。

图 2K312030-22　支架模板施工图

项目部按施工图完成了桥墩钢筋安装和立模等各项准备工作后，开始浇筑混凝土。在施工中发生1名新工人从墩顶施工平台坠落致死事故，施工负责人立即通知上级主管部门。

　　事故调查中发现：外业支架平台宽120cm；平台防护栏高60cm；人员通过攀爬支架上下。

问题：

1. 施工方案中支架结构杆件不全，指出缺失杆件名称。

2. 图示支架结构存在哪些安全隐患？

3. 高处作业人员应配备什么个人安全防护用品？

[答案]

1. 施工方案中支架结构还缺少的杆件包括：横、纵扫地杆；斜撑及剪刀撑。

2. 图示支架存在的安全隐患有：

(1) 脚手架与承重支架分隔设置（应分开设置）。

(2) 高处作业未设置密目式安全网防护。

(3) 防护栏设置过低（应高于作业通道面1.2m以上）。

(4) 未设置上下作业人员的通道（未设置爬梯）。

3. 高处作业人员应配备安全帽、安全带及防滑鞋。

考点 3　移动模架法施工★

(1) 模架应利用专用设备组装，在施工时能确保质量和安全，如图2K312030-23所示。

图2K312030-23　移动模架法

(2) 浇筑分段工作缝，必须设在弯矩零点附近，如图2K312030-24所示。

图2K312030-24　弯矩零点示意图

　　注： 弯矩零点在梁跨1/5～1/4附近。

　　(3) 箱梁内、外模板在滑动就位时，模板平面尺寸、高程、预拱度的误差必须控制在容许范围内。

　　(4) 混凝土内预应力筋管道、钢筋、预埋件设置应符合规范规定和设计要求。

【注意】移动模架法适用于多孔多跨。

重点提示

移动模架法考查较少，熟悉其适用范围。对于施工缝位置的设置是通用条款：施工缝属于构件薄弱环节，应尽量避开受力较大的位置。

✎实战演练

[经典例题·单选] 在移动模架上浇筑预应力连续梁时，浇筑分段工作缝必须设在（   ）附近。

A. 正弯矩区　　　　　B. 负弯矩区　　　　　C. 无规定　　　　　D. 弯矩零点

[解析] 在移动模架上浇筑预应力连续梁时，浇筑分段工作缝必须设在弯矩零点附近。

[答案] D

考点 4　悬臂浇筑法施工★★

扫码听课

悬臂浇筑法，又称挂篮法，如图 2K312030-25 所示。其主要设备是一对能行走的挂篮，挂篮在已经张拉锚固并与墩身连成整体的梁段上移动。绑扎钢筋、立模、浇筑混凝土、施加预应力都在其上进行。完成本段施工后，挂篮对称向前各移动一节段，进行下一梁段施工，循序渐进，直至悬臂梁段浇筑完成，施工流程如图 2K312030-26 所示。

图 2K312030-25　悬臂浇筑法施工

（a）

（b）

图 2K312030-26　悬臂浇筑施工流程示意图

（a）利用挂篮浇筑Ⅱ梁段；（b）浇筑Ⅳ梁段合龙

一、挂篮设计与组装

（1）挂篮结构主要设计参数应符合下列规定：

1）挂篮质量与梁段混凝土的质量比值控制在 0.3～0.5，特殊情况下不得超过 0.7。

2）允许最大变形（包括吊带变形的总和）为 20mm。

3）施工、行走时的抗倾覆安全系数不得小于 2。

4）自锚固系统的安全系数不得小于 2。

5）斜拉水平限位系统和上水平限位安全系数不得小于 2。

（2）挂篮组装后，应全面检查安装质量，并应按设计荷载做载重试验，以消除非弹性变形。挂篮结构如图 2K312030-27 所示。

图 2K312030-27　挂篮结构图

二、浇筑段落

悬浇梁体一般应分四大部分浇筑：

（1）墩顶梁段（0 号块）。

（2）墩顶梁段（0 号块）两侧对称悬浇梁段。

（3）边孔支架现浇梁段。

（4）主梁跨中合龙段。

三、悬浇顺序及要求

（一）悬浇顺序

（1）在墩顶托架或膺架上浇筑 0 号段并实施墩梁临时固结，如图 2K312030-28 所示。

图 2K312030-28　0 号段施工托架示意图

（2）在 0 号块段上安装悬臂挂篮，向两侧依次对称分段浇筑主梁至合龙前段。

（3）在支架上浇筑边跨主梁合龙段。

（4）最后浇筑中跨合龙段形成连续梁体系，如图 2K312030-29 所示。

（a）

（b）

（c）

（d）

图 2K312030-29　悬臂浇筑顺序图

（a）墩顶托架浇筑 0 号块；（b）挂篮上对称浇筑悬挑梁段；（c）邻近合龙段；（d）合龙段浇筑

（二）浇筑要求

（1）托架、膺架应经过设计，计算其弹性及非弹性变形。

（2）在梁段混凝土浇筑前，应对挂篮（托架或膺架）、模板、预应力筋管道、钢筋、预埋件、混凝土材料、配合比、机械设备、混凝土接缝处理等情况进行全面检查，经有关方签认后方准浇筑。

（3）悬臂浇筑混凝土时，宜从悬臂前端开始，最后与前段混凝土连接。

（4）桥墩两侧梁段悬臂施工应对称、平衡，平衡偏差不得大于设计要求。

四、张拉及合龙

（1）预应力混凝土连续梁悬臂浇筑施工中，顶板、腹板纵向预应力筋的张拉顺序一般为上下、左右对称张拉，设计有要求时按设计要求施作。

（2）预应力混凝土连续梁合龙顺序一般是先边跨、后次跨、再中跨，如图 2K312030-30 所示。

图 2K312030-30　悬臂桥

（3）连续梁（T 构）的合龙、体系转换和支座反力调整规定：

1）合龙段的长度宜为 2m。

2）合龙前应按设计规定，将两悬臂端合龙口予以临时连接，并将合龙跨一侧墩的临时锚固放松或改成活动支座。

3）合龙前，在两端悬臂预加压重，并于浇筑混凝土过程中逐步撤除，以使悬臂端挠度保持稳定。

4）合龙宜在一天中气温最低时进行。

5）合龙段的混凝土强度宜提高一级，以尽早施加预应力。

6）连续梁的梁跨体系转换，应在合龙段及全部纵向连续预应力筋张拉、压浆完成，并解除各墩临时固结后进行。

7）梁跨体系转换时，支座反力的调整应以高程控制为主，反力作为校核。

五、高程控制

预应力混凝土连续梁，悬臂浇筑段前端底板和桥面高程的确定是连续梁施工的关键问题之一，确定悬臂浇筑段前端高程时应考虑：

（1）挂篮前端的垂直变形值。

（2）预拱度设置。

（3）施工中已浇段的实际高程。

（4）温度影响。

因此，施工过程中的监测项目为前三项；必要时结构物的变形值、应力也应进行监测，保证结构的强度和稳定。

┌─[重][点][提][示]────────────────────────┐
│ 　悬臂浇筑法是桥梁上部结构常见施工方法之一，每年都会考查，往年以客观题为主。│
│ 重点掌握悬浇顺序及张拉、合龙的基本要求。因涉及预应力、后浇带等多个热门考点，建│
│ 议重点掌握。│
└──┘

──────────── ✎实战演练 ────────────

[经典例题·单选]预应力混凝土连续梁合龙顺序一般是（　　）。

A. 先中跨、后次跨、再边跨

B. 先边跨、后次跨、再中跨

C. 先边跨、后中跨、再次跨

D. 先中跨、后边跨、再次跨

[解析]预应力混凝土连续梁合龙顺序一般是先边跨、后次跨、再中跨。

[答案]B

[经典例题·单选]为确定悬臂浇筑段前段标高，施工过程中应加强监测，但监测项目不包括（　　）。

A. 挂篮前端的垂直变形值　　　　　　　　B. 预拱度

C. 施工中已浇段的实际标高　　　　　　　D. 温度影响

[解析]确定悬臂浇筑段前段标高时监测项目包括：①挂篮前端的垂直变形值；②预拱度设置；③施工中已浇段的实际标高。

[答案]D

2K312040　管涵和箱涵施工

思维导图▶▶▶

考点精讲▶▶▶

考点 **1** 管涵、拱形涵、盖板涵施工技术要点★

涵洞是城镇道路路基工程的重要组成部分，涵洞有管涵、拱形涵、盖板涵、箱涵。小型断面涵洞通常用作排水，一般采用管涵形式。大断面涵洞分为拱形涵、盖板涵、箱涵，用作人行通道或车行道，如图 2K312040-1 所示。

图 2K312040-1　涵洞

一、管涵施工技术要点

（1）管涵通常采用工厂预制钢筋混凝土管的成品管节，管节断面形式分为圆形、椭圆形、卵形、矩形等。

（2）当管涵设计为混凝土或砌体基础时，基础上面应设混凝土管座，其顶部弧形面应与管身紧密贴合，使管节均匀受力。

（3）当管涵为无混凝土（或砌体）基础、管体直接设置在天然地基上时，应按照设计要求将管底土层夯压密实，并做成与管身弧度密贴的弧形管座，安装管节时应注意保持完整。管底土层承载力不符合设计要求时，应按规范要求进行处理、加固。

（4）管涵的沉降缝应设在管节接缝处。

二、拱形涵、盖板涵施工技术要点

（1）与路基（土方）同步施工的拱形涵、盖板涵可分为预制拼装钢筋混凝土结构、现场浇筑钢筋混凝土结构和砌筑墙体、预制或现浇钢筋混凝土混合结构等结构形式。

（2）依据道路施工流程可采取整幅施工或分幅施工。分幅施工时，临时道路宽度应满足现况交通的要求，且边坡稳定。需支护时，应在施工前对支护结构进行施工设计。

（3）遇有地下水时，应先将地下水降至基底以下 500mm 方可施工，且降水应连续进行。

（4）涵洞地基承载力必须符合设计要求，并应经检验确认合格。

（5）拱圈和拱上端墙应由两侧向中间同时、对称施工。

（6）涵洞两侧的回填土，应在主结构防水层的保护层完成，且保护层砌筑砂浆强度达到3MPa后方可进行。回填时，两侧应对称进行，高差不宜超过300mm。

（7）为涵洞服务的地下管线，应与主体结构同步配合进行。

重点提示

　　拱形涵、盖板涵施工近几年在二建中还未涉及，了解基本施工要求即可。

✎ 实战演练

[2018真题·单选] 关于涵洞两侧回填施工的做法，错误的是（　　　）。

A. 涵洞两侧同时回填，两侧对称进行，高差不大于300mm

B. 填方中使用渣土、工业废渣等，需经过试验确认可靠

C. 在涵洞靠近防水层部位可填含有少量碎石的细粒土

D. 现浇钢筋混凝土涵洞，其胸腔回填土在混凝土强度达到设计强度70%后进行

[解析] 参照《城镇道路工程施工与质量验收规范》，涵洞两侧应同时回填，两侧填土高差不得大于30cm，选项A正确。填土中使用渣土、工业废渣等，需经过试验，确认可靠，并经建设单位、设计单位同意后方可使用，选项B正确。对有防水层的涵洞，靠近防水层部位应回填细粒土，填土中不得含有碎石、碎砖及大于10cm的硬块，选项C错误。现浇钢筋混凝土涵洞，其胸腔回填土宜在混凝土强度达到设计强度70%后进行，顶板以上填土应在达到设计强度后进行，选项D正确。

[答案] C

[经典例题·单选] 拱形涵、盖板涵两侧应在主结构防水层的保护层砌筑砂浆强度达到（　　　）才能回填土。

A. 1.5MPa　　　　　　　　　　　　　B. 2MPa

C. 2.5MPa　　　　　　　　　　　　　D. 3MPa

[解析] 拱形涵、盖板涵两侧主结构防水层的保护层砌筑砂浆强度达到3MPa才能回填土。

[答案] D

考点 2　箱涵顶进施工技术★★

当新建道路下穿铁路、公路、城市道路路基施工时，通常采用箱涵顶进施工技术，如图2K312040-2所示。

图2K312040-2　箱涵顶进施工

一、箱涵顶进准备工作

（一）作业条件

（1）现场做到"三通一平"，满足施工方案设计要求。

（2）完成线路加固工作和既有线路监测的测点布置。

（3）完成工作坑作业范围内的地上构筑物、地下管线调查，并进行改移或采取保护措施。

（4）工程降水（如需要）达到设计要求。

（二）机械设备、材料

按计划进场，并完成验收。

（三）技术准备

（1）施工组织设计已获批准，施工方法、施工顺序已经确定。

（2）全体施工人员进行培训、技术安全交底。

（3）完成施工测量放线。

二、工艺流程与施工技术要点

（一）工艺流程

现场调查→工程降水→工作坑开挖→后背制作→滑板制作→铺设润滑隔离层→箱涵制作→顶进设备安装→既有线加固→箱涵试顶进→吃土顶进→监控量测→箱体就位→拆除加固设施→拆除后背及顶进设备→工作坑恢复。

（二）箱涵顶进前检查工作

（1）箱涵主体结构混凝土强度必须达到设计强度，防水层及保护层按设计完成。

（2）顶进作业面包括路基下地下水位已降至基底下 500mm 以下，并宜避开雨期施工，若在雨期施工，必须做好防洪及防雨排水工作。

（3）顶进设备液压系统安装及预顶试验结果符合要求。

（4）所穿越的线路管理部门的配合人员、抢修设备、通信器材准备完毕。

（三）箱涵顶进启动

（1）启动时，现场必须有主管施工技术人员专人统一指挥。

（2）液压泵站应空转一段时间，检查系统、电源、仪表无异常情况后试顶。

（3）每当油压升高 5～10MPa 时，需停泵观察，应严密监控顶镐、顶柱、后背、滑板、箱涵结构等部位的变形情况，如发现异常情况，立即停止顶进；找出原因采取措施解决后方可重新加压顶进。

（4）当顶力达到 0.8 倍结构自重时箱涵未启动，应立即停止顶进；找出原因采取措施解决后方可重新加压顶进。

（5）箱涵启动后，应立即检查后背、工作坑周围土体稳定情况，无异常情况，方可继续顶进。

（四）顶进挖土

（1）根据箱涵的净空尺寸、土质情况，可采取人工挖土或机械挖土。一般宜选用小型反铲按设计坡度开挖，每次开挖进尺 0.4～0.8m，并配装载机或直接用挖掘机装汽车出土。顶板切土，侧墙刃脚切土及底板前清土须由人工配合。挖土顶进应三班连续作业，不得间断。

（2）两侧应欠挖 50mm，钢刃脚切土顶进。当属斜交涵时，前端锐角一侧清土困难应优先开挖。如设有中刃脚时应紧切土前进，使上下两层隔开，不得挖通漏天，平台上不得积存土壤。

（3）列车通过时严禁继续挖土，人员应撤离开挖面。当挖土或顶进过程中发生塌方，影响行车安全时，应迅速组织抢修加固，做出有效防护。

（4）挖土工作应与观测人员密切配合，随时根据桥涵顶进轴线和高程偏差，采取纠偏措施。

（五）顶进作业

（1）每次顶进应检查液压系统、顶柱（铁）安装和后背变化情况等。

（2）挖运土方与顶进作业循环交替进行。

（3）箱涵身每前进一顶程，应观测轴线和高程，发现偏差及时纠正。

（4）箱涵吃土顶进前，应及时调整好箱涵的轴线和高程。在铁路路基下吃土顶进，不宜对箱涵做较大的轴线、高程调整动作。

（六）监控与检查

（1）桥涵顶进前，应对箱涵原始（预制）位置的里程、轴线及高程测定原始数据并记录。顶进过程中，每一顶程要观测并记录各观测点左、右偏差值，高程偏差值和顶程及总进尺。观测结果要及时报告现场指挥人员，用于控制和校正。

（2）桥涵自启动起，对顶进全过程的每一个顶程都应详细记录千斤顶开动数量、位置，油泵压力表读数、总顶力及着力点。如出现异常应立即停止顶进，检查分析原因，采取措施处理后方可继续顶进。

（3）桥涵顶进过程中，每天应定时观测箱涵底板上设置的观测标钉高程，计算相对高差，展图，分析结构竖向变形。对中边墙应测定竖向弯曲，当底板侧墙出现较大变位及转角时应及时分析研究采取措施。

（4）顶进过程中要定期观测箱涵裂缝及开展情况，重点监测底板、顶板、中边墙，中继间牛腿或剪力铰和顶板前、后悬臂板，发现问题应及时研究采取措施。

三、季节性施工技术措施

（1）箱涵顶进应尽可能避开雨期。需在雨期施工时，应在汛期之前对拟穿越的路基、工作坑边坡等采取切实有效的防护措施。

（2）雨期施工时应做好地面排水，工作坑周边应采取挡水围堰、排水截水沟等防止地面水流入工作坑的技术措施。

（3）雨期施工开挖工作坑（槽）时，应注意保持边坡稳定。必要时可适当放缓边坡坡度或设置支撑；并经常对边坡、支撑进行检查，发现问题要及时处理。

（4）冬雨期施工应确保混凝土入模温度满足规范规定或设计要求。

> **重点提示**
>
> 箱涵顶进施工考查频率较低，掌握其施工工序，熟悉箱涵在顶进过程中的一些技术要求。箱涵顶进中涉及基坑、箱涵预制、顶进等工序，与城轨交通、管道等多个专业中涉及的工序大同小异，对比理解记忆。

实战演练

[经典例题·单选] 箱涵顶进作业应在地下水位降至基底以下（ ）进行，并宜避开雨期施工。

A. 0.5m

B. 0.4m

C. 0.3m

D. 0.2m

[解析] 顶进作业面包括路基下地下水位已降至基底下 500mm 以下，并宜避开雨期施工，若在雨期施工，必须做好防洪及防雨排水工作。

[答案] A

[2019 真题·多选] 关于箱涵顶进施工的说法，正确的有（ ）。

A. 箱涵顶进施工适用于带水作业，可在汛期施工

B. 实施前应按施工方案要求完成后背施工和线路加固

C. 在铁路路基下吃土顶进，不宜对箱涵做较大的轴线、高程调整动作

D. 挖运土方与顶进作业同时进行

E. 顶进过程中应重点监测底板、顶板、中边墙、中继间牛腿或剪力铰

[解析] 箱涵顶进应尽可能避开雨期。需在雨期施工时，应在汛期之前对拟穿越的路基、工作坑边坡等采取切实有效的防护措施，选项 A 错误。挖运土方与顶进作业循环交替进行，选项 D 错误。

[答案] BCE

同步强化训练

一、单项选择题（每题的备选项中，只有 1 个最符合题意）

1. 某简支空心板梁桥桥面高 21.75m，板厚 60cm，桥面铺装厚 12cm，设计洪水位标高 16.5m，施工水位标高 12.25m，低水位标高 7.8m，则该桥梁高度为（ ）m。

A. 5.25

B. 9.5

C. 13.23

D. 13.95

2. 起传递荷载作用，为桥跨结构提供变位区间的部件是（ ）。

A. 桥台基础

B. 桥面沥青混凝土铺装

C. 桥梁支座

D. 伸缩缝

3. 施工配合比设计阶段，根据实测砂石（ ）进行配合比调整，提出施工配合比。

A. 重量

B. 堆积密度

C. 含水率

D. 级配

4. 围堰使用期间河流的常水位为 +3.000m，可能出现的最高水位（包括浪高）为 +4.000m，则该围堰顶的最低标高应为（ ）。

A. +3.500m

B. +4.000m

C. +4.500m

D. +5.000m

5. 装配式桥梁构件在脱底模、移运、堆放和吊装就位时，混凝土强度一般应大于设计强度的（ ）。

A. 75%

B. 70%

C. 65%

D. 60%

6. 采用悬臂浇筑法施工多跨预应力混凝土连续梁时，正确的浇筑顺序是（　　）。

    A. 0 号块→主梁节段→边跨合龙段→中跨合龙段

    B. 0 号块→主梁节段→中跨合龙段→边跨合龙段

    C. 主梁节段→0 号块→边跨合龙段→中跨合龙段

    D. 主梁节段→0 号块→中跨合龙段→边跨合龙段

7. 拱形涵、盖板涵施工遇有地下水时，应先将地下水降至基底以下（　　）方可施工。

    A. 500mm   B. 400mm

    C. 300mm   D. 200mm

二、多项选择题（每题的备选项中，有 2 个或 2 个以上符合题意，至少有 1 个错项）

1. 关于钢筋混凝土桥梁钢筋接头设置的说法，正确的有（　　）。

    A. 在同一根钢筋上宜少设接头

    B. 宜设在构件的最大弯矩处

    C. 接头末端至钢筋弯起点的距离不得小于钢筋直径的 5 倍

    D. 施工中钢筋受力分不清受拉、受压的，按受压办理

    E. 在任意焊接或绑扎接头长度区段内，同一根钢筋不得有两个接头

2. 关于支架、拱架搭设要求，正确的有（　　）。

    A. 支架立柱底端必须放置垫板或混凝土垫块

    B. 支架通行孔的两边应加护栏，夜间应设警示灯

    C. 易受漂流物冲撞的河中支架应设牢固的防护设施

    D. 支架或拱架应与施工脚手架、便桥一体化搭设

    E. 支架、拱架安装完毕，经检验合格后方可安装模板

3. 下列预应力张拉施工规定中，正确的有（　　）。

    A. 预应力筋的张拉控制应力必须符合设计规定

    B. 预应力筋采用应力控制方法张拉时，应以理论伸长值进行校核

    C. 伸长值应从初应力时开始量测

    D. 实际伸长值与理论伸长值的差值应符合设计要求

    E. 设计无规定时，实际伸长值与理论伸长值之差应控制在 5% 以内

4. 关于灌注桩水下混凝土灌注用导管要求的说法，正确的有（　　）。

    A. 导管直径宜为 20～30cm，节长宜为 3m

    B. 导管不得漏水，试验压力宜为孔底静水压力的 1.2 倍

    C. 导管采用法兰盘接头宜加锥形活套

    D. 导管轴线偏差不宜超过孔深的 0.5%，且不宜大于 10cm

    E. 采用螺旋丝扣型接头时必须有防止松脱装置

5. 关于人工挖孔桩，说法正确的有（　　）。

    A. 适用于地下水位以上的黏性土、黄土及人工填土

    B. 挖孔桩截面一般为圆形，孔径 1200～2000mm，最大可达 5000mm

    C. 挖孔深度不宜超过 25m

    D. 必须做到孔底表面无松渣、泥、沉淀土

    E. 采用混凝土或钢筋混凝土支护孔壁技术

6. 下列支架法现浇预应力混凝土连续梁的做法，正确的有（   ）。

　　A. 支架的地基承载力应符合要求

　　B. 应有简便可行的落架拆模措施

　　C. 各种支架和模板安装后，宜采取预压方法消除拼装间隙和地基沉降等弹性变形

　　D. 安装支架时，如跨度小于 8m 可不设置预拱度

　　E. 支架底部应有良好的排水措施

7. 箱涵顶进施工作业安全措施包括（   ）。

　　A. 施工现场及路基附近不得积水浸泡

　　B. 在列车运行间隙或避开交通高峰期开挖和顶进

　　C. 列车通过时，严禁挖土作业，人员应撤离开挖面

　　D. 箱涵顶进过程中，顶铁、顶柱布置区内必须设专人统一指挥

　　E. 当液压系统发生故障时，应及时在工作状态下检查和调整

三、案例分析题

背景资料：

某城市桥梁工程，采用钻孔灌注桩基础，承台最大尺寸为：长 8m，宽 6m，高 3m，梁体为现浇预应力钢筋混凝土箱梁。跨越既有道路部分，梁跨度 30m，支架高 20m。

桩身混凝土浇筑前，项目技术负责人到场就施工方法对作业人员进行了口头交底，随后立即进行 1 号桩桩身混凝土浇筑，导管埋深保持在 0.5～1.0m 左右。浇筑过程中，拔管指挥人员因故离开现场。后经检测表明 1 号桩出现断桩。在后续的承台、梁体施工中，施工单位采取了以下措施：

（1）针对承台大体积混凝土施工编制了专项方案，采取了如下防裂缝措施：

　1）混凝土浇筑安排在一天中气温较低时进行。

　2）根据施工正值夏季的特点，决定采用浇水养护。

　3）按规定在混凝土中适量埋入大石块。

（2）项目部新购买了一套性能较好、随机合格证齐全的张拉设备，并立即投入使用。

（3）跨越既有道路部分为现浇梁施工，采用支撑间距较大的门洞支架，为此编制了专项施工方案，并对支架强度作了验算。

问题：

1. 指出项目技术负责人在桩身混凝土浇筑前技术交底中存在的问题，并给出正确做法。

2. 指出背景中桩身混凝土浇筑过程中的错误之处，并改正。

3. 补充大体积混凝土裂缝防治措施。

4. 施工单位在张拉设备的使用上是否正确？说明理由。

5. 关于支架还应补充哪些方面的验算？

┃ 参考答案及解析 ┃

一、单项选择题

的距离。21.75－7.8＝13.95（m）。

中间的是和荷载（受力）有关，并且为桥跨结构提供变位区间的只能是桥梁支座。

3. ［答案］C

［解析］施工配合比设计阶段，根据实测砂石含水率进行配合比调整，提出施工配合比。

4. ［答案］C

［解析］围堰高度应高出施工期间可能出现的最高水位（包括浪高）0.5～0.7m。题干中给出了已知条件：围堰使用期间河流可能出现的最高水位（包括浪高）为＋4.000m，则该围堰顶的最低标高应为＋4.000＋0.5＝＋4.500（m）。

5. ［答案］A

［解析］装配式桥梁构件在脱底模、移运、堆放和吊装就位时，混凝土的强度不应低于设计要求的吊装强度，一般不应低于设计强度的75%。

6. ［答案］A

［解析］悬浇顺序：①在墩顶托架或膺架上浇筑0号段并实施墩梁临时固结；②在0号块段上安装悬臂挂篮，向两侧依次对称分段浇筑主梁至合龙前段；③在支架上浇筑边跨主梁合龙段；④最后浇筑中跨合龙段形成连续梁体系。

7. ［答案］A

［解析］遇有地下水时，应先将地下水降至基底以下500mm方可施工，且降水应连续进行，直至工程完成到地下水位500mm以上且具有抗浮及防渗漏能力后方可停止降水。

二、多项选择题

1. ［答案］AE

［解析］钢筋接头设置应符合下列规定：①在同一根钢筋上宜少设接头；②钢筋接头应设在受力较小区段，不宜位于构件的最大弯矩处；③在任一焊接或绑扎接头长度区段内，同一根钢筋不得有两个接头，在该区段内的受力钢筋，其接头的截面面积占总截面面积的百分率应符合规范规定；④接头末端至钢筋弯起点的距离不得小于钢筋直径的10倍；⑤施工中钢筋受力分不清受拉、受压的，按受拉办理；⑥钢筋接头部位横向净距不得小于钢筋直径，且不得小于25mm。

2. ［答案］ABCE

［解析］支架、拱架搭设要求有：①支架立柱必须落在有足够承载力的地基上，立柱底端必须放置垫板或混凝土垫块；②支架通行孔的两边应加护栏，夜间应设警示灯；③施工中易受漂流物冲撞的河中支架应设牢固的防护设施；④支架、拱架安装完毕，经检验合格后方可安装模板；⑤支架或拱架不得与施工脚手架、便桥相连。

3. ［答案］ACD

［解析］选项B，预应力筋采用应力控制方法张拉时，应以伸长值进行校核，伸长值一般为实际伸长值。选项E，实际伸长值与理论伸长值的差值应符合设计要求；设计无规定时，实际伸长值与理论伸长值之差应控制在6%以内。

4. ［答案］CDE

［解析］导管应符合下列要求：①导管直径宜为20～30cm，节长宜为2m；②导管不得漏水，使用前应试拼、试压，试验压力为孔底静水压力的1.5倍；③导管轴线偏差不宜超过孔深的0.5%，且不宜大于10cm；④导管采用法兰盘接头宜加锥形活套，采用螺旋丝扣型接头时必须有防止松脱装置。

5. ［答案］ACDE

［解析］选项B，挖孔桩截面一般为圆形，也有方形桩；孔径1200～2000mm，最大可达3500mm。

6. ［答案］ABE

［解析］支架法现浇预应力混凝土连续梁：①支架的地基承载力应符合要求，必要时，应采取加固处理或其他措施；②应有

简便可行的落架拆模措施；③各种支架和模板安装后，宜采取预压方法消除拼装间隙和地基沉降等非弹性变形；④安装支架时，应根据梁体和支架的弹性、非弹性变形，设置预拱度；⑤支架底部应有良好的排水措施，不得被水浸泡；⑥浇筑混凝土时应采取防止支架不均匀下沉的措施。

7. ［答案］ABC

［解析］箱涵顶进施工作业安全措施：①施工现场（工作坑、顶进作业区）及路基附近不得积水浸泡。②应按规定设立施工现场围挡，有明显的警示标志，隔离施工现场和社会活动区，实行封闭管理，严禁非施工人员入内。③在列车运行间隙或避开交通高峰期开挖和顶进；列车通过时，严禁挖土作业，人员应撤离开挖面。④箱涵顶进过程中，任何人不得在顶铁、顶柱布置区内停留。⑤箱涵顶进过程中，当液压系统发生故障时，严禁在工作状态下检查和调整。⑥现场施工必须设专人统一指挥和调度。

三、案例分析题

1. （1）项目技术负责人不应口头技术交底。

（2）正确做法：技术交底应书面进行，技术交底资料应办理签字手续，并归档。

2. （1）桩身混凝土灌注过程中拔管指挥人员离开现场是错误的。

正确做法：拔管应有专人负责指挥。

（2）导管埋深保持在 0.5～1.0m 左右是错误的。

正确做法：导管埋置深度宜控制在 2～6m，并经常测探井孔内混凝土面的位置，及时地调整导管埋深。

3. 大体积混凝土裂缝防治措施还有：减少浇筑层厚度；优先选用水化热较低的水泥；在保证混凝土强度等级的前提下，减少水泥用量，冷却集料或加入冰块；在混凝土中埋设冷却水管，通水冷却；采取温控措施，加强测温工作并实施监控。

4. （1）不正确。

（2）理由：张拉设备本身应经主管部门授权的法定计量技术机构校验合格；张拉机具应与锚具配套使用，并应在进场时进行检查和校验。

5. 对支架还应验算其刚度和稳定性。

2K313000 城市轨道交通工程

学习提示

　　本章是市政工程基础内容，一共包括 3 节，第 2、3 节都是针对城市轨道交通主体结构施工技术的内容，考查频率高。在本章复习中，"明挖基坑施工""喷锚暗挖（矿山）法施工"均为考查分值较高的内容，应当重点学习。在学习过程中，注意施工工艺流程、安全要点以及结构组成，加强对"明挖基坑""浅埋暗挖法""复合式衬砌结构"等关键施工方法的学习，其中"明挖基坑"可以作为通用知识点重点掌握。而"城市轨道交通工程结构与施工方法"可以作为次重点，一般多考查选择题。

考情分析

近四年考试真题分值统计表　（单位：分）

节序	节名	2020 年			2019 年			2018 年			2017 年		
		单选	多选	案例	单选	多选	案例	单选	多选	案例	单选	多选	案例
2K313010	城市轨道交通工程结构与施工方法	—	—	—	1	—	—	—	—	—	1	—	—
2K313020	明挖基坑施工	2	—	11	—	—	4	3	2	—	1	—	3
2K313030	喷锚暗挖（矿山）法施工	1	—	—	—	—	—	—	—	—	—	—	—
	合计	3	—	11	1	—	4	3	2	—	2	—	3

注：超纲考题的分值分布未计算在列。

2K313010　城市轨道交通工程结构与施工方法

思维导图 ▶▶▶

考点精讲 ▶▶▶

考点 1　地铁车站形式与结构组成★

一、地铁车站形式分类

地铁车站根据其所处位置、结构横断面、站台形式等进行不同分类，具体详见表 2K313010-1。

表 2K313010-1　地铁车站形式分类

分类方式	分类情况	备注
车站与地面相对位置	高架车站	车站位于地面高架结构上，分为路中设置和路侧设置两种
	地面车站	车站位于地面，采用岛式或侧式均可，路堑式为其特殊形式
	地下车站	车站结构位于地面以下，分为浅埋、深埋车站
结构横断面	矩形	矩形断面是车站中常选用的形式。一般用于浅埋、明挖车站。车站可设计成单层、双层或多层；跨度可选用单跨、双跨、三跨及多跨形式
	拱形	拱形断面多用于深埋或浅埋暗挖车站，有单拱和多跨连拱等形式。单拱断面由于中部起拱较高，而两侧拱脚相对较低，中间无柱，因此建筑空间显得高大宽阔。如建筑处理得当，常会得到理想的建筑艺术效果。明挖车站采用单跨结构时也有采用拱形断面的
	圆形	为盾构法施工时常见的形式
	其他	如马蹄形、椭圆形等
站台形式（如图 2K313010-1 所示）	岛式站台	站台位于上、下行线路之间。具有站台面积利用率高、提升设施共用、能灵活调剂客流、使用方便、管理较集中等优点。常用于较大客流量的车站。其派生形式有曲线式、双鱼腹式、单鱼腹式、梯形式和双岛式等
	侧式站台	站台位于上、下行线路的两侧。侧式站台的高架车站能使高架区间断面更趋合理。常见于客流不大的地下站和高架的中间站。其派生形式有曲线式，单端喇叭式，双端喇叭式，平行错开式和上、下错开式等形式
	岛、侧混合站台	将岛式站台及侧式站台同设在一个车站内。常见的有一岛一侧，或一岛两侧形式。此种车站可同时在两侧的站台上、下车，共线车站往往会出现此种形式

（a）　　　　　　　　　（b）　　　　　　　　　（c）

图 2K313010-1　站台形式

（a）岛式站台；（b）侧式站台；（c）岛、侧混合站台

二、地铁车站构造组成

地铁车站通常由车站主体（站台、站厅、设备用房、生活用房）、出入口及通道（包含人行天桥）、通风道及地面通风亭等三大部分组成，地铁车站构造如图 2K313010-2 所示。

图 2K313010-2　地铁车站构造

[重点提示]

区分不同形式的地铁车站分类形式，了解车站基本构造组成。考频较低，较适合客观题的考查。

实战演练

[2019 真题·单选] 矿山法施工的地铁车站不采用（　　）结构形式。

A. 框架　　　　　B. 单拱　　　　　C. 双拱　　　　　D. 三拱

[解析] 喷锚暗挖（矿山）法施工的地铁车站，视地层条件、施工方法及其使用要求的不同，可采用单拱式车站、双拱式车站或三拱式车站，并根据需要可作成单层或双层，选项 A 错误。

[答案] A

[经典例题·多选] 地铁车站通常由（　　）等部分组成。

A. 车站主体　　　　　　　　　　　　B. 人行天桥

C. 行车道　　　　　　　　　　　　　D. 出入口及通道

E. 通风道及地面通风亭

[解析] 地铁车站通常由车站主体（站台、站厅、设备用房、生活用房），出入口及通道，通风道及地面通风亭等三大部分组成。

[答案] ADE

考点 **2** 地铁车站的施工方法★

扫码听课

一、明挖法

（一）分类

明挖法施工的基坑可分为敞口放坡基坑和有围护结构基坑，如图 2K313010-3 所示。

（a）

（b）

图 2K313010-3　明挖法施工

（a）敞口放坡基坑；（b）有围护结构基坑

（二）明挖法施工工序

明挖法车站施工流程如图 2K313010-4 所示。

（a）　　　　　（b）　　　　　（c）　　　　　（d）　　　　　（e）　　　　　（f）

图 2K313010-4　明挖法车站施工的典型工序

（a）围护结构施工；（b）第一层开挖、支撑；（c）第 n 层开挖、支撑；

（d）浇筑底板混凝土；（e）浇筑中板及顶板；（f）车站主体结构完成

（三）基坑支护结构的安全等级

基坑支护结构的安全等级及破坏后果见表 2K313010-2。

表 2K313010-2　基坑支护结构的安全等级

安全等级	破坏后果
一级	支护结构失效、土体过大变形对基坑周边环境或主体结构施工安全的影响很严重
二级	支护结构失效、土体过大变形对基坑周边环境或主体结构施工安全的影响严重
三级	支护结构失效、土体过大变形对基坑周边环境或主体结构施工安全的影响不严重

（四）地铁车站主体构造

地铁车站主体构造如图 2K313010-5 所示。

图 2K313010-5　地铁车站主体构造

（1）顶板和楼板：形式有单向（梁式）板、井字板、无梁板或密肋板。

（2）侧墙：形式有单向板、密肋板（装配式）；地下连续墙（与构件连接）。

（3）立柱：形式有方形、矩形、圆形、椭圆形；柱距 6～8m。

（4）底板：经常采用梁式板结构；无地下水岩石地层可不设受力底板，但应满足道床铺设的要求。

二、盖挖法

（一）盖挖法优点与缺点

盖挖法施工如图 2K313010-6 所示。

图 2K313010-6　盖挖法施工

1. 优点

（1）围护结构变形小，能够有效控制周围土体的变形和地表沉降，有利于保护邻近建筑物和构筑物。

（2）施工受外界气候影响小，基坑底部土体稳定，隆起小，施工安全。

（3）盖挖逆作法用于城市街区施工时，可尽快恢复路面，对道路交通影响较小。

2. 缺点

（1）盖挖法施工时，混凝土结构的水平施工缝的处理较为困难。

（2）由于竖向出口少，需水平运输，后期开挖土方不方便。

（3）作业空间小，施工速度较明挖法慢、工期长、费用高。

（二）分类

盖挖顺作法、盖挖逆作法及盖挖半逆作法。

1. 盖挖顺作法

盖挖顺作法施工流程如图 2K313010-7 所示。

图 2K313010-7　盖挖顺作法施工流程

（a）构筑连续墙；（b）构筑中间支承桩；（c）构筑连续墙及覆盖板；（d）开挖及支撑安装；

（e）开挖及构筑底板；（f）构筑侧墙、柱；（g）构筑侧墙及顶板；（h）构筑内部结构及路面恢复

（1）用临时性设施（钢结构）作辅助措施维持道路通行，在夜间将道路封锁，掀开盖板进行基坑土方开挖或结构施工。

（2）无法使用大型机械，需采用特殊的小型、高效机具。

2. 盖挖逆作法

施工过程中不需设置临时支撑，其施工流程如图 2K313010-8 所示。

图 2K313010-8　盖挖逆作法施工流程

（a）构筑围护结构；（b）构筑主体结构中间立柱；（c）构筑顶板；（d）回填土、恢复路面；

（e）开挖中层土；（f）构筑上层主体结构；（g）开挖下层土；（h）构筑下层主体结构

3. 盖挖半逆作法

类似逆作，区别仅在于顶板完成及恢复路面过程，在半逆作法施工中，一般都必须设置横撑并施加预应力。

（三）施工缝处理问题

（1）直接法：传统，不易做到完全紧密接触。

（2）注入法：预埋注浆孔。

（3）充填法：使用混凝土时为 1.0m，使用砂浆时为 0.3m；一般设置"V"形施工缝，倾角小于 30°为宜。

（四）盖挖法施工车站结构

1. 侧墙

地下连续墙，按其受力特性可分为四种形式：

（1）临时墙：仅用来挡土的临时围护结构。

（2）单层墙：既是临时围护结构又作为永久结构的边墙，砂性地层中不宜采用。在地下墙中可采用预埋直螺纹钢筋连接器将板的钢筋与地下墙的钢筋相接，确保单层侧墙与板的连接强度及刚度。

（3）作为永久结构边墙一部分的叠合墙。

（4）复合墙：双层侧墙即地下墙在施工阶段作为围护结构，回筑时在地上墙内侧现浇钢筋混凝土内衬侧墙，与先施工的地下墙组成叠合结构，共同承受使用阶段的水土侧压力，板与双层墙组成现浇钢筋混凝土框架结构。

2. 中间竖向临时支撑系统

（1）在永久柱的两侧单独设置临时柱。

（2）临时柱与永久柱合一。

（3）临时柱与永久柱合一，同时增设临时柱。

三、喷锚暗挖法

常用的单跨隧道浅埋暗挖方法选择，如图 2K313010-9 所示。

图 2K313010-9 常用的单跨隧道浅埋暗挖方法选择

（1）单拱车站隧道：适用于岩石地层。

（2）双拱车站隧道：

1）双拱塔柱式：横向联络通道；净距不小于 1D（D 一般指隧道跨度）。

2）双拱立柱式：用于石质较好的地层中。

（3）三拱车站：塔柱式和立柱式（第四纪地层中一般不宜广泛采用，以单层车站为宜）。

重点提示

熟悉各类地铁车站施工方法的工序及适用条件，能够对比各个施工方法的优缺点，根据具体情况比选合适的施工方法。

实战演练

［经典例题·单选］为尽快恢复路面交通，城市街区地铁车站施工采用最多的方法是（　　　）。

A. 明挖法　　　　　　　　　　　　　B. 盖挖顺作法

2K313000

城市轨道交通工程

C. 盖挖逆作法   D. 盖挖半逆作法

[解析] 城市中施工采用最多的是盖挖逆作法。

[答案] C

[经典例题·单选] 在城镇交通要道区域采用盖挖法施工的地铁车站多采用（   ）结构。

A. 梯形   B. 圆形

C. 拱形   D. 矩形框架

[解析] 在城镇交通要道区域采用盖挖法施工的地铁车站多采用矩形框架结构。

[答案] D

考点 3   地铁区间隧道施工方法★

一、明挖法施工隧道

（1）适用条件：场地开阔、建筑物稀少、交通及环境允许。

（2）结构形式：通常采用矩形断面。

（3）分类：整体式、预制装配式。

二、喷锚暗挖（矿山）法施工隧道

（1）分类：新奥法、浅埋暗挖法。

（2）断面构造如图 2K313010-10 所示。

图 2K313010-10   喷锚暗挖断面构造

（3）适用条件：第四纪软弱地层，需要严格控制地面沉降量。

（4）总原则：预支护、预加固一段，开挖一段；开挖一段，支护一段；支护一段，封闭成环一段。

（5）施工工艺流程如图 2K313010-11 所示。

图 2K313010-11　喷锚暗挖法施工工艺流程

三、盾构法施工隧道

盾构法施工示意图如图 2K313010-12 所示。

图 2K313010-12　盾构法施工示意图

（一）盾构法概述

1. 施工流程

始发井、接收井制作→盾构机始发井就位→始发→推进并安装管片→衬砌背后注浆→进入接收井、拆解。

2. 盾构法优点

（1）不影响地面交通，减少对附近居民的噪声和振动影响。

（2）主要工序循环进行，施工易于管理，施工人员较少。

（3）适宜于建造覆土较深的隧道。

（4）不受风雨等气候条件影响。

（5）穿过河底或其他建筑物时，不影响航运通行和建（构）筑物的正常使用。

（6）土方及衬砌施工安全、掘进速度快。

（7）在松软含水地层中修建埋深较大的长隧道具有技术和经济的优越性。

3. 盾构法缺点

（1）当隧道曲线半径过小时，施工较为困难。

（2）如隧道覆土太浅，则盾构法施工困难很大，水下施工不够安全。

（3）采用全气压方法以疏干和稳定地层时，对劳动保护要求较高，施工条件差。

（4）隧道上方一定范围内的地表沉降尚难完全防止。

（5）在饱和含水地层中，盾构法施工所用的拼装衬砌，对达到整体结构防水的技术要求较高。

（6）对于结构断面尺寸多变的区段适应能力较差。

（二）管片技术要求

1. 管片类型

管片类型如图 2K313010-13 所示。

图 2K313010-13　管片类型

（a）单层预制装配式；（b）双层衬砌；（c）挤压混凝土整体式衬砌

注：抗压强度达 60MPa、抗渗等级大于 P12；最常用：钢筋混凝土管片。

箱型（手孔较大）管片：强度较大金属管片，直径和厚度较大混凝土管片；加劲肋数量应大于千斤顶台数。

2. 管环构成

管片的组成和 K 型管片的插入方式如图 2K313010-14 所示；管片间螺栓连接示意图如图 2K313010-15 所示。

图 2K313010-14　管片的组成和 K 型管片的插入方式

（a）管片的组成；（b）K 型管片径向插入；（c）K 型管片轴向插入

注：拼装顺序：A→B→K；优选轴向插入方式。

图 2K313010-15　管片间螺栓连接示意图

3. 管片拼装

管片拼装方式如图 2K313010-16 所示。

（a）　　　　　　　　　　　　（b）

图 2K313010-16　管片

（a）通缝；（b）错缝

（1）通缝：工艺相对简单；变形大；对防水要求高。

（2）错缝：避免误差积累，减少管片破损；T 形接缝，有效减少渗水；小半径曲线径向变形控制好；配筋量稍大，整环空间刚度大。

（三）联络通道

联络通道结构图如图 2K313010-17 所示。

（1）作用：安全疏散乘客、隧道排水及防火、消防等。

（2）间距：相邻两个联络通道之间不应大于 600m；并列反向开启甲级防火门。

（3）长度：5～9m。

（4）方法：暗挖法、超前预支护方法（深孔注浆或冻结法）。

（5）风险最大：有承压水的砂土地层。

图 2K313010-17　联络通道结构图

Ⅰ—冻结侧通道预留口钢管片；Ⅱ—通道；Ⅲ—冻结侧喇叭口；Ⅳ—对侧喇叭口；Ⅴ—集水井；Ⅵ—对侧门钢管片

重点提示

　　熟悉各类区间隧道施工方法的工序、适用及结构组成，做到有所区分。能够对比各个施工方法的优缺点，根据具体情况比选合适的施工方法。

📝 **实战演练**

[经典例题·单选] 两条单线区间地铁隧道之间应设置横向联络通道，其作用不包括（　　）。

　　A. 隧道排水

　　B. 隧道防火消防

　　C. 安全疏散乘客

　　D. 机车转向调头

[解析] 联络通道是设置在两条地铁隧道之间的一条横向通道，起到安全疏散乘客、隧道

排水及防火、消防等作用。

［答案］D

［经典例题·单选］在松软含水地层，区间隧道一般采用（　　）。

　　A. 明挖法　　　　　　　　B. 盖挖法　　　　　　C. 矿山法　　　　　　D. 盾构法

［解析］在松软含水地层、地面构筑物不允许拆迁，施工条件困难地段，采用盾构法施工隧道能显示其优越性。

［答案］D

［经典例题·单选］某地铁区间隧道，位于含水量大的粉质细砂层，地面沉降控制严格，且不具备降水条件，宜采用（　　）施工。

　　A. 浅埋暗挖法　　　　　　　　　　　　B. 明挖法

　　C. 盾构法　　　　　　　　　　　　　　D. 盖挖法

［解析］明挖法、盖挖法、浅埋暗挖法均不得在含水层施工。

［答案］C

［经典例题·多选］采用浅埋暗挖法开挖作业时，其总原则是（　　）。

　　A. 预支护、预加固一段，开挖一段　　　B. 开挖一段，支护一段

　　C. 支护一段，开挖一段　　　　　　　　D. 封闭成环一段，支护一段

　　E. 支护一段，封闭成环一段

［解析］采用浅埋暗挖法开挖作业时，其总原则是：预支护、预加固一段，开挖一段；开挖一段，支护一段；支护一段，封闭成环一段。

［答案］ABE

2K313020　明挖基坑施工

思维导图 ▶▶▶

考点精讲 ▶▶▶

考点 1　工程降水基本要求及地下水控制方法★

一、工程降水基本要求

为保证地下工程、基础工程正常施工，控制和减少对工程环境影响所采取的排水、降水、隔水或回灌等工程措施，统称为地下水控制。

（1）地下水控制设计和施工前应搜集下列资料：

1）地下水控制范围、深度、起止时间等。

2）地下工程开挖与支护设计施工方案，拟建（构）筑物基础埋深、地面高程等。

3）场地与相邻地区的工程勘察等资料，当地地下水控制工程经验。

4）周围建（构）筑物、地下管线分布状况和平面位置、基础结构和埋设方式等工程环境情况。

5）地下水控制工程施工的供水、供电、道路、排水及有无障碍物等现场施工条件。

（2）地下水控制设计应满足下列功能规定：

1）支护结构设计和施工的要求。

2）地下结构施工的要求。

3）工程周边建（构）筑物、地下管线、道路的安全和正常使用要求。

（3）地下水控制施工应根据设计要求编制施工组织设计或专项施工方案，并应包括下列主要内容：

1）工程概况及设计依据。

2）分析地下水控制工程的关键节点，提出针对性技术措施。

3）制定质量保证措施。

4）制定现场布置、设备、人员安排、材料供应和施工进度计划。

5）制定监测方案。

6）制定安全技术措施和应急预案。

（4）地下水控制实施过程中，应对地下水及工程环境进行监测。

（5）地下水控制的勘察、设计、施工、检测、维护资料应及时分析整理、保存。

（6）地下水控制工程不得恶化地下水水质，导致水质产生类别上的变化。

（7）地下水控制过程中抽排出的地下水经沉淀处理后应综合利用；当多余的地下水符合城市地表水排放标准时，可排入城市雨水管网或河湖，不应排入城市污水管道。

（8）地下水控制施工、运行、维护过程中，应根据监测资料，判断分析对工程环境影响程度及变化趋势，进行信息化施工，及时采取防治措施，适时启动应急预案。

二、地下水控制方法

（1）地下水控制方法可划分为降水、隔水和回灌三类。各种地下水控制方法可单独或组合使用。

（2）地下水控制可根据控制方法、工程环境限制要求、工程规模、地下水控制幅度、含水层特征、场地复杂程度，并结合基坑围护结构特点、开挖方法和工况等将地下水控制工程划分为简单、中等复杂、复杂三级。

（3）地下水控制工程复杂程度划分应符合下列规定：

1）降水工程复杂程度见表 2K313020-1。

表 2K313020-1　降水工程复杂程度划分

条件		复杂程度分类		
		简单	中等复杂	复杂
工程环境限制要求		无明确要求	有一定要求	有严格要求
降水工程规模	面状围合面积 A/m^2	$A<5000$	$5000\leqslant A\leqslant20000$	$A>20000$
	条状宽度 B/m	$B<3.0$	$3.0\leqslant B\leqslant8.0$	$B>8.0$
	线状长度 L/km	$L<0.5$	$0.5\leqslant L\leqslant2.0$	$L>2.0$
水位降深值 s/m		$s<6$	$6.0\leqslant s\leqslant16.0$	$s>16.0$
含水层特征	含水层数	单层	双层	多层
	承压水	无承压水	承压含水层顶板低于开挖深度	承压含水层顶板高于开挖深度
	渗透系数 $k/$（m/d）	$0.1\leqslant k\leqslant20.0$	$20.0<k\leqslant50.0$	$k<0.1$ 或 $k>50.0$
	构造裂隙发育程度	构造简单，裂隙不发育	构造较简单，裂隙较发育	构造复杂，裂隙很发育
	岩溶发育程度	不发育	发育	很发育
场地复杂程度		简单场地	中等复杂场地	复杂场地

注：①降水工程复杂程度分类选择以工程环境、工程规模和降水深度为主要条件，符合主要条件之一即可，其他条件宜综合考虑；②长宽比小于或等于20时为面状，大于20且小于或等于50时为条状，大于50时为线状；③场地复杂程度分类根据现行国家标准《岩土工程勘察规范》（GB 50021—2001）确定。

2）隔水工程复杂程度见表 2K313020-2。

表 2K313020-2　隔水工程复杂程度分类

条件		复杂程度分类		
		简单	中等复杂	复杂
工程环境限制要求		无明确要求	有一定要求	有严格要求
隔水深度 h/m		$h\leqslant7.0$	$7.0<h\leqslant13.0$	$k>13.0$
含水层特征	含水层数	单层	双层	多层
	渗透系数 $k/$（m/d）	$k\leqslant20.0$	$20<k\leqslant50$	$k>50$
场地复杂程度		简单场地	中等复杂场地	复杂场地

注：①隔水工程复杂程度分类选择以工程环境和隔水深度为主要条件，符合主要条件之一即可，其他条件宜综合考虑；②场地复杂程度分类根据现行国家标准《岩土工程勘察规范》（GB 50021—2001）的相关规定确定。

3）当两种以上地下水控制方法组合使用时，应划分为复杂工程。

（4）地下水控制设计施工的安全等级分为一级、二级、三级，见表 2K313020-3。

表 2K313020-3　安全等级分类

地下水控制工程复杂程度	安全等级
简单	一级
中等复杂	二级
复杂	三级

重点提示

低频考点，了解工程降水基本要求以及地下水控制方法。

i实战演练

[经典例题·单选] 某管道沟槽开挖宽度为 5m，含水层构造较简单，裂隙较发育，工程环境有一定要求。按地下水控制复杂程度划分，属于（　　）降水工程。

A. 简单

B. 中等简单

C. 中等复杂

D. 复杂

[解析] 根据表 2K313020-1，该降水工程复杂程度为中等复杂。

[答案] C

[经典例题·多选] 基坑施工的地下水控制应根据（　　）选用排水、降水、隔水或回灌等工程措施。

A. 降水机械设备

B. 工程地质条件

C. 水文地质条件

D. 基坑周边环境要求

E. 支护结构形式

[解析] 基坑施工的地下水控制应根据工程地质和水文地质条件、基坑周边环境要求及支护结构形式选用排水、降水、隔水或回灌等工程措施。

[答案] BCDE

考点 2　工程降水方法★★

一、一般规定

（1）降水设计应符合下列规定：

1）应根据工程地质、水文地质条件、基坑开挖工况、工程环境条件进行多方案对比分析后制定降水技术方案。

2）应提出对周边工程环境监测要求，明确预警值、控制值和控制措施。

（2）降水运行时间应满足地下结构施工的要求，当存在抗浮要求时应延长降水运行工期。

（3）降水完成后应及时封井。

二、降水方法的分类和选择

（1）降水方法应根据场地地质条件、降水目的、降水技术要求、降水工程可能涉及的工程环境保护等因素按表 2K313020-4 选用，并应符合下列规定：地下水控制水位应满足基础施工要求，基坑范围内地下水位应降至基础垫层以下不小于 0.5m，对基底以下承压水应降至不产生坑底突涌的水位以下，对局部加深部位（电梯井、集水坑、泵房等）宜采取局部控制措施。

表 2K313020-4　工程降水方法及适用条件

降水方法　　适用条件	土质类别	渗透系数/（m/d）	降水深度/m
集水明排	填土、黏性土、粉土、砂土、碎石土	—	—

续表

适用条件 降水方法		土质类别	渗透系数/（m/d）	降水深度/m
降水井	真空井点	粉质黏土、粉土、砂土	0.01～20.0	单级≤6，多级≤12
	喷射井点	粉土、砂土	0.1～20.0	≤20
	管井	粉土、砂土、碎石土、岩石	＞1	不限
	渗井	粉质黏土、粉土、砂土、碎石土	＞0.1	由下伏含水层的埋藏条件和水头条件确定
	辐射井	黏性土、粉土、砂土、碎石土	＞0.1	4～20
	电渗井	黏性土、淤泥、淤泥质黏土	≤0.1	≤6
	潜埋井	粉土、砂土、碎石土	＞0.1	≤2

（2）地下水控制应采取集水明排措施，拦截、排除地表（坑顶）、坑底和坡面积水。

（3）当采用渗井或多层含水层降水时，应采取措施防止下部含水层水质恶化，在降水完成后应及时进行分段封井。

（4）对风化岩、黏性土等富水性差的地层，可采用降、排、堵等多种地下水控制方法。

三、降水系统布设

（1）降水系统平面布置应根据工程的平面形状、场地条件及建筑条件确定，并应符合下列规定：

1）面状降水工程降水井点宜沿降水区域周边呈封闭状均匀布置，距开挖上口边线不宜小于 1m。

2）线状、条状降水工程降水井宜采用单排或双排布置，两端应外延条状或线状降水井点围合区域宽度的 1～2 倍布置水井。

3）降水井点围合区域宽度大于单井降水影响半径或采用隔水帷幕的工程，应在围合区域内增设降水井或疏干井。

4）在运土通道出口两侧应增设降水井。

5）当降水区域远离补给边界，地下水流速较小时，降水井点宜等间距布置；当邻近补给边界，地下水流速较大时，在地下水补给方向降水井点间距可适当减小。

6）对于多层含水层降水宜分层布置降水井点，当确定上含水层地下水不会造成下层含水层地下水污染时，可利用一个井点降低多层地下水水位。

（2）真空井点布设除应符合上述第（1）条外，尚应符合下列规定：

1）当真空井点孔口至设计降水水位的深度不超过 6.0m 时，宜采用单级真空井点；当大于 6.0m 且场地条件允许时，可采用多级真空井点降水，多级井点上下级高差宜取4.0～5.0m。

2）井点系统的平面布置应根据降水区域平面形状、降水深度、地下水的流向以及土的性质确定，可布置成环形、U 形和线形（单排、双排）。

3）井点间距宜为 0.8～2.0m，距开挖上口线的距离不应小于 1.0m；集水总管宜沿抽水水流方向布设，坡度宜为 0.25%～0.5%。

4）降水区域四角位置井点宜加密。

5）降水区域场地狭小或在涵洞、地下暗挖工程、水下降水工程，可布设水平、倾斜井点。

（3）集水明排应符合下列规定：

1）对地表汇水、降水井抽出的地下水可采用明沟或管道排水。

2）对坑底汇水可采用明沟或盲沟排水。

3）对坡面渗水宜采用渗水部位插打导水管引至排水沟的方式排水。

4）必要时可设置临时性明沟和集水井，临时明沟和集水井随土方开挖过程适时调整。

5）沿排水沟宜每隔 30～50m 设置一口集水井。集水井、排水管沟不应影响地下工程施工。

6）排水沟深度和宽度应根据基坑排水量确定，坡度宜为 0.1％～0.5％；集水井尺寸和数量应根据汇水量确定，深度应大于排水沟深度 1.0m；排水管道的直径应根据排水量确定，排水管的坡度不宜小于 0.5％。

（4）降水工程排水设施与市政管网连接口之间应设沉淀池。

四、降水施工

（1）降水施工准备阶段应符合下列规定：

1）应根据施工组织设计对所有参加人员进行技术交底和安全交底。

2）应进行工程环境监测的布设和初始数据的采集。

3）当发现降水设计与现场情况不符时，应及时反馈情况。

（2）真空井点的成孔应符合下列规定：

1）垂直井点：对易产生塌孔、缩孔的松软地层，成孔施工宜采用泥浆钻进、高压水套管冲击钻进；对于不易产生塌孔、缩孔的地层，可采用长螺旋钻进、清水或稀泥浆钻进。

2）水平井点：钻探成孔后，将滤水管水平顶入，通过射流喷砂器将滤砂送至滤管周围；对容易塌孔地层可采用套管钻进。

3）倾斜井点：宜按水平井点施工要求进行，并应根据设计条件调整角度，穿过多层含水层时，井管应倾向基坑外侧。

4）成孔直径应满足填充滤料的要求，且不宜大于 300mm。

5）成孔深度不应小于降水井设计深度。

（3）真空井点施工安装应符合下列规定：

1）井点管的成孔达到上条要求及设计孔深后，应加大泵量、冲洗钻孔、稀释泥浆，返清水 3～5min 后，方可向孔内安放井点管。

2）井点管安装到位后，应向孔内投放滤料，滤料粒径宜为 0.4～0.6mm。孔内投入的滤料数量，宜大于计算值 5％～15％，滤料填至地面以下 1～2m 后应用黏土填满压实。

3）井点管、集水总管应与水泵连接安装，抽水系统不应漏水、漏气。

4）形成完整的真空井点抽水系统后，应进行试运行。

五、验收与运行维护

（1）正式运行前应进行联网试运行抽水试验，并应符合下列规定：

1）应保持场区排水管网畅通并与市政管网连接，排水管道应满足排水量的要求，沉淀池、水量计量、水位测量仪等设施应符合设计要求。

2）供电线路和配电箱的布设应满足降水要求，并应配备必要的备用电源、水泵和有关设备及材料。

3）当降水深度大于设计要求的深度时，可适当调整降水井的数量或井的抽水量；当降水深度小于设计要求的深度或不能满足基坑开挖的深度时，应分批开启全部备用井。

4）当基坑内观察井的稳定水位24h波动幅度小于20mm时，可停止试验。

（2）集水明排工程排水沟、集水井、排水导管的位置，排水沟的断面、坡度、集水坑（井）深度、数量及降排水效果应满足设计要求。

（3）降水运行维护应符合下列规定：

1）对所有井点、排水管、配电设施应有明显的安全保护标识。

2）降水期间应对抽水设备和运行状况进行维护检查，每天检查不应少于2次。

3）当井内水位上升且接近基坑底部时，应及时处理，使水位恢复到设计深度。

4）冬季降水时，对地面排水管网应采取防冻措施。

重点提示

注意集水明排排水沟及集水井的要求，真空井点施工规定，以及各类工程降水方法的适用范围。

实战演练

［经典例题·单选］关于基坑（槽）内集水明排的说法，正确的是（   ）。

A. 排水主要为了提高土体强度

B. 沿排水沟宜每隔10～30m设置一口集水井

C. 集水井底面应比沟底面低1m以上，集水井尺寸和数量应根据汇水量确定

D. 排水管道的直径应根据管道长度确定

［解析］集水明排应符合下列规定：①对地表汇水、降水井抽出的地下水可采用明沟或管道排水。②对坑底汇水可采用明沟或盲沟排水。③对坡面渗水宜采用渗水部位插打导水管引至排水沟的方式排水。④必要时可设置临时性明沟和集水井，临时明沟和集水井随土方开挖过程适时调整。⑤沿排水沟宜每隔30～50m设置一口集水井。集水井、排水管沟不应影响地下工程施工。⑥排水沟深度和宽度应根据基坑排水量确定，坡度宜为0.1%～0.5%；集水井尺寸和数量应根据汇水量确定，深度应大于排水沟深度1.0m；排水管道的直径应根据排水量确定，排水管的坡度不宜小于0.5%。

［答案］C

［经典例题·单选］关于真空井点施工安装的说法，正确的是（   ）。

A. 井点管的成孔达到设计孔深后，应减小泵量、冲洗钻孔、稀释泥浆

B. 井点管安装到位后，向孔内投放的滤料粒径宜为0.4～0.6mm

C. 井点管严禁与水泵连接安装，抽水系统不应漏水、漏气

D. 真空井点布设完成后立即开始进行降水作业

［解析］真空井点施工安装应符合下列规定：①井点管的成孔达到上条要求及设计孔深后，应加大泵量、冲洗钻孔、稀释泥浆，返清水3～5min后，方可向孔内安放井点管。②井点管安装到位后，应向孔内投放滤料，滤料粒径宜为0.4～0.6mm。孔内投入的滤料数量，宜大于计算值5%～15%，滤料填至地面以下1～2m后应用黏土填满压实。③井点管、集水总管应与水泵连接安装，抽水系统不应漏水、漏气。④形成完整的真空井点抽水系统后，应进行试运行。

[答案] B

[经典例题·多选] 明挖基坑降水技术方案应根据基坑的（　　　）来确定。

A. 工程地质
B. 水文地质条件

C. 基坑开挖工况
D. 土方设备施工效率

E. 工程环境条件

[解析] 应根据工程地质、水文地质条件、基坑开挖工况、工程环境条件进行多方案对比分析后制定降水技术方案。

[答案] ABCE

考点 3　隔水帷幕★★

一、一般规定

（1）当降水会对基坑周边建（构）筑物、地下管线、道路等造成危害或对工程环境造成长期不利影响时，可采用隔水帷幕方法控制地下水。

（2）隔水帷幕方法可按表 2K313020-5 进行分类。

表 2K313020-5　隔水帷幕方法分类

分类方式	隔水帷幕方法
按布置方式	悬挂式竖向隔水帷幕、落底式竖向隔水帷幕、水平向隔水帷幕
按结构形式	独立式隔水帷幕，嵌入式隔水帷幕、支护结构自抗渗式隔水帷幕
按施工方法	高压喷射注浆（旋喷、摆喷、定喷）隔水帷幕、压力注浆隔水帷幕、水泥土搅拌桩隔水帷幕、冻结法隔水帷幕、地下连续墙或咬合式排桩隔水帷幕、钢板桩隔水帷幕、沉箱

（3）隔水帷幕功能应符合下列规定：

1）隔水帷幕设计应与支护结构设计相结合。

2）应满足开挖面渗流稳定性要求。

3）隔水帷幕应满足自防渗要求，渗透系数不宜大于 1.0×10^{-6} cm/s。

4）当采用高压喷射注浆法、水泥土搅拌法、压力注浆法、冻结法帷幕时，应结合工程情况进行现场工艺性试验，确定施工参数和工艺。

二、隔水帷幕设计

隔水帷幕施工方法的选择应根据工程地质条件、水文地质条件、场地条件、支护结构形式、周边工程环境保护要求综合确定。隔水帷幕施工方法及适用条件见表 2K313020-6。

表 2K313020-6　隔水帷幕施工方法及适用条件

施工方法　　适用条件	土质类别	注意事项与说明
高压喷射注浆法	适用于黏性土、粉土、砂土、黄土、淤泥质土、淤泥、填土	坚硬黏性土、土层中含有较多的大粒径块石或有机质，地下水流速较大时，高压喷射注浆效果较差

续表

适用条件 / 施工方法	土质类别	注意事项与说明
注浆法	适用于除岩溶外的各类岩土	用于竖向帷幕的补充，多用于水平帷幕
水泥土搅拌法	适用于淤泥质土、淤泥、黏性土、粉土、填土、黄土、软土，对砂、卵石等地层有条件使用	不适用于含大孤石或障碍物较多且不易清除的杂填土，欠固结的淤泥、淤泥质土，硬塑、坚硬的黏性土，密实的砂土以及地下水渗流影响成桩质量的地层
冻结法	适用于地下水流速不大的土层	电源不能中断，冻融对周边环境有一定影响
地下连续墙	适用于除岩溶外的各类岩土	施工技术环节要求高，造价高，泥浆易造成现场污染、泥泞，墙体刚度大，整体性好，安全稳定
咬合式排桩	适用于黏性土、粉土、填土、黄土、砂、卵石	对施工精度、工艺和混凝土配合比均有严格要求
钢板桩	适用于淤泥、淤泥质土、黏性土、粉土	对土层适应性较差，多应用于软土地区
沉箱	适用于各类岩土层	适用于地下水控制面积较小的工程，如竖井等

注：①对碎石土、杂填土、泥炭质土、泥炭、pH值较低的土或地下水流速较大时，水泥土搅拌桩、高压喷射注浆工艺宜通过试验确定其适用性；②注浆帷幕不宜在永久性隔水工程中使用。

三、隔水帷幕施工

（1）施工前应根据现场环境及地下建（构）筑物的埋设情况复核设计孔位，清除地下、地上障碍。

（2）隔水帷幕的施工应与支护结构施工相协调，施工顺序应符合下列规定：

1）独立的、连续性隔水帷幕，宜先施工帷幕，后施工支护结构。

2）对嵌入式隔水帷幕，当采用搅拌工艺成桩时，可先施工帷幕桩，后施工支护结构；当采用高压喷射注浆工艺成桩，或可对支护结构形成包覆时，可先施工支护结构，后施工帷幕。

3）当采用咬合式排桩帷幕时，宜先施工非加筋桩，后施工加筋桩。

4）当采取嵌入式隔水帷幕或咬合支护结构时，应控制其养护强度，应同时满足相邻支护结构施工时的自身稳定性要求和相邻支护结构施工要求。

四、验收

（1）帷幕的施工质量验收尚应符合《建筑地基基础工程施工质量验收标准》（GB 50202—2018）和《地下防水工程质量验收规范》（GB 50208—2011）的相关规定。

（2）对封闭式隔水帷幕，宜通过坑内抽水试验，观测抽水量、坑内外水位变化等检验其可靠性。

（3）对设置在支护结构外侧的独立式隔水帷幕，可通过开挖后的隔水效果判定其可靠性。

（4）对嵌入式隔水帷幕，应在开挖过程中检查固结体的尺寸、搭接宽度，检查点应随机选取，对施工中出现异常和漏水部位应检查并采取封堵、加固措施。

重点提示

重点掌握隔水帷幕的施工方法与适用范围，注意与维护结构的区别与联系。

··········· **实战演练** ···········

[**经典例题·单选**] 某基坑采用钻孔灌注桩作为基坑围护结构，施工场地范围存在两条既有管线，硬塑黏土，土中存在孤石，根据现场情况，（　　）不宜作为隔水帷幕施工方法。

A. 注浆法

B. 冻结法

C. 水泥土搅拌法

D. 地下连续墙法

[**解析**] 水泥土搅拌法不适用于含大孤石或障碍物较多且不易清除的杂填土，欠固结的淤泥、淤泥质土，硬塑、坚硬的黏性土，密实的砂土以及地下水渗流影响成桩质量的地层。

[**名师点拨**] 本题虽为隔水帷幕施工工法考点，其实也扣住了围护结构施工工法的考查。隔水帷幕与围护结构在搅拌墙、地下连续墙等方法中都属于通用知识点，需要考生重点掌握其工法适用性及施工工艺流程，具体细节参照前文明挖基坑围护结构施工即可。复习过程中一定要注意考点的通用性，比如在前文明挖基坑地基加固中提到的注浆加固方法，在后文喷锚暗挖法小导管注浆预加固中也会涉及，工法原理一致，可以类比记忆。

[**答案**] C

考点 4　深基坑围护结构与支撑结构体系★★★

一、围护结构与支撑结构

（1）围护结构：板（桩）墙；应根据基坑深度、工程地质和水文地质条件、地面环境条件等（特别考虑城市施工特点），经技术经济综合比较后确定。

（2）支撑结构：围檩（冠梁）及其他附属（内支撑、外拉锚）。

围护结构板（桩）墙与支撑结构如图 2K313020-1 所示。

图 2K313020-1　围护结构板（桩）墙与支撑结构

二、深基坑围护结构分类及施工要求

（一）预制混凝土板桩

预制混凝土板桩如图 2K313020-2 所示。

（1）施工较为困难，对机械要求高，挤土现象很严重。

（2）需辅以止水措施。

（3）自重大，受起吊设备限制，不适合大深度基坑。

（二）钢板桩

钢板桩如图 2K313020-3 所示。

（1）一般最大开挖深度 7～8m；U 型钢板桩居多，即拉森型。

（2）成品制作，可反复使用。

（3）施工简便，但施工有噪声。

（4）刚度小，变形大，与多道支撑结合，在软弱土层中也可采用。

（5）新的时候止水性尚好，如有漏水现象，需增加防水措施。

图 2K313020-2　预制混凝土板桩　　　　图 2K313020-3　钢板桩

（三）钢管桩

钢管桩如图 2K313020-4 所示。

（1）其截面刚度大于钢板桩的截面刚度，在软弱土层中开挖深度较大。

（2）需有防水措施相配合。

（四）灌注桩

灌注桩如图 2K313020-5 所示。

（1）混凝土强度等级不宜低于 C25；间隔成桩，终凝后再进行相邻桩的成孔施工。

（2）刚度大，可用在深大基坑。

（3）成孔时噪声低，施工对周边地层、环境影响小。

（4）需降水或与能止水的搅拌桩、旋喷桩等配合使用。

（5）桩径：悬臂式宜≥600mm；拉锚或支撑式宜≥400mm。

图 2K313020-4　钢管桩　　　　图 2K313020-5　灌注桩

（五）SMW 工法桩

SMW 工法桩如图 2K313020-6 所示。

图 2K313020-6　SMW 工法桩

（1）SMW 工法桩是利用搅拌设备就地切削土体，然后注入水泥类混合液搅拌形成的均匀的水泥土搅拌墙，最后在墙中插入型钢。具体施工流程如图 2K313020-7 所示。

图 2K313020-7　SMW 工法桩施工流程

（2）特点：强度大，止水性好；内插的型钢可拔出反复使用，经济性好；用于软土地层时，一般变形较大。

（3）水泥宜采用强度等级不低于 P·O42.5 级的普通硅酸盐水泥，在填土、淤泥质土等特别软弱的土中以及在较硬的砂性土、砂砾土中，钻进速度较慢时，水泥用量宜适当提高。砂性土中搅拌桩施工宜外加膨润土。

（4）搅拌桩直径与内插 H 型钢截面关系见表 2K313020-7。

表 2K313020-7　搅拌桩直径与内插 H 型钢截面关系

搅拌桩直径	内插 H 型钢截面
650mm	H500×300、H500×200
850mm	H700×300
1000mm	H800×300、H850×300

（5）单根型钢中焊接接头不宜超过两个，接头位置避免设在支撑位置或开挖面附近等型钢受力较大处；相邻型钢接头竖向位置宜相互错开，错开距离不宜小于 1m，接头距离基坑底面不小于 2m。

（六）重力式水泥土挡墙/水泥土搅拌桩挡墙

（1）特点：无支撑，墙体止水性好，造价低；墙体变位大。

（2）开挖深度不宜大于 7m；水泥土挡墙的 28d 无侧限抗压强度不宜小于 0.8MPa。

（3）板厚不宜小于 150mm；混凝土强度等级不宜低于 C15。

（七）地下连续墙

（1）特点：刚度大，开挖深度大，可适用于所有地层（除夹有孤石、大颗粒卵砾石等局部障碍物地层）；强度大，变位小，隔水性好，同时可兼作主体结构的一部分；可临近建、构筑物使用，环境影响小；造价高。

（2）挖槽要求：专用成槽机械按工作原理可分为抓斗式、冲击式和回转式等。一字型槽段长度宜取 4~6m，对环境有不利影响或槽壁稳定性较差时，应取较小的槽段长度。

（3）施工工艺流程（如图 2K313020-8）：开挖导沟→修筑导墙→开挖沟槽（泥浆制备及注

城市轨道交通工程　2K313000

入）→清除槽底淤泥和残渣→吊放接头管→（钢筋笼加工）吊放钢筋笼→下导管→灌注水下混凝土→拔出接头管。

(a)   (b)   (c)   (d)

(e)   (f)   (g)   (h)

图 2K313020-8 现浇壁式地下连续墙施工工艺流程

(a) 导墙开挖；(b) 导墙钢筋绑扎；(c) 导墙混凝土浇筑；(d) 导墙结构支撑；

(e) 成槽开挖；(f) 钢筋笼起吊；(g) 钢筋笼入槽；(h) 混凝土浇筑

（4）导墙是控制挖槽精度的主要构筑物，应建立于坚实的地基之上。主要作用有：基准作用、承重、存蓄泥浆、其他（防止泥浆漏失、阻止雨水流入、施工中补强）。

（5）槽段接头选用。

常用槽段接头选用有工字钢柔性接头（如图 2K313020-9）和十字形穿孔钢板刚性接头（如图 2K313020-10）。

图 2K313020-9 工字钢柔性接头

图 2K313020-10 十字形穿孔钢板刚性接头

1）柔性接头：圆形锁口管接头、波纹管接头、楔形接头、工字形钢接头或混凝土预制接头等。

2）刚性接头：一字形或十字形穿孔钢板接头、钢筋承插式接头等；当其作为主体地下结构外墙且需形成整体墙时宜采用刚性接头。

三、支撑结构类型

（一）支撑结构体系

（1）内支撑：钢支撑（如图 2K313020-11）、钢管支撑、钢筋混凝土支撑（如图 2K313020-12）及钢-混凝土混合支撑。

图 2K313020-11　钢支撑体系

图 2K313020-12　钢筋混凝土支撑体系

（2）外拉锚：拉锚和土锚。

（二）应力传递路径

围护（桩）墙→围檩（冠梁）→支撑。

（三）两类支撑体系的形式和特点

两类支撑体系的形式和特点如图 2K313020-13 所示。

现浇钢筋混凝土

· 刚度大、变形小
· 制作时间长，拆除困难
· 前期被动区土体位移大

钢结构

· 需要控制变形
· 装、拆方便，材料可周转使用
· 施工工艺要求高

图 2K313020-13　两类支撑体系的形式和特点

（1）现浇钢筋混凝土支撑体系由围檩（圈梁）、支撑及角撑、立柱和其他附属构件组成。

（2）钢结构支撑体系通常由围檩、角撑、对撑、预应力设备（千斤顶自动调压或人工调压装置）、轴力传感器、支撑体系监测监控装置、立柱及其他附属装配式构件组成。

┌─────────────────────────────────┐

重点提示

（1）熟悉各类围护结构施工方法的工序及适用，其中钻孔灌注桩、SMW 桩、地下连续墙考查频率较高，建议重点掌握。

（2）支撑结构主要分为内支撑和外拉锚两种形式，其中考查以内支撑形式为主，了解其结构设置原则、受力形式。掌握现浇钢筋混凝土和钢结构两种内支撑形式特点，能够根据具体情况作出比选。

└─────────────────────────────────┘

实战演练

［经典例题·单选］宜用于郊区距居民点较远的地铁基坑施工中的围护结构是（　　　）。

A. 地下连续墙　　　　　　　　　　　B. 工字钢桩

C. SMW 工法桩　　　　　　　　　　　D. 灌注桩

［解析］工字钢桩打桩时，施工噪声一般都在 100dB 以上，远超过环境保护法规定的限值，因此这种围护结构一般宜用于郊区距居民点较远的基坑施工中。

［答案］B

[经典例题·单选] 关于地下连续墙施工的说法，错误的是（　　）。

A. 施工振动小，噪声低　　　　　　　　B. 不适用于卵砾石地层

C. 刚度大，开挖深度大　　　　　　　　D. 可作为主体结构的一部分

[解析] 地下连续墙可适用于多种土层，除遇夹有孤石、大颗粒卵砾石等局部障碍物时会影响成槽效率外，对黏性土、无黏性土、卵砾石层等各种地层均能高效成槽。

[答案] B

[经典例题·单选] 地铁基坑内支撑围护结构的挡土应力传递路径是（　　）。

A. 围檩→支撑→围护墙　　　　　　　　B. 围护墙→支撑→围檩

C. 围护墙→围檩→支撑　　　　　　　　D. 支撑→围护墙→围檩

[解析] 基坑围护结构体系包括板（桩）墙、围檩（冠梁）及其他附属构件。板（桩）墙主要承受基坑开挖卸荷产生的土压力和水压力，并将此压力传递到支撑，是稳定基坑的一种施工临时挡墙结构。

[答案] C

[经典例题·单选] 下列地铁基坑内支撑构件中，属于钢结构支撑体系特有的构件是（　　）。

A. 围檩　　　　　　B. 支撑　　　　　　C. 角撑　　　　　　D. 预应力设备

[解析] 钢结构支撑体系通常由围檩、角撑、支撑、预应力设备、轴力传感器、支撑体系监测监控装置、立柱桩及其他附属装配式构件组成。其中预应力设备属于钢结构支撑体系特有的。

[答案] D

考点 5　基坑的变形控制★★

一、基坑变形特征

（1）基坑周围地层移动主要是由于围护结构的水平位移和坑底土体隆起造成的。

（2）围护墙体水平变形：当基坑开挖较浅，还未设支撑时，均表现为墙顶位移最大，向基坑方向水平位移，呈三角形分布。

（3）围护墙体竖向变位。

（4）基坑底部的隆起。过大的坑底隆起可能是两种原因造成的：

1）基坑底不透水土层由于其自重无法承受其下承压水水头压力而产生突然性的隆起。

2）基坑由于围护结构插入坑底土层深度不足，也会产生坑内土体隆起破坏。

（5）地表沉降。

二、基坑变形控制的主要方法

（1）增加围护结构和支撑的刚度。

（2）增加围护结构的入土深度。

（3）加固基坑内被动区土体。

（4）减小每次开挖围护结构处土体的尺寸和开挖支撑时间。

（5）通过调整围护结构的深度和降水井的位置来控制降水对环境变形的影响。增加隔水帷幕深度甚至隔断透水层、提高管井滤头底高度、降水井布置在基坑内均可减少降水对环境的影响。

【注意】整理基坑变形控制记忆口诀："加刚深、固被动、小开挖、降水控"。

基坑变形控制施工如图 2K313020-14 所示。

图 2K313020-14　基坑变形控制施工

三、坑底稳定控制方法

（1）加深围护结构入土深度。

（2）坑底土体加固。

（3）坑内井点降水。

（4）适时施作底板结构。

重点提示

> 基坑的考查是历年的重点，基坑的变形主要是由于围护结构的水平位移和坑底土体隆起造成的，变形控制重点也是从这两方面入手的，理解其变形控制方法。客观题和主观题都适合考查，重点掌握。

实战演练

〔经典例题·单选〕不属于稳定深基坑坑底的方法是（　　）。

A. 增加围护结构入土深度　　　　　　B. 增加围护结构和支撑的刚度

C. 坑底土体加固　　　　　　　　　　D. 坑内井点降水

〔解析〕坑底稳定控制方法包括加深围护结构入土深度、坑底土体加固、坑内井点降水、适时施作底板结构。

〔答案〕B

〔经典例题·多选〕关于控制基坑变形的说法，正确的有（　　）。

A. 增加围护结构和支撑的刚度　　　　B. 增加围护结构的入土深度

C. 加固基坑内被动区土体　　　　　　D. 适时施加底板

E. 增加开挖、支撑时间

〔解析〕基坑的变形控制的主要方法包括增加围护结构和支撑的刚度、增加围护结构的入土深度、加固基坑内被动区土体、减小每次开挖围护结构处土体的尺寸和开挖支撑时间、通过调整围护结构的深度和降水井的位置来控制降水对环境变形的影响。

〔答案〕ABC

考点 6　基槽土方开挖技术及边坡保护措施★★

扫码听课

一、基槽土方开挖技术

（一）基本规定

（1）基坑开挖应根据支撑结构设计、降排水要求，确定开挖方案。

（2）基坑周围地面应设排水沟，且应避免雨水、渗水等流入坑内，同时，基坑也应设置必要的排水设施。

（3）软土基坑必须分层、分块、均衡地开挖，分块开挖后必须及时施工支撑，当基坑开挖面上方的支撑、锚杆和土钉未达到设计要求时，严禁向下开挖。

（4）当开挖揭露的土层性状或地下水情况与勘察资料明显不符，或出现异常现象、不明物体时，应停止开挖，在采取相应措施后方可继续开挖。

（二）异常情况立即停止挖土，查清原因并及时采取措施

（1）围护结构变形明显加剧。

（2）支撑轴力突然增大。

（3）围护结构或止水帷幕出现渗漏。

（4）开挖暴露出的基底出现明显异常。

（5）围护结构发生异常声响。

（6）边坡出现失稳征兆。

（7）基坑周边建（构）筑物等变形过大或已经开裂。

二、基坑（槽）的土方开挖方法

（一）浅层土方开挖

第一层土方一般采用短臂挖掘机及长臂挖掘机直接开挖、出土，自卸运输车运输。在条件具备的情况下，采用两台长臂液压挖掘机在基坑的两侧同时挖土，一起分段向前推进，可以极大提高挖土速度，为及时安装支撑提供条件。表层挖土示意图如图 2K313020-15 所示，浅层接力挖土示意图如图 2K313020-16 所示。

图 2K313020-15　表层挖土示意图　　　　图 2K313020-16　浅层接力挖土示意图

（二）深层土方开挖

当长臂挖机不能开挖时，应采用小型挖掘机，将开挖后的土方转运至围护墙边，用吊车提升出土，自卸车辆运输的方法；坑底以上 0.3m 的土方采用人工开挖。深层抓斗吊配合小型挖机挖土示意图如图 2K313020-17 所示。

图 2K313020-17　深层抓斗吊配合小型挖机挖土示意图

（三）基坑分块开挖顺序

地铁车站的长条形基坑开挖应遵循"分段分层、由上而下、先支撑后开挖"的原则，兼作盾构始发井的车站，一般从两端或一端向中间开挖，以方便端头井的盾构始发。地铁车站端头井基坑的分块开挖方法如图2K313020-18所示。

对于地铁车站端头井，首先撑好标准段内的对撑，再挖斜撑范围内的土方，最后挖除坑内的其余土方。斜撑范围内的土方，应自基坑角点沿垂直于斜撑方向向基坑内分层、分段、限时地开挖并架设支撑。

图2K313020-18　地铁车站端头井基坑的分块开挖方法

注：①～⑥为端头井挖土顺序，②③④⑤在限定时间T_r内完成。

遇到大面积基坑，其开挖要遵循"盆式开挖"原则。先开挖中间部分土方，周边预留土台；然后开槽逐步形成支撑；最后挖除角部土方，形成角撑。"盆式开挖"分开顺序及支撑方法见图2K313020-19。

图2K313020-19　大面积基坑开挖（盆式开挖）支撑方法

三、边坡防护

（一）基坑边（放）坡要求

放坡应以控制分级坡高和坡度为主，必要时辅以局部支护和防护措施，放坡设计与施工时应考虑雨水的不利影响。边坡开挖分级过渡平台如图2K313020-20所示。

图 2K313020-20　边坡开挖分级过渡平台

（二）分级过渡平台

岩石边坡不宜小于 0.5m；土质边坡不宜小于 1.0m；下级坡度宜缓于上级坡度。

（三）基坑边坡稳定控制措施

（1）确定边坡坡度，做成折线形边坡或留置台阶。

（2）不得挖反坡。

（3）做好防、排、截水。

（4）严格禁止在基坑边坡坡顶堆放材料、土方和其他重物以及停放或行驶较大的施工机具。

（5）排水和坡面防护措施。

（6）严密监测坡顶位移，分析监测数据，有失稳迹象，采取有效措施。

（四）护坡措施

叠放沙包或土袋、水泥砂浆或细石混凝土抹面、挂网喷浆或混凝土、其他（锚杆喷射混凝土护面、塑料膜或土工织物覆盖坡面）等。

重点提示

（1）基坑开挖过程中重点做好防排水措施，采取分层、分块的开挖方式，减少对地层的扰动。异常情况常常作为案例题中的场景呈现，能够根据具体情况分析其原因并采取对应措施。

（2）要重点掌握边坡保护措施，这里不单在城轨交通中涉及，对于其他专业中的放坡开挖基坑同样适用，重要考点。

✐实战演练

[经典例题·单选] 放坡基坑施工中，直接影响基坑稳定的重要因素是边坡（　　）。

A. 土体剪应力

B. 土体抗剪强度

C. 土体拉应力

D. 坡度

[解析] 放坡基坑施工中，直接影响基坑稳定的重要因素是边坡坡度。

[答案] D

[经典例题·多选] 基坑内支撑体系的布置与施工要点正确的有（　　）。

A. 宜采用对称平衡型、整体性强的结构形式

B. 应有利于基坑土方开挖和运输

C. 应与主体结构的结构形式、施工顺序相协调

D. 必须坚持先开挖后支撑的原则

E. 围檩与围护结构之间应预留变形用的缝隙

[解析] 内支撑体系的施工：①内支撑结构的施工与拆除顺序应与设计一致，必须坚持先支撑后开挖的原则。②围檩与围护结构之间紧密接触，不得留有缝隙。如有间隙应用强度不低于 C30 的细石混凝土填充密实或采用其他可靠连接措施。

[答案] ABC

[经典例题·多选] 软土地区地铁车站施工时，曾多次发生纵向滑坡的工程事故，原因大都是（　　）。

A. 坡度过陡

B. 雨期施工

C. 排水不畅

D. 坡脚扰动

E. 不规范作业

[解析] 软土地区地铁车站施工时，曾多次发生纵向滑坡的工程事故，分析原因大都是坡度过陡、雨期施工、排水不畅、坡脚扰动等原因引起。

[答案] ABCD

考点 7　地基加固的目的及方法★

一、地基加固的目的

（1）按加固部位不同，分为基坑内和基坑外加固两种。

（2）基坑外加固的目的主要是止水，并可减少围护结构承受的主动土压力。

（3）基坑内加固的目的主要有：提高土体的强度和土体的侧向抗力，减少围护结构位移，保护基坑周边建筑物及地下管线；防止坑底土体隆起破坏；防止坑底土体渗流破坏；弥补围护墙体插入深度不足等。

二、地基加固的方式与方法

（一）加固方式

按平面布置形式分类，基坑内被动区加固形式有墩式加固、裙边加固、抽条加固、格栅式加固和满堂加固，如图 2K313020-21 所示。

图 2K313020-21　基坑内加固平面布置示意图

（a）墩式加固；（b）裙边加固；（c）抽条加固；（d）格栅式加固；（e）满堂加固

（1）采用墩式加固时，土体加固一般多布置在基坑周边阳角位置或跨中区域。

（2）长条形基坑可考虑采用抽条加固。

（3）基坑面积较大时，宜采用裙边加固。

（4）地铁车站的端头井一般采用格栅式加固。

（5）环境保护要求高，或为了封闭地下水时，可采用满堂加固。

（二）加固方法

（1）较浅基坑——换填材料加固处理法，以提高地基承载力为主。

（2）深基坑——采用水泥土搅拌、高压喷射注浆、注浆或其他方法对地基掺入一定量的固化剂或使土体固结，以提高土体的强度和土体的侧向抗力为主。

┌─ **重 点 提 示** ────────────────────────────┐

（1）理解记忆地基加固的目的，能够根据具体情况采取相应的加固措施。

（2）地基加固方法在一建中曾多次考查，掌握其加固方式和加固方法，常以客观题的形式呈现。

└──┘

实战演练

[经典例题·单选] 基坑面积较大时，宜采用（　　）。

A. 墩式加固 　　　　　　　　　　B. 裙边加固

C. 抽条加固 　　　　　　　　　　D. 格栅式加固

[解析] 基坑面积较大时，宜采用裙边加固。

[答案] B

[经典例题·多选] 基坑内地基加固的主要目的有（　　）。

A. 提高结构的防水性能 　　　　　B. 减少围护结构位移

C. 提高土体的强度和侧向抗力 　　D. 防止坑底土体隆起破坏

E. 弥补围护墙体插入深度不足

[解析] 基坑内加固的主要目的有：提高土体的强度和土体的侧向抗力，减少围护结构位移，保护基坑周边建筑物及地下管线；防止坑底土体隆起破坏；防止坑底土体渗流破坏；弥补围护墙体插入深度不足等。

[答案] BCDE

考点 8 各类加固方法技术要点★★

一、注浆法

(1) 原理：利用液压、气压或电化学原理，通过注浆管把浆液均匀地注入地层中来加固土体。

(2) 注浆材料：水泥浆材是以水泥浆液为主的浆液，适用于岩土加固，是国内外常用的浆液。

(3) 不同注浆法的适用范围：在地基处理中，注浆工艺所依据的理论主要可分为渗透注浆、劈裂注浆、压密注浆和电动化学注浆四类，其适用范围见表 2K313020-8。

表 2K313020-8　不同注浆法的适用范围

注浆方法	适用范围
渗透注浆	只适用于中砂以上的砂性土和有裂隙的岩石
劈裂注浆	适用于低渗透性的土层
压密注浆	常用于中砂地基，黏土地基中若有适宜的排水条件也可采用
电动化学注浆	地基土的渗透系数 $k < 10^{-4}$ cm/s，只靠一般静压力难以使浆液注入土的孔隙的地层

(4) 注浆加固土的强度具有较大的离散性，注浆检验应在加固后 28d 进行。可采用标准贯入、轻型静力触探或面波等方法检测加固地层均匀性；按加固土体尝试范围每间隔 1m 进行室内试验，测定强度或渗透性。检验点数和合格率应满足相关规范要求，对不合格的注浆区应进行重复注浆。

二、水泥土搅拌法

(1) 水泥土搅拌法适用于加固饱和黏性土和粉土等地基。它利用水泥（或石灰）等材料作为固化剂通过特制的搅拌机械，就地将软土和固化剂（浆液或粉体）强制搅拌，使软土固结。它可分为浆液搅拌和粉体喷射搅拌两种。目前，喷浆型湿法深层搅拌机械在国内常用的有单、双轴、三轴及多轴搅拌机等四种。

深层搅拌桩施工顺序如图 2K313020-22 所示。

图 2K313020-22　深层搅拌桩施工顺序
(a) 喷浆型；(b) 喷粉型

(2) 水泥土搅拌法加固软土的优点：

1）最大限度地利用了原土。

2）搅拌时无振动、无噪声、无污染，可在密集建筑群中进行施工，对周围原有建筑物及地下沟管影响很小。

3）根据上部结构的需要，可灵活地采用柱状、壁状、格栅状和块状等加固形式。

4）与钢筋混凝土桩基相比，可节约钢材并降低造价。

（3）应根据室内试验确定需加固地基土的固化剂和外加剂的掺量，如果有成熟经验时，也可根据工程经验确定。

（4）采用深层搅拌法提高被动区土体抗力，又无法在紧贴围护墙体的位置形成固结体时，必须采用注浆等辅助加固措施，对中间未加固的土体进行填充加固。

（5）采用深层搅拌法加固基坑内侧深层地基时，应注意施工对加固区上部土体的扰动，必要时采用低掺入比的水泥对加固区上部土体进行加固。

三、高压喷射注浆法

（1）高压喷射注浆法对淤泥、淤泥质土、流塑或软塑黏性土、粉土、砂土、黄土、素填土和碎石土等地基都有良好的处理效果，但对于硬黏性土，含有较多的块石或大量植物根茎的地基，因喷射流可能受到阻挡或削弱，使冲击破碎力急剧下降，造成切削范围小或影响处理效果。高压喷射注浆施工如图 2K313020-23 所示。

图 2K313020-23　高压喷射注浆施工

（2）高压喷射有旋喷（固结体为圆柱状）、定喷（固结体为壁状）、和摆喷（固结体为扇状）等三种基本形状，可用下列方法实现：

1）单管法：喷射高压水泥浆液一种介质。

2）双管法：喷射高压水泥浆液和压缩空气两种介质。

3）三管法：喷射高压水流、压缩空气及水泥浆三种介质。

喷射注浆法施工工艺流程如图 2K313020-24 所示。

图 2K313020-24　喷射注浆法施工工艺流程

（a）单管法；（b）双管法；（c）三管法

（3）高压旋喷桩加固体的有效直径或范围应根据现场试验或工程经验确定。当用于止水帷幕时，加固体的搭接宽度应符合规范要求。

（4）高压喷射注浆的施工参数应根据土质条件、加固要求通过试验或根据工程经验确定，并在施工中严格加以控制。单管法及双管法的高压水泥浆和三管法高压水的压力应大于20MPa。高压喷射注浆的主要材料为水泥，对于无特殊要求的工程，宜采用强度等级为42.5级及以上的普通硅酸盐水泥。根据需要可加入适量的外加剂及掺合料。外加剂和掺合料的用量，应通过试验确定。水胶比中的水灰比通常取0.8~1.5，常用为1.0。

（5）高压喷射注浆的全过程为钻机就位、钻孔、置入注浆管、高压喷射注浆和拔出注浆管等基本工序。在高压喷射注浆过程中出现压力骤然下降、上升或冒浆异常时，应查明原因并及时采取措施。

重点提示

掌握不同加固方法的原理、工序及适用，能够根据具体情况采取相应加固方式。

实战演练

[经典例题·多选]高压喷射注浆双管法中的介质是（　　　）。

A. 高压水流　　　　　B. 水泥浆　　　　　C. 胶体　　　　　D. 压缩空气

E. 泥浆

[解析]双管法喷射高压水泥浆液和压缩空气两种介质。

[答案]BD

考点 9　地铁车站明挖法施工质量检查与验收★★

一、基坑开挖施工

（1）确保围护结构位置、尺寸、稳定性。

（2）自上而下、分层、分段；钢筋网片及喷射混凝土紧跟开挖，及时施加支撑或锚杆；临近基底200mm，应人工配合清底，不得超挖；基底经勘察单位、设计单位、监理单位、施工单位验收合格。

二、结构施工

（1）混凝土强度分检验批检验评定，划入同一检验批的混凝土，施工持续时间不宜超过3个月。

（2）首次使用的混凝土配合比应进行开盘鉴定，原材料、强度、凝结时间、稠度等应满足设计配合比要求。

（3）终凝后及时养护，垫层不得少于7d，结构不少于14d。

三、主体结构防水施工

（1）底板防水卷材先铺平面，后铺立面，交接处应交叉搭接。

（2）卷材防水层搭接允许宽度：满粘法为80mm；空铺法、点粘法、条粘法为100mm。

（3）防水卷材在以下部位必须铺设附加层，其尺寸符合以下规定：①阴阳角，500mm幅宽；②变形缝，600mm幅宽，上下各一层；③穿墙管周围，300mm幅宽，150mm长。

（4）涂膜防水层：前层干燥再涂下一层，搭接80~100mm。

四、特殊部位防水处理

（1）结构变形缝处端头模板应钉填缝板，填缝板、止水带中心线应和变形缝中心线重合，并用模板固定牢固。

（2）止水带不得穿孔或用铁钉固定。（垂直施工缝不设填缝板）

（3）结构外墙穿墙管处防水施工规定：

1）穿墙管止水环和翼环应与主管连续满焊，并做防腐处理。

2）预埋防水套管内的管道安装完毕，应在两管间嵌防水填料，内侧用法兰压紧，外侧铺贴防水层。

3）每层防水层应铺贴严密，不留接槎，增设附加层时，应按设计要求施工。

┌─ 重 点 提 示 ─────────────────────────┐

　　明挖法施工质量检查与验收一般与施工技术结合进行考查，作为施工流程中的节点控制要求，形式灵活，建议记忆。

└──────────────────────────────────┘

考点 10　明挖基坑施工安全事故预防★★

一、明挖基坑安全控制重点

（一）基坑工程安全风险

基坑工程安全风险主要有：坍塌和淹没。

（二）基坑开挖安全控制技术措施

（1）基坑边坡和支护结构的确定。

（2）基坑周围堆放物品的规定：

1）支护结构达到设计强度要求前，严禁在设计预计滑裂面范围内堆载；需要进行稳定性验算。

2）支撑结构上不应堆放材料和运行施工机械，当需要利用支撑结构兼做施工平台或栈桥时，应进行专门设计。

3）应减少对周边环境、支护结构、工程桩等的不利影响。

4）土方不应在邻近建筑及基坑周边影响范围内堆放，并应及时外运。

5）基坑周边必须进行有效防护，并设置明显的警示标志；设置堆放物料的限重牌，严禁堆放大量的物料。

6）建筑基坑周围 6m 以内不得堆放阻碍排水的物品或垃圾，保持排水畅通。

7）开挖料运至指定地点堆放。

（3）制定好降水措施，确保基坑开挖期间的稳定。

（4）控制好边坡。

（5）严格按设计要求开挖和支护。

（三）应急预案与保证措施

1. 应急预案

应急预案包括：应急体系、材料、设备、人员、信息化施工。

2. 抢险支护与堵漏

（1）围护结构缺陷造成的渗漏（如图 2K313020-25）：在缺陷处插入引流管引流，然后采用双快水泥封堵缺陷处，等封堵水泥形成一定强度后再关闭导流管。

（2）渗漏较为严重时（如图 2K313020-26）：应首先在坑内回填土封堵水流，然后在坑外打孔灌注聚氨酯或双液浆等封堵渗漏处，封堵后再继续向下开挖基坑。

图 2K313020-25　围护结构缺陷造成的渗漏　　　图 2K313020-26　渗漏较为严重

（3）支护结构出现变形过大或较为危险的"踢脚"变形：可采用坡顶卸载，适当增加内支撑或锚杆，被动土压区堆载或注浆加固等处理措施。

（4）整体或局部土体滑塌：应在可能条件下降低土中水位，并进行坡顶卸载，加强未滑塌区段的监测和保护，严防事故继续扩大。

（5）坍塌或失稳征兆已经非常明显：必须果断采取回填土、砂或灌水等措施，再进一步应对，防止险情发展成事故。

二、开挖过程中地下管线的安全保护措施

（1）工程地质条件及现况管线调查：各种管线、地面建筑物相关资料；必要时在管理单位人员在场情况下进行坑探；调查信息施工图标注，现场设置醒目标志。

（2）编制地下管线保护方案。

（3）现况管线改移、保护措施：

1）对于基坑开挖范围内的管线，与建设单位、规划单位和管理单位协商确定管线拆迁、改移和悬吊加固措施。

2）基坑开挖影响范围内的地下管线、地面建（构）筑物的安全受施工影响，或其危及施工安全时，均应进行临时加固，经检查、验收，确认符合要求并形成文件后，方可施工。

3）开工前，由建设单位召开调查配合会，由产权单位指认所属设施及其准确位置，设明显标志。

4）在施工过程中，必须设专人随时检查地下管线、维护加固设施，以保持完好。

5）观测管线沉降和变形并记录，遇到异常情况，必须立即采取安全技术措施。

⚑ **重点提示**

　　明挖基坑安全事故属于历年高频考点，可与桥梁明挖扩大基础基坑开挖、车站主体施工、水池结构、管道沟槽开挖、垃圾填埋基坑开挖结合进行考查。且安全事故属现场实践常见考查内容，复习中一定要予以重视。

实战演练

[2016 真题·案例节选]

背景资料：

某公司承建城市桥区泵站调蓄工程，其中调蓄池为地下式现浇钢筋混凝土结构，混凝土强度等级为 C35，池内平面尺寸为 62.0m×17.3m，筏板基础。场地地下水类型为潜水，埋深为 6.6m。

涉及基坑长 63.8m，宽 19.1m，深 12.6m，围护结构采用 φ800mm 钻孔灌注桩排桩＋2 道 φ609mm 钢支撑，桩间挂网喷射 C20 混凝土，桩顶设置钢筋混凝土冠梁。基坑围护桩外侧采用厚度 700mm 止水帷幕，如图 2K313020-27 所示。

图 2K313020-27 调蓄池结构与基坑围护断面图

注：图中尺寸单位：结构尺寸为 mm，高程为 m。

施工过程中，基坑土方开挖至深度 8m 处，侧壁出现渗漏，并夹带泥沙；迫于工期压力，项目部继续开挖施工，同时安排专人巡视现场，加大地表沉降、桩身水平变形等项目的监测频率。

问题：

3. 指出基坑侧壁渗漏后，项目部继续开挖施工存在的风险。

4. 指出基坑施工过程中风险最大的时段，并简述稳定坑底应采取的措施。

[答案]

3. 基坑侧壁渗漏继续开挖的风险：如果渗漏水主要为清水，一般及时封堵不会造成太大的环境问题；而如果渗漏造成大量水土流失则会造成围护结构背后土体过大沉降，严重的会导致围护结构背后土体失去抗力造成基坑倾覆。

4. （1）基坑施工过程风险最大时段是基坑刚开挖完成后还未施作防护措施时，主要的风险是坍塌和淹没。

（2）稳定坑底应采取的措施：加深围护结构入土深度、坑底土体加固、坑内井点降水等措施，并适时施作底板结构。

2K313030　喷锚暗挖（矿山）法施工

思维导图 ▶▶▶

```
                          ┌─ 工作井施工技术 ──── 工作井与马头门施工技术

                          ├─ 喷锚暗挖法的 ──┬── 浅埋暗挖法——支护和加固技术分类
                          │   掘进方式选择   ├── 浅埋暗挖法——小导管、管棚施工技术
喷锚暗挖（矿山）            │                └── 浅埋暗挖法——掘进技术
法施工            ────────┤
                          ├─ 喷锚加固支护 ──── 浅埋暗挖法——初期支护
                          │   施工技术

                          └─ 衬砌及防水施 ──── 浅埋暗挖法——防水层、二次衬砌施工
                              工要求
```

考点精讲 ▶▶▶

扫码听课

考点 1　工作井与马头门施工技术★★

施工流程以倒挂井壁法为例展示，如图 2K313030-1 所示。

（a）　　　　　　　　　　　（b）

（c）　　　　　　　　　　　（d）

（e） （f）

图 2K313030-1　倒挂井壁法施工流程

（a）测量放样；（b）基坑开挖；（c）锁口钢圈；（d）开挖支撑；（e）竖井落底；（f）二衬施工

一、施工准备

（1）地下管线、建（构）筑物调查，保护方案，施工保护监测。

（2）竖井施工范围内应人工开挖十字探沟，确定无管线后再开挖。

（3）竖井井口防护应符合下列规定：

1）应设置防雨棚、挡水墙（比周围地面高 300mm 以上）。

2）应设置安全护栏，护栏高度不应小于 1.2m（底部 500mm 封闭）。

3）周边应架设安全警示装置（必须设置围挡及出入管理制度）。

二、作业区安全防护

（1）机具、运输车辆最外着力点与井边距离≥1.5m。

（2）井口 2m 范围内不得堆放材料。

（3）工作井内必须设安全梯（如图 2K313030-2）或梯道，梯道应设扶手栏杆，梯道的宽度不应小于 1.0m。

图 2K313030-2　工作井内安全梯

三、工作井锁口圈梁

工作井锁口圈梁如图 2K313030-3 所示。

图 2K313030-3 工作井锁口圈梁

（1）埋深较大时，上部应设置砖砌挡土墙、土钉墙或"格栅钢架＋喷射混凝土"等临时围护结构。

（2）土方不得超挖，并应做好边坡支护。

（3）开挖竖井：混凝土强度应达到设计强度的 70％及以上。

（4）圈梁与格栅应按设计要求进行连接，井壁不得出现脱落。

四、工作井提升系统

工作井提升系统必须由有资质的单位安装、拆除，安全检验。

（1）空载、满载或超载试运行。使用过程中每天应由专职人员检查一次，定期检测保养。防护井上设置防护棚，如图 2K313030-4 所示。

（2）电动葫芦（如图 2K313030-5）：应设缓冲器，轨道两端设挡板。

（3）卷扬机（如图 2K313030-6）：钢丝绳在卷筒上安全圈数不应少于 3 圈。

（4）提升钢丝：要有产品合格证；新绳悬挂前必须逐根试验；库存超过 1 年，使用前应进行检验。

图 2K313030-4 防护棚

图 2K313030-5 电动葫芦

图 2K313030-6 卷扬机

五、工作竖井开挖与支护

（1）地下水控制及地层预加固。

（2）井口地面荷载不超过设计规定值；井口设挡水墙；四周地面硬化；做排水措施。

（3）对称、分层、分块开挖；随挖随支护；先周边、后中部。

（4）初期支护应尽快封闭成环。

（5）喷射混凝土应密实、平整。

（6）平面尺寸和深度较大的竖井（如图 2K313030-7），及时安装临时支撑（如图 2K313030-8）。

（7）严格控制开挖断面和高程，不得欠挖，到底后及时封底。

（8）竖井开挖过程中应加强观察和监测。

图 2K313030-7　竖井复合式衬砌构造　　　图 2K313030-8　竖井临时支撑

六、马头门施工技术

马头门类型如图 2K313030-9 所示。

图 2K313030-9 马头门类型

（a）双向平顶；（b）双向斜顶；（c）单向斜顶

（1）竖井初期支护施工至马头门处应预埋暗梁及暗桩，并应沿马头门拱部外轮廓线打入超前小导管，注浆加固地层。马头门超前支护如图 2K313030-10 所示，喷射混凝土如图 2K313030-11 所示。

（2）破除马头门前，应做好马头门区域的竖井或隧道的支撑体系的受力转换。

图 2K313030-10　马头门超前支护　　　图 2K313030-11　喷射混凝土

（3）分段破除竖井井壁：先拱部、再侧墙、最后底板。环形开挖预留核心土法施工如图2K313030-12所示。

图 2K313030-12 环形开挖预留核心土法施工

【注意】上台阶掌子面进尺 3~5m 时开挖下台阶。

（4）马头门处隧道应密排三榀格栅钢架；隧道格栅主筋应与格栅主筋、连接筋焊接牢固；隧道纵向连接筋应与竖井主筋焊接牢固。

（5）同一竖井内的马头门不得同时施工。一侧隧道掘进 15m 后，方可开启另一侧马头门。马头门标高不一致时，宜遵循"先低后高"的原则。

（6）施工中严格贯彻"管超前、严注浆、短开挖、强支护、勤量测、早封闭"的十八字方针。

（7）开挖过程中必须加强监测，一旦土体出现坍塌征兆或支护结构出现较大变形时，应立即停止作业，经处理后方可继续施工。

（8）停止开挖时，应及时喷射混凝土封闭掌子面；因特殊原因停止作业时间较长时，应对掌子面采取加强封闭措施。

重点提示

本部分内容是 2019 年考试大纲新增加的内容，涉及施工安全，后续考查频率会有所提升。学习时应以工作井和马头门的施工技术为基础，结合相关的安全控制要点进行掌握，把握细节内容。

考点 2　浅埋暗挖法——支护和加固技术分类★★

一、支护与加固分类

（1）暗挖隧道内：超前锚杆或超前小导管支护、小导管周边注浆或围岩深孔注浆、设置临时仰拱、管棚超前支护。

（2）暗挖隧道外：地表锚杆或地表注浆加固、冻结法固结地层、降低地下水位法。

二、支护与加固技术措施

（一）地表锚杆（管）

（1）适用条件：浅埋暗挖、进出工作井地段和岩体松软破碎地段。

（2）布置形式：矩形或梅花形布置。

（3）施工流程：先钻孔→吹净钻孔→用灌浆管灌浆→垂直插入锚杆杆体→孔口将杆体

固定。

（4）锚杆类型：中空注浆锚杆、树脂锚杆、自钻式锚杆、砂浆锚杆和摩擦型锚杆。

（二）冻结法固结地层

（1）主要优点：冻结加固的地层强度高；地下水封闭效果好；地层整体固结性好；对工程环境污染小。

（2）主要缺点：成本较高；有一定的技术难度。

（三）降低地下水位法

（1）富水地层、渗透性较好时，降低地下水位。

（2）含水的松散破碎地层宜采用降低地下水位法，不宜集中宣泄。

（3）降低地下水位的方法：地面降水或隧道内辅助降水。

重点提示

> 预支护与预加固是隧道施工中常用的措施，起到提前预防的作用，重点记忆隧道内、外常用的加固措施，做到有所区分。

考点 3　浅埋暗挖法——小导管、管棚施工技术★★

一、超前小导管施工技术

超前小导管施工技术见表 2K313030-1。

表 2K313030-1　超前小导管施工技术

技术参数	小导管	大管棚
配合钢拱架	必须配合	必须配合
钢管直径	40～50mm	80～180mm
钢管长度	大于循环进尺 2 倍（3～5m）	短：<10m；长：>10m
沿隧道纵向搭接长度	≥1m	>3m
钢管间距	根据地层特性	300～500mm

小导管注浆加固横断面与纵断面示意图如图 2K313030-13 所示。

图 2K313030-13　小导管注浆加固横断面与纵断面示意图

（一）适用条件

在软弱、破碎地层中成孔困难或易塌孔，且施作超前锚杆比较困难或者结构断面较大时适用超前小导管施工技术。打设超前小导管如图 2K313030-14 所示；超前加固如图 2K313030-15 所示；注浆及封堵如图 2K313030-16 所示；预留注浆口如图 2K313030-17

所示。

图 2K313030-14 打设超前小导管

图 2K313030-15 超前加固

图 2K313030-16 注浆及封堵

图 2K313030-17 预留注浆口

（二）技术要点

（1）浆液要求：根据地质条件，经现场试验确定；根据浆液类型，确定合理的注浆压力和合适的注浆设备。

（2）注浆材料：普通水泥单液浆、改性水玻璃浆、水泥-水玻璃浆、超细水泥等。

（3）材料要求：水泥，强度等级 P·O 42.5 级及以上的硅酸盐水泥；水玻璃，浓度 40～50°Bé；外加剂，视不同地层和注浆工艺进行选择。

（4）注浆施工应符合下列要求：

1）注浆工艺：砂卵石地层，渗入注浆法；砂层中，挤压、渗透注浆法；黏土层，劈裂或电动硅化注浆法。

2）注浆顺序：应由下而上、间隔对称进行；相邻孔位应错开、交叉进行。

小导管注浆设备示意图如图 2K313030-18 所示。

图 2K313030-18 小导管注浆设备示意图

3）注浆压力：对于渗透法，0.1～0.4MPa；终压：地层条件、周边环境控制要求（≤0.5MPa），每孔稳压时间不小于 2min。对于劈裂法，应大于 0.8MPa。

4）注浆速度：不大于 30L/min。

5）施工期应进行监测（地/路面隆起、地下水污染等）。

二、管棚支护

管棚支护横断面及纵断面示意图如图 2K313030-19 所示。

图 2K313030-19　管棚支护横断面及纵断面示意图

（a）管棚的环向布置；（b）管棚钢管纵向错接；（c）钢管端部横向连接

（一）适用条件

软弱地层和特殊困难地段，如极破碎岩体、塌方体、砂土质地层、强膨胀性地层、强流变性地层、裂隙发育岩体、断层破碎带、浅埋大偏压等围岩，并对地层变形有严格要求的工程。

在下列施工场合应考虑采用管棚进行超前支护：

（1）穿越铁路修建地下工程。

（2）穿越地下和地面结构物修建地下工程。

（3）修建大断面地下工程。

（4）隧道洞口段施工。

（5）通过断层破碎带等特殊地层。

（6）特殊地段，如大跨度地铁车站，重要文物保护区，河底、海底的地下工程施工等。

超前管棚断面如图 2K313030-20 所示；立体构造如图 2K313030-21 所示；钻孔施工如图 2K313030-22 所示；进洞洞口管棚如图 2K313030-23 所示。

图 2K313030-20　超前管棚断面

图 2K313030-21　立体构造

图 2K313030-22　钻孔施工　　　　图 2K313030-23　进洞洞口管棚

（二）技术要点

（1）工艺流程：测放孔位→钻机就位→水平钻孔→压入钢管→注浆（向钢管内或管周围土体）→封口→开挖。

（2）钻孔顺序：由高孔位向低孔位进行，直径比管棚直径大 30～40mm。

（3）顶管倾角：用测斜仪控制上仰角度。

（4）分段注浆：设定压力，稳压 5min 以上；注浆量达设计注浆量的 80% 以上时停止注浆。

管棚支护基本类型为复合式衬砌结构，如图 2K313030-24 所示。

图 2K313030-24　复合式衬砌结构

> **重点提示**
>
> 　　本部分内容非常重要，考查频率也较高。超前小导管注浆加固技术可与管棚支护技术结合进行学习，有相同之处也有不同之处，注意区分。

i 实战演练

[经典例题·单选] 关于选择注浆法的说法，正确的是（　　）。

A. 在砂卵石地层中宜采用高压喷射注浆法

B. 在黏土层中宜采用劈裂或电动硅化注浆法

C. 在砂层中宜采用渗入注浆

D. 在淤泥质软土层中宜采用劈裂注浆法

[解析] 注浆工艺在砂卵石地层中宜采用渗入注浆法，在砂层中宜采用劈裂注浆法，在黏土层中宜采用劈裂或电动硅化注浆法，在淤泥质软土层中宜采用高压喷射注浆法。

[答案] B

[经典例题·单选] 关于暗挖隧道小导管注浆加固技术的说法，错误的是（　　）。

A. 根据工程条件试验确定浆液及其配合比

B. 应严格控制小导管的长度、开孔率、安设角度和方向

C. 小导管的尾部必须设置封堵孔，防止漏浆

D. 注浆时间应由实验确定，注浆压力可不控制

[解析] 注浆时间和注浆压力应由实验确定。

[答案] D

[经典例题·多选] 下列属于暗挖隧道外常用的技术措施有（　　）。

A. 超前锚杆或超前小导管支护　　　　B. 地表锚杆或地表注浆加固

C. 冻结法固结地层　　　　　　　　　D. 降低地下水位法

E. 设置临时仰拱

[解析] 暗挖隧道外常用的技术措施包括地表锚杆或地表注浆加固、冻结法固结地层、降低地下水位法。

[答案] BCD

考点 4　浅埋暗挖法——掘进技术★★

一、浅埋暗挖法与掘进方式对比

浅埋暗挖法与掘进方式对比见表 2K313030-2。

表 2K313030-2　浅埋暗挖法与掘进方式对比

施工方法	适用条件	沉降	工期	防水
全断面法	地层好、$L \leqslant 8m$	一般	最短	好
正台阶法	地层较差、$L \leqslant 10m$	一般	短	好
环形开挖预留核心土法	地层差、$L \leqslant 12m$	一般	短	好
单侧壁导坑法	地层差、$L \leqslant 14m$	较大	较短	好
双侧壁导坑法（眼镜工法）	小跨扩大跨	较大	长	效果差
中隔壁法（CD工法）	地层差、$L \leqslant 18m$	较大	较短	好
交叉中隔壁法（CRD工法）	地层差、$L \leqslant 20m$	较小	长	好
中洞法	小跨、扩大跨	小	长	效果差

续表

施工方法	适用条件	沉降	工期	防水
侧洞法	小跨、扩大跨	大	长	效果差
柱洞法	多层多跨	大	长	效果差
洞桩法（PBA）	多层多跨	较大	长	效果差

二、掘进方式施工要求

（1）全断面法（如图 2K313030-25）：适用于土质稳定、断面较小；围岩必须有足够的自稳能力。

（2）台阶法（如图 2K313030-26）：适用于土质较好，软弱围岩、第四纪沉积地层；台阶数不宜过多，台阶长度 1D 内。

图 2K313030-25　全断面法　　　　　图 2K313030-26　台阶法

（3）环形开挖预留核心土法（如图 2K313030-27）：适用于一般土质或易坍塌软弱围岩、断面较大；开挖进尺 0.5～1m，台阶长度 1D 内；预支护或预加固；施工中一般不设或少设锚杆。

图 2K313030-27　环形开挖预留核心土法

（4）单侧壁导坑法（如图 2K313030-28）：断面跨度大，地表沉降难以控制的软弱松散围岩；侧壁导坑宽度不宜超过 0.5 倍洞宽。

（5）双侧壁导坑法（如图 2K313030-29）：当隧道跨度很大，地表沉陷要求严格，围岩条件特别差，单侧壁导坑法难以控制围岩变形。导坑宽度不宜超过最大跨度的 1/3。

图 2K313030-28　单侧壁导坑法

图 2K313030-29　双侧壁导坑法

（6）CD 工法（如图 2K313030-30）：地层差，岩体不稳定且沉降要求严格；大跨度隧道中应用普遍。

（7）CRD 工法（如图 2K313030-31）：当 CD 工法不能满足要求时，加设临时仰拱；开挖快速，及时成环。

图 2K313030-30　CD 工法

图 2K313030-31　CRD 工法

（8）当地层条件差、断面特大时，一般设计成多跨结构，跨与跨之间有梁、柱连接，一般采用中洞法、侧洞法、柱洞法及洞桩法等施工；核心思想是变大断面为中小断面，提高施工安全度。侧洞法开挖及二衬施工顺序示意图如图 2K313030-32 所示。

图 2K313030-32　侧洞法开挖及二衬施工顺序示意图

注：两侧为 CRD 工法，两侧加中间是个放大版的眼镜工法。

三、土方开挖质量控制与安全措施

（一）土方开挖质量控制

（1）宜用激光准直仪控制中线和隧道断面仪控制外轮廓线。

（2）每开挖一榀钢拱架的间距，应及时架设支护、喷锚、形成闭合；严禁超挖。

（3）在稳定性差的地层中停止开挖，或停止作业时间较长时，应及时喷射混凝土封闭开挖面。

（4）相向开挖的两个开挖面相距约 2 倍管径时，应停止一个开挖面作业，进行封闭，由另一开挖面作贯通开挖。

（二）开挖安全措施

（1）在城市进行爆破施工，必须事先编制爆破方案，并由专业人员操作，报城市主管部门批准，并经公安部门同意后方可施工。

（2）同一隧道内相对开挖，距离为2倍洞跨且不小于10m时，一端停止掘进，保持开挖面稳定。

（3）两条平行隧道（含导洞）相距小于1倍洞跨，其开挖面前后错开距离不得小于15m。

重点提示

（1）此知识点考查频率较高，要求能够根据示意图掌握其开挖、支护顺序，重点记忆不同施工方法中的突出特点。

（2）浅埋暗挖法是城市区间隧道施工常用的工法，掌握不同方式的适用及优缺点，能够根据具体地层、断面尺寸等情况选择合适的掘进方式。环形开挖预留核心土法和单侧壁导坑法易考查开挖顺序。

实战演练

[经典例题·单选]CRD工法是在CD工法基础上增设（　　）而形成的。

A. 临时仰拱

B. 超前小导管

C. 管棚

D. 钢拱架

[解析]当CD工法不能满足要求时，可在CD工法基础上加设临时仰拱，即所谓的交叉中隔壁法（CRD工法）。

[答案]A

[经典例题·多选]全断面开挖法的优点有（　　）。

A. 开挖对围岩的扰动次数少，有利于围岩天然承载拱的形成

B. 工序简单

C. 在所有喷锚暗挖（矿山）法开挖方式中工期最短

D. 无初期支护拆除量

E. 对地质条件要求严格，围岩必须有足够的自稳能力

[解析]全断面开挖法优点是可以减少开挖对围岩的扰动次数，有利于围岩天然承载拱的形成，工序简便；缺点是对地质条件要求严格，围岩必须有足够的自稳能力。

[答案]ABCD

[经典例题·多选]单跨跨径为15m的隧道，可采用（　　）。

A. 全断面法

B. CD工法

C. CRD工法

D. 双侧壁导坑法

E. 单侧壁导坑法

[解析]全断面法适用于地层好，跨度不大于8m的隧道，选项A错误。单侧壁导坑法适用于地层差，跨度不大于14m的隧道，选项E错误。

[答案]BCD

考点 5 浅埋暗挖法——初期支护★★★

一、初期支护分类

初期支护分为钢筋网喷射混凝土、锚杆-钢筋网喷射混凝土、钢拱架-钢筋网喷射混凝土等支护结构形式，如图 2K313030-33 所示。

（a）   （b）   （c）

图 2K313030-33 初期支护分类

（a）钢筋网喷射混凝土；（b）锚杆-钢筋网喷射混凝土；（c）钢拱架-钢筋网喷射混凝土

二、初期支护施工技术

（一）主要材料

（1）喷射混凝土：应采用早强混凝土，严禁选用碱活性集料，速凝剂应根据试验确定最佳掺量。初凝时间不应大于 5min，终凝时间不应大于 10min。

（2）钢筋网：直径 6～12mm。

（3）钢拱架：主筋直径不宜小于 18mm。

（二）格栅加工及安装

（1）应在模具内焊接成型。

（2）加工制作要求：

1）钢拱架"8"字筋（如图 2K313030-34）布置：方向相互错开，间距不得大于 50mm。

2）组装焊接应从两端均匀对称地进行，以减少应力变形。

3）主筋相互平行，偏差 5mm；连接板与主筋垂直，偏差 3mm。

4）钢筋网片应严格按设计图纸尺寸加工，每点均为四点焊接。

图 2K313030-34 钢拱架"8"字筋

（3）首榀格栅拱架应进行试拼装，并应经建设单位、监理单位、设计单位共同验收合格后方可批量加工。

（4）格栅拱架安装要求：

1）格栅拱架安装定位后，应紧固外、内侧螺栓。

2）格栅拱架节点应采用螺栓紧固；钢筋帮条焊应与主筋同材质。

格栅拱架节点螺栓连接如图 2K313030-35 所示。

图 2K313030-35　格栅拱架节点螺栓连接

（5）连接筋长度应为"格栅拱架间距＋搭接长度"；双面搭接焊时，搭接长度为 $5d$；单面焊时为 $10d$。

（6）格栅拱架安装时，其拱脚处不得座在虚土上，连接板下宜加垫板以减小拱架下沉量；相邻格栅纵向连接应牢固。

拱脚处虚土如图 2K313030-36 所示，拱脚处脱空如图 2K313030-37 所示。

图 2K313030-36　拱脚处虚土

图 2K313030-37　拱脚处脱空

（7）在自稳能力较差的土层中安装格栅拱架时，应按设计要求在拱脚处打设锁脚锚管。

（8）格栅架立及安装应符合下列要求：

1）格栅架立纵向允许偏差应为 $\pm50\text{mm}$，横向允许偏差应为 $\pm30\text{mm}$，高程允许偏差应为 $\pm30\text{mm}$。

2）格栅安装时，节点板栓接就位后应帮焊与主筋同直径的钢筋。单面焊长度不小于 $10d$。

（三）喷射混凝土

（1）喷头与受喷面应垂直，距离宜为 $0.6\sim1.0\text{m}$。

（2）喷射：分段、分片、分层，由下而上顺序进行；分层喷射，在前一层终凝后进行。一次喷射厚度宜为：边墙 $70\sim100\text{mm}$，拱部 $50\sim60\text{mm}$。

（3）保护层：钢拱架不应小于 40mm，钢筋网不应小于 20mm。

（4）养护：终凝 2h 后进行养护，不小于 14d；冬期不得洒水，强度低于 6MPa 时不得受冻。

三、暗挖法施工安全措施

（一）喷射混凝土初期支护

稳定岩体中，先开挖后支护，支护结构距开挖面不宜大于 5m。不稳定岩土体中，支护必须紧跟土方开挖工序。

（二）锁脚锚杆注浆加固

锁脚锚杆示意图如图 2K313030-38 所示。

图 2K313030-38　锁脚锚杆示意图

（1）隧道拱脚应采用斜向下 20°～30°打入的锁脚锚杆（管）锁定。

（2）锁脚锚杆（管）应与格栅焊接牢固，打入后应及时注浆。

（三）初期支护背后注浆

（1）初期支护应预埋注浆管，结构完成后，及时注浆加固，填充注浆滞后开挖面距离不得大于 5m。

（2）注浆作业点与掘进工作面宜保持在 5～10m 的距离。

（3）注浆管应与格栅拱架主筋焊接或绑扎牢固，管端外露不应小于 100mm。

（4）背后回填注浆应合理控制注浆量和注浆压力。

（5）根据地层变形的控制要求，可在初期支护背后多次进行回填注浆。注浆结束后，宜经雷达等检测手段检测合格，并应填写和保存注浆记录。

重点提示

　掌握初期喷锚支护的步骤及具体技术标准要求，熟悉隧道外的超前加固方法及其适用条件。

实战演练

[**经典例题·单选**] 喷射混凝土应紧跟开挖工作面，应分段、分片、分层，（　　）顺序进行。

A. 由下而上

B. 由上而下

C. 自左向右

D. 自右向左

[**解析**] 喷射混凝土应紧跟开挖工作面，应分段、分片、分层，由下而上顺序进行。

[**答案**] A

[**经典例题·单选**] 喷射混凝土施工前，应做混凝土凝结时间试验，初凝和终凝时间不应

2K313000 城市轨道交通工程

大于（　　）。

    A. 3min 和 5min

    B. 3min 和 8min

    C. 5min 和 10min

    D. 5min 和 12min

[解析] 喷射混凝土施工前，应做混凝土凝结时间试验，初凝和终凝时间不应大于 5min 和 10min。

[答案] C

考点 6　浅埋暗挖法——防水层、二次衬砌施工★★

一、防水结构施工原则

（一）相关规范规定

（1）《地下工程防水技术规范》："防、排、截、堵相结合，刚柔相济，因地制宜，综合治理"。

（2）《地铁设计规范》："以防为主，刚柔结合，多道防线，因地制宜，综合治理"。

（二）复合式衬砌与防水体系

（1）复合式衬砌由初期（一次）支护、防水层和二次衬砌组成。

（2）以结构自防水为根本，辅加防水层组成防水体系，以变形缝、施工缝、后浇带、穿墙洞、预埋件、桩头等接缝部位混凝土及防水层施工为重点。

二、复合式衬砌防水层施工

复合式衬砌防水层施工优先选用射钉铺设，如图 2K313030-39 所示。

（a）　　　　　　　　　　　　　　　（b）

图 2K313030-39　复合式衬砌防水层施工

（a）防水层施工断面图；（b）衬砌后防水层及排水示意图

【注意】铺设防水层地段距开挖面不应小于爆破安全距离。

三、防水、二次衬砌施工质量控制

（一）防水层施工

（1）防水层铺设基面：凹凸高差不应大于 50mm，阴阳角圆弧半径不宜小于 100mm。

（2）专用热合机焊接，焊接均匀连续，双焊缝搭接宽度不应小于 10mm。

（二）现浇混凝土二次衬砌

（1）初期支护变形稳定后，防水层铺设后进行。

（2）钢筋绑扎中，钢筋拱架呈不稳定状态时，必须设临时支撑架，钢筋拱架未形成整体且稳定前，严禁拆除临时支撑架。

（3）二衬混凝土施工。

1）混凝土：二次衬砌采用补偿收缩混凝土，具有良好抗裂性能。

2）坍落度：对于墙体，坍落度为100～150mm；对于拱部，坍落度为160～210mm。

3）模板：组合钢模板、模板台车，如图2K313030-40所示。

4）浇筑：采用泵送模筑，应连续进行，两侧拱脚对称、水平浇筑；不得出现水平和倾斜接缝；严禁在浇筑过程中，向混凝土加水。

5）振捣：两侧边墙采用插入式振动器，底部采用附着式振动器。

6）仰拱混凝土强度达到5MPa后人员方可通行，达到设计文件规定强度的100%后车辆方可通行。

图2K313030-40 模板台车施工二衬混凝土

> **重点提示**
>
> （1）防水贯穿隧道整个施工过程，掌握其设计原则及防水布置的重点。多以客观题的形式考查。
>
> （2）防水层考频较低，熟悉二衬的防水施工措施即可。

实战演练

[经典例题·单选] 下列关于复合式衬砌防水层施工的说法，错误的是（　　）。

A. 复合式衬砌防水层施工应优先选用射钉铺设

B. 防水层施工时喷射混凝土表面应平顺，不得留有锚杆头或钢筋断头

C. 喷射混凝土表面漏水应及时引排，防水层接头应擦净

D. 铺设防水层地段距开挖面不应大于爆破安全距离

[解析] 铺设防水层地段距开挖面不应小于爆破安全距离，选项D错误。

[答案] D

[经典例题·多选] 依据《地铁设计规范》，防水结构施工应遵循（　　）。

A. 以截为主 　　　　　　　　　　B. 刚柔结合

C. 多道防线 　　　　　　　　　　D. 因地制宜

E. 综合治理

〔解析〕依据《地铁设计规范》，防水结构施工应遵循"以防为主，刚柔结合，多道防线，因地制宜，综合治理"的方针。

〔答案〕BCDE

〔2017真题·案例节选〕

背景资料：

某公司承建城区防洪排涝应急管道工程，受环境条件限制，其中一段管道位于城市主干路机动车道下，垂直穿越现状人行天桥，采用浅埋暗挖隧道形式；隧道开挖断面3.9m×3.35m。横断面布置如图2K313030-41所示。

图2K313030-41　下穿人行天桥隧道横断面示意图

注： 本图尺寸均以m为单位。

施工过程中，在沿线3座检查井位置施工做工作竖井，井室平面尺寸长6.0m，宽5.0m。井室、隧道均为复合式衬砌结构，初期支护为钢格栅＋钢筋网＋喷射混凝土，二衬为模筑混凝土结构，衬层间设塑料板防水层，隧道穿越土层主要为砂层、粉质黏土层，无地下水。

施工前，项目部编制了浅埋暗挖隧道下穿道路专项施工方案，拟在工作竖井位置占用部分机动车道搭建临时设施，进行工作竖井施工和出土。施工安排3个竖井同时施作，隧道相向开挖。

问题：

1. 根据图2K313030-41，分析隧道施工对周边环境可能产生的安全风险。

4. 简述隧道相向开挖贯通施工的控制措施。

6. 二衬层钢筋安装时，应对防水层采取哪些防护措施？

〔答案〕

1. 隧道施工对周边环境可能产生的安全风险：①城市主干道产生沉降破坏，导致交通安全受威胁；②桩基受到水平剪力过大，导致承载力降低；③人行天桥变形，行人安全受威胁；④道路中间进行工作竖井开挖，威胁行人及车辆安全；⑤工作竖井开挖容易造成路基范围土体卸荷而失稳，导致主干道发生变形，交通安全受威胁；⑥隧道施工穿越砂层易造成坍塌。

4. 同一隧道内相向开挖的两个开挖面距离为 2 倍洞跨且不小于 10m 时，一端应停止掘进，进行封闭由另一端进行贯通施工，并保持开挖面稳定。

6. （1）钢筋绑扎时钢筋头加装保护套，安装时注意角度不要对向防水层，防止刺破、磨损防水层，如果损坏应及时修复。

（2）焊接钢筋时，在焊接作业与防水层之间增挂防护板，防止焊接过程中灼烧损坏防水层。

同步强化训练

一、单项选择题（每题的备选项中，只有 1 个最符合题意）

1. 环形开挖预留核心土法，一般将断面分成（　　）部分。

A. 两　　　　　　　　　　　　　　B. 三

C. 四　　　　　　　　　　　　　　D. 五

2. 下列喷锚暗挖法的掘进方式中，防水效果差，初期支护拆除量大的是（　　）。

A. 单侧壁导坑法　　　　　　　　　B. 双侧壁导坑法

C. 中隔壁法　　　　　　　　　　　D. 交叉中隔壁法

3. 地铁车站结构施工质量控制中，不属于接缝防水控制重点的是（　　）。

A. 预留孔洞　　　　　　　　　　　B. 后浇带

C. 施工缝　　　　　　　　　　　　D. 变形缝

4. 关于复合式衬砌二衬施工的说法，错误的是（　　）。

A. 二衬混凝土采用补偿收缩混凝土　　B. 模板浇筑采用最多的是利用模板台车

C. 二衬混凝土采用泵送混凝土　　　　D. 二衬混凝土浇筑不得连续进行

5. 关于基坑地下水回灌的说法，错误的是（　　）。

A. 承压水回灌宜采用回灌砂沟

B. 实施地下水人工回灌措施时，应设置水位观测井

C. 当采用坑外减压降水时，回灌井与减压井的间距不宜小于 6m

D. 加压回灌井的回灌压力宜为 0.2～0.5MPa

6. 下列工序不属于地下连续墙的施工工艺的是（　　）。

A. 导墙施工　　　　　　　　　　　B. 槽底清淤

C. 吊放钢筋笼　　　　　　　　　　D. 拔出型钢

7. 下列不属于盖挖法施工的优点的是（　　）。

A. 围护结构变形小，能有效地控制周围土体变形和地表沉降

B. 基坑底部土体稳定，隆起小，施工安全

C. 盖挖逆作法施工一般不设内部支撑，施工空间大

D. 施工作业面多，速度快，工期短

8. 水泥土搅拌法地基加固适用于（ ）。

　　A. 障碍物较多的杂填土　　　　　　　　B. 欠固结的淤泥质土

　　C. 可塑的黏性土　　　　　　　　　　　D. 密实的砂类土

9. 关于基坑围护结构说法错误的是（ ）。

　　A. 预制混凝土板桩适合大深度基坑

　　B. 水泥土桩复合土钉墙、微型桩复合土钉墙可用于淤泥质土的深基坑

　　C. 地下连续墙可临近建筑物、构筑物使用，环境影响小

　　D. 钢板桩施工简便，在软弱土层中可以采用

10. 关于工程降水说法正确的是（ ）。

　　A. 集水明排降水深度＜2m，适用于粉土、粉砂

　　B. 可以采用轻型井点法来降承压水

　　C. 滤水管要埋入含水层内，并且比挖基坑底深0.5m

　　D. 管井的滤管可采用无砂混凝土滤管、钢筋笼、钢管或铸铁管

二、多项选择题（每题的备选项中，有2个或2个以上符合题意，至少有1个错项）

1. 基坑外地基加固的主要目的有（ ）。

　　A. 止水　　　　　　　　　　　　　　　B. 减少围护结构承受的主动土压力

　　C. 提高坑内土体的强度和侧向抗力　　　D. 防止坑底土体隆起破坏

　　E. 弥补围护墙体插入深度不足

2. 盾构在以下（ ）特殊地段和地质条件施工时，必须采取施工措施确保施工安全。

　　A. 覆土厚度小于盾构直径的浅覆土层地段　　B. 小曲线半径及大坡度地段

　　C. 平行盾构隧道净间距小于盾构直径的地段　D. 江河地段

　　E. 软硬不均地层地段和砂卵石地段

3. 竖井井口防护应符合（ ）规定。

　　A. 竖井应设置防雨棚

　　B. 洞门土体加固

　　C. 竖井应设置挡水墙

　　D. 竖井应设置安全护栏，且护栏高度不应小于1.2m

　　E. 竖井周边应架设安全警示装置

4. 基坑坑内地基加固的主要目的有（ ）。

　　A. 减少围护结构的位移　　　　　　　　B. 提高坑内土体强度

　　C. 提高土体侧向抗力　　　　　　　　　D. 防止坑底土体隆起

　　E. 减少围护结构的主动土压力

三、案例分析题

背景资料：

某公司承接一项地铁隧道工作竖井施工工程，工作竖井净空尺寸15m×10m，基坑深26.2m，地面标高为52.69m。采用明挖法施工，围护结构采用SMW工法桩，围护桩长30.747m，桩顶为1.2m×1.2m冠梁。基坑布设4道钢管支撑，开挖示意图如图2K313000-1所示。

图 2K313000-1　开挖示意图

施工前项目部编制了 SMW 工法桩施工方案，SMW 工法桩的施工内容有：①设置导向定位钢板；②混合搅拌；③插入型钢；④开挖导沟；⑤型钢回收；⑥施工完毕；⑦SMW 搅拌机定位。

在开挖过程中，由于白天交通繁忙，项目部将开挖的来不及运输的土方存放在城市绿化带上，夜间进行运输，遭到有关部门的制止和罚款。

问题：

1. 指出构件 A、B 的名称，并列式计算构件 A 底标高。

2. 写出 SMW 工法桩正确的施工工序。（用序号和"→"表示）

3. 项目部为什么会遭到有关部门的制止和罚款？

4. 本工程地下水位位于地表以下 10m，根据水层分布，应该将井点管设置在什么位置？

参考答案及解析

一、单项选择题

1. [答案] B

[解析] 一般情况下，将断面分成环形拱部、上部核心土、下部台阶等三部分。

2. [答案] B

[解析] 双侧壁导坑法防水效果差，初期支护拆除量大。

3. [答案] A

[解析] 地铁车站结构施工质量控制中，接缝防水控制重点为后浇带、施工缝、变

形缝。

4. [答案] D

[解析] 二衬混凝土浇筑应连续进行，选项 D 错误。

5. [答案] A

[解析] 微承压水与承压水回灌宜采用回灌井，选项 A 错误。

6. [答案] D

[解析] 地下连续墙施工工艺：开挖导沟→修筑导墙→开挖沟槽（注入触变泥浆护壁）→清除槽底淤泥和残渣→吊放接头管→吊放钢筋笼→下导管灌注水下混凝土→拔出接头管。选项 D 拔出型钢属于 SMW 工法施工工艺（切削土体→注入水泥型钢→拔出型钢）。

7. [答案] D

[解析] 选项 D 属于明挖法优点。

8. [答案] C

[解析] 水泥土搅拌法地基加固适用于加固饱和黏性土和粉土等地基。

9. [答案] A

[解析] 预制混凝土板桩不适合大深度基坑，选项 A 错误。

10. [答案] D

[解析] 集水明排降水深度<2m，适用于黏性土、砂土，选项 A 错误。承压水可以选择喷射井点和减压管井进行控制，选项 B 错误；滤水管要埋入含水层内，并且比挖基坑底深 0.9~1.2m，选项 C 错误。

二、多项选择题

1. [答案] AB

[解析] 基坑外地基加固的主要目的有止水、减少围护结构承受的主动土压力。

2. [答案] ABDE

[解析] 盾构在以下特殊地段和地质条件施工时，必须采取施工措施确保施工安全：①覆土厚度不大于盾构直径的浅覆土层地段；②小曲线半径；③大坡度地段；④地下管线地段和地下障碍物地段；⑤建筑物地段；⑥平行盾构隧道净间距小于盾构直径 70% 的地段；⑦江河地段；⑧软硬不均地层地段和砂卵石地段。

3. [答案] ACDE

[解析] 竖井应设置防雨棚，竖井应设置挡水墙，竖井应设置安全护栏，且护栏高度不应小于 1.2m，竖井周边应架设安全警示装置。

4. [答案] ABCD

[解析] 减少围护结构的主动土压力是基坑坑外地基加固的主要目的。

三、案例分析题

1. (1) A 是冠梁，B 是围檩。

(2) 冠梁尺寸为 1.2m×1.2m，冠梁底标高为：52.690-1.2=51.490（m）。

2. SMW 工法桩的施工工序为：④→①→⑦→②→③→⑥→⑤。

3. 项目部遭到有关部门制止和罚款的原因是：项目部未经批准，私自占用绿化带，根据有关规定，任何个人和单位都不得擅自占用城市绿化用地；因建设或其他特殊需要临时占用城市绿化用地，须经城市人民政府城市绿化行政主管部门同意，并按照有关规定办理临时用地手续。

4. 应将井点管设置在坑内，因为围护结构（即隔水帷幕）底部已经进入承压水层中，此时需要在内部进行降水来减少坑底承受的压力。

2K313000

城市轨道交通工程

2K314000 城镇水处理场站工程

 学习提示

　　本章是市政工程基础内容，一共包括2节，第2节是针对城镇水处理场站工程施工技术的内容，考查频率高。在本章复习中，"现浇水池施工""沉井施工"均为考查分值较高的内容，应当重点学习，注意加强对不同水处理场站的结构区分、沉井施工工艺流程、满水试验等关键内容的学习，"水处理厂站结构特点"可以作为次重点，一般多考查选择题目。

考情分析

近四年考试真题分值统计表　　（单位：分）

节序	节名	2020 年			2019 年			2018 年			2017 年		
		单选	多选	案例	单选	多选	案例	单选	多选	案例	单选	多选	案例
2K314010	水处理场站工艺技术与结构特点	1	—	—	1	4	—	1	—	—	1	2	—
2K314020	水处理场站工程施工	—	—	5	1	2	—	1	2	8	1	—	8
合计		1	—	5	2	6	—	2	2	8	2	2	8

注：超纲考题的分值分布未计算在列。

2K314010 水处理场站工艺技术与结构特点

思维导图 ▶▶▶

考点精讲 ▶▶▶

考点 1 给水处理技术★

一、给水处理方法

（1）处理对象通常为天然淡水水源，主要有来自江河、湖泊与水库的地表水和地下水（井水）两大类。水中含有的杂质，分为无机物、有机物和微生物三种，也可按杂质的颗粒大小以及存在形态分为悬浮物质、胶体和溶解物质三种。给水处理方法见表 2K314010-1。

（2）处理目的是去除或降低原水中悬浮物质、胶体、有害细菌生物以及水中含有的其他有害杂质，使处理后的水质满足用户需求。基本原则是利用现有的各种技术、方法和手段，采用尽可能低的工程造价，将水中所含的杂质分离出去，使水质得到净化。

表 2K314010-1 给水处理方法

方法	具体内容
自然沉淀	用以去除水中粗大颗粒杂质
混凝沉淀	使用混凝药剂沉淀或澄清去除水中胶体和悬浮杂质等
过滤	使水通过细孔性滤料层，截流去除经沉淀或澄清后剩余的细微杂质；或不经过沉淀，原水直接加药、混凝、过滤去除水中胶体和悬浮杂质
消毒	去除水中病毒和细菌，保证饮水卫生和生产用水安全
软化	降低水中钙、镁离子含量，使硬水软化
除铁除锰	去除地下水中所含过量的铁和锰，使水质符合饮用水要求

二、给水处理的工艺流程及适用条件

给水处理工艺流程及适用条件见表 2K314010-2。

表 2K314010-2　给水处理工艺流程及适用条件

工艺流程	适用条件
原水→简单处理（如筛网滤过或消毒）	水质较好
原水→接触过滤→消毒	一般用于处理浊度和色度较低的湖泊水和水库水，进水悬浮物一般小于 100mg/L
原水→混凝沉淀或澄清→过滤→消毒	一般地表水处理厂广泛采用的常规处理流程，适用于浊度小于 3mg/L 的河流水
原水→调蓄预沉→混凝沉淀或澄清→过滤→消毒	适用于高浊度水，黄河中上游的中小型水厂和长江上游高浊废水处理多采用二级沉淀（澄清）工艺

三、预处理和深度处理

为了进一步发挥给水处理工艺的整体作用，提高对污染物的去除效果，改善和提高饮用水水质，除了常规处理工艺之外，还有预处理和深度处理工艺。

（1）按照对污染物的去除途径不同，预处理方法可分为氧化法和吸附法，其中氧化法又可分为化学氧化法和生物氧化法。化学氧化法预处理技术主要有氯气预氧化及高锰酸钾氧化、紫外光氧化、臭氧氧化等预处理；生物氧化预处理技术主要采用生物膜法，其形式主要是淹没式生物滤池，如进行 TOC 生物降解、氮去除、铁锰去除等。吸附预处理技术，如用粉末活性炭吸附、黏土吸附等。

（2）深度处理是指在常规处理工艺之后，再通过适当的处理方法，将常规处理工艺不能有效去除的污染物或消毒副产物的前身物（指能与消毒剂反应产生毒副产物的水中原有有机物，主要是腐殖酸类物质）去除，从而提高和保证饮用水质。目前，应用较广泛的深度处理技术主要有活性炭吸附法、臭氧氧化法、臭氧活性炭法、生物活性炭法、光催化氧化法、吹脱法等。

重点提示

掌握不同给水处理方法的处理对象，能够根据具体的水质条件选择处理工艺流程。

实战演练

[经典例题·单选] 当地表水的浊度小于 3mg/L 时，给水处理厂多采用的工艺流程是（　　）。

A. 原水→简单处理

B. 原水→接触过滤→消毒

C. 原水→混凝沉淀或澄清→过滤→消毒

D. 原水→调蓄预沉→自然预沉淀或混凝沉淀→混凝沉淀或澄清→过滤→消毒

[解析] 原水→混凝沉淀或澄清→过滤→消毒，一般地表水处理厂广泛采用的常规处理流程，适用于浊度小于 3mg/L 的河流水。

[答案] C

[2019真题·多选] 给水处理目的是去除或降低原水中的（　　）。

A. 悬浮物

B. 胶体

C. 有害细菌生物

D. 钙、镁离子含量

E. 溶解氧

［解析］给水处理目的是去除或降低原水中悬浮物质、胶体、有害细菌生物以及水中含有的其他有害杂质，使处理后的水质满足用户需求。

［答案］ABC

考点 2　污水处理技术★

一、处理方法与工艺

（1）处理目的是将输送来的污水通过必要的处理方法，使之达到国家规定的水质控制标准后回用或排放。从污水处理的角度，污染物可分为悬浮固体污染物、有机污染物、有毒物质、污染生物和污染营养物质。污水中有机物浓度一般用生物化学需氧量（BOD_5）、化学需氧量（COD）、总需氧量（TOD）和总有机碳（TOC）来表示。

（2）可根据水质类型分为物理处理法、生物处理法及化学处理法，还可根据处理程度分为一级处理、二级处理及三级处理等工艺流程。

1）物理处理常用方法：筛滤截留、重力分离、离心分离等，相应处理设备主要有格栅、沉砂池、沉淀池及离心机等。其中沉淀池同城镇给水处理中的沉淀池。

2）生物处理常用方法：活性污泥法、生物膜法等，还有稳定塘（氧化塘）及污水土地处理法。

3）化学处理法，用于城市污水处理混凝法类同于城市给水处理。

（3）污泥需处理才能防止二次污染，其处置方法常有浓缩、厌氧消化、脱水及热处理等。

二、工艺流程

（1）一级处理主要针对水中悬浮物质，常采用物理方法，经过一级处理后，污水悬浮物去除可达40%左右，附着于悬浮物的有机物也可去除30%左右。

（2）二级处理主要去除污水中呈胶体和溶解状态的有机污染物质。通常采用的方法是微生物处理法，具体方式有活性污泥法和生物膜法，如图2K314010-1所示。经过二级处理后，BOD_5去除率可达90%以。活性污泥处理系统，在当前污水处理领域，是应用最为广泛的处理技术之一，曝气池是其反应器。

（3）三级处理是在一级处理、二级处理之后，进一步处理难降解的有机物以及可导致水体富营养化的氮、磷等可溶性无机物等。三级处理常用于二级处理以后，以进一步改善水质和达到国家有关排放标准为目的。三级处理使用的方法有生物脱氮除磷、混凝沉淀（澄清、气浮）、过滤、活性炭吸附等。

（a）　　　　　　　　　　　　　　　　（b）

图 2K314010-1　污水二级处理方法

（a）曝气池；（b）生物膜；（c）氧化沟

三、再生水回用

（一）再生水（中水）

指污水经适当处理后，达到一定的水质指标、满足某种使用要求的水。

（二）污水再生回用

（1）农、林、渔业用水。

（2）城市杂用水包含城市绿化、冲厕、道路清扫、车辆冲洗、建筑施工、消防。

（3）工业用水。

（4）环境用水。

（5）补充水源水。

重点提示

（1）掌握不同处理方法的分类，熟悉不同等级处理工艺的处理对象。

（2）给水与污水处理的构筑物和设备在安装、试验、验收完成后，正式运行前必须进行全厂试运行。

实战演练

[2020 真题·单选] 下列污水处理构筑物中，主要利用物理作用去除污染物的是（　　）。

A. 曝气池　　　　　　　　　　　　B. 沉砂池

C. 氧化沟　　　　　　　　　　　　D. 脱氮除磷池

[解析] 物理处理方法是利用物理作用分离和去除污水中污染物质的方法。常用方法有筛滤截留、重力分离、离心分离等，相应处理设备主要有格栅、沉砂池、沉淀池及离心机等。

[答案] B

[经典例题·多选] 再生水回用可用于（　　）。

A. 含城市绿化、洗澡用水

B. 道路清扫

C. 饮用水

D. 建筑施工用水

E. 消防用水

[解析] 污水再生回用分为五类：①农、林、渔业用水；②城市杂用水包含城市绿化、冲厕、道路清扫、车辆冲洗、建筑施工、消防；③工业用水；④环境用水；⑤补充水源水。

[答案] BDE

考点 3　厂站构筑物组成、结构形式与特点 ★★

扫码听课

一、厂站构筑物组成

（1）给水处理构筑物包括配水井、药剂间、混凝沉淀池、澄清池（如图 2K314010-2）、过滤池、反应池（如图 2K314010-3）、吸滤池、清水池、二级泵站等。

图 2K314010-2　澄清池

图 2K314010-3　反应池

（2）污水处理构筑物包括进水闸井、进水泵房、格筛间、沉砂池、初沉淀池、二次沉淀池、曝气池（如图 2K314010-4）、氧化沟、生物塘、消化池（如图 2K314010-5）、沼气储罐等。

图 2K314010-4　曝气池

图 2K314010-5　卵形消化池

（3）工艺辅助构筑物指主体构筑物的走道平台、梯道、设备基础、导流墙（槽）、支架、盖板、栏杆等的细部结构工程，各类工艺井（如吸水井、泄空井、浮渣井）、管廊桥架、闸槽、水槽（廊）、堰口、穿孔、孔口等。

（4）辅助建筑物。

1）生产辅助性建筑物：各项机械设备的建筑厂房如鼓风机房、污泥脱水机房、发电机房、变配电设备房及化验室、控制室、仓库、砂料场等。

2）生活辅助性建筑物：综合办公楼、食堂、浴室、职工宿舍等。

（5）配套工程指为水处理厂生产及管理服务的配套工程，包括厂内道路、厂区给水排水、照明、绿化等工程。

（6）工艺管线指水处理构筑物之间、水处理构筑物与机房之间的各种连接管线，包括进水管、出水管、污水管、给水管、回用水管、污泥管、出水压力管、空气管、热力管、沼气管、投药管线等。

二、厂站构筑物结构形式与特点

（1）水处理（调蓄）构筑物和泵房多数采用地下或半地下钢筋混凝土结构。

（2）特点是构件断面较薄，配筋率较高，具有较高抗渗性和良好的整体性要求。

重点提示

（1）熟悉、区分给水处理和污水处理构筑物，通常以客观题形式考查。

（2）熟悉构筑物的形式及特点，主要从其功能、受力等要求的角度考查。

✐ 实战演练

[经典例题·单选] 下列厂站构筑物中，属于给水处理构筑物的是（　　）。

A. 初沉池　　　　　　B. 二次沉淀池　　　　C. 过滤池　　　　　　D. 曝气池

[解析] 给水处理构筑物包括配水井、药剂间、混凝沉淀池、澄清池、过滤池、反应池、吸滤池、清水池、二级泵站等。

[答案] C

[经典例题·单选] 关于厂站水处理构筑物的特点，说法错误的是（　　）。

A. 构件多采用薄板或薄壳型结构，断面薄，配筋率高

B. 较高抗渗性

C. 良好整体性

D. 高耐腐蚀性

[解析] 特点是构件断面较薄，配筋率较高，具有较高抗渗性和良好的整体性要求。

[答案] D

[2019 真题·多选] 水处理厂配套工程包括（　　）。

A. 厂区道路　　　B. 厂区内部环路　　　C. 厂内给排水　　　D. 厂内照明

E. 厂区绿化

[解析] 配套工程指为水处理厂生产及管理服务的配套工程，包括厂内道路、厂区给水排水、照明、绿化等工程。

[答案] ACDE

考点 4　试运行要求★

一、试运行目的与内容

（一）试运行目的

（1）对土建工程和设备安装进行全面、系统的质量检查和鉴定，以作为工程质量验收的依据。

（2）通过试运行发现土建工程和设备安装工程存在的缺陷，以便及早处理，避免事故发生。

（3）通过试运行考核主辅机械协联动作的正确性，掌握设备的技术性能，制定运行必要的技术数据和操作规程。

（4）结合运行进行一些现场测试，以便进行技术经济分析，满足设备运行安全、低耗、高效的要求。

（5）通过试运行确认水厂土建和安装工程质量符合规程、规范要求，以便进行全面的验收和移交工作。

（二）主要内容与程序

1. 主要内容

（1）检验、试验和监视运行，设备首次启动，以试验为主，通过试验掌握运行性能。

（2）按规定全面详细记录试验情况，整理成技术资料。

（3）正确评估试运行资料、质量检查和鉴定资料等，并建立档案。

2. 基本程序

（1）单机试车。

（2）设备机组充水试验。

（3）设备机组空载试运行。

（4）设备机组负荷试运行。

（5）设备机组自动开停机试运行。

二、试运行要求

（一）准备工作

（1）所有单项工程验收合格，并进行现场清理。

（2）设备部分、电器部分检查。

（3）辅助设备检查与单机试车。

（4）编写试运行方案并获准。

（5）成立试运行组织，责任清晰明确。

（6）参加试运行人员培训考试合格。

（二）单机试车要求

（1）单机试车，一般空车试运行不少于 2h。

（2）各执行机构运作调试完毕，动作反应正确。

（3）自动控制系统的信号元件及元件动作正常。

（4）监测并记录单机运行数据。

（三）联机运行要求

（1）按工艺流程各构筑物逐个通水联机试运行正常。

（2）全厂联机试运行、协联运行正常。

（3）先采用手工操作，处理构筑物和设备全部运转正常后，方可转入自动控制运行。

（4）全厂联机运行应不少于 24h。

（5）监测并记录各构筑物运行情况和运行数据。

（四）设备及泵站空载运行

（1）处理设备及泵房机组首次启动。

（2）处理设备及泵房机组运行 4~6h 后，停机试验。

（3）机组自动开、停机试验。

（五）设备及泵站负荷运行

（1）用手动或自动启动负荷运行。

（2）检查、监视各构筑物负荷运行状况。

（3）不通水情况下，运行 6~8h，一切正常后停机。

（4）停机前应抄表一次。

（5）检查各台设备是否出现过热、过流、噪声等异常现象。

（六）连续试运行

（1）处理设备及泵房单机组累计运行达 72h。

（2）连续试运行期间，开机、停机不少于 3 次。

（3）处理设备及泵房机组联合试运行时间，一般不少于 6h。

（4）水处理和泥处理工艺系统试运行满足工艺要求。

（5）填写设备负荷联动（系统）试运行记录表。

（6）整理分析试运行技术经济资料。

重点提示

> 水处理场站试运行要求属于低频考点，熟悉几个重要的时间要求即可。

实战演练

[经典例题·单选] 给水与污水处理厂试运转联机运行要求，全厂联机运行应不少于（　　）。

A. 48h　　　　　　B. 12h　　　　　　C. 24h　　　　　　D. 5h

[解析] 给水与污水处理厂试运转联机运行要求，全厂联机运行应不少于 24h。

[答案] C

2K314020　水处理场站工程施工

思维导图▶▶▶

考点精讲▶▶▶

考点 1　预应力混凝土水池施工技术★★★

一、现浇水池施工方案与流程

（一）施工方案

施工方案包括结构形式、材料与配合比、施工工艺及流程、模板及其支架设计、钢筋加工安装、混凝土施工、预应力施工等主要内容。

（二）整体式现浇池体结构施工流程

整体式现浇池体结构施工流程：测量定位→土方开挖及地基处理→垫层施工→防水层施工→底板浇筑→池壁及顶板支撑柱浇筑→顶板浇筑→功能性试验。整体式现浇池体施工如图 2K314020-1 所示。

图 2K314020-1　整体式现浇池体施工

（三）单元组合式现浇钢筋混凝土水池工艺流程

单元组合式现浇钢筋混凝土水池工艺流程：

土方开挖及地基处理→中心支柱浇筑→池底防渗层施工→浇筑池底混凝土垫层→池内防水层施工→池壁分块浇筑→底板分块浇筑→底板嵌缝→池壁防水层施工→功能性试验。单元组合式现浇池体施工示意图如图 2K314020-2 所示。

（a）　　　　　　　　　　　　（b）

图 2K314020-2　单元组合式现浇池体施工示意图

（a）：1、2、3—单元组合混凝土结构；4—钢筋；5—池壁内缝填充处理；

6、7、8—池底板内缝填充处理；9—水池壁单元立缝；10—水池底板水平缝；11、12—工艺管线

（b）：1、2—块（单元）；3—后浇带；4—钢筋（缝带处不切断）；5—端面凹形槽

（a）圆形水池单元组合结构；（b）矩形水池单元组合结构

二、现浇水池施工技术要点

（一）模板、支架施工

（1）模板及其支架应满足浇筑混凝土时的承载能力、刚度和稳定性要求，且应安装牢固。

（2）各部位的模板安装位置正确、拼缝紧密不漏浆；对拉螺栓、垫块等安装稳固；模板上的预埋件、预留孔洞不得遗漏，且安装牢固；在安装池壁的最下一层模板时，应在适当位置预留清扫杂物用的窗口。在浇筑混凝土前，应将模板内部清扫干净，经检验合格后，再将窗口封闭。

（3）采用穿墙螺栓来平衡混凝土浇筑对模板侧压力时，应选用两端能拆卸的螺栓或在拆模板时可拔出的螺栓。

（4）池壁与顶板连续施工时，池壁内模立柱不得同时作为顶板模板立柱。池壁模板可先安装一侧，绑完钢筋后，分层安装另一侧模板，或采用一次安装到顶而分层预留操作窗口的施工方法。

（二）止水带安装

止水带安装如图 2K314020-3 所示。

（1）塑料或橡胶止水带接头应采用热接，不得采用叠接。

（2）金属止水带接头应采用折叠咬接或搭接（必须采用双面焊接）；搭接长度不得小于 20mm。

（3）金属止水带在伸缩缝中的部分应涂刷防锈和防腐涂料。

（4）不得在止水带上穿孔或用铁钉固定就位。

图 2K314020-3　止水带安装

三、无粘结预应力施工

（一）无粘结预应力筋技术要求

（1）预应力筋外包层材料，应采用聚乙烯或聚丙烯，严禁使用聚氯乙烯。无粘结预应力筋剖面示意图如图 2K314020-4 所示。

图 2K314020-4　无粘结预应力筋剖面示意图

（2）预应力筋涂料层应采用专用防腐油脂。

（3）必须采用Ⅰ类锚具。

（二）无粘结预应力筋布置安装

（1）锚固肋数量和布置，应符合设计要求；设计无要求时，应保证张拉段无粘结预应力筋长不超过 50m，且锚固肋数量为双数。

（2）安装时，上下相邻两无粘结预应力筋锚固位置应错开一个锚固肋。

（3）应在浇筑混凝土前安装、放置无粘结预应力钢筋。

（4）无粘结预应力筋不应有死弯，有死弯时必须切断。

（5）无粘结预应力筋中严禁有接头。

（三）无粘结预应力筋张拉

张拉段无粘结预应力筋长度小于 25m 时，宜采用一端张拉；张拉段无粘结预应力筋长度大于 25m 而小于 50m 时，宜采用两端张拉；张拉段无粘结预应力筋长度大于 50m 时，宜采用分段张拉和锚固。

（四）封锚要求

（1）凸出式锚固端锚具的保护层厚度不应小于 50mm。

（2）外露预应力筋的保护层厚度不应小于 50mm。

（3）封锚混凝土强度等级不得低于相应结构混凝土强度等级，且不得低于 C40。

【注意】普通预应力筋结构张拉强度不应低于 75%，封锚混凝土强度不得低于 C30。

四、混凝土施工

（1）对于结构混凝土外观质量、内在质量有较高的要求，设计上有抗冻、抗渗、抗裂要求。对此，混凝土施工必须从原材料、配合比、混凝土供应、浇筑、养护各环节加以控制，以确保实现设计的使用功能。

（2）混凝土浇筑后应加遮盖洒水养护，保持湿润不少于 14d。洒水养护至达到规范规定的强度。

五、模板及支架拆除

采用整体模板时，侧模板应在混凝土强度能保证其表面及棱角不因拆除模板而受损坏时，方可拆除；底模板应在与结构同条件养护的混凝土试块达到表 2K314020-1 规定强度，方可拆除。

表 2K314020-1　底模板混凝土试块强度规定

序号	构件类型	构件跨度 L/m	达到混凝土设计抗压强度的百分率/%
1	板	≤2	≥50
		2<L≤8	≥75
		>8	≥100
2	梁、拱、壳	≤8	≥75
		>8	≥100
3	悬臂构件	—	≥100

重点提示

（1）掌握整体式现浇钢筋混凝土池体结构施工的流程，熟悉单元组合式现浇钢筋混凝土水池工艺流程。对于工序的考查在客观题中往往设问哪些工序属于或不属于本施工流程，而主观题中则多是工序缺项补充。

（2）一建对于现浇水池施工考查频率较高，二建应引起足够重视，重点掌握其施工流程及重点工序（模板、支架施工、止水带安装）的技术标准要求。

实战演练

［经典例题·单选］塑料或橡胶止水带接头应采用（　　）。

A. 粘接　　　　　　B. 叠接　　　　　　C. 热接　　　　　　D. 咬接

［解析］塑料或橡胶止水带接头应采用热接，不得采用叠接。

［答案］C

［经典例题·单选］预应力筋外包层材料，严禁使用（　　）。

A. 聚氯乙烯　　　　　　　　　　B. 聚乙烯

C. 聚丙烯　　　　　　　　　　D. HDPE

［解析］预应力筋外包层材料，应采用聚乙烯或聚丙烯，严禁使用聚氯乙烯。

［答案］A

［经典例题·单选］一般来说，2m 的板整体预制，当强度达到设计强度的（　　）就可以拆底膜。

A. 50%　　　　　　B. 75%　　　　　　C. 80%　　　　　　D. 100%

［解析］2m 的板应在与结构同条件养护的混凝土试块达到设计强度的 50% 时，方可拆除。

［答案］A

［经典例题·多选］现浇水池施工方案包括（　　）。

A. 结构形式、材料与配合比　　　　　B. 施工工艺及流程

C. 技术措施　　　　　　　　　　D. 钢筋加工安装

E. 文明施工措施

［解析］施工方案包括结构形式、材料与配合比、施工工艺及流程、模板及其支架设计、钢筋加工安装、混凝土施工、预应力施工等主要内容。

［答案］ABD

考点 2　装配式水池吊装方案及施工技术

一、构件吊装方案

吊装前编制的吊装方案主要包括以下内容：

（1）工程概况。

（2）主要技术措施。

（3）吊装进度计划。

（4）质量安全保证措施。

（5）环保、文明施工等保证措施。

二、预制构件安装

（1）安装前应经复验合格；有裂缝的构件，应进行鉴定。构件应标注中心线。壁板两侧面宜凿毛，冲洗干净，界面处理满足安装要求。

（2）曲梁宜采用三点吊装，交角不应小于45°；当小于45°时，应进行强度验算。安装就位后，应采取临时固定措施。曲梁应在梁的跨中临时支撑，待上部二期混凝土达到设计强度的75%及以上时，方可拆除支撑。

三、现浇壁板缝混凝土

（1）壁板接缝的内模宜一次安装到顶，外模应分段随浇随支。分段支模高度不宜超过1.5m。

（2）接缝的混凝土强度应符合设计规定，设计无要求时，应比壁板混凝土强度提高一级。

（3）浇筑时间选在壁板间缝宽较大时进行；混凝土分层浇筑厚度不宜超过250mm。

（4）用于接头或拼缝的混凝土或砂浆，宜采取微膨胀和快速水泥。

考点 3　沉井施工技术★★

预制、沉井施工技术是市政公用工程常用的施工方法，适用于含水、软土地层条件下半地下或地下泵房等构筑物施工。沉井施工示意图如图2K314020-5所示。

图 2K314020-5　沉井施工示意图

一、沉井准备工作

（一）基坑准备

（1）沉井施工影响附近建（构）筑物、管线或河岸设施时，应采取控制措施，并应进行沉降和位移监测，测点应设在不受施工干扰和方便测量的地方。

（2）地下水位应控制在沉井基坑底以下 0.5m，基坑内的水应及时排除；采用沉井筑岛法制作时，岛面高程应比施工期最高水位高出 0.5m 以上。沉井施工程序示意图如图 2K314020-6 所示。

图 2K314020-6　沉井施工程序示意图

（a）基坑开挖，铺砂垫层和承垫木；（b）沉井制作；（c）抽取承垫木；

（d）挖土下沉；（e）封底回填，灌注其他部分结构

（二）地基与垫层施工

（1）制作沉井的地基应具有足够的承载力，地基承载力不能满足沉井制作阶段的荷载时，应按设计进行地基加固。

（2）刃脚的垫层采用砂垫层上铺垫木或素混凝土，且应满足下列要求：

1）垫层的结构厚度和宽度应根据土体地基承载力、沉井下沉结构高度和结构形式，经计算确定；素混凝土垫层的厚度还应便于沉井下沉前凿除。

2）砂垫层分布在刃脚中心线的两侧范围，应考虑方便抽除垫木；砂垫层宜采用中粗砂，并应分层铺设、分层夯实。

【注意】刃脚在沉井井筒的下部，形状为内刃环刀，其作用是使井筒下沉时减少井壁下端切土的阻力并便于操作人员挖掘靠近沉井刃脚外壁的土体。刃脚的高度视土质的坚硬程度而异，当土质松软时应适当加高；为防止脚踏面受到损坏，可用角钢加固；当采用爆破法清除刃脚下的障碍物时，要在刃脚的外缘用钢板包住，以达到加固的目的。刃脚加固构造如图 2K314020-7 所示。

图 2K314020-7　刃脚加固构造

3）垫木铺设应使刃脚底面在同一水平面上，并符合设计起沉高程的要求；平面布置要均匀对称，每根垫木的长度中心应与刃脚底面中心线重合，定位垫木的布置应使沉井有对称的着力点。刃脚垫木设置如图 2K314020-8 所示。

图 2K314020-8　刃脚垫木设置

二、沉井预制

（一）结构的钢筋、模板、混凝土工程施工

混凝土应对称、均匀、水平连续分层浇筑，并应防止沉井偏斜。

（二）分节制作沉井

分节制作沉井如图 2K314020-9 所示。

图 2K314020-9　分节制作沉井

（1）每节制作高度应符合施工方案要求，且第一节制作高度必须高于刃脚部分；井内设有底梁或支撑梁时应与刃脚部分整体浇捣。

（2）设计无要求时，混凝土强度应达到设计强度等级 75% 后，方可拆除模板或浇筑后一节混凝土。

（3）混凝土施工缝处理应采用凹凸缝或设置钢板止水带，施工缝应凿毛并清理干净；内外模板采用对拉螺栓固定时，其对拉螺栓的中间应设置防渗止水片；钢筋密集部位和预留孔底部应辅以人工振捣，保证结构密实。

（4）沉井每次接高时各部位的轴线位置应一致、重合，及时做好沉降和位移监测；必要时应对刃脚地基承载力进行验算，并采取相应措施确保地基及结构的稳定。

（5）分节制作、分次下沉的沉井，前次下沉后进行后续接高施工：

1）应验算接高后稳定系数等，并应及时检查沉井的沉降变化情况，严禁在接高施工过程中沉井发生倾斜和突然下沉。

2）后续各节的模板不应支撑于地面上，模板底部应距地面不小于 1m，搭设外排脚手架应与模板脱开。

三、下沉施工

（一）排水下沉

（1）应采取措施，确保下沉和降低地下水过程中不危及周围建（构）筑物、道路或地下管线，并保证下沉过程和终沉时的坑底稳定。

（2）下沉过程中应进行连续排水，保证沉井范围内地层水被疏干。

（3）挖土应分层、均匀、对称进行；对于有底梁或支撑梁沉井，其相邻格仓高差不宜超过0.5m；开挖顺序应根据地质条件、下沉阶段、下沉情况综合运用和灵活掌握，严禁超挖。

（二）不排水下沉

（1）沉井内水位应符合施工设计控制水位；下沉有困难时，应根据内外水位、井底开挖几何形状、下沉量及速率、地表沉降等监测资料综合分析调整井内外的水位差。

（2）机械设备的配备应满足沉井下沉以及水中开挖、出土等要求，运行正常；废弃土方、泥浆应专门处置，不得随意排放。

（三）沉井下沉控制

（1）下沉应平稳、均衡、缓慢，发生偏斜应通过调整开挖顺序和方式"随挖随纠、动中纠偏"。

（2）应按施工方案规定的顺序和方式开挖。

（3）沉井下沉影响范围内的地面四周不得堆放任何东西，车辆来往要减少震动。

（4）沉井下沉监控测量：

1）下沉时标高、轴线位移每班至少测量一次，每次下沉稳定后应进行高差和中心位移量的计算。

2）终沉时，每小时测一次，严格控制超沉，沉井封底前自沉速率应小于10mm/8h。

3）如发生异常情况应加密量测。

4）大型沉井应进行结构变形和裂缝观测。

（四）辅助法下沉

（1）沉井外壁采用阶梯形以减少下沉摩擦阻力时，在井外壁与土体之间应有专人随时用黄砂均匀灌入，四周灌入黄砂的高差不应超过500mm。

（2）采用触变泥浆套助沉时，应采用自流渗入、管路强制压注补给等方法；触变泥浆的性能应满足施工要求，泥浆补给应及时，以保证泥浆液面高度；施工中应采取措施防止泥浆套损坏失效，下沉到位后应进行泥浆置换。

（3）采用空气幕助沉时，管路和喷气孔、压气设备及系统装置的设置应满足施工要求；开气应自上而下，停气应缓慢减压，压气与挖土应交替作业；确保施工安全。

（4）沉井采用爆破方法开挖下沉时，应符合国家有关爆破安全的规定。

四、沉井封底

（一）干封底

干封底如图2K314020-10所示。

图 2K314020-10　干封底

（1）在井点降水条件下施工的沉井应继续降水，并稳定保持地下水位距坑底不小于 0.5m。

（2）采用全断面封底时，混凝土垫层应一次性连续浇筑；有底梁或支撑梁分格封底时，应对称逐格浇筑。

（3）封底前应设置泄水井，底板混凝土强度达到设计强度等级且满足抗浮要求时，方可封填泄水井、停止降水。

（二）水下封底

水下封底如图 2K314020-11 所示。

图 2K314020-11　水下封底

（1）浇筑前，每根导管应有足够的混凝土量，浇筑时能一次将导管底埋住。

（2）水下混凝土封底的浇筑顺序，应从低处开始，逐渐向周围扩大；井内有隔墙、底梁或混凝土供应量受到限制时，应分仓对称浇筑。

（3）每根导管的混凝土应连续浇筑，且导管埋入混凝土的深度不宜小于 1.0m；各导管间混凝土浇筑面的平均上升速度不应小于 0.25m/h；相邻导管间混凝土上升速度宜相近，最终浇筑成的混凝土面应略高于设计高程。

（4）水下封底混凝土强度达到设计强度等级，沉井能满足抗浮要求时，方可将井内水抽除，并凿除表面松散混凝土进行钢筋混凝土底板施工。

重点提示

沉井施工工艺除了在水池中涉及，还在城轨交通、管道施工的工作井中有所应用，掌握其基本的工艺流程，熟悉具体的技术标准要求。

实战演练

[经典例题·单选] 沉井封底前自沉速率应小于（　　）。

A. 10mm/8h　　　　　B. 15mm/8h　　　　　C. 20mm/8h　　　　　D. 25mm/8h

[解析] 终沉时，每小时测一次，严格控制超沉，沉井封底前自沉速率应小于10mm/8h。

[答案] A

[2019真题·多选] 沉井施工辅助下沉措施包括（　　）。

A. 触变泥浆套助沉
B. 加载助沉
C. 空气幕助沉
D. 机械挤压助沉
E. 振动助沉

[解析] 辅助法下沉包括：沉井外壁采用阶梯形并灌入黄砂、触变泥浆套助沉、空气幕助沉、爆破方法辅助下沉。

[答案] AC

[2018真题·多选] 关于沉井刃脚垫木的说法，正确的有（　　）。

A. 应使刃脚底面在同一水平面上，并符合设计起沉高程要求
B. 平面布置要均匀对称
C. 每根垫木的长度中心应与刃脚底面中心线重合
D. 定位垫木的布置应使沉井有对称的着力点
E. 抽除垫木应按顺序依次进行

[解析] 刃脚的垫层采用砂垫层上铺垫木或素混凝土，且应满足下列要求：①垫层的结构厚度和宽度应根据土体地基承载力、沉井下沉结构高度和结构形式，经计算确定；素混凝土垫层的厚度还应便于沉井下沉前凿除。②砂垫层分布在刃脚中心线的两侧范围，应考虑方便抽除垫木；砂垫层宜采用中粗砂，并应分层铺设、分层夯实。③垫木铺设应使刃脚底面在同一水平面上，并符合设计起沉高程的要求；平面布置要均匀对称，每根垫木的长度中心应与刃脚底面中心线重合，定位垫木的布置应使沉井有对称的着力点。④采用素混凝土垫层时，其强度等级应符合设计要求，表面平整。

[答案] ABCD

[经典例题·多选] 关于沉井干封底的要求，正确的有（　　）。

A. 在沉井封底前应用大石块将刃脚下垫实
B. 封底前应整理好坑底和清除浮泥，对超挖部分应回填石灰土至规定高程
C. 钢筋混凝土底板施工前，井内应无渗漏水
D. 封底前应设置泄水井
E. 底板混凝土强度达到设计强度等级且满足抗浮要求时，方可封填泄水井、停止降水

[解析] 选项B，封底前应整理好坑底和清除浮泥，对超挖部分应回填砂石至规定高程。

[答案] ACDE

考点 **4** 水池施工中的抗浮措施★

当地下水位较高或雨、汛期施工时，水池等给水排水构筑物施工过程中需要采取措施防止水池浮动。

一、当构筑物有抗浮结构设计时

（1）当地下水位高于基坑底面时，水池基坑施工前必须采取人工降水措施，把水位降至基坑底下不少于500mm。

（2）在水池底板混凝土浇筑完成并达到规定强度时，应及时施作抗浮结构。

二、当构筑物无抗浮结构设计时，水池施工应采取抗浮措施

（一）下列水池（构筑物）工程施工应采取降排水措施

（1）受地表水、地下动水压力作用影响的地下结构工程。

（2）采用排水法下沉和封底的沉井工程。

（3）基坑底部存在承压含水层，且经验算基底开挖面至承压含水层顶板之间的土体重力不足以平衡承压水水头压力，需要减压降水的工程。

（二）施工过程降、排水要求

（1）选择可靠的降低地下水位方法，严格进行降水施工。

（2）基坑受承压水影响时，应进行承压水降压计算，对承压水降压的影响进行评估。

（3）降、排水应输送至抽水影响半径范围以外的河道或排水管道，并防止环境水源进入施工基坑。

（4）在施工过程中不得间断降、排水，并应对降、排水系统进行检查和维护；构筑物未具备抗浮条件时，严禁停止降、排水。

三、当构筑物无抗浮结构设计时，雨、汛期施工过程必须采取抗浮措施

（1）雨期施工时，施工中常采用的抗浮措施如下：

1）基坑四周设防汛墙，防止外来水进入基坑；建立防汛组织，强化防汛工作。

2）构筑物下及基坑内四周埋设排水盲管（盲沟）和抽水设备，一旦发生基坑内积水随即排除。

（2）当构筑物的自重小于其承受的浮力时，会导致构筑物浮起；应考虑因地制宜措施：引入地下水和地表水等外来水进入构筑物，使构筑物内、外无水位差，以减小其浮力，使构筑物结构免于破坏。

【重点提示】

本考点考频较低，熟悉其抗浮措施即可。

 实战演练

[经典例题·多选] 当构筑物无抗浮结构设计时，雨、汛期水池施工中的抗浮措施有（　　　）。

A. 构筑物下及基坑内四周埋设排水盲管（盲沟）和抽水设备

B. 基坑四周设防汛墙，防止外来水进入基坑

C. 必要时放水进入构筑物，使构筑物内外无水位差

D. 增加池体钢筋所占比例

E. 备有应急供电和排水设施并保证其可靠性

[解析] 本题考查无抗浮结构设计时，雨、汛期水池的抗浮措施，雨、汛期特点为水量大且集中，容易短时积累产生对水池的影响。选项 A、B、C 为必须项，而选项 E 为辅助要求。

[答案] ABCE

考点 5　满水试验★★

扫码听课

一、满水试验必备条件与准备工作

（一）满水试验前必备条件

（1）池体的混凝土或砖、石砌体的砂浆已达到设计强度要求。

（2）现浇钢筋混凝土池体的防水层、防腐层施工之前；装配式预应力混凝土池体施加预应力且锚固端封锚以后，保护层喷涂之前；砖砌池体防水层施工以后，石砌池体勾缝以后。

（3）设计预留孔洞、预埋管口及进出水口等已做临时封堵。

（4）池体抗浮稳定性满足设计要求。

（5）试验用的充水、充气和排水系统已准备就绪。

（6）各项保证试验安全的措施已满足要求。

（二）满水试验准备工作

（1）选定好洁净、充足的水源；注水和放水系统设施及安全措施准备完毕。

（2）有盖池体顶部的通气孔、人孔盖已安装完毕，必要的防护设施和照明等标志已配备齐全。

（3）安装水位观测标尺、标定水位测针。

（4）准备现场测定蒸发量的设备，将水箱固定在水池中。

（5）对池体有观测沉降要求时，应选定观测点，并测量记录池体各观测点初始高程。

二、水池满水试验与流程

满水试验是给水排水构筑物的主要功能性试验之一，如图 2K314020-12 所示。

图 2K314020-12　水池满水试验

（一）试验流程

试验准备→水池注水→水池内水位观测→蒸发量测定→整理试验结论。

（二）试验要求

1. 池内注水

（1）向池内注水宜分 3 次进行，每次注水为设计水深的 1/3。对大、中型池体，可先注水至池壁底部施工缝以上，检查底板抗渗质量，当无明显渗漏时，再继续注水至第一次注水深度。

（2）注水时水位上升速度不宜超过 2m/d。相邻两次注水的间隔时间不应小于 24h。

（3）每次注水宜测读 24h 的水位下降值，计算渗水量。

2. 水位观测

（1）利用水位标尺测针观测、记录注水时的水位值。

（2）注水至设计水深 24h 后，开始测读水位测针的初读数。

（3）测读水位的初读数与末读数之间的间隔时间应不少于 24h。

（4）测定时间必须连续。

3. 蒸发量测定

（1）池体有盖时可不测，蒸发量忽略不计。

（2）池体无盖时，需作蒸发量测定。

（3）每次测定水池中水位时，同时测定水箱中水位。

（三）满水试验标准

（1）水池渗水量计算，按池壁（不含内隔墙）和池底的浸湿面积计算。

（2）渗水量合格标准。钢筋混凝土结构水池不得超过 2L/（m² · d）；砌体结构水池不得超过 3L/（m² · d）。

重点提示

（1）熟悉满水试验的必备条件和准备工作，多以客观题的形式考查，考频较低。

（2）重点掌握满水试验的流程，掌握主要工序的技术标准要求，能够判断渗水量是否达标，涉及较多数字的考核。

实战演练

[经典例题·单选] 关于满水试验前必备条件的说法，错误的是（　　）。

A. 池体的混凝土或砖、石砌体的砂浆已达到设计强度要求

B. 现浇钢筋混凝土池体的防水层、防腐层施工之前做满水试验

C. 装配式预应力混凝土池体施加预应力且锚固端封锚以后，保护层喷涂之前做满水试验

D. 选定好洁净、充足的水源

[解析] 满水试验前必备条件如下：①池体的混凝土或砖、石砌体的砂浆已达到设计强度要求。②现浇钢筋混凝土池体的防水层、防腐层施工之前；装配式预应力混凝土池体施加预应力且锚固端封锚以后，保护层喷涂之前；砖砌池体防水层施工以后，石砌池体勾缝以后。③设计预留孔洞、预埋管口及进出水口等已做临时封堵。④池体抗浮稳定性满足设计要求。⑤试验用的充水、充气和排水系统已准备就绪。⑥各项保证试验安全的措施已满足要求。

[答案] D

[经典例题·单选] 某水池高度 15m，设计水深 13m，进行满水试验时，把第三次水注满至少需要（　　）。

A. 4.5d　　　　　　B. 6d　　　　　　C. 6.5d　　　　　　D. 8.5d

[解析] 13m 分 3 次，每次 13/3m，每天上升速度不能超过 2m/d，每次注水间隔至少24h，因此注满水时间至少需要 13/2＋2＝8.5（d）。

[名师点拨] 在满水试验时间计算这个考点中，依据问题不同，答案会产生差异。如果单纯提问注满水的时间，比如本题的问法，则按照快速计算的公式 H/2＋2 可以快速应对。另外一种问法叫做完成注水，这里还需要再加上一天结构的吸水时间，因此取（H/2＋2）＋1，就完成了注水工作。而如果是提问做完满水试验的时间，则取（H/2＋2）＋2。因而做题之前一定要读清楚题干的意图，如果这种问题进入案例考查计算过程，答题中注意将注水的要求先用文字描述清楚再列公式，千万不要只写一个结果在答题卡上。

[答案] D

[经典例题·多选] 关于满水试验的说法，正确的有（　　）。

A. 向池内注水分 3 次进行，每次注入为设计水深的 1/3

B. 池体无盖时，需作蒸发量测定

C. 注水水位上升速度不宜超过 2m/d

D. 渗水量不得超过 3L/ (m² · d)

E. 相邻两次充水的间隔时间，应不少于 12h

[解析] 向池内注水宜分 3 次进行，每次注水为设计水深的 1/3。对大、中型池体，可先注水至池壁底部施工缝以上，检查底板抗渗质量，当无明显渗漏时，再继续注水至第一次注水深度。注水时水位上升速度不宜超过 2m/d。渗水量合格标准：钢筋混凝土结构水池不得超过 2L/ (m² · d)；砌体结构水池不得超过 3L/ (m² · d)。相邻两次注水的间隔时间不应小于 24h。

[答案] ABC

同步强化训练

一、单项选择题（每题的备选项中，只有 1 个最符合题意）

1. 地下水中铁、锰含量超过生活饮用水卫生标准时，要采用（　　）去除铁、锰。

   A. 投加混凝剂   B. 增设预沉池或沉淀池

   C. 加氯接触消毒   D. 淹没式生物滤池

2. 关于污水处理厂试运行的规定，错误的是（　　）。

   A. 参加试运行人员须经培训考试合格   B. 单机试车后再进行设备机组试运行

   C. 全厂联机运行时间为 12h   D. 试运行之前，所有单项工程验收合格

3. 污水处理构筑物不包括（　　）。

   A. 沉砂池   B. 澄清池   C. 氧化沟   D. 消化池

4. 单元组合式现浇钢筋混凝土水池工艺流程中，不含（　　）工序。

   A. 土方开挖及地基处理   B. 中心支柱浇筑

   C. 底板分块浇筑   D. 顶板浇筑

5. 水池施工中，橡胶止水带的接头方法是（　　）。

   A. 热接   B. 搭接   C. 粘接   D. 叠接

6. 沉井下沉监控量测做法，错误的是（　　）。

   A. 下沉时高程、轴线位移每班至少测量一次

   B. 终沉时，每班测一次，严格控制超沉

   C. 沉井封底前自沉速率应小于 10mm/8h

   D. 大型沉井应进行结构变形和裂缝观测

7. 辅助法沉井时，沉井外壁可采用阶梯形以减少下沉摩擦阻力时，在井外壁与土体之间应灌入（　　）。

   A. 细砂   B. 中砂   C. 黄砂   D. 黏土

二、多项选择题（每题的备选项中，有 2 个或 2 个以上符合题意，至少有 1 个错项）

1. 污水处理工艺中，关于一级、二级处理正确的说法有（　　）。

   A. 一级处理主要采用物理处理法

   B. 一级处理后的污水 BOD_5 一般可去除 40% 左右

   C. 二级处理主要去除污水中呈胶体和溶解状态的有机污染物质

   D. 二级处理通常采用微生物处理法

E. 二次沉淀池是一级处理的主要构筑物之一

2. 关于现浇预应力钢筋混凝土水池的模板及支架拆除的说法，正确的有（　　）。

　　A. 应按模板支架设计方案、程序进行拆除

　　B. 板、梁、拱、壳跨度≤8m，底模板应在结构强度≥75%设计强度后拆除

　　C. 板、梁、拱、壳跨度>8m，底模板应在结构强度≥100%设计强度后拆除

　　D. 应在混凝土强度能保证其表面及棱角不因拆除模板而损坏时，拆除侧模板

　　E. 模板及支架拆除时，应划定安全范围，设专人指挥和值守

3. 关于现浇预应力钢筋混凝土水池的无粘结预应力筋布置安装要求，正确的有（　　）。

　　A. 锚固肋数量和布置，应符合设计要求

　　B. 设计无要求时，锚固肋数量宜为单数

　　C. 设计无要求时，应保证张拉段无粘结预应力筋长不超过60m

　　D. 无粘结预应力筋中不宜有接头

　　E. 无粘结预应力筋不应有死弯，有死弯时必须切断

4. 下列沉井干封底做法正确的有（　　）。

　　A. 在井点降水条件下施工应继续降水，并稳定保持地下水位距坑底不小于0.5m

　　B. 封底前应整理好坑底和清除浮泥，对超挖部分应回填砂石至规定高程

　　C. 采用全断面封底时，混凝土垫层应一次性连续浇筑

　　D. 因有底梁或支撑梁而分格封底时，应对称逐格浇筑混凝土

　　E. 底板混凝土强度达到设计强度的75%时，方可封填泄水井、停止降水

5. 设计蓄水深6m的圆形现浇预应力混凝土无盖水池进行满水试验，正确的做法有（　　）。

　　A. 分3次向水池中注水，每次水位上升2m/d

　　B. 每次注水间隔时间应不少于24h

　　C. 水池渗水量过大时应停止注水，进行处理

　　D. 本水池可不测定蒸发量

　　E. 满水试验应在池体的防水层、防腐层施工之前进行

6. 水池满水试验渗水量计算时，浸湿面积包括（　　）。

　　A. 池盖　　　　　　B. 池壁　　　　　　C. 内隔墙　　　　　　D. 池底

　　E. 水箱

参考答案及解析

一、单项选择题

1. [答案] D

[解析] 生物氧化预处理技术主要采用生物膜法，其形式主要是淹没式生物滤池，如进行TOC生物降解、氮去除、铁、锰去除等。

2. [答案] C

[解析] 全厂联机运行应不少于24h。

3. [答案] B

[解析] 污水处理构筑物包括进水闸井、进水泵房、格筛间、沉砂池、初次沉淀池、二次沉淀池、曝气池、氧化沟、生物塘、消化池、沼气储罐等。澄清池属于给水处理构筑物。

4. [答案] D

[解析] 整体式现浇钢筋混凝土池体结构施工流程：测量定位→土方开挖及地基处理→垫层施工→防水层施工→底板浇筑→

池壁及顶板支撑柱浇筑→顶板浇筑→功能性试验。单元组合式现浇钢筋混凝土水池工艺流程：土方开挖及地基处理→中心支柱浇筑→池底防渗层施工→浇筑池底混凝土垫层→池内防水层施工→池壁分块浇筑→底板分块浇筑→底板嵌缝→池壁防水层施工→功能性试验。

5. [答案] A

[解析] 塑料或橡胶止水带接头应采用热接，不得采用叠接；接缝应平整牢固，不得有裂口、脱胶现象。

6. [答案] B

[解析] 沉井下沉监控测量：①下沉时高程、轴线位移每班至少测量一次，每次下沉稳定后应进行高差和中心位移量的计算；②终沉时，每小时测一次，严格控制超沉，沉井封底前自沉速率应小于10mm/8h；③如发生异常情况应加密量测；④大型沉井应进行结构变形和裂缝观测。

7. [答案] C

[解析] 沉井外壁采用阶梯形以减少下沉摩擦阻力时，在井外壁与土体之间应有专人随时用黄砂均匀灌入，四周灌入黄砂的高差不应超过500mm。

二、多项选择题

1. [答案] ACD

[解析] 一级处理主要针对水中悬浮物质，常采用物理的方法，经过一级处理后，污水悬浮物去除可达40%左右，附着于悬浮物的有机物也可去除30%左右。二级处理主要去除污水中呈胶体和溶解状态的有机污染物质。通常采用的方法是微生物处理法，具体方式有活性污泥法和生物膜法。经过二级处理后，BOD_5去除率可达90%以上，二沉池出水能达标排放。

2. [答案] ACDE

[解析] 选项B，≤2m的板整体预制，当强度达到设计强度的50%就可以拆除底

模板。

3. [答案] AE

[解析] 无粘结预应力筋布置安装：①锚固肋数量和布置，应符合设计要求；设计无要求时，应保证张拉段无粘结预应力筋长不超过50m，且锚固肋数量为双数。②安装时，上下相邻两无粘结预应力筋锚固位置应错开一个锚固肋；以锚固肋数量的一半为无粘结预应力筋分段（张拉段）数量；每段无粘结预应力筋的计算长度应考虑加入一个锚固肋宽度及两端张拉工作长度和锚具长度。③应在浇筑混凝土前安装、放置；浇筑混凝土时，严禁踏压、撞碰无粘结预应力筋、支撑架以及端部预埋件。④无粘结预应力筋不应有死弯，有死弯时必须切断。⑤无粘结预应力筋中严禁有接头。

4. [答案] ABCD

[解析] 选项E，封底前应设置泄水井，底板混凝土强度达到设计强度等级且满足抗浮要求时，方可封填泄水井、停止降水。

5. [答案] ABCE

[解析] 现浇钢筋混凝土水池应在池体的防水层、防腐层施工之前进行水池满水试验。向池内注水分3次进行，每次注水为设计水深的1/3，水位上升速度不宜超过2m/d，相邻两次充水的间隔时间应不少于24h。每次注水后宜测读24h的水位下降值。在充水过程中和注水以后，应对池体外观、沉降量进行检查，渗水量或沉降量过大时应停止注水，待做出妥善处理后方可继续注水。有盖水池的满水试验，对蒸发量可忽略不计。无盖水池的满水试验时应测定蒸发量。

6. [答案] BD

[解析] 满水试验水池渗水量计算，按池壁（不含内隔墙）和池底的浸湿面积计算。

2K315000　城市管道工程

📖 学习提示

　　本章是市政工程基础内容，一共包括 3 节，都是针对施工技术的内容，考查频率高，常以案例题形式进行考查。在本章复习中，与管道施工相关内容均为考查分值较高的内容，应当重点学习，注意梳理清楚管路布设施工工艺流程，加强如"开槽施工""供热管网焊接""燃气管道安装"等内容的学习。而"管道维护""管道试运行"可以作为次重点，一般多考查选择题目。

📖 考情分析

近四年考试真题分值统计表

（单位：分）

节序	节名	2020 年			2019 年			2018 年			2017 年		
		单选	多选	案例	单选	多选	案例	单选	多选	案例	单选	多选	案例
2K315010	城市给水排水管道工程施工	2	2	4	2	—	19	1	2	4	1	—	5
2K315020	城镇供热管网工程施工	2	2	—	1	2	14	2	—	—	3	2	—
2K315030	城镇燃气管道工程施工	—	—	—	2	—	—	1	2	—	1	—	—
	合计	4	4	4	5	2	33	4	4	4	5	2	5

注：超纲考题的分值分布未计算在列。

2K315010 城市给水排水管道工程施工

思维导图 ▶▶▶

考点精讲 ▶▶▶

考点 1 沟槽施工方案★

一、主要内容

（1）开槽管道施工现场如图 2K315010-1 所示。

图 2K315010-1 开槽管道施工现场

（2）沟槽形式、开挖方法及堆土要求。

（3）无支护沟槽的边坡要求；有支护沟槽的支撑形式、结构、支拆方法及安全措施。

（4）施工设备机具的型号、数量及作业要求。

（5）不良土质地段沟槽开挖时采取的护坡和防止沟槽坍塌的安全技术措施。

（6）施工安全、文明施工、沿线管线及构（建）筑物保护要求等。

二、确定沟槽底部开挖宽度

（1）沟槽底部的开挖宽度应符合设计要求。

（2）当设计无要求时，可按经验公式计算确定：

$$B = D_0 + 2 \times (b_1 + b_2 + b_3)$$

式中，B——管道沟槽底部的开挖宽度（mm）；D_0——管外径（mm）；b_1——管道一侧的工作面宽度（mm），见表 2K315010-1；b_2——有支撑要求时，管道一侧的支撑厚度可取 $150 \sim 200$mm；b_3——现场浇筑混凝土或钢筋混凝土管渠一侧模板厚度（mm）。

表 2K315010-1　管道一侧的工作面宽度

管道的外径 D_0/mm	管道一侧的工作面宽度 b_1/mm		
	混凝土类管道		金属类管道、化学建材管道
$D_0 \leqslant 500$	刚性接口	400	300
	柔性接口	300	
$500 < D_0 \leqslant 1000$	刚性接口	500	400
	柔性接口	400	
$1000 < D_0 \leqslant 1500$	刚性接口	600	500
	柔性接口	500	
$1500 < D_0 \leqslant 3000$	刚性接口	$800 \sim 1000$	700
	柔性接口	600	

注：①槽底需设排水沟时，b_1 应适当增加；②管道有现场施工的外防水层时，b_1 宜取 800mm；③采用机械回填管道侧面时，b_1 需满足机械作业的宽度要求。

三、确定沟槽边坡

当地质条件良好、土质均匀、地下水位低于沟槽底面高程，且开挖深度在 5m 以内、沟槽不设支撑时，沟槽开挖及其断面示意图如图 2K315010-2、2K315010-3 所示。沟槽边坡最陡坡度应符合表 2K315010-2 的规定。

图 2K315010-2　沟槽开挖　　　　　图 2K315010-3　沟槽开挖断面示意图

表 2K315010-2　深度在 5m 以内的沟槽边坡最陡坡度

土的类别	边坡坡度（高：宽）		
	坡顶无荷载	坡顶有静载	坡顶有动载
中密的砂土	1：1.00	1：1.25	1：1.50

续表

土的类别	边坡坡度（高：宽）		
	坡顶无荷载	坡顶有静载	坡顶有动载
中密的碎石类土（充填物为砂土）	1：0.75	1：1.00	1：1.25
硬塑的粉土	1：0.67	1：0.75	1：1.00
中密的碎石类土（充填物为黏性土）	1：0.50	1：0.67	1：0.75
硬塑的粉质黏土、黏土	1：0.33	1：0.50	1：0.67
老黄土	1：0.10	1：0.25	1：0.33
软土（经井点降水后）	1：1.25		

重点提示

熟悉沟槽施工方案的具体内容，能够根据表格提供的坡度计算沟槽边坡高度、宽度，根据不同土质类别、荷载情况比较其坡度设置大小。

实战演练

[2016真题·案例节选]
背景资料：

某公司承建城市道路改扩建工程，工程内容包括：①在原有道路两侧各增设隔离带、非机动车道及人行道。②在北侧非机动车道下新增一条长800m直径为DN500的雨水主管道，雨水口连接支管直径为DN300，管材均采用HDPE双壁波纹管，胶圈柔性接口；主管道两端接入现状检查井，管底埋深为4m，雨水口连接管位于道路基层内……

问题：

3. 写出确定主管道沟槽底开挖宽度及两侧槽壁放坡坡度的依据。

[答案]

3. （1）确定主管道沟槽底开挖宽度的依据有：①沟槽底部的开挖宽度应符合设计要求；②当设计无要求时，可按经验公式计算确定：$B = D_0 + 2 \times (b_1 + b_2 + b_3)$。

（2）两侧槽壁放坡坡度的依据有：土的类别、基坑开挖深度、坡顶荷载情况、支撑情况等。

考点 2　沟槽开挖与支护★★★

扫码听课

一、分层开挖及深度

（1）人工开挖沟槽的槽深超过3m时应分层开挖，每层的深度不超过2m。

（2）人工开挖多层沟槽的层间留台宽度：放坡开槽时不应小于0.8m，直槽时不应小于0.5m。

二、沟槽开挖规定

（1）槽底原状地基土不得扰动，机械开挖时槽底预留200～300mm土层，由人工开挖至设计高程，整平。

（2）槽底不得受水浸泡或受冻，槽底局部扰动或受水浸泡时，宜采用天然级配砂砾石或石灰土回填；槽底扰动土层为湿陷性黄土时，应按设计要求进行地基处理。

（3）槽底土层为杂填土、腐蚀性土时，应全部挖除并按设计要求进行地基处理。

（4）在沟槽边坡稳固后设置供施工人员上下沟槽的安全梯。

三、支撑与支护

在软土或其他不稳定土层中采用横排撑板支撑时（如图 2K315010-4），开始支撑的沟槽开挖深度不得超过 1.0m；开挖与支撑交替进行，每次交替的深度宜为 0.4～0.8m。

图 2K315010-4　横排撑板支撑

重点提示

重点掌握沟槽开挖的基本规定，与道路路堑施工原理类似，一建已多次考查，常以案例题的形式呈现。

实战演练

[经典例题·单选] 在软土或不稳定土层中采用横排撑板支撑，开始支撑的沟槽开挖深度不得超过（　　）。

　A. 0.4m　　　　　　B. 0.6m　　　　　　C. 0.8m　　　　　　D. 1.0m

[解析] 在软土或其他不稳定土层中采用横排撑板支撑时，开始支撑的沟槽开挖深度不得超过 1.0m；开挖与支撑交替进行，每次交替的深度宜为 0.4～0.8m。

[答案] D

[经典例题·单选] 机械开挖沟槽应预留一定厚度土层，再由人工开挖至槽底设计高程，其厚度为（　　）。

　A. 50～100mm　　　　　　　　　　　B. 100～150mm

　C. 150～200mm　　　　　　　　　　D. 200～300mm

[解析] 槽底原状地基土不得扰动，机械开挖时槽底预留 200～300mm 土层，由人工开挖至设计高程。

[名师点拨] 开挖工作通常要求以机械开挖为主，人工为辅，无论是开挖基坑还是开挖沟槽底部都应该预留有人工开挖厚度。这里需要注意在后文管道工程中，供热管道比较特殊，规范规定供热管道槽底预留清底厚度为 15cm，其余管道与基坑保持一致。

[答案] D

考点 3 地基处理与安管技术★★

一、地基处理

(1) 管道地基应符合设计要求，管道天然地基的强度不能满足设计要求时应按设计要求加固。

(2) 槽底局部超挖或发生扰动时，超挖深度不超过150mm时，可用挖槽原土回填夯实，其压实度不应低于原地基土的密实度；槽底地基土壤含水量较大，不适于压实时，应采取换填等有效措施。

(3) 排水不良造成地基土扰动时，扰动深度在100mm以内，宜填天然级配砂石或砂砾处理；扰动深度在300mm以内，但下部坚硬时，宜填卵石或块石，并用砾石填充空隙找平表面。

(4) 设计要求换填时，应按要求清槽，并经检查合格；回填材料应符合设计要求或有关规定。

(5) 柔性管道地基处理宜采用砂桩、搅拌桩等复合地基。

二、安管

(1) 管节及管件下沟前准备工作。管节、管件下沟前，必须对管节外观质量进行检查，排除缺陷，以保证接口安装的密封性。

(2) 采用法兰和胶圈接口时，安装应按照施工方案严格控制上、下游管道接装长度、中心位移偏差及管节接缝宽度和深度。

(3) 采用焊接接口时，两端管的环向焊缝处齐平，错口的允许偏差应为0.2倍壁厚，内壁错边量不宜超过管壁厚度的10%，且不得大于2mm。

(4) 采用电熔连接、热熔连接接口时，应选择在当日温度较低或接近最低时进行；电熔连接、热熔连接时电热设备的温度控制、时间控制，挤出焊接时对焊接设备的操作等，必须严格按接头的技术指标和设备的操作程序进行；接头处应有沿管节圆周平滑对称的内、外翻边；接头检验合格后，内翻边宜铲平。

(5) 金属管道应按设计要求进行内外防腐施工和施作阴极保护工程。

重点提示

沟槽开挖要严格控制标高，尽量利用原状土，减少超挖，对于超挖情况根据具体深度能够选择合理的处理方式，适合案例题的考查，重点掌握。

实战演练

[经典例题·单选] 采用焊接接口时，两端管的环向焊缝处齐平，内壁错边量不宜超过管壁厚度的10%，且不得大于（　　）。

A. 0.1mm   B. 1mm   C. 2mm   D. 10mm

[解析] 采用焊接接口时，两端管的环向焊缝处齐平，错口的允许偏差应为0.2倍壁厚，内壁错边量不宜超过管壁厚度的10%，且不得大于2mm。

[答案] C

考点 4 不开槽管道施工方法★★

扫码听课

一、不开槽管道施工方法

不开槽管道施工方法通常也称为暗挖施工方法，主要包括顶管法（如图 2K315010-5）、盾构法（如图 2K315010-6）、浅埋暗挖法（如图 2K315010-7）、地表式水平定向钻法（如图 2K315010-8）、夯管法（如图 2K315010-9）等施工方法。

图 2K315010-5　顶管法

图 2K315010-6　盾构法

图 2K315010-7　浅埋暗挖法

图 2K315010-8　地表式水平定向钻法

图 2K315010-9　夯管法

2K315000

城市管道工程

二、不开槽法施工方法比选

（一）施工方法与设备分类

施工方法与设备分类如图 2K315010-10 所示。

图 2K315010-10　施工方法与设备分类

（二）不开槽法施工方法比较

不开槽法施工方法与适用条件见表 2K315010-3。

表 2K315010-3　不开槽法施工方法与适用条件

施工工法	密闭式顶管	盾构	浅埋暗挖	定向钻	夯管
工法优点	施工精度高	施工速度快	适用性强	施工速度快	施工速度快、成本较低
工法缺点	施工成本高	施工成本高	施工速度慢、施工成本高	控制精度低	控制精度低
适用范围	给水排水管道、综合管道	给水排水管道、综合管道	给水排水管道、综合管道	柔性管道	钢管
适用管径/mm	300~4000	3000 以上	1000 以上	300~1000	200~1800
施工精度	小于±50mm	不可控	不超过 30mm	小于 0.5 管道内径	不可控
施工距离	较长	长	较长	较短	短
适用地质条件	各种土层	各种土层	各种土层	砂卵石及含水地层不适用	含水地层不适用、砂卵石地层困难

三、设备施工安全有关规定

（一）施工设备、装置应符合的规定

（1）施工设备、主要配套设备和辅助系统安装完成后，应经试运行及安全性检验，合格后方可掘进作业。

（2）操作人员应经过培训，考试合格方可上岗。

（3）管（隧）道内涉及的水平运输设备、注浆系统、喷浆系统以及其他辅助系统应满足施工技术要求和安全、文明施工要求。

（4）施工供电应设置双路电源，并能自动切换；动力、照明应分路供电，作业面移动照明应采用低压供电。

（5）采用顶管、盾构、浅埋暗挖法施工的管道工程，应根据管（隧）道长度、施工方法和设备条件等确定管（隧）道内通风系统模式；设备供排风能力、管（隧）道内人员作业环境等还应满足国家有关标准规定。

（6）采用起重设备或垂直运输系统：

1）起重设备必须经过起重荷载计算。

2）使用前应按有关规定进行检查验收，合格后方可使用。

3）起重作业前应试吊，吊离地面100mm左右时，应检查重物捆扎情况和制动性能，确认安全后方可起吊；起吊时工作井内严禁站人，当吊运重物下井距作业面底部小于500mm时，操作人员方可近前工作。

4）严禁超负荷使用。

（7）所有设备、装置在使用中应按规定定期检查、维修和保养。

（二）监控测量

施工中应根据设计要求、工程特点及有关规定，对管（隧）道沿线影响范围内的地表或地下管线等建（构）筑物设置观测点，进行监控测量。监控测量的信息应及时反馈，以指导施工，发现问题及时处理。

重点提示

（1）熟悉常用不开槽管道施工方法及其工艺流程。

（2）不开槽施工工艺比较表格考查的频率较高，要求能够根据具体地层情况、不同工法的优缺点、适用范围等条件比选适用工法，重点记忆工法的突出适用特点。

（3）掌握设备施工安全有关规定的具体要求，涉及内容往往是通用的，理解记忆，各专业大同小异。

实战演练

[2020真题·多选] 选择不开槽管道施工方法应考虑的因素有（　　）。

A. 施工成本　　　　　　B. 施工精度

C. 测量方法　　　　　　D. 地质条件

E. 适用管径

[解析] 不开槽管道施工方法与适用条件见表2K315010-3，由表可知，不开槽管道施工方法应考虑的因素有施工精度、施工成本、适用管径、地质条件、施工距离等。

[答案] ABDE

[经典例题·案例节选]

背景资料：

（略）

问题：

1. 起重设备安装完成后，在正式起吊之前应做好哪些准备工作？

[答案]

1. 起重设备在正式起吊之前应进行的准备工作有：①安全性检验，合格后方可使用；②操作人员应经过岗前培训，考试合格持证上岗；③起重作业前应试吊；④严禁超负荷使用；⑤工作井上、下作业时必须有联络信号。

考点 5　砌筑施工★

给水排水工程中砌体结构的构筑物，主要是沟道（管渠）、工艺井、闸井和检查井等。

一、基本要求

（一）材料

（1）用于砌筑结构的机制烧结砖应边角整齐、表面平整、尺寸准确；强度等级符合设计要求，一般不低于 MU10；其外观质量应符合《烧结普通砖》一等品的要求。

（2）用于砌筑结构的石材强度等级应符合设计要求，设计无要求时不得小于 30MPa。石料应质地坚实均匀，无风化剥层和裂纹。

（3）用于砌筑结构的混凝土砌块应符合设计要求和相关标准规定。

（4）砌筑砂浆应采用水泥砂浆，其强度等级应符合设计要求，且不应低于 M10；水泥应符合《砌体结构工程施工质量验收规范》的规定。

（二）一般规定

（1）砌筑前应检查地基或基础，确认其中线高程、基坑（槽）应符合规定，地基承载力符合设计要求，并按规定验收。

（2）砌筑前砌块（砖、石）应充分湿润；砌筑砂浆配合比符合设计要求；砌筑应采用满铺满挤法。砌体应上下错缝、内外搭砌、丁顺规则有序。

（3）砌体的沉降缝、变形缝、止水缝应位置准确、砌体平整、砌体垂直贯通、缝板、止水带安装正确，沉降缝、变形缝应与基础的沉降缝、变形缝贯通。

（4）砌筑结构管渠宜按变形缝分段施工，砌筑施工需间断时，应预留阶梯形斜槎。

（5）砌筑后的砌体应及时进行养护，并不得遭受冲刷、振动或撞击。

二、砌筑施工要点

（一）变形缝施工

（1）变形缝内应清除干净，两侧应涂刷冷底子油一道。

（2）灌注沥青等填料应待灌注底板缝的沥青冷却后，再灌注墙缝，并应连续灌满灌实。

（二）砖砌拱圈

砖砌拱圈如图 2K315010-11 所示。

（1）砌筑前，拱胎应充分湿润，冲洗干净，并均匀涂刷隔离剂。

（2）砌筑应自两侧向拱中心对称进行，灰缝匀称，拱中心位置正确，灰缝砂浆饱满严密。

（3）应采用退槎法砌筑，每块砌块退半块留槎，拱圈应在 24h 内封顶，两侧拱圈之间应满铺砂浆，拱顶上不得堆置器材。

图 2K315010-11　砖砌拱圈

（三）反拱砌筑

反拱砌筑如图 2K315010-12 所示。

（1）砌筑前，应按设计要求的弧度制作反拱的样板，沿设计轴线每隔 10m 设一块。

（2）反拱砌筑完成后，应待砂浆强度达到设计抗压强度的 25％时，方可踩压。

（3）反拱表面应光滑平顺，高程允许偏差应为±10mm。

（4）当砂浆强度达到设计抗压强度标准值的 25％时，方可在无振动条件下拆除拱胎。

图 2K315010-12　反拱砌筑

（四）圆井砌筑

圆井砌筑施工如图 2K315010-13 所示。

（1）排水管道检查井内的流槽，宜与井壁同时进行砌筑。

（2）砌块应垂直砌筑；收口砌筑时，应按设计要求的位置设置钢筋混凝土梁；圆井采用砌块逐层砌筑收口时，四面收口的每层收进不应大于 30mm，偏心收口的每层收进不应大于 50mm。

（3）砌块砌筑时，铺浆应饱满，灰浆与砌块四周粘结紧密、不得漏浆，上下砌块应错缝砌筑。

（4）砌筑时应同时安装踏步，踏步安装后在砌筑砂浆未达到规定抗压强度等级前不得踩踏。

（5）内外井壁应采用水泥砂浆勾缝；有抹面要求时，抹面应分层压实。

图 2K315010-13　圆井砌筑施工

重点提示

沟道的砌筑施工目前应用越来越少，熟悉其基本要求即可，近几年考查的概率较小。

实战演练

[2016真题·单选] 下列砌筑要求中，不属于圆井砌筑施工要点的是（　　）。

A. 砌筑时应同时安装踏步

B. 根据样板挂线，先砌中心的一列砖，并找准高程后接砌两侧

C. 井内的流槽宜与井壁同时砌筑

D. 用砌块逐层砌筑收口时，偏心收口的每层收进不应大于50mm

[解析] 选项B说的是"反拱砌筑"，而非"圆井砌筑"。

[答案] B

考点 6　压力管道的水压试验★

给水排水管道功能性试验分为压力管道的水压试验和无压管道的严密性试验。给水排水管道如图 2K315010-14 所示。

（a）　　　　　　　　　　　　　　（b）

图 2K315010-14　给水排水管道

（a）压力管道（给水管道）；（b）无压管道（排水管道）

一、水压试验基本规定

（1）压力管道分为预试验和主试验阶段；试验合格的判定依据分为允许压力降值和允许渗水量值，按设计要求确定。设计无要求时，应根据工程实际情况，选用其中一项值或同时采用两项值作为试验合格的最终判定依据。

（2）压力管道水压试验进行实际渗水量测定时，宜采用注水法进行。

（3）管道采用两种（或两种以上）管材时，宜按不同管材分别进行试验；不具备分别试验的条件必须组合试验，且设计无具体要求时，应采用不同管材的管段中试验控制最严的标准进行试验。

（4）大口径球墨铸铁管、玻璃钢管、预应力钢筒混凝土管或预应力混凝土管等管道的单口水压试验合格，且设计无要求时，压力管道可免去预试验阶段，而直接进行主试验阶段。

（5）管道的试验长度：除设计有要求外，压力管道水压试验的管段长度不宜大于1.0km。

二、管道试验方案与准备工作

（一）试验方案

试验方案主要内容包括：后背及堵板的设计；进水管路、排气孔及排水孔的设计；加压设备、压力计的选择及安装的设计；排水疏导措施；升压分级的划分及观测制度的规定；试验管段的稳定措施和安全措施。管道试验如图 2K315010-15 所示。

图 2K315010-15 管道试验

（二）压力管道试验准备工作

（1）试验管段所有敞口应封闭，不得有渗漏水现象。

（2）试验管段不得用闸阀作堵板，不得含有消火栓、水锤消除器、安全阀等附件。

（3）水压试验前应清除管道内的杂物。

（4）应做好水源引接、排水等疏导方案。

（三）管道内注水与浸泡

（1）应从下游缓慢注入，注入时在试验管段上游的管顶及管段中的高点应设置排气阀，将管道内的气体排除。

（2）试验管段注满水后，宜在不大于工作压力条件下充分浸泡后再进行水压试验，浸泡时间规定：

1）球墨铸铁管、钢管、化学建材管不少于 24h。

2）内径大于 1000mm 的现浇钢筋混凝土管渠、预自应力混凝土管、预应力钢筒混凝土管不少于 72h。

3）内径小于 1000mm 的现浇钢筋混凝土管渠、预自应力混凝土管、预应力钢筒混凝土管不少于 48h。

三、试验过程与合格判定

（一）预试验阶段

将管道内水压缓缓地升至规定的试验压力并稳压 30min，期间如有压力下降可注水补压；检查管道接口、配件等处有无漏水、损坏现象；有漏水、损坏现象时应及时停止试压，查明原因并采取相应措施后重新试压。

（二）主试验阶段

停止注水补压，稳定 15min，15min 后压力下降不超过所允许压力下降数值时，将试验压力降至工作压力并保持恒压 30min，进行外观检查若无漏水现象，则水压试验合格。

重点提示

压力管道往往指的是给水管道，熟悉其基本试验流程及基本规定，多以客观题形式考查，常以无压管道严密性试验内容作为干扰。

📝 实战演练

考点 7　无压管道的严密性试验★

一、严密性试验基本规定

（1）污水、雨污水合流管道及湿陷土、膨胀土、流沙地区的雨水管道，必须经严密性试验合格后方可投入运行。

（2）管道的严密性试验分为闭水试验和闭气试验，应按设计要求确定；设计无要求时，应根据实际情况选择闭水或闭气试验。

（3）大口径球墨铸铁管、玻璃钢管、预应力钢筒混凝土管或预应力混凝土管等管道的单口水压试验合格，且设计无要求时，无压管道应认同为严密性试验合格，不再进行闭水或闭气试验。

（4）管道的试验长度：

1）无压力管道的闭水试验，试验管段应按井距分隔，抽样选取，带井试验；若条件允许可一次试验不超过 5 个连续井段。

2）当管道内径大于 700mm 时，可按管道井段数量抽样选取 1/3 进行试验；试验不合格时，抽样井段数量应在原抽样基础上加倍进行试验。

二、管道试验方案与准备工作

（1）试验方案（同水压试验）。

（2）无压管道闭水试验准备工作。

1）管道及检查井外观质量已验收合格。

2）管道未回填土且沟槽内无积水。

3）全部预留孔应封堵，不得渗水。

4）应做好水源引接、排水疏导等方案。

（3）无压管道闭气试验适用条件。

1）混凝土类的无压管道在回填土前进行的严密性试验。

2）地下水位应低于管外底 150mm，环境温度为 −15～50℃。

3）下雨时不得进行闭气试验。

（4）管道内注水与浸泡：试验管道注满水后浸泡的时间不应少于 24h。

三、试验过程与合格判定

（一）闭水试验

闭水试验如图 2K315010-16 所示。

图 2K315010-16　闭水试验

（1）试验水头的确定方法：

1）试验段上游设计水头不超过管顶内壁时，试验水头应以试验段上游管顶内壁加 2m 计。

2）试验段上游设计水头超过管顶内壁时，试验水头应以试验段上游设计水头加 2m 计。

3）计算出的试验水头小于 10m，但已超过上游检查井井口时，试验水头应以上游检查井井口高度为准。

（2）渗水量的观测时间不得小于 30min，渗水量不超过允许值试验合格。

（二）闭气检验

闭气检验如图 2K315010-17 所示。

图 2K315010-17　闭气检验

（1）将进行闭气检验的排水管道两端用管堵密封，然后向管道内填充空气至一定的压力，在规定闭气时间测定管道内气体的压降值。

（2）管道内气体压力达到 2000Pa 时开始计时，满足该管径的标准闭气时间规定时，计时结束，记录此时管内实测气体压力 P，如 $P \geqslant 1500Pa$ 则管道闭气试验合格，反之为不合格。

【重点提示】

　　无压管道通常指排水管道，依靠坡度排水，常设置辅助的排水措施，主要分为闭水试验和闭气试验，以闭水试验为主，其严密性要求较有压管道低，掌握基本试验流程及要求即可。

实战演练

[经典例题·单选] 下列管道功能性试验的说法，正确的是（　　）。

A. 压力管道严密性试验分为闭水试验和闭气试验

B. 无压管道水压试验分为预试验和主试验阶段

C. 向管道注水应从下游缓慢注入

D. 下雨时可以进行闭气试验

[解析] 给水排水管道功能性试验分为压力管道的水压试验和无压管道的严密性试验，选项 A、B 错误。下雨时不得进行闭气试验，选项 D 错误。

[答案] C

[经典例题·单选] 给水排水管道功能性试验时，下列试验段的划分错误的是（   ）。

A. 无压力管道的闭水试验管段应按井距分隔，抽样选取，带井试验

B. 当管道采用两种（或两种以上）管材时，不必按管材分别进行水压试验

C. 无压力管道的闭水试验若条件允许可一次试验不超过 5 个连续井段

D. 无压力管道内径大于 700mm 时，可按井段数量抽样选取 1/3 进行闭水试验

[解析] 选项 B，管道采用两种（或两种以上）管材时，宜按不同管材分别进行试验；不具备分别试验的条件必须组合试验，且设计无具体要求时，应采用不同管材的管段中试验控制最严的标准进行试验。

[答案] B

考点 **8** 城市管道维护、修复与更新★

一、城市管道维护

（一）城市管道巡视检查

（1）检查方法：人工检查法、自动监测法、分区检测法、区域泄露普查系统法等。

（2）检测手段：探测雷达、声呐、红外线检查、闭路监视系统等方法及仪器设备。

（二）管道维护安全防护

（1）养护人员必须接受安全技术培训，考核合格后方可上岗。

（2）作业人员必要时可戴上防毒面具、防水表、防护靴、防护手套、安全帽等，穿上系有绳子的防护腰带，配备无线通信工具和安全灯等。

（3）针对管网维护可能产生的气体危害和病菌感染等危险源，在评估基础上，采取有效的安全防护措施和预防措施，作业区和地面设专人值守，确保人身安全。

二、管道修复与更新

（一）局部修补

（1）局部修补是在基本完好的管道上纠正缺陷和降低管道的渗漏量的作业。当管道的结构完好，仅有局部缺陷（裂隙或接头损坏）时，可考虑使用局部修补。

（2）局部修补要求解决的问题包括：

1）提供附加的结构性能，以有助于受损管能承受结构荷载。

2）提供防渗的功能。

3）能代替遗失的管段等。

（3）局部修补主要用于管道内部的结构性破坏以及裂纹等的修复。目前，进行局部修补的方法很多，主要有密封法、补丁法、铰接管法、局部软衬法、灌浆法、机器人法等。

（二）全断面修复

1. 内衬法

传统的内衬法（如图 2K315010-18）也称为插管法。该法适用于管径 60～2500mm、管线

长度600m以内的各类管道的修复（改进后可适用于管径75～1200mm，长度1000m以内修复）。化学建材管材主要有醋酸—丁酸纤维素（CAB）、聚氯乙烯（PVC）、PE管等。此法施工简单、速度快、可适应大曲率半径的弯管，但存在管道断面受损失较大、环形间隙要求灌浆、一般只用于圆形断面管道等缺点。

（a）　　　　　　　　　　　　　　　　（b）

图 2K315010-18　内衬法示意图

（a）短管内衬法修复技术；（b）翻转法（CIPP）修复技术

2. 缠绕法

缠绕法（如图2K315010-19）是借助螺旋缠绕机，将PVC或PE等塑料制成的、带连锁边的加筋条带缠绕在旧管内壁上形成一条连续的管状内衬层。通常，衬管与旧管直径的环形间隙需灌浆。此法适用于管径为50～2500mm，管线长度为300m以内的各种圆形断面管道的结构性或非结构性的修复，尤其是污水管道。其优点是可以长距离施工，施工速度快，适应大曲率半径的弯管和管径的变化，可利用现有检查井，但管道的过流断面会有损失，对施工人员的技术要求较高。

螺旋制管法修复技术

图 2K315010-19　缠绕法

3. 喷涂法

喷涂法（如图2K315010-20）主要用于管道的防腐处理，也可用于在旧管内形成结构性内衬。施工时，将水泥浆或环氧树脂均匀地喷涂在旧管道内壁上。此法适用于管径为75～4500mm、管线长度在150m以内的各种管道的修复。其优点是不存在支管的连接问题，过流断面损失小，可适应管径、断面形状及弯曲度的变化，但树脂固化需要一定的时间，管道严重变形时施工难以进行，对施工人员的技术要求较高。

图 2K315010-20　喷涂法

（三）管道更新

常用的管道更新是指以待更新的旧管道为导向，在将其破碎的同时，将新管拉入或顶入的管道更新技术。这种方法可用相同或稍大直径的新管更换旧管。

1. 破管外挤

破管外挤也称爆管法或胀管法（如图 2K315010-21），是使用爆管工具将旧管破碎，并将其碎片挤到周围的土层，同时将新管或套管拉入，完成管道的更换。爆管法的优点是破除旧管和完成新管一次完成，施工速度快，对地表的干扰少；可以利用原有检查井。其缺点是不适合弯管的更换；在旧管线埋深较浅或在不可压密的地层中会引起地面隆起；可能引起相邻管线的损坏；分支管的连接需开挖进行。按照爆管工具的不同，又可将爆管分为气动爆管、液动爆管、切割爆管三种。旧管道碎屑在不同土层中的分布情况如图 2K315010-22 所示。

图 2K315010-21　爆管法施工工艺

图 2K315010-22　旧管道碎屑在不同土层中的分布情况

（1）气动或液动爆管法一般适用于管径小于 1200mm、由脆性材料制成的管，如陶土管、混凝土管、铸铁管等，新管可以是聚乙烯（PE）管、聚丙烯（PP）管、陶土管和玻璃钢管等。新管的直径可以与旧管的直径相同或更大，视地层条件的不同，最大可比旧管大 50%。

（2）切割爆管法主要用于更新钢管。这种爆管工具由爆管头和扩张器组成，爆管头上有若干盘片，由它在旧管内划痕，随后扩张器上的刀片将旧管切开，同时将切开后的旧管撑开，以便将新管拉入。切割爆管法适用于管径 50～150mm、长度在 150m 以内的钢管，新管多用 PE 管。

2. 破管顶进

（1）如果管道处于较坚硬的土层，旧管破碎后外挤存在困难，可使用破管顶进法。该法是使用经改进的微型隧道施工设备或其他的水平钻机，以旧管为导向，将旧管连同周围的土层一起切削破碎，形成直径相同或更大直径的孔，同时将新管顶入，完成管线的更新，破碎后的旧管碎片和土由螺旋钻杆排出。

（2）破管顶进法主要用于直径 100～900mm、长度在 200m 以内、埋深较大（一般大于4m）的陶土管、混凝土管或钢筋混凝土管，新管为球墨铸铁管、玻璃钢管、混凝土管或陶土管。该法的优点是对地表和土层无干扰；可在复杂的土层中施工，尤其是含水层；能够更换管线的走向和坡度已偏离的管道；基本不受地质条件限制。其缺点是需开挖两个工作井，地表需有足够大的工作空间。

重点提示

(1) 城市管道维护属于低频考点，熟悉管道维护安全防护规定即可。

(2) 重点掌握管道修复与更新，注意区分不同方法的适用范围与限制特点。

实战演练

[2019 真题·单选] 下列方法中，用于排水管道更新的是（　　　）。

A. 缠绕法　　　　　　B. 内衬法　　　　　　C. 爆管法　　　　　　D. 喷涂法

[解析] 缠绕法、内衬法和喷涂法属于管道修复，爆管法和破管顶进属于管道更新。

[答案] C

[经典例题·案例节选]

背景资料：

（略）

问题：

管道作业人员进行埋地管线维护作业时，应佩戴哪些装备？

[答案]

作业人员必要时可戴上防毒面具、防水表、防护靴、防护手套、安全帽等，穿上系有绳子的防护腰带，配备无线通信工具和安全灯等。

2K315020　城镇供热管网工程施工

思维导图 ▶▶▶

考点 精讲 ▶▶▶

考点 1 供热管道的分类★

供热管道如图 2K315020-1 所示。

图 2K315020-1 供热管道

一、按热媒种类分类

(1) 蒸汽热网：分为高压、中压、低压蒸汽热网。

(2) 热水热网。

1) 高温热水热网：$t>100℃$。

2) 低温热水热网：$t≤100℃$。

二、按所处地位分类

(1) 一级管网（一次热网）：从热源至换热站的供热管道系统。

(2) 二级管网（二次热网）：从换热站至热用户的供热管道系统。

三、按敷设方式分类

(1) 地上（架空）敷设：按支撑结构高度不同可分为高支架（H≥4m）、中支架（2m≤H<4m）、低支架（H<2m），此种方式广泛应用于工厂区和城市郊区。

(2) 地下敷设：可分为管沟敷设和直埋敷设。

四、按系统形式分类

(1) 开式系统：直接消耗一次热媒，中间设备极少，但一次热媒补充量大。

(2) 闭式系统：一次热网与二次热网采用换热器连接，一次热网热媒损失很小，但中间设备多，实际使用较广泛。

五、按供回分类

(1) 供水管（汽网时：供汽管）：从热源至热用户（或换热站）的管道。

(2) 回水管（汽网时：凝水管）：从热用户（或换热站）回至热源的管道。

重点 提示

类似于其他专业的分类考查，了解不同的分类方法，能够区分即可。

✎ 实战演练

[经典例题·单选] 低温热水热网的最高温度是（   ）℃。

A. 75   B. 80

2K315000

城市管道工程

C. 90　　　　　　　　　　　　　　　　D. 100

[解析] 高温热水热网：$t>100℃$；低温热水热网：$t\leqslant100℃$。

[答案] D

[经典例题·多选] 热力网中闭式系统的特点是（　　　）。

A. 实际使用广泛　　　　　　　　　　B. 消耗热媒量小

C. 消耗热媒量大　　　　　　　　　　D. 中间设备少

E. 中间设备多

[解析] 闭式系统中一次热网与二次热网采用换热器连接，一次热网热媒损失很小，但中间设备多，实际使用较广泛。

[答案] ABE

考点 2　供热管道施工准备工作

一、施工测量

（1）施工单位应根据建设单位或设计单位提供的城镇平面控制网点和城市水准网点的位置、编号、精度等级及其坐标和高程资料，确定管网施工线位和高程。

（2）管线工程施工定线测量应符合下列规定：

1）测量应按主线、支线的次序进行。

2）管线的起点、终点、各转角点及其他特征点应在地面上定位。

3）地上建筑、检查室、支架、补偿器、阀门等的定位可在管线定位后实施。

（3）供热管线工程竣工后，应全部进行平面位置和高程测量，竣工测量宜选用施工测量控制网。

（4）土建工程竣工测量应对起终点、变坡点、转折点、交叉点、结构材料分界点、埋深、轮廓特征点等进行实测。

（5）对管网施工中已露出的其他与热力管线相关的地下管线和构筑物，应测其中心坐标、上表面高程、与供热管线的交叉点。

二、土建及地下穿越工程

（1）施工前，应对工程影响范围内的障碍物进行现场核查，逐项查清障碍物构造情况、使用情况以及与拟建工程的相对位置。

（2）对工程施工影响范围内的各种既有设施应采取保护措施，不得影响地下管线及建（构）筑物的正常使用功能和结构安全。

（3）开挖低于地下水位的基坑（槽）、管沟时，应根据当地工程地质资料，采取降水措施或地下水控制措施。降水之前，应按当地水务或建设主管部门的规定，将降水方案报批或组织进行专家论证。在降水施工的同时，应做好降水监测、环境影响监测和防治，以及水土资源的保护工作。

（4）穿越既有设施或建（构）筑物时，其施工方案应取得相关产权或管理单位的同意。

（5）冬雨期施工要求：

1）土方开挖不宜在冬期施工。如必须在冬期施工时，其施工方法应按冬施方案进行。

2）采用防止冻结法开挖土方时，可在冻结前用保温材料覆盖或将表层土翻耕耙松，其翻耕深度应根据当地气候条件确定，一般不小于0.3m。

重点提示

掌握供热管道下穿的基本安全规定，适合案例题的考查。

实战演练

[经典例题·单选] 供热管道采用防止冻结法开挖土方时，可在冻结前将表层土翻耕耙松，其翻耕深度一般不小于（　　）。

A. 0.1m   B. 0.3m

C. 0.6m   D. 0.8m

[解析] 采用防止冻结法开挖土方时，可在冻结前用保温材料覆盖或将表层土翻耕耙松，其翻耕深度应根据当地气候条件确定，一般不小于0.3m。

[答案] B

考点 3　供热管道安装与焊接技术★★

一、焊接工艺方案主要内容

（1）管材、板材性能和焊接材料。

（2）焊接方法。

（3）坡口形式及制作方法。

（4）焊接结构形式及外形尺寸。

（5）焊接接头的组对要求及允许偏差。

（6）焊接电流的选择。

（7）焊接质量保证措施。

（8）检验方法及合格标准。

二、管道安装与焊接施工要点

（1）在管道中心线和支架高程测量复核无误后，方可进行管道安装。

（2）管道安装顺序：先安装干管，再安装检查室，最后安装支线。

（3）钢管对口时，纵向焊缝之间应相互错开100mm弧长以上，管道任何位置不得有十字形焊缝；焊口不得置于建筑（构）物等的墙壁中。

（4）管道两相邻环形焊缝中心之间的距离应大于钢管外径，且不得小于150mm。

（5）对接管口时，应检查管道平直度，在距接口中心200mm处测量，允许偏差为0~1mm，在所对接管道的全长范围内，最大偏差值不应超过10mm。管口对接示意图如图2K315020-2所示。

图2K315020-2　管口对接示意图

（6）不得采用在焊缝两侧加热延伸管道长度、螺栓强力拉紧、夹焊金属填充物和使补偿器变形等方法强行对口焊接。

（7）管道支架处不得有环形焊缝。

（8）壁厚不等的管口对接，应符合下列规定：

1）外径相等或内径相等，薄件厚度小于或等于 4mm 且厚度差大于 3mm，以及薄件厚度大于 4mm，且厚度差大于薄件厚度的 30％或超过 5mm 时，应将厚件削薄。

2）内径外径均不等，单侧厚度差超过上款所列数值时，应将管壁厚度大的一端削薄，削薄后的接口处厚度应均匀。

（9）焊件组对时的定位焊应符合下列规定：

1）在焊接前应对定位焊缝进行检查，当发现缺陷时应处理合格后方可焊接。

2）应采用与根部焊道相同的焊接材料和焊接工艺，并由合格焊工施焊。

3）钢管的纵向焊缝（螺旋焊缝）端部不得进行定位焊。

【注意】补充焊接的几个概念。

（1）定位焊：为装配和固定焊件接头的位置而设置的焊缝。

（2）点固焊：是在焊接接头区进行的临时焊接，它可以使待焊管子装配牢固，以免焊接时发生错位。点固焊缝长度一般在 20～50mm，间隔角度为 90°，正式焊接时，这些点固焊缝就会熔化到焊缝金属中。

（3）焊道的四种基本类型：

1）始焊道或根部焊道：点固焊后焊接的第一道焊缝。

2）热焊道：通常也被称为第二焊道，施焊的目的是能将根部焊道中的熔渣去除。

3）填充焊道或中间焊道：指点固焊之后和盖面焊道之前的所有焊道。

4）盖面焊：要求焊缝表面光滑，并且有一个 2.5～5mm 的余高，以起到加强焊缝的作用。

（4）焊道示意图如图 2K315020-3 所示。

图 2K315020-3　焊道示意图

（10）在 0℃以下的气温中焊接，应符合下列规定：

1）现场应有防风、防雪措施。

2）焊接前应清除管道上的冰、霜、雪。

3）应在焊口两侧 50mm 范围内对焊件进行预热，预热温度应根据焊接工艺确定。

4）焊接时应使焊缝自由收缩，不得使焊口加速冷却。

（11）不合格焊缝的返修应符合下列规定：

1）对需要返修的焊缝，应分析缺陷产生的原因，编制焊接返修工艺文件。

2）同一部位的返修次数不得超过两次。

三、直埋保温管安装

（1）管道安装前应检查沟槽底高程、坡度、基底处理是否符合设计要求，管道内杂物及砂土应清除干净。

（2）接头保温：

1）直埋管接口保温应在管道安装完毕及强度试验合格后进行。

2）接头外护层安装完毕后，必须全部进行气密性检验并应合格。气密性检验的压力为0.02MPa，保压的时间不应少于2min，压力稳定后用肥皂水仔细检查密封处，无气泡为合格。

（3）直埋蒸汽管道必须设置排潮管；钢质外护管必须进行外防腐；工作管的现场接口焊接应采用氩弧焊打底，焊缝应进行100％X射线探伤检查。

（4）直埋蒸汽管道外护管的现场补口应符合下列规定：

1）钢质外护管宜采用对接焊，接口焊接应采用氩弧焊打底，并应进行100％超声波探伤检验；在外护管焊接时，应对已完成的工作管保温材料采取防护措施以防止焊接烧灼。

2）外护管接口应做严密性试验，试验压力应为0.2MPa。

四、保温

（1）管道、管路附件和设备的保温应在压力试验、防腐验收合格后进行。

（2）保温材料进场时应对品种、规格、外观等进行检查验收，并应从进场的每批材料中，任选1～2组试样进行导热系数、保温层密度、厚度和吸水（质量含水、憎水）率等测定。

（3）应对预制直埋保温管保温层和保护层进行复检，并应提供复检合格证明文件。

（4）当保温层厚度超过100mm时，应分为两层或多层逐层施工。

五、保温保护层

（一）复合材料保护层施工应符合的规定

（1）玻璃纤维布应以螺纹状紧缠在保温层外，前后搭接均不应小于50mm，布带两端及每隔300mm应用镀锌钢丝或钢带捆扎，搭接处应进行防水处理。

（2）复合铝箔接缝处应采用压敏胶带粘贴、铆钉固定。

（3）玻璃钢保护壳连接处应采用铆钉固定，沿轴向搭接宽度应为50～60mm，环向搭接宽度应为40～50mm。

（4）用于软质保温材料保护层的铝塑复合板正面应朝外，不得损伤其表面，轴向接缝应用保温钉固定，且间距应为60～80mm，环向搭接宽度应为30～40mm，纵向搭接宽度不得小于10mm。

（5）当垂直管道及设备的保护层采用复合铝箔、玻璃钢保护壳和铝塑复合板等时，应由下向上，成顺水接缝。

（二）石棉水泥保护层施工应符合的规定

（1）石棉水泥不得采用闪石棉等国家禁止使用的石棉制品。

（2）保护层应分两层抹成，首层应找平、挤压严实，第二层应在首层稍干后加灰泥压实。

（3）抹面保护层未硬化前应防雨、雪。当环境温度低于5℃，应采取防冻措施。

（三）金属保护层施工应符合的规定

（1）当设计无要求时，宜选用镀锌薄钢板或铝合金板。

（2）水平管道的施工可直接将金属板卷合在保温层外，并应按管道坡向自下而上顺序安装。两板环向半圆凸缘应重叠，金属板接口应在管道下方。

（3）搭接处应用铆钉固定，其间距不应大于 200mm。

（4）当在结露或潮湿环境安装时，金属保护层应嵌填密封剂或在接缝处包缠密封带。

（5）金属保护层上不得踩踏或堆放物品。

［重点提示］

　　熟悉管道安装及焊接的基本施工内容及要点，重点掌握焊缝的施工要点及质量检验标准，焊缝是供热管道的薄弱环节。

实战演练

　　［经典例题·单选］对接管口时，应检查管道平直度，在距接口中心 200mm 处测量，允许偏差（　　）mm。

　　A. 0～1　　　　　　　　B. 0～2　　　　　　　　C. 0～3　　　　　　　　D. 0～4

　　［解析］对接管口时，应检查管道平直度，在距接口中心 200mm 处测量，允许偏差为 0～1mm，在所对接钢管的全长范围内，最大偏差值不应超过 10mm。

　　［答案］A

　　［经典例题·单选］关于管道定位焊的说法，错误的是（　　）。

　　A. 采用与根部焊道相同的焊接材料

　　B. 采用与根部焊道相同的焊接工艺

　　C. 在螺旋管焊缝的端部应进行定位焊

　　D. 定位焊缝是正式焊缝

　　［解析］在螺旋管、直缝管焊接的纵向焊缝处不得进行点焊，选项 C 错误。

　　［答案］C

考点 4　管道支、吊架安装★

一、支、吊架特点

　　支吊架承受巨大的推力或管道的荷载，并协助补偿器传递管道温度伸缩位移（如滑动支架）或限制管道温度伸缩位移（如固定支架），在热力管网中起着重要的作用。常用支、吊架的作用及特点见表 2K315020-1，支、吊架如图 2K315020-4 所示。

表 2K315020-1　常用支、吊架的作用及特点

名称		作用	特点
支架	固定支架	使管道在该点无任何方向位移	承受作用力很大，多设置在补偿器和附件旁
	滑动支架	管道在该处允许有较小的滑动	形式简单，加工方便，使用广泛
	导向支架	限制管道向某一方向位移	形式简单，作用重要，使用较广泛
	弹簧支架	管道有垂直位移时使用，不能承受水平荷载	形式较复杂，使用在重要场合
吊架	刚性吊架	承受管道荷载，在垂直方向进行刚性约束	加工、安装方便，能承受管道荷载及水平位移
	弹簧吊架	承受管道荷载，减振作用	形式较复杂，使用在重要场合，三向位移

图 2K315020-4　支、吊架

二、支、吊架安装

（1）管道安装前，应先完成管道支、吊架的安装。

（2）管道支架支承面的标高可采用加设金属垫板的方式进行调整，垫板不得大于两层，垫板应与预埋铁件或钢结构进行焊接。

（3）管道支、吊架处不应有管道焊缝。

（4）固定支架安装应符合下列规定：

1）有轴向补偿器的管段，补偿器安装前，管道和固定支架之间不得进行固定；有角向型、横向型补偿器的管段应与管道同时进行安装及固定。

2）固定支架卡板和支架结构接触面应贴实，但不得焊接，以免形成"死点"，发生事故；管道与固定支架、滑托等焊接时，不得损伤管道母材。

3）固定支架、导向支架等型钢支架的根部，应做防水护墩。

（5）固定墩制作：

1）结构形式一般为矩形、倒"T"形、单井、双井、翅形和板凳形。

2）混凝土强度等级不应低于 C30，钢筋应采用 HPB300、HRB400，直径不应小于 10mm；钢筋应双层布置，间距不应大于 250mm，保护层不应小于 40mm。供热管道穿过固定墩处，固定节两边除设置加强筋外，对于局部混凝土高热区应采取隔热或耐热措施。

3）当地下水对钢筋混凝土有腐蚀作用时，应对固定墩进行防腐处理。

重点提示 ···

低频考点，熟悉供热管道支、吊架的设置形式及基本要求即可。

实战演练

[2016 真题·单选] 设置于供热管道型钢支架根部的护墩，其作用是（　　）。

A. 防撞　　　　　　　B. 防水　　　　　　　C. 防变形　　　　　　D. 防冲击

[解析] 固定支架、导向支架等型钢支架的根部，应做防水护墩。

[答案] B

[2019 真题·多选] 关于供热管道支、吊架安装的说法，错误的有（　　）。

A. 管道支、吊架的安装应在管道安装检验前完成

B. 活动支架的偏移方向、偏移量及导向性能应符合设计要求

C. 调整支撑面标高的垫板不得与钢结构焊接

D. 有角向型补偿器的管段，固定支架不得与管道同时进行安装与固定

E. 弹簧支、吊架的临时固定件应在试压前拆除

［解析］调整支撑面标高的垫板应与预埋铁件或钢结构进行焊接，选项C错误。有角向型补偿器的管段，固定支架应与管道同时进行安装与固定，选项D错误。弹簧支、吊架的临时固定件应在管道安装、试压、保温完毕后拆除，选项E错误。

［答案］CDE

考点 5　法兰和阀门安装★

一、法兰连接应符合的规定

（1）法兰连接端面应保持平行，法兰偏差不大于法兰外径的1.5%，且不得大于2mm；不得采用加偏垫、多层垫或加强力拧紧法兰一侧螺栓的方法来消除法兰接口端面的偏差。

（2）法兰与法兰、法兰与管道应保持同轴，螺栓孔中心偏差不得超过孔径的5%，垂直允许偏差为0～2mm。

（3）不得采用先加垫片并拧紧法兰螺栓，再焊接法兰焊口的方式进行法兰安装焊接。

（4）法兰内侧应进行封底焊。

（5）法兰螺栓应涂二硫化钼油脂或石墨机油等防锈油脂保护。

（6）法兰距支架或墙面的净距不应小于200mm。

二、阀门安装应符合的规定

阀门如图2K315020-5所示。

图2K315020-5　阀门

（1）阀门进场前应进行强度和严密性试验，试验完成后应进行记录。

（2）阀门的开关手轮应放在便于操作的位置；水平安装的闸阀、截止阀的阀杆应处于上半周范围内。

（3）阀门吊装应平稳，不得用阀门手轮作为吊装的承重点。

（4）焊接安装时，焊机地线应搭在同侧焊口的钢管上，不得搭在阀体上。

（5）焊接蝶阀应符合下列规定：

1）阀板的轴应安装在水平方向上，轴与水平面的最大夹角不应大于60°，不得垂直安装。

2）安装焊接前应关闭阀板，并采取保护措施。

（6）焊接球阀应符合下列规定：

1）当焊接球阀水平安装时应将阀门完全开启；垂直管道安装，且焊接阀体下方焊缝时应将阀门关闭。

2）球阀焊接过程中应对阀体进行降温。

（7）放气阀、除污器、泄水阀安装应在无损探伤、强度试验前完成，截止阀安装应在严密性试验前完成。

重点提示

低频考点，熟悉法兰和阀门的设置形式及基本要求即可。

i 实战演练

[经典例题·单选] 相连两法兰端面应保持平行，偏差不大于法兰外径的 1.5‰，且不得大于（　　）。

A. 1mm   B. 1.5mm   C. 2mm   D. 2.5mm

[解析] 法兰偏差不大于法兰外径的 1.5‰，且不得大于 2mm；不得采用加偏垫、多层垫或加强力拧紧法兰一侧螺栓的方法来消除法兰接口端面的偏差。

[答案] C

考点 6　补偿器安装★★

一、补偿器的作用

释放温度应力，消除或减小热变形。补偿器安装位置如图 2K315020-6 所示。

图 2K315020-6　补偿器安装位置

二、补偿器类型比选

供热管网中常用补偿器类型对比见表 2K315020-2。

表 2K315020-2　常用补偿器类型对比

名称	补偿原理	特点
自然补偿 （如图 2K315020-7 所示）	利用管道自身弯管段的弹性来进行补偿	最简单经济的补偿，在设计中首先采用，但一般补偿量较小
波纹管补偿器 （如图 2K315020-8 所示）	利用波纹管的可伸缩性来进行补偿	补偿量大，品种多，规格全，安装与检修都较方便，被广泛使用。但其内压轴向推力大，价格较贵
球形补偿器 （如图 2K315020-9 所示）	利用球形的转向性来达到补偿的目的	补偿能力大，空间小，局部阻力小，投资少，安装方便，适合在长距离架空管上安装。但热媒易泄漏
套筒补偿器 （如图 2K315020-10 所示）	利用套筒的可伸缩性来进行补偿	补偿能力大，占地面积小，成本低，流体阻力小，但热媒易泄漏，维护工作量大，产生推力较大
方形补偿器 （如图 2K315020-11 所示）	利用 4 个 90°弯头的弹性来达到补偿目的	加工简单，安装方便，安全可靠，价格低廉，但占空间大，局部阻力大

续表

名称	补偿原理	特点
旋转补偿器 （如图 2K315020-12 所示）	通过成双旋转筒和"L"形力臂形成力偶，使大小相等、方向相反的一对力，由力臂回绕 Z 轴中心旋转，以吸收两边管道产生的热伸长量	主要由芯管、外套管及密封结构等组成。处于无应力状态，补偿距离长，无内压推力；密封性能好，不产生轴向位移，尤其耐高压

（a）　　　　　　　　　　　　　（b）

图 2K315020-7　自然补偿

（a）L 型补偿；（b）Z 型补偿

图 2K315020-8　波纹管补偿器

1—导流管；2—波纹管；3—限位拉杆；4—限位螺母；5—端管

图 2K315020-9　球形补偿器

图 2K315020-10　套筒补偿器

1—套管；2—前压兰；3—壳体；4—填料圈；5—后压兰；6—防脱肩；7—T 形螺栓；8—垫圈；9—螺母

图 2K315020-11　方形补偿器

（a）1 型（$B=2A$）；（b）2 型（$B=A$）；（c）3 型（$B=0.5A$）

图 2K315020-12　旋转补偿器

三、补偿器安装应符合下列规定

（1）安装前应按设计图纸核对每个补偿器的型号和安装位置，并应对补偿器的外观进行检查、核对产品合格证。

（2）补偿器应按设计要求进行预变位。

（3）补偿器应与管道保持同轴，不得采用使补偿器变形的方法来调整管道的安装偏差。

（4）波纹管补偿器安装应符合：轴向波纹管补偿器的流向标记应与管道介质流向一致；角向型波纹管补偿器的销轴轴线应垂直于管道安装后形成的平面。

重点提示

补偿器属于供热管道的主要部件，可以释放管道温度应力，高频考点，掌握其分类及不同补偿器的设置原理。

实战演练

[2019 真题·单选] 供热管网旋转补偿器的突出特点是（　　）。

A. 耐高压　　　　　　　　　　　　B. 补偿距离长

C. 密封性能好　　　　　　　　　　D. 在管道运行过程中无应力

[解析] 旋转补偿器的突出特点是其在管道运行过程中处于无应力状态。其他特点：补偿距离长；无内压推力；密封性能好，由于密封形式为径向密封，不产生轴向位移，尤其耐高压。

[答案] D

[经典例题·单选] 最简单经济的补偿是利用管道自身弯管段的弹性来进行补偿，叫做（　　）。

　　A. 直接补偿　　　　　　　B. 弯头补偿　　　　　　C. 自然补偿　　　　　　D. 管道补偿

[解析] 自然补偿是利用管道自身弯管段的弹性来进行补偿，是最简单经济的补偿，在设计中首先采用，但一般补偿量较小。

[答案] C

考点 7　换热站设施安装★

一、换热站设施及特点

换热站的设施取决于供热介质的种类和用热装置的性质。

（1）当热介质为蒸汽时，主要设施有集汽管、调节和检测供热参数（压力、温度、流量）的仪表、换热器、凝结水箱、凝结水泵和水封等装置。

（2）当供热介质为热水时，换热站的主要设施有水泵、换热器、储水箱、软化设备、过滤器、除污器、调节及检测仪器仪表等。

（3）组装式换热站由板式换热器、循环泵、补水泵、除污器、检测及控制系统组装为一体，实现了工厂化生产，既能用于采暖及空调系统，又能用于生活热水系统，具有结构紧凑、造价低、重量轻、占地少、施工周期短、安装维修方便、运行可靠、噪声低的优点，而且一般都有自动控制调节系统，水泵有变频器，可实现换热站无人值守。

二、土建与工艺之间的交接

管道及设备安装前，土建施工单位、工艺安装单位及监理单位应对预埋吊点的数量及位置，设备基础位置、表面质量、几何尺寸、高程及混凝土质量，预留孔洞的位置、尺寸及高程等共同复核检查，并办理书面交验手续。

三、换热站内设施安装应符合下列规定

（1）应仔细核对一次水系统供回水管道方向与外网的对应关系，切忌接反。

（2）站内设备一般采用法兰连接，管道连接采用焊接，焊缝的无损探伤检验应按设计要求进行，在设计无要求时，应按规范执行。

（3）站内管道安装应有坡度，最小坡度 2‰，在管道高点设置放气装置，低点设置放水装置。

（4）设备基础地脚螺栓底部锚固环钩的外缘与预留孔壁和孔底的距离不得小于 15mm；拧紧螺母后，螺栓外露长度应为 2~5 倍螺距；灌注地脚螺栓用的细石混凝土强度等级应比基础混凝土的强度等级提高一级；拧紧地脚螺栓时，灌注的混凝土应达到设计强度 75% 以上。装设胀锚螺栓的钻孔不得与基础或构件中的钢筋、预埋管和电缆等埋设物相碰，且不得采用预留孔。

（5）蒸汽管道和设备上的安全阀应有通向室外的排汽管，热水管道和设备上的安全阀应有接到安全地点的排水管。

（6）泵的吸入管道和输出管道应有各自独立、牢固的支架，泵不得直接承受系统管道、阀

门等的重量和附加力矩。

（7）对于水平吸入的离心泵，当入口管变径时，应在靠近泵的入口处设置偏心异径管。当管道从下向上进泵时，应采用顶平安装，当管道从上向下进泵时，宜采用底平安装。

（8）管道与泵或阀门连接后，不应再对该管道进行焊接和气割。

（9）泵的试运转应在其各附属系统单独试运转正常后进行，且应在有介质情况下进行试运转，泵在额定工况下连续试运转时间不应少于 2h。

重点提示

> 低频考点，熟悉换热站内设施安装的基本规定即可。

实战演练

［经典例题·单选］换热站内管道安装应有坡度，最小坡度为（　　）。

A. 1‰　　　　　　B. 2‰　　　　　　C. 2.5‰　　　　　　D. 3‰

［解析］换热站内管道安装应有坡度，最小坡度 2‰，在管道高点设置放气装置，低点设置放水装置。

［答案］B

［2017 真题·多选］关于热力站工程施工的说法，错误的有（　　）。

A.《城镇供热管网工程施工及验收规范》（CJJ 28—2014）不适用于热力站工程施工

B. 站内管道应有一定的坡度

C. 安全阀的排汽管应接到室内安全地点

D. 设备基础非胀锚地脚螺栓可使用预留孔

E. 泵的吸入管道可采用共用支架

［解析］换热站内设施安装应符合下列规定：站内设备一般采用法兰连接，管道连接采用焊接，焊缝的无损探伤检验应按设计要求进行，在设计无要求时，应按《城镇供热管网工程施工及验收规范》（CJJ 28—2014）中有关焊接质量检验的规定执行，选项 A 错误。蒸汽管道和设备上的安全阀应有通向室外的排汽管，选项 C 错误。泵的吸入管道应有各自独立、牢固的支架，泵不得直接承受系统管道、阀门等的重量和附加力矩，选项 E 错误。

［答案］ACE

考点 8　供热管道功能性试验★

一、强度和严密性试验的规定

一级管网及二级管网应进行强度试验和严密性试验。强度试验应在试验段内的管道接口防腐、保温施工及设备安装前进行；严密性试验应在试验范围内的管道工程全部安装完成后进行，其试验长度宜为一个完整的设计施工段。供热管道功能性试验如图 2K315020-13 所示。

图 2K315020-13　供热管道功能性试验

（1）强度试验：试验压力为 1.5 倍的设计压力，且不得低于 0.6MPa，目的是试验管道本身与安装时焊口的强度。

（2）严密性试验：试验压力为 1.25 倍的设计压力，且不得低于 0.6MPa，在强度试验合格的基础上进行，且应该是管道安装全部完成，是对管道的一次全面检验。

（3）供热管道功能性试验均应以洁净水作为试验介质。

（4）水压试验的检验内容及检验方法见表 2K315020-3。

表 2K315020-3　水压试验的检验内容及检验方法

项目	试验方法及质量标准		检验范围
△强度试验	升压到试验压力稳压 10min 无渗漏、无压降后降至设计压力，稳压 30min 无渗漏、无压降为合格		每个试验段
△严密性试验	升压至试验压力，并趋于稳定后，应详细检查管道、焊缝、管路附件及设备等无渗漏，固定支架无明显的变形等		全段
	一级管网及站内	稳压在 1h 内压降不大于 0.05MPa 为合格	
	二级管网	稳压在 30min 内压降不大于 0.05MPa 为合格	

注：△为主控项目。

二、供热管道清（吹）洗的规定

（1）供热管网的清洗应在试运行前进行。

（2）清洗方法可分为人工清洗、水力冲洗和气体吹洗。

（3）清洗前，应编制清洗方案。方案中应包括清洗方法、技术要求、操作及安全措施等内容。

（4）供热管道用水清（冲）洗应符合下列要求：

1）冲洗应按主干线、支干线、支线分别进行。

2）冲洗进水管的截面积不得小于被冲洗管截面积的 50%，排水管截面积不得小于进水管截面积。

（5）供热管道用蒸汽清（吹）洗应符合下列要求：

1）吹洗出口管在有条件的情况下，以斜上方 45°为宜，距出口 100m 范围内，不得有人工作或怕烫的建筑物。必须划定安全区、设置标志，在整个吹洗作业过程中，应有专人值守。

2）为了管道安全运行，蒸汽吹洗前应缓慢升温进行暖管，暖管速度不宜过快，并应及时疏水。

3）吹洗次数应为 2～3 次，每次的间隔时间宜为 20～30min。

三、供热管道的试运行规定

（1）试运行前应编制试运行方案。在环境温度低于 5℃进行试运行时，应制定可靠的防冻措施。试运行方案应由建设单位、设计单位、施工单位、监理单位和接受管理单位审查同意并应进行技术交底。

（2）试运行的时间应为连续运行 72h。

┌───┐
重点提示

(1) 供热管道功能性试验主要包括强度和严密性试验，熟悉其试验目的及试验压力规定。

(2) 管道吹洗属于低频考点，熟悉供热管网的清洗的基本流程和规定即可。

(3) 供热管道试运行规定属于低频考点，熟悉供热管道的试运行方案的审查流程及运行时间即可。
└───┘

实战演练

[经典例题·单选] 某供热管网设计压力为 0.2MPa，其严密性试验压力为（　　）MPa。

A. 0.3 　　　　　　　　　　　　　　B. 0.4

C. 0.5 　　　　　　　　　　　　　　D. 0.6

[解析] 严密性试验的试验压力为 1.25 倍的设计压力，且不得低于 0.6MPa，本题设计压力为 0.2MPa，1.25 倍设计压力不足 0.6MPa，因此严密性试验的试验压力为 0.6MPa。

[名师点拨] 本题考查严密性试验压力，涉及计算问题，此类问题换算完试验压力后，注意与底限压力比较大小，避免误选。与此类问题相似的还有混凝土强度的要求，比如前文桥梁工程预应力施工中，先张法与后张法施加预应力的强度都要求为设计强度的 75% 以上，这里也可以给出强度要求进行换算。或者另外一种数字常考点，在后文中会涉及燃气管道穿越工程，随桥敷设的要求中提出了工作压力的内容，往往题目中需要匹配的选项为管道级别的描述，因此这种数字记忆点必须掌握到位，还应该灵活进行倍数、级别的匹配记忆。

[答案] D

[经典例题·单选] 不属于供热管网清（吹）洗的方法是（　　）。

A. 气体吹洗 　　　　　　　　　　　B. 水力冲洗

C. 人工清洗 　　　　　　　　　　　D. 清管球清扫

[解析] 清洗方法可分为人工清洗、水力冲洗和气体吹洗。

[答案] D

[经典例题·单选] 供热管网试运行的时间应为连续（　　）。

A. 2h 　　　　　　　　　　　　　　B. 12h

C. 48h 　　　　　　　　　　　　　　D. 72h

[解析] 试运行的时间应为连续运行 72h。

[答案] D

[经典例题·多选] 关于供热管道强度试验判断合格的标准，说法正确的有（　　）。

A. 无渗漏

B. 无压降

C. 无异常响动

D. 压降不大于 0.05MPa

E. 固定支架无明显的变形

[解析] 强度试验：升压到试验压力稳压 10min 无渗漏、无压降后降至设计压力，稳压 30min 无渗漏、无压降为合格。

[答案] ABC

2K315030　城镇燃气管道工程施工

思维导图▶▶▶

考点精讲▶▶▶

考点 **1**　**燃气管道的分类★**

目前城镇燃气分为人工煤气、天然气和液化石油气。

一、根据用途分类

（1）长距离输气管道（长输管道）。

（2）城镇燃气输配管道（分为输气管道、分配管道、用户引入管、室内燃气管道，级别划分为GB1级）。

（3）工业企业燃气管道（包括工厂引入管、厂区、车间、炉前燃气管道）。

二、根据敷设方式分类

（1）地下燃气管道（一般情况）。

（2）架空燃气管道（建筑物间距过小或地下管线和构筑物密集、工厂厂区的采用）。

三、根据输气压力分类

我国城镇燃气管道根据输气压力一般分为七级，见表2K315030-1。

表 2K315030-1　城镇燃气管道设计压力（表压）分级

名称		压力/MPa
高压燃气管道	A	$2.5<P\leqslant4.0$
	B	$1.6<P\leqslant2.5$
次高压燃气管道	A	$0.8<P\leqslant1.6$
	B	$0.4<P\leqslant0.8$
中压燃气管道	A	$0.2<P\leqslant0.4$
	B	$0.01\leqslant P\leqslant0.2$
低压燃气管道		$P<0.01$

一般由城市高压或次高压燃气管道构成大城市输配管网系统的外环网，次高压燃气管道也是给大城市供气的主动脉。高压和次高压管道燃气必须通过调压站才能给城市分配管网中的次高压管道、高压储气罐和中压管道供气。次高压和中压管道的燃气必须通过区域调压站、用户专用调压站，才能供给城市分配管网中的低压管道，或给工厂企业、大型商业用户以及锅炉房直接供气。

重点提示

熟悉燃气管道的不同分类形式，能够区分辨别，多以客观题形式考查。

实战演练

[经典例题·单选] 输气压力为 0.6MPa 的燃气管道为（　　）燃气管道。

A. 低压　　　　　　　　B. 中压 A　　　　　　　　C. 次高压 B　　　　　　　　D. 次高压 A

[解析] 根据表 2K315030-1，输气压力为 0.6MPa 的燃气管道为次高压 B 燃气管道。

[答案] C

考点 2　燃气管道施工与安装要求★★★

扫码听课

一、燃气管道材料选用

(1) 高压和中压 A 燃气管道，应采用钢管。

(2) 中压 B 和低压燃气管道，宜采用钢管或机械接口铸铁管。

(3) 中、低压地下燃气管道采用聚乙烯管材时，应符合有关标准的规定。

二、室外燃气管道安装

（一）管道安装基本要求

(1) 地下燃气管道不得从建筑物和大型构筑物的下面穿越。

(2) 地下燃气管道埋设的最小覆土厚度应符合下列要求：埋设在车行道下时，不得小于 0.9m；埋设在非车行道（含人行道）下时，不得小于 0.6m；埋设在机动车不可能到达的地方时，不得小于 0.3m；埋设在水田下时，不得小于 0.8m。

(3) 地下燃气管道不得在堆积易燃、易爆材料和具有腐蚀性液体的场地下面穿越，并不宜与其他管道或电缆同沟敷设。

(4) 燃气管道穿越铁路、高速公路、电车轨道或城镇主要干道时应符合下列要求。

　1) 穿越铁路或高速公路的燃气管道，其外应加套管，并提高绝缘防腐等级。

　2) 穿越铁路的燃气管道的套管，应符合下列要求。

　①套管埋设的深度：铁路轨底至套管顶不应小于 1.20m。

　②套管宜采用钢管或钢筋混凝土管。

　③套管内径应比燃气管道外径大 100mm 以上。

　④套管两端与燃气管的间隙应采用柔性的防腐、防水材料密封，其一端应装设检漏管。

　⑤套管端部距路堤坡脚外的距离不应小于 2.0m。

　3) 燃气管道穿越电车轨道或城镇主要干道时宜敷设在套管或管沟内；穿越高速公路的燃气管道的套管、穿越电车轨道或城镇主要干道的燃气管道的套管或管沟，应符合下列要求。

　①套管内径应比燃气管道外径大 100mm 以上，套管或管沟两端应密封，在重要地段的套管或管沟端部宜安装检漏管。

　②套管或管沟端部距电车道边轨不应小于 2.0m；距道路边缘不应小于 1.0m。

　4) 穿越高铁、电气化铁路、城市轨道交通时，应采取防止杂散电流腐蚀的措施。

(5) 燃气管道宜垂直穿越铁路、高速公路、电车轨道或城镇主要干道。

(6) 燃气管道通过河流时，可采用穿越河底或采用管桥跨越的形式。跨越河流时应符合下

2K315000

城市管道工程

列要求：

1）利用道路桥梁跨越河流的燃气管道，其管道的输送压力不应大于 0.4MPa。

2）当燃气管道随桥梁敷设或采用管桥跨越河流时，必须采取安全防护措施。

3）燃气管道随桥梁敷设，宜采取如下安全防护措施。

①敷设于桥梁上的燃气管道应采用加厚的无缝钢管或焊接钢管，尽量减少焊缝，对焊缝进行 100% 无损探伤。

②过河架空的燃气管道向下弯曲时，向下弯曲部分与水平管夹角宜采用 45°形式。

③对管道应做较高等级的防腐保护。

（7）燃气管道穿越河底时，应符合下列要求。

1）燃气管宜采用钢管。

2）燃气管道至规划河底的覆土厚度，不通航河流不应小于 0.5m；对通航的河流不应小于 1.0m，还应考虑疏浚和投锚深度。

3）稳管措施应根据计算确定。

4）在埋设燃气管道位置的河流两岸上、下游应设立标志。

（二）对口焊接的基本要求

（1）通常采用对口器固定、倒链吊管找正对圆的方法，不得强力对口。

（2）对口时将两管道纵向焊缝（螺旋焊缝）相互错开，间距应不小于 100mm 弧长。

（3）对口完成后应立即进行定位焊，定位焊的焊条应与管口焊接焊条材质相同，焊缝根部必须焊透，定位焊应均匀、对称，总长度不应小于焊道总长度的 50%。钢管的纵向焊缝（螺旋焊缝）端部不得进行定位焊。

（4）定位焊完毕拆除对口器，进行焊口编号，对好的口必须当天焊完。

（5）按照试焊确定的工艺方法进行焊接，一般采用氩弧焊打底，焊条电弧焊填充、盖面。

（6）施工单位首先编制作业指导书并试焊，对其首次使用的钢管、焊接材料、焊接方法、焊后热处理等，应进行焊接工艺评定，并应根据评定报告确定焊接工艺。

（7）分层施焊：先用氩弧焊打底，然后分层用焊条电弧焊焊接。

（三）焊口防腐

（1）现场无损探伤完和分段强度试验后进行补口防腐。防腐前钢管表面的处理应符合现行国家标准，其等级不低于 Sa2.5 级。

（2）补口防腐前必须将焊口两侧直管段铁锈全部清除，呈现金属本色，找出防腐接槎，用管道防腐材料做补口处理。然后用电火花检漏仪（2.5kV）检查，出现击穿针孔时，应做加强防腐并做好记录。

（3）焊口除锈可采用喷砂除锈的方法，除锈后及时防腐。

（4）弯头及焊缝防腐可采用冷涂方式，其厚度、防腐层数与直管段相同，防腐层表层固化 2h 后进行电火花仪检测。

（5）外观检查要求涂层表面平整、色泽均匀、无气泡、无开裂、无收缩。

（6）固定口可采用辐射交联聚乙烯热收缩套（带），也可采用环氧树脂辐射交联聚乙烯热收缩套（带）三层结构。

（7）固定口搭接部位的聚乙烯层应打磨至表面粗糙。

（8）热收缩套（带）与聚乙烯层搭接宽度应不小于 100mm；采用热收缩带时，应采用固定片固定，周间搭接宽度不小于 80mm。

三、新建燃气管道阴极保护系统的施工

（1）阴极保护系统棒状牺牲阳极的安装应符合下列规定。

1）阳极可采用水平式或立式安装。

2）牺牲阳极距管道外壁宜为 0.5～3.0m。成组布置时，阳极间距宜为 2.0～3.0m。

3）牺牲阳极与管道间不得有其他地下金属设施。

4）牺牲阳极应埋设在土壤冰冻线以下。

5）测试装置处，牺牲阳极引出的电缆应通过测试装置连接到管道上。

（2）阴极保护测试装置应坚固耐用、方便测试，装置上应注明编号，并应在运行期间保持完好状态。接线端子和测试柱均应采用铜制品并应封闭在测试盒内。

（3）电缆安装应符合下列规定：

1）阴极保护电缆应采用铜芯电缆。

2）测试电缆的截面积不宜小于 $4mm^2$。

3）用于牺牲阳极的电缆截面积不宜小于 $4mm^2$，用于强制电流阴极保护中阴、阳极的电缆截面积不宜小于 $16mm^2$。

4）电缆与管道连接宜采用铝热焊方式，并应连接牢固、电气导通，且在连接处应进行防腐绝缘处理。

5）测试电缆回填时应保持松弛。

四、燃气管道埋设的基本要求

（一）沟槽开挖

（1）混凝土路面和沥青路面的开挖应使用切割机切割。

（2）管道沟槽应按设计规定的平面位置和高程开挖。当采用人工开挖且无地下水时，槽底预留值宜为 0.05～0.10m；当采用机械开挖或有地下水时，槽底预留值不小于 0.15m；管道安装前应人工清底至设计高程。

（3）局部超挖部分应回填压实。当沟底无地下水时，超挖在 0.15m 以内，可采用原土回填；超挖在 0.15m 及以上，可采用石灰土处理。当沟底有地下水或含水量较大时，应采用级配砂石或天然砂回填至设计高程。超挖部分回填后应压实，其密实度应接近原地基天然土的密实度。

（4）在湿陷性黄土地区，不宜在雨期施工，或在施工时切实排除沟内积水，开挖时应在槽底预留 0.03～0.06m 厚的土层进行压实处理。

（5）沟底遇有废弃构筑物、硬石、木头、垃圾等杂物时必须清除，并应铺一层厚度不小于 0.15m 的砂土或素土，整平压实至设计高程。

（6）对软土基及特殊性腐蚀土壤，应按设计要求处理。

（二）沟槽回填

（1）不得采用冻土、垃圾、木材及软性物质回填。管道两侧及管顶以上 0.5m 内的回填土，不得含有碎石、砖块等杂物，且不得采用灰土回填。

（2）沟槽的支撑应在管道两侧及管顶以上 0.5m 回填完毕并压实后，在保证安全的情况下进行拆除，并应采用细砂填实缝隙。

（3）回填土应分层压实，每层虚铺厚度宜为 0.2～0.3m，管道两侧及管顶以上 0.5m 内的回填土必须采用人工压实，管顶 0.5m 以上的回填土可采用小型机械压实，每层虚铺厚度宜为 0.25～0.4m。

（三）警示带敷设

（1）埋设燃气管道的沿线应连续敷设警示带，如图 2K315030-1 所示。警示带敷设在管道的正上方且距管顶的距离宜为 0.3～0.5m，但不得敷设于路基和路面里。

（2）警示带宜采用黄色聚乙烯等不易分解的材料，并印有明显、牢固的警示语，字体不宜小于 100mm×100mm。

图 2K315030-1　燃气管道警示带

重点提示

　　燃气管道施工与安装要求涉及内容较多，主要都是从安全角度出发，因为燃气管道不同于其他管道，较易出现安全事故，理解记忆其施工及安装过程中的基本安全规定。

实战演练

［2019 **真题·单选**］新建城镇燃气管道阴极保护系统安装的做法，错误的是（　　）。

A. 牺牲阳极可采用水平式安装

B. 牺牲阳极与管道间不得有其他地下金属设施

C. 牺牲阳极应埋设在土壤冰冻线以上

D. 每个测试装置中应至少有两根电缆与管道相连

［**解析**］牺牲阳极应埋设在土壤冰冻线以下，选项 C 错误。

［**答案**］C

［**经典例题·多选**］下列关于穿越铁路的燃气管道套管的要求，正确的有（　　）。

A. 套管顶至铁路轨底不应小于 1.20m，并应符合铁路管理部门的要求

B. 套管宜采用铸铁管

C. 套管内径应比燃气管道外径大 50mm 以上

D. 套管两端与燃气管的间隙应采用刚性材料密封

E. 套管端部距路堤坡脚外距离不应小于 2.0m

［**解析**］穿越铁路的燃气管道的套管，应符合下列要求：①套管埋设的深度：铁路轨底至套管顶不应小于 1.20m；②套管宜采用钢管或钢筋混凝土管；③套管内径应比燃气管道外径大 100mm 以上；④套管两端与燃气管的间隙应采用柔性的防腐、防水材料密封，其一端应装设检漏管；⑤套管端部距路堤坡脚外的距离不应小于 2.0m。

［**答案**］AE

［**经典例题·多选**］燃气管道穿越河底时，应符合（　　）等要求。

A. 稳管措施应根据施工经验确定

B. 燃气管道宜采用钢管

C. 燃气管道至规划河底的覆土厚度应根据管径大小确定

D. 在埋设燃气管道位置的河流两岸上、下游应设立标志

E. 燃气管道对接安装引起的误差不得大于3°，否则应设置弯管

[解析] 燃气管道穿越河底时，应符合下列要求：①燃气管宜采用钢管。②燃气管道至规划河底的覆土厚度，对不通航河流不应小于0.5m；对通航的河流不应小于1.0m，还应考虑疏浚和投锚深度。③稳管措施应根据计算确定。④在埋设燃气管道位置的河流两岸上、下游应设立标志。⑤燃气管道对接安装引起的误差不得大于3°，否则应设置弯管，次高压燃气管道的弯管应考虑盲板力。

[答案] BDE

考点 3 聚乙烯燃气管道安装

一、聚乙烯管道优缺点

（1）优点：重量轻、耐腐蚀、阻力小、节约能源、安装方便、造价低等。可缠绕，可做深沟熔接，可使管材顺着深沟蜿蜒敷设，减少接头数量，抗内、外部及微生物的侵蚀，内壁光滑流动阻力小，导电性弱，无须外层保护及防腐，有较好的气密性，气体渗透率低，维修费用低，经济优势明显。

（2）缺点：有使用范围小，易老化，承压能力低，抗破坏能力差等缺点，一般用于中、低压燃气管道中。

二、进场检验与存放

（一）验收项目

检验合格证、检测报告、原料级别和牌号，外观、颜色、长度、不圆度、外径或内径及壁厚，生产日期、产品标志。当对物理力学性能存在异议时，应委托第三方进行检验。

（二）贮存

1. 存放原则

管材、管件和阀门应按不同类型、规格和尺寸分别存放，遵循"先进先出"原则。

2. 仓储要求

（1）存放在符合现行国家标准的仓库（存储型物流建筑）或半露天堆场（货棚）内。

（2）仓库的门窗、洞口应有防紫外线照射措施。

（3）半露天堆场内材料不应受到暴晒、雨淋，应有防紫外线照射措施。

（4）材料应远离热源，严禁与油类或化学品混合存放。

（5）室外临时存放时，管材管口应采用保护端盖封堵，管件和阀门应存放在包装箱或储物箱内，并用遮盖物遮盖，防日晒、雨淋。

3. 存放方式

（1）管材：应水平堆放在平整的支撑物或地面上。当直管采用三角形式堆放或两侧加支撑保护的矩形堆放时，堆放高度不宜超过1.5m；当直管采用分层货架存放时，每层货架高度不宜超过1m，堆放总高度不宜超过3m。

（2）管件和阀门：贮存应成箱存放在货架或叠放在平整地面上；当成箱叠放时，堆放高度不宜超过1.5m。使用前不得拆除密封包装。

4. 存放时间

不应长期户外存放。从生产到使用期间，管材存放时间不宜超过4年，密封包装的管件超过6年，应对其抽样检验。

5. 抽检项目

（1）管材：静液压强度（165h/80℃）、热稳定性、断裂伸长率。

（2）管件：静液压强度（165h/80℃）、热熔对接连接的拉伸强度或电熔管件的熔接强度。

（3）阀门：静液压强度（165h/80℃）、电熔接头的剥离强度、操作扭矩和密封性能试验。

三、聚乙烯管材、管件和阀门连接方式的选择

聚乙烯管材、管件和阀门连接方式见表 2K315031-2。

表 2K315031-2　聚乙烯管材、管件和阀门连接方式

管材、管件和阀门	连接方式
相同聚乙烯	热熔对接 小口径（手持式熔接器） 大口径（固定式全自动热熔焊机）
	电熔承插
不同聚乙烯 不同级别（PE80 与 PE100） 不同熔体质量流动率（差值大于 0.5g/10min，190℃，5kg） 不同焊接端部标准尺寸比（SDR）	电熔承插
公称外径＜90mm 或壁厚＜6mm 的聚乙烯	
聚乙烯与金属管道或金属附件	钢塑转换接头
	法兰（宜设置检查井）
钢骨架聚乙烯复合管材、管件	电熔承插或法兰

2K315000　城市管道工程

四、聚乙烯管材、管件连接要点

（一）热熔对接连接

聚乙烯管道连接程序如图 2K315030-2 所示。

（a）　　　　　　　（b）　　　　　　　（c）

（d）　　　　　　　（e）　　　　　　　（f）

图 2K315030-2　聚乙烯管道连接程序

（a）夹紧并清洁管口；（b）调整并修平管口；（c）加热板吸热；

（d）加压对接；（e）保持压力冷却定型；（f）焊接成型

（1）根据管材或管件的规格，选用相应的夹具，将连接件的连接端伸出夹具，自由长度不

应小于公称直径的 10％，移动夹具使连接件端面接触，并校直对应的待连接件，使其在同一轴线上，错边不应大于壁厚的 10％。

（2）应将聚乙烯管材或管件的连接部位擦拭干净，并铣削连接件断面，使其与轴线垂直。切削平均厚度不宜大于 0.2mm，切削后的熔接面应防止污染。

（3）连接件的端面应采用热熔对接连接设备加热。

（4）吸热时间达到规定要求后，应迅速撤出加热板，待连接件加热面熔化应均匀，不得有损伤。在规定的时间内使待连接面完全接触，并应保持规定的热熔对接压力。

（5）接头冷却应采用自然冷却。在保压冷却期间，不得拆开夹具，不得移动连接件或在连接件上施加任何外力。

（二）电熔连接

电熔连接指管材或管件的连接部位插入内埋电阻丝的专用电熔管件内，通电加热，使连接部位熔融后形成接头的方式。

1. 电熔承插连接

将电熔管件套在管材、管件上，预埋在电熔管件内表面的电阻丝通电发热，产生的热能加热、熔化电熔管件的内表面和与之承插的管子外表面，使之融为一体。电熔承插连接设备与管件如图 2K315030-3 所示。

图 2K315030-3　电熔承插连接设备与管件

（1）管材的连接部位应擦净，并应保持干燥；管件应在焊接时再拆除封装袋。

（2）应测量电熔管件承口长度，并在管材或插口管件的插入端标出插入长度，刮除插入段表皮的氧化层，刮削表皮厚度宜为 0.1～0.2mm，并应保持洁净。

（3）插入端插入电熔管件承口内至标记位置，同时应对配合尺寸进行检查，避免强力插入。

（4）校直待连接的管材和管件，使其在同一轴线上，并应采用专用夹具固定后，方可通电焊接。

2. 电熔鞍形连接

采用电熔鞍形管件，实现管道的分支连接，具有操作方便、安全可靠的优点。电熔鞍形连接管件如图 2K315030-4 所示。

图 2K315030-4　电熔鞍形连接管件

（1）检查电熔鞍形管件鞍形面与管道连接部位的适配性，并应采用支座或机械装置固定管道连接部位的管段，使其保持直线度和圆度。

（2）通电前，应将电熔鞍形管件用专用夹具固定在管道连接部位。

（3）钻孔操作应在支管强度试验和气密性试验合格后进行。

（三）法兰连接

（1）将法兰盘套入待连接的聚乙烯法兰连接件的端部，将法兰连接件平口端与聚乙烯管道进行连接，如图 2K315030-5 所示。

（2）两法兰盘上螺孔应对中，法兰面应相互平行，螺栓孔与螺栓直径应配套，螺栓规格应一致，螺母应在同一侧；紧固法兰盘上的螺栓应按对称顺序分次均匀紧固，不得强力组装；螺栓拧紧后宜伸出螺母 1～3 倍螺距。法兰盘在静置 8～10h 后，应二次紧固。

（3）法兰盘、紧固件应经防腐处理，并应符合设计要求。

图 2K315030-5　聚乙烯管道端部法兰盘

（四）钢塑转换连接

（1）钢塑转换管件的钢管端与钢管焊接时，应对钢塑过渡段采取降温措施。

（2）连接后应对接头进行防腐处理，防腐等级应符合设计要求，检验合格。

钢塑转换连接如图 2K315030-6 所示。

图 2K315030-6　钢塑转换连接

五、聚乙烯燃气管道连接注意事项

（1）管道连接前应对管材、管件及管道附属设备按设计要求进行核对，并应在施工现场进行外观检查，管材表面划伤深度不应超过管材壁厚的 10%，且不应超过 4mm，符合要求方可使用。

（2）聚乙烯管材与管件的连接和钢骨架聚乙烯复合管材与管件的连接，必须根据不同连接形式选用专用的连接机具，不得采用螺纹连接或粘接。连接时，严禁采用明火加热。

（3）管道热熔或电熔连接的环境温度宜在 -5～45℃ 范围内，在环境温度低于 -5℃ 或风力大于 5 级的条件下进行热熔或电熔连接操作时，应采取保温、防风措施，并应调整连接工艺；在炎热的夏季进行热熔或电熔连接操作时，应采取遮阳措施。

六、聚乙烯燃气管道埋地敷设应符合的要求

（1）聚乙烯管道和钢骨架聚乙烯复合管道与热力管道、建（构）筑物或其他相邻管道之间

的水平净距和垂直净距，不应小于规范规定，并应确保燃气管道周围土壤温度不大于40℃。

（2）管道下管时，不得采用金属材料直接捆扎和吊运管道，并应防止管道划伤、扭曲或承受过大的拉伸和弯曲。

（3）聚乙烯燃气管道宜呈蜿蜒状敷设，并可随地形在一定的起伏范围内自然弯曲敷设，不得使用机械或加热方法弯曲管道。

（4）管道敷设时，应随管走向敷设示踪线、警示带、保护板，设置地面标志。

1）示踪线：应敷设在聚乙烯燃气管道的正上方，并应有良好的导电性和有效的电气连接，示踪线上应设置信号源井。

2）保护板：应有足够的强度，且上面应有明显的警示标识；保护板宜敷设在管道上方距管顶大于200mm、距地面300～500mm处，但不得敷设在路面结构层内。

（5）采用拖管法埋地敷设时，在管道拖拉过程中，沟底不应有可能损伤管道表面的石块或尖凸物，拖拉长度不宜超过300m。

七、聚乙烯管道连接质量检查与验收

（一）热熔对接连接接头质量检验应符合的规定

连接完成后，应对接头进行100%的翻边对称性、接头对正性检验和不少于15%的翻边切除检验。水平定向钻非开挖施工应进行100%接头翻边切除检验。

（1）翻边对称性检验：接头应具有沿管材整个圆周平滑对称的翻边，翻边最低处的深度（A）不应低于管材表面，如图2K315030-7（a）所示。

（2）接头对正性检验：焊缝两侧紧邻翻边的外圆周的任何一处错边量（V）不应超过管材壁厚的10%，如图2K315030-7（b）所示。

（a）　　　　　　　　（b）

图 2K315030-7　翻边

（a）翻边对称性；（b）接头对正性

（3）翻边切除检验：应使用专用工具，在不损伤管材和接头的情况下，切除外部的焊接翻边，如图2K315030-8所示。翻边切除检验应符合下列要求：

1）翻边应是实心圆滑的，根部较宽，如图2K315030-9所示。

2）翻边下侧不应有杂质、小孔、扭曲和损坏。

3）每隔50mm进行180°的背弯试验，不应有开裂、裂缝，接缝处不得露出熔合线，如图2K315030-10所示。

图 2K315030-8　翻边切除　　　图 2K315030-9　合格实心翻边　　　图 2K315030-10　翻边背弯试验

（4）当抽样检验的焊缝全部合格时，则此次抽样所代表的该批焊缝应认为全部合格；若出现不符合的情况，则判定本焊缝不合格，并应按下列规定加倍抽样检验：

1）每出现一道不合格焊缝，则应加倍抽检该焊工所焊的同一批焊缝，按原标准进行检验。

2）如第二次抽检仍出现不合格焊缝，则应对该焊工所焊的同批全部焊缝进行检验。

（二）电熔连接接头质量检验应符合的规定

1. 电熔承插连接

（1）电熔管件与管材或插口管件的轴线应对正。

（2）管材或插口管件在电熔管件端口处的周边表面应有明显的刮皮痕迹。

（3）电熔管件端口的接缝处不应有熔融料溢出。

（4）电熔管件内的电阻丝不应被挤出。

（5）从电熔管件上的观察孔中应能看到指示柱移动或有少量熔融料溢出，溢料不得呈流淌状。

（6）每个电熔承插连接接头均应进行上述检验，出现与上述条款不符合的情况，应判定为不合格。

2. 电熔鞍形连接

（1）电熔鞍形管件周边的管道表面上应有明显的刮皮痕迹。

（2）鞍形分支或鞍形三通的出口应垂直于管道的中心线。

（3）管道管壁不应塌陷。

（4）熔融料不应从鞍形管件周边溢出。

（5）从鞍形管件上的观察孔中应能看到指示柱移动或有少量熔融料溢出，溢料不得呈流淌状。

（6）每个电熔鞍形连接接头均应进行上述检验，出现与上述条款不符合的情况，应判定为不合格。

｜重｜点｜提｜示｜

重点掌握聚乙烯燃气管道施工基本程序，掌握不同类型管道连接方法的区分与选择。结合质量检验要求，记忆检验项目及合格标准。

实战演练

[2017真题·案例节选]

背景资料：

某公司承建一项天然气管线工程，全长1380m，公称外径$DN110mm$，采用聚乙烯燃气管道（$SDR11\ PE100$），直埋敷设，热熔连接。

管材进场后，监理工程师检查发现聚乙烯直管现场露天堆放，堆放高度达1.8m，项目部既未采取安全措施，也未采用棚护，监理工程师签发通知单要求项目部整改。

管道焊接前，项目部组织焊工进行现场试焊，试焊后，项目部相关人员对管道连接接头的质量进行了检查，并根据检查情况完善了焊接作业指导书。

问题：

2. 根据背景资料，指出直管堆放的最高高度应为多少m？并应采取哪些安全措施？管道采用棚护的主要目的是什么？

4. 热熔焊接对焊接工艺评定检验与试验项目有哪些？

[答案]

2.（1）直管堆放的最高高度应为1.5m。

（2）安全措施：

1）应存放在通风良好的库房或棚内，远离热源，并应有防晒、防雨淋的措施。

2）严禁与油类或化学品混合存放，库区应有防火措施。

3）应水平堆放在平整的支撑物或地面上，采用三角形堆放或两侧加支撑保护的矩形堆放。

4）应采用遮盖物遮盖。

5）从生产到使用期间，存放时间不宜超过1年，管件不宜超过2年。

（3）管道采用棚护是为了防雨、防晒，防止管道腐蚀受损、老化变形。

4.（1）施工单位首先编制作业指导书并经过试焊，对首次使用的聚乙烯管材、热熔焊接方法、焊缝处理等，应进行焊接工艺评定，并根据评定报告确定焊接工艺。

（2）连接完成后，应对接头进行外观质量检查，100％翻边对称性、对正性检验，不少于10％的翻边切除检验，每隔50mm进行180°的背弯试验，拉伸性能试验等。

考点 4　燃气管网附属设备安装要求★

燃气管网附属设备包括阀门、补偿器、排水器、放散管等。

一、阀门

安装前应按产品标准要求进行强度和严密性试验，经试验合格的应做好标记（安全阀应铅封），不合格者不得安装。

（1）方向性：一般阀门的阀体上有标志，箭头所指方向即介质的流向，必须特别注意，不得装反（安全阀、减压阀、止回阀等要求介质单向流通；截止阀为了便于开启和检修，也要求介质由下而上通过阀座）。

（2）阀门手轮不得向下，避免仰脸操作；落地阀门手轮朝上，不得歪斜；在工艺允许的前提下，阀门手轮宜位于齐胸高，以便于启阀；明杆闸阀不要安装在地下，以防腐蚀；减压阀要求直立地安装在水平管道上，不得倾斜；安全阀也应垂直安装。

二、补偿器

（1）作用是消除管段胀缩应力。补偿器常安装在阀门的下侧（按气流方向）。

（2）波形补偿器安装时，应按设计规定的补偿量进行预拉伸（压缩）。补偿器安装应与管道保持同轴，不得偏斜。安装时不得用补偿器的变形来调整管位的安装误差。

三、排水器（凝水器、凝水缸）

为排除燃气管道中的冷凝水和石油伴生气管道中的轻质油，管道敷设时应有一定坡度，以便在最低处设排水器，将汇集的水或油排出。

四、放散管

专门用来排放管道内部的空气或燃气的装置。放散管装在最高点和每个阀门之前（按燃气流动方向）。放散管上安装球阀、燃气管道正常运行中必须关闭。

五、阀门井

为保证管网的安全与操作方便，地下燃气管道上的阀门一般都设置在阀门井内。

重点提示

熟悉燃气管道的附属设备种类及作用，能够根据提供的概念判断是哪种附件。

实战演练

[经典例题·多选] 要求介质单向流通的阀门有（　　　）。

A. 安全阀　　　　B. 减压阀　　　　C. 止回阀　　　　D. 截止阀

E. 球阀

[解析] 安全阀、减压阀、止回阀等要求介质单向流通；截止阀为了便于开启和检修，也要求介质由下而上通过阀座。

[答案] ABCD

考点 5　管道吹扫★

管道安装完毕后应依次进行管道吹扫、强度试验和严密性试验。采用水平定向钻和插入法敷设的聚乙烯管道，功能性试验应在敷设前进行；在回拖或插入后，应随同管道系统再次进行严密性试验。事前应编制施工方案，制定安全措施，做好交底工作，确保施工人员及附近民众与设施的安全。

一、气体吹扫或清管球清扫

（1）球墨铸铁管道、聚乙烯管道和公称直径小于100mm或长度小于100m的钢制管道，可采用气体吹扫。

（2）公称直径大于或等于100mm的钢制管道，宜采用清管球进行清扫。

二、管道吹扫应符合的要求

（1）吹扫范围内管道安装工程除补口、涂漆外，已按设计文件全部完成。

（2）管道安装检验合格后，应由施工单位负责组织吹扫工作，并应在吹扫前编制吹扫方案。

（3）应按主管、支管、庭院管的顺序进行吹扫，吹扫出的脏物不得进入已吹扫合格的管道。

（4）吹扫管段内的调压器、阀门、孔板、过滤网、燃气表等设备不参与吹扫，待吹扫合格后再安装复位。

（5）吹扫口应设在开阔地段并加固，吹扫时应设安全区域，吹扫出口前严禁站人。

（6）吹扫压力不得大于管道的设计压力，且不应大于0.3MPa。

（7）吹扫介质宜采用压缩空气，严禁采用氧气和可燃性气体。

（8）吹扫合格设备复位后，不得再进行影响管内清洁的其他作业。

（9）在对聚乙烯管道吹扫及试验时，进气口应采取油水分离及冷却等措施，确保管道进气口气体干燥且其温度不得高于40℃，排气口应采取防静电措施。

三、试验管道长度要求

（1）每次吹扫长度不宜超过500m，超过时宜分段吹扫。

（2）当管道长度在200m以上且无其他管段或储气容器可利用时，应在适当部位安装吹扫阀，采取分段储气，轮换吹扫；长度不足200m，可采用管道自身储气放散的方式吹扫，打压点与放散点应分别设在管道的两端。

四、管道吹扫试验检查与验收

（一）气体吹扫要求

（1）吹扫气体流速不宜小于20m/s。

（2）吹扫口与地面的夹角应在30°～45°之间，吹扫口管段与被吹扫管段必须采取平缓过渡焊接方式连接，不同管材吹扫口直径应符合表 2K315030-2、表 2K315030-3 中的规定。

表 2K315030-2　金属管道吹扫口直径　　　　　　　　（单位：mm）

末端管道公称直径 DN	$DN<150$	$150\leqslant DN\leqslant300$	$DN\geqslant350$
吹扫口公称直径	与管道同径	150	250

表 2K315030-3　聚乙烯管道吹扫口直径　　　　　　　（单位：mm）

末端管道公称外径 d_n	$d_n<160$	$160\leqslant d_n\leqslant315$	$d_n\geqslant355$
吹扫口公称直径	与管道同径	$\geqslant160$	$\geqslant250$

（3）当目测排气无烟尘时，应在排气口设置白布或涂白漆木靶板检验，5min 内靶上无铁锈、尘土等其他杂物为合格。

（二）清管球清扫要求

（1）管道直径必须是同一规格，不同管径的管道应断开分别进行清扫。

（2）对影响清管球通过的管件、设施，在清管前应采取必要措施。

（3）管道内的残存水、尘土、铁锈、焊渣等杂物随球清至管道末端收球筒内，杂物从清扫口排除。清管球清扫后应进行检验，如不合格可采用气体再吹扫直至合格。

重点提示

> 管道吹扫试验是燃气管道中特有的，考查频率较高，掌握其基本流程及规定。

✐ 实战演练

［经典例题·单选］燃气管道进行吹扫时，吹扫压力不得大于管道的设计压力，且应不大于（　　）。

A. 0.15MPa　　　　　B. 0.3MPa　　　　　C. 0.6MPa　　　　　D. 0.9MPa

［解析］吹扫压力不得大于管道的设计压力，且应不大于 0.3MPa。

［答案］B

考点 6　燃气管道功能性试验★★

一、强度试验

为减少环境温度的变化对试验的影响，强度试验前，埋地管道回填土宜回填至管上方 0.5m 以上，并留出焊接口。

（一）试验长度

强度试验应分段进行，试验管道分段最大长度宜按表 2K315030-4 执行。

表 2K315030-4　管道试压分段最大长度

设计压力 PN/MPa	试验管段最大长度/m
$PN\leqslant0.4$	1000
$0.4<PN\leqslant1.6$	5000
$1.6<PN\leqslant4.0$	10000

（二）试验压力

一般情况下试验压力为设计输气压力的 1.5 倍，但钢管不得低于 0.4MPa，聚乙烯管（SDR11 不得低于 0.4MPa，聚乙烯管（SDR17.6）不得低于 0.2MPa，强度试验是在吹扫试验合格、管线回填后进行（需露出接口）。

（三）试验要求

（1）水压试验时，当压力达到规定值后，应稳压 1h，观察压力计应不少于 30min，无压力降为合格。

（2）气压试验时采用泡沫水检测焊口，当发现有漏气点时，及时标出漏洞的准确位置，待全部接口检查完毕后，将管内的介质放掉，方可进行补修，补修后重新进行强度试验。

（3）强度试验检查验收（补充质量检验部分）：当升压至试验压力后稳压 1h，观察压力计不应少于 30min，无压力降为合格。

二、严密性试验

（一）试验压力

（1）严密性试验应在强度试验合格、管线全线回填后进行。

（2）严密性试验压力根据管道设计输气压力而定，当设计输气压力 $P<5kPa$ 时，试验压力为 20kPa；当设计输气压力 $P\geqslant5kPa$ 时，试验压力为设计压力的 1.15 倍，但不得低于 0.1MPa。

（二）严密性试验检查验收（补充质量检验部分）

管道内压力升至试验压力后，稳压 24h，每小时记录不应少于 1 次，采用水银压力计时，修正压力降小于 133Pa 为合格，采用电子压力计时，压力无变化为合格。

重点提示

> 熟悉燃气管道强度试验及严密性试验的流程及基本规定即可，考查频率较低。

实战演练

[经典例题·单选] 燃气管道进行强度试验时，试验压力一般为设计压力的（　　）。

A. 1.15 倍　　　　　B. 1.25 倍　　　　　C. 1.5 倍　　　　　D. 2 倍

[解析] 一般情况下试验压力为设计输气压力的 1.5 倍，但钢管不得低于 0.4MPa，聚乙烯管（SDR11 不得低于 0.4MPa，聚乙烯管（SDR17.6）不得低于 0.2MPa，强度试验是在吹扫试验合格、管线回填后进行（需露出接口）。

[答案] C

[经典例题·单选] 燃气管道进行严密性试验时，设计输气压力为 0.1MPa，试验压力应为（　　）。

A. 20kPa　　　　　B. 0.115MPa　　　　　C. 0.1MPa　　　　　D. 0.6MPa

[解析] 严密性试验压力根据管道设计输气压力而定，当设计输气压力 $P<5kPa$ 时，试验压力为 20kPa；当设计输气压力 $P\geqslant5kPa$ 时，试验压力为设计压力的 1.15 倍，但不得低于 0.1MPa。

[答案] B

[经典例题·单选] 关于燃气管道严密性试验，说法正确的是（　　）。

A. 严密性试验应在强度试验前进行

B. 埋地燃气管道做严密性试验之前，应全线回填

C. 燃气管道严密性试验不允许有压力降

D. 严密性试验压力根据管道设计输气压力而定

[解析] 燃气管道严密性试验：①严密性试验应在强度试验合格、管线全线回填后进行。②严密性试验压力根据管道设计输气压力而定，当设计输气压力 $P<5kPa$ 时，试验压力为 20kPa；当设计输气压力 $P\geqslant5kPa$ 时，试验压力为设计压力的 1.15 倍，但不得低于 0.1MPa。③严密性试验前应向管道内充气至试验压力，燃气管道的严密性试验稳压的持续时间一般不少于 24h，实际压力降不超过允许值为合格。

［答案］D

同步强化训练

一、单项选择题（每题的备选项中，只有1个最符合题意）

1. 设计无要求时，可按经验公式 $B=D_0+2\times(b_1+b_2+b_3)$ 确定沟槽底部开挖宽度，其中 D_0 为（　　）。

   A. 管直径　　　　　　　B. 管外径　　　　　　C. 管内径　　　　　　D. 管壁厚

2. 相同条件下放坡开挖沟槽，可采用最陡边坡的土层是（　　）。

   A. 经井点降水后的软土　　　　　　　　　B. 中密砂土

   C. 硬塑黏土　　　　　　　　　　　　　　D. 硬塑粉土

3. 有补偿器装置的热力管道，在补偿器安装前，管道和（　　）不得进行固定连接。

   A. 导向支架　　　　　　B. 悬吊支架　　　　　C. 固定支架　　　　　D. 滚动支架

4. 当阀门与管道以法兰或螺纹方式连接时，阀门应在（　　）状态下安装。

   A. 关闭　　　　　　　　B. 打开1/3　　　　　　C. 半开　　　　　　　D. 全开

5. 中压A地下燃气管道与建筑物基础的水平净距不得小于（　　）。

   A. 0.5m　　　　　　　　B. 1.0m　　　　　　　C. 1.5m　　　　　　　D. 2.0m

6. 按燃气流动方向，安装在管道最高点和每个阀门之前的附属设备是（　　）。

   A. 放散管　　　　　　　　　　　　　　　B. 排水器

   C. 补偿器　　　　　　　　　　　　　　　D. 绝缘法兰

二、多项选择题（每题的备选项中，有2个或2个以上符合题意，至少有1个错项）

1. 下列沟槽开挖说法正确的有（　　）。

   A. 机械开挖时槽底预留200～300mm土层，由人工开挖至设计高程

   B. 槽底局部扰动或受水浸泡时，宜采用天然级配砂砾石或石灰土回填

   C. 槽底扰动土层为湿陷性黄土时，宜采用石灰土回填

   D. 槽底土层为杂填土、腐蚀性土时，宜采用天然级配砂砾石回填

   E. 在沟槽边坡稳固后设置供施工人员上下沟槽的安全梯

2. 必须经严密性试验合格后方可投入运行的管道有（　　）。

   A. 污水管道

   B. 雨污水合流管道

   C. 设计无要求时，单口水压试验合格的玻璃钢无压管道

   D. 设计无要求时，单口水压试验合格的预应力混凝土无压管道

   E. 湿陷土、膨胀土、流沙地区的雨水管道

3. 利用补偿材料的变形来吸收热伸长的补偿器有（　　）。

   A. 自然补偿　　　　　　　　　　　　　B. 方形补偿器

   C. 波纹管补偿器　　　　　　　　　　　D. 填料补偿器

   E. 球形补偿器

参考答案及解析

一、单项选择题

1. ［答案］B

［解析］确定沟槽底部开挖宽度：设计无要求，可按经验公式计算 $B=D_0+2\times$

$(b_1 + b_2 + b_3)$。式中，D_0——管外径（mm）；b_1——管道一侧工作面宽度（mm）；b_2——管道一侧支撑厚度（mm）；b_3——管道一侧模板厚度（mm）。

2. [答案] C

[解析] 相同条件下放坡开挖沟槽，可采用最陡边坡的土层是硬塑黏土。

3. [答案] C

[解析] 固定支架安装规定：有补偿器的管段，在补偿器安装前，管道和固定支架之间不得进行固定。

4. [答案] A

[解析] 当阀门与管道以法兰或螺纹方式连接时，阀门应在关闭状态下安装；当阀门与管道以焊接方式连接时，阀门不得关闭。

5. [答案] C

[解析] 中压 A 地下燃气管道与建筑物基础的水平净距不得小于 1.5m。

6. [答案] A

[解析] 在管道投入运行时利用放散管排出管内的空气，在管道或设备检修时，可利用放散管排放管内的燃气，防止在管道内形成爆炸性的混合气体。放散管装在最高点和每个阀门之前（按燃气流动方向）。放散管上安装球阀，燃气管道正常运行中必须关闭。

二、多项选择题

1. [答案] ABE

[解析] 沟槽开挖规定：①槽底原状地基土不得扰动，机械开挖时槽底预留 200～300mm 土层，由人工开挖至设计高程，整平。②槽底不得受水浸泡或受冻，槽底局部扰动或受水浸泡时，宜采用天然级配砂砾石或石灰土回填；槽底扰动土层为湿陷性黄土时，应按设计要求进行地基处理。③槽底土层为杂填土、腐蚀性土时，应全部挖除并按设计要求进行地基处理。④槽壁平顺，边坡坡度符合施工方案的规定。⑤在沟槽边坡稳固后设置供施工人员上下沟槽的安全梯。

2. [答案] ABE

[解析] 严密性试验：①污水、雨污水合流管道及湿陷土、膨胀土、流砂地区的雨水管道，必须经严密性试验合格后方可投入运行。②管道的严密性试验分为闭水试验和闭气试验，应按设计要求确定；设计无要求时，应根据实际情况选择闭水试验或闭气试验。③全断面整体现浇的钢筋混凝土无压管渠处于地下水位以下时，除设计要求外，管渠的混凝土强度等级、抗渗等级检验合格，可采用内渗法测渗水量；渗漏水量测方法按规定检查，符合设计要求时，可不必进行闭水试验。④不开槽施工的内径大于或等于 1500mm 钢筋混凝土结构管道，设计无要求且地下水位高于管道顶部时，可采用内渗法测渗水量；渗漏水量测方法按规定进行，符合规定时，则管道抗渗能力满足要求，不必再进行闭水试验。

3. [答案] ABC

[解析] 自然补偿是利用管道自身的弯头来进行补偿，选项 A 正确。方形补偿器利用 4 个 90°弯头的弹性来达到补偿的目的，选项 B 正确。波纹管补偿器是利用波纹管的可伸缩性来进行补偿，选项 C 正确。填料补偿器利用套筒的可伸缩性来进行补偿，选项 D 不符合。球形补偿器是利用球形的转向性来达到补偿的目的，选项 E 不符合。

2K316000 生活垃圾填埋处理工程

 学习提示

　　本章是市政工程基础内容，是针对垃圾填埋施工技术的内容。在本章复习中，与垃圾填埋施工相关内容均为考查分值较高的内容，应当重点学习，注意梳理清楚垃圾填埋防渗层构造，加强如"HDPE膜铺设与焊接""GCL垫的搭接""泥质防水层施工流程"等内容的学习。

　　考情分析

近四年考试真题分值统计表　　　　　　　　　　　　（单位：分）

节序	节名	2020年			2019年			2018年			2017年		
		单选	多选	案例	单选	多选	案例	单选	多选	案例	单选	多选	案例
2K316010	生活垃圾填埋处理工程施工	1	—	—	1	—	—	1	—	—	1	2	—
	合计	1	—	—	1	—	—	1	—	—	1	2	—

注：超纲考题的分值分布未计算在列。

2K316010 生活垃圾填埋处理工程施工

思维导图 ▶▶▶

考点精讲 ▶▶▶

考点 1 填埋场填埋区结构特点

一、生活垃圾卫生填埋场填埋区的结构要求

填埋场总体设计中包含填埋区、场区道路、垃圾坝、渗沥液导流系统、渗沥液处理系统、填埋气体导排及处理系统、封场工程及监测设施等综合项目。填埋区的占地面积宜为总面积的70%～90%，不得小于60%。填埋场必须进行防渗处理，防止对地下水和地表水的污染，同时还应防止地下水进入填埋区。

二、生活垃圾卫生填埋场填埋区的结构形式

生活垃圾卫生填埋场填埋区工程的结构层次从上至下主要为：渗沥液收集导排系统、防渗系统和基础层。系统结构形式如图2K316010-1所示。

图2K316010-1 渗沥液收集导排系统、防渗系统断面示意图

重点提示

> 熟悉垃圾填埋场的结构层种类、位置及防渗层的质量检验方法，考频较低。

实战演练

[经典例题·单选] 下列不属于垃圾卫生填埋场填埋区工程的结构层的是（   ）。

A. 渗沥液收集导排系统   B. 过滤层

C. 防渗系统   D. 基础层

[解析] 垃圾卫生填埋场填埋区工程的结构层次从上至下主要为渗沥液收集导排系统、防渗系统和基础层。

[名师点拨] 本题还应该特别注意在结构层中防渗系统的构成，防渗系统主要包含 GCL垫、HDPE 以及膜上土工布保护层，如图 2K316010-1 所示。如果题干问防渗系统的组成部分，一定注意不要把泥质防水层包含进去。

[答案] B

考点 **2** 泥质防水层施工技术★★

泥质防水层施工技术的核心是掺加膨润土的拌合土层施工技术。泥质防水层施工现场如图 2K316010-2 所示。

图 2K316010-2 泥质防水层施工现场

一、施工程序

泥质防水层施工程序如图 2K316010-3 所示。

图 2K316010-3 泥质防水层施工程序

二、质量技术控制要点

（一）施工队伍的资质与业绩

选择施工队伍时应审查施工单位的资质：营业执照、专业工程施工许可证、质量管理水平；从事本类工程的业绩和工作经验；合同履约情况。

（二）膨润土进货质量

应采用材料招标方法选择供货商，审核生产厂家的资质，核验产品出厂三证（产品合格证、产品说明书、产品试验报告单），进货时进行产品质量检验，组织产品质量复验或见证取样，确定合格后方可进场。

（三）膨润土掺加量的确定

应在施工现场内选择土壤，通过对多组配合土样的对比分析，优选出最佳配合比。

（四）拌合均匀度、含水量及碾压压实度

应在操作过程中确保掺加膨润土数量准确，拌合均匀，机拌不能少于 2 遍，含水量最大偏差不宜超过 2%，振动压路机碾压控制在 4～6 遍，碾压密实。

（五）质量检验

应严格按照合同约定的检验频率和质量检验标准同步进行，检验项目包括压实度试验和渗水试验两项。

重点提示

泥质防水层是垃圾填埋场防渗层的常用结构形式之一，施工简便，重点掌握其膨润土掺加的试验要求规定（不能根据施工经验确定，要经过多处掺量试验确定最终掺加量）及检验项目。

实战演练

[经典例题·单选] 垃圾填埋场泥质防水技术的核心是（　　）施工技术。

A. 选择原材料配合比

B. 严格控制压实度

C. 掺加膨润土的拌合土层

D. 分层压实

[解析] 泥质防水层施工技术的核心是掺加膨润土的拌合土层施工技术。

[答案] C

考点 3　土工合成材料膨润土垫（GCL）施工★★

土工合成材料膨润土垫（GCL）是两层土工合成材料之间夹封膨润土粉末（或其他低渗透性材料），通过针刺、粘接或缝合而制成的一种复合材料，主要用于密封和防渗，如图 2K316010-4 所示。

图 2K316010-4　膨润土防水卷材在垃圾填埋场的应用

一、GCL 施工流程

GCL 施工工艺流程如图 2K316010-5 所示。

图 2K316010-5　GCL 施工工艺流程图

二、质量控制要点

（1）填埋区基底检验合格，进行 GCL 铺设作业，每一工作面施工前均要对基底进行修整和检验。

（2）对铺开的 GCL 进行调整，调整搭接宽度，控制在 250±50mm 范围内。

（3）掀开搭接处上层 GCL 垫，在搭接处均匀撒膨润土粉，将两层垫间密封，然后将掀开的 GCL 铺回。

（4）GCL 搭接应尽量采用顺坡搭接（上压下）；注意避免出现十字搭接，应尽量采用品形分布。

（5）GCL 须当日铺设当日覆盖，遇有雨雪天气应停止施工，并将已铺设的 GCL 覆盖好。

重点提示

掌握 GCL 施工流程及质量控制要点，多以客观题的形式进行考查。

实战演练

[经典例题·多选] 关于土工合成材料膨润土垫（GCL）施工质量控制要点的说法，正确的有（　　）。

A. 铺设 GCL 前，每一工作面施工前均要对基底进行修整和检验，直至合格

B. 对铺开的 GCL 进行调整，调整搭接宽度，控制在 250±50mm 范围内

C. 拉平 GCL，确保无褶皱、无悬空现象，与基础层贴实

D. GCL 应采用下压上搭接方式，避免十字搭接

E. GCL 可以安排在冬期施工

[解析] 土工合成材料膨润土垫（GCL）施工质量控制要点如下：①填埋区基底检验合格，进行 GCL 铺设作业，每一工作面施工前均要对基底进行修整和检验。②对铺开的 GCL 进行调整，调整搭接宽度，控制在 250±50mm 范围内，拉平 GCL，确保无褶皱、无悬空现象，与基础层贴实。③掀开搭接处上层 GCL 垫，在搭接处均匀撒膨润土粉，将两层垫间密封，然后将掀开的 GCL 铺回。④GCL 搭接应尽量采用顺坡搭接（上压下）；注意避免出现十字搭接，应尽量采用品形分布。⑤GCL 须当日铺设当日覆盖，遇有雨雪天气应停止施工，并将已铺设的 GCL 覆盖好。

[答案] ABC

考点 4　HDPE 防渗膜施工程序与焊接工艺★★★

一、HDPE 防渗膜施工程序

HDPE 防渗膜施工现场如图 2K316010-6 所示。

图 2K316010-6　HDPE 防渗膜施工现场

高密度聚乙烯（HDPE）膜的质量及其焊接质量是防渗层施工质量的关键，其施工程序如图 2K316010-7 所示。

图 2K316010-7　HDPE 防渗膜施工程序

二、HDPE 防渗膜焊接工艺与焊缝检测技术

（一）两种焊接工艺比较

两种焊接工艺比较见表 2K316010-1。

表 2K316010-1　HDPE 防渗膜焊接工艺对比

焊接工艺	焊接工具	焊接原理	备注
双缝热熔焊接 （如图 2K316010-8 所示）	双轨热熔焊机	施加一定温度使 HDPE 膜本体熔化	焊缝与原材料性能完全一致，厚度更大，力学性能更好
单缝挤压焊接 （如图 2K316010-9 所示）	单轨挤压焊机	通过单轨挤压焊机把 HDPE 焊条熔融挤出	用于糙面膜与糙面膜之间的连接、各类修补和双轨热熔焊机无法焊接的部位

2K316000

生活垃圾填埋处理工程

图 2K316010-8 双缝热熔焊接

图 2K316010-9 单缝挤压焊接

（二）焊缝检测技术

1. 非破坏性检测技术

HDPE 膜焊缝非破坏性检测主要有双缝热熔焊缝气压检测法和单缝挤压焊缝的真空及电火花检测法。

（1）气压检测（焊缝的强度和气密性），热熔焊接形成双缝焊接，应采用气压检测设备检测。气压检测原理如图 2K316010-10 所示。

图 2K316010-10 双缝热熔焊缝气压检测原理

检验方法：一条焊缝施工完毕后，将焊缝气腔加压至 250kPa，维持 3～5min，气压不应低于 240kPa，然后在焊缝的另一端开孔放气，气压表指针能够迅速归零视为合格。

（2）真空检测是传统的老方法，挤压焊接所形成的单缝焊缝，应采用真空检测法检测，如图 2K316010-11 所示。

图 2K316010-11 真空检测

检验方法：在 HDPE 膜焊缝上涂上肥皂水，罩上五面密封的真空罩，用真空泵抽真空，当真空罩内气压达到 25～35kPa 时焊缝无任何泄漏视为合格。

（3）电火花检测等效于真空检测方法，适用于地形复杂的地段，如图 2K316010-12 所示。

图 2K316010-12　电火花检测

检验方法：在挤压焊缝中预先埋设一条直径 $\phi0.3\sim\phi0.5$mm 的细铜线，利用 35kV 的高压脉冲电源探头在距离焊缝 10~30mm 的高度探扫，无火花出现视为合格。

2. 破坏性测试（焊缝的强度）

（1）检测方法：每台焊接设备焊接一定长度取一个破坏性试样，每个试样裁取 10 个 25.4mm 宽的标准试件，分别做 5 个剪切实验和 5 个剥离实验，进行室内实验分析（取样位置应立即修补）。每种实验 5 个试样的测试结果中应有 4 个符合相关规范要求，且平均值应达到表 2K316010-2 的标准、最低值不得低于标准值的 80% 方视为通过强度测试。

表 2K316010-2　热熔及挤压焊缝强度判定标准值

厚度/mm	剪切		剥离	
	热熔焊/（N/mm）	挤压焊/（N/mm）	热熔焊/（N/mm）	挤压焊/（N/mm）
1.5	21.2	21.2	15.7	13.7
2.0	28.2	28.2	20.9	18.3

注： 测试条件为 25℃，50mm/min。

（2）如不能通过强度测试，需在测试失败的位置沿焊缝两端各 6m 范围内重新取样测试，重复以上过程直至合格为止。对排查出有怀疑的部位用挤压焊接方式加以补强。

┌───┐
重点提示

（1）高密度聚乙烯（HDPE）膜也是垃圾填埋场防渗层常用结构层，施工工序较复杂，重点掌握其工序内容。

（2）重点掌握 HDPE 防渗膜焊接方法及对应的严密性检测方法和标准。HDPE 防渗膜焊缝是防渗的关键部位，考查频率较高。
└───┘

实战演练

[2019 真题·单选] HDPE 膜铺设工程中，不属于挤压焊接检测项目的是（　　）。

A. 观感检测　　　　　　　　　　　　B. 气压检测

C. 真空检测　　　　　　　　　　　　D. 破坏检测

[解析] 气压检测针对热熔焊接，不属于挤压焊接检测项目。

[答案] B

考点 5 HDPE 防渗膜施工★★★

扫码听课

一、HDPE 膜铺设的相关规定

《生活垃圾卫生填埋场防渗系统工程技术规范》（CJJ 113—2007）规定：

（1）在铺设 HDPE 膜之前，应检查其膜下保护层，每平方米的平整度误差不宜超过 20mm。

（2）HDPE 膜铺设时应符合下列要求：

1）铺设应一次展开到位，不宜展开后再拖动。

2）应为材料热胀冷缩导致的尺寸变化留出伸缩量。

3）应对膜下保护层采取适当的防水、排水措施。

4）应采取措施防止 HDPE 膜受风力影响而破坏。

5）HDPE 膜铺设过程中必须进行搭接宽度和焊缝质量控制，监理必须全程监督膜的焊接和检验。

6）施工中应注意保护 HDPE 膜不受破坏，车辆不得直接在 HDPE 膜上碾压。

二、HDPE 膜铺设施工要点

（1）施工前做好电源线路检修、畅通；合格施工机具就位；劳动力安排就绪等一切准备工作。

（2）铺设前对铺设面进行严格的检查，消除任何坚硬的硬块。

（3）按照斜坡上不出现横缝的原则确定铺膜方案，所用膜在边坡的顶部和底部延长不小于1.5m，或根据设计要求。HDPE 膜斜坡铺设如图 2K316010-13 所示。

图 2K316010-13　HDPE 膜斜坡铺设

（4）为保证填埋场基地构建面不被雨水冲坏，填埋场 HDPE 膜铺设总体顺序一般为"先边坡后场底"，在铺设时应将卷材自上而下滚铺（如图 2K316010-14），并确保铺贴平整。用于铺放 HDPE 膜的任何设备避免在已铺好的土工合成材料上面进行工作。

图 2K316010-14　HDPE 膜滚铺

（5）铺设边坡 HDPE 膜时，为避免 HDPE 膜被风吹起和被拉出周边锚固沟，所有外露的 HDPE 膜边缘应及时用沙袋或者其他重物压上。

（6）施工中需要足够的临时压载物或地锚（沙袋或土工织物卷材）以防止铺设的 HDPE 膜被大风吹起，避免采用会对 HDPE 膜产生损坏的物品，在有大风的情况下，HDPE 膜须临时锚固（如图 2K316010-15），安装工作应停止进行。

图 2K316010-15　HDPE 膜临时锚固

（7）根据焊接能力合理安排每天铺设 HDPE 膜的数量，在恶劣天气来临前，减少展开 HDPE 膜的数量，做到能焊多少铺多少。冬期严禁铺设。

（8）禁止在铺设好的 HDPE 膜上吸烟；铺设 HDPE 膜的区域内禁止使用火柴、打火机和化学溶剂或类似的物品。

（9）检查铺设区域内的每片膜的编号与平面布置图的编号是否一致，确认无误后按规定的位置，立即用沙袋进行临时锚固。

（10）铺设后的 HDPE 膜在进行调整位置时不能损坏安装好的防渗膜，且在 HDPE 膜调整过程中使用专用的拉膜钳。

（11）HDPE 膜铺设方式应保证不会引起 HDPE 膜的折叠或褶皱。HDPE 膜的拱起会造成 HDPE 膜的严重拉长，为了避免出现褶皱，可通过对 HDPE 膜的重新铺设或通过切割和修理来解决褶皱问题。

（12）应及时填写 HDPE 膜铺设施工记录表，经现场监理和技术负责人签字后存档。

三、HDPE 膜试验性焊接

（1）每个焊接人员和焊接设备每天在进行生产焊接之前应进行试验性焊接。

（2）在每班或每日工作之前，须对焊接设备进行清洁、重新设置和测试，以保证焊缝质量。

（3）在监理的监督下进行 HDPE 膜试验性焊接，检查焊接机器是否达到焊接要求。

（4）试焊接人员、设备、HDPE 膜材料和机器配备应与生产焊接相同。

（5）焊接设备和人员只有成功完成试验性焊接后，才能进行生产焊接。

（6）热熔焊接试焊样品规格为 300mm×2000mm，挤压焊接试焊样品规格为 300mm×1000mm。

（7）试验性焊接完成后，割下 3 块 25.4mm 宽的试块，测试撕裂强度和抗剪强度。

（8）当任何一试块没有通过撕裂和抗剪测试时，试验性焊接应全部重做。

（9）在试焊样品上标明样品编号、焊接人员编号、焊接设备编号、焊接温度、环境温度、预热温度、日期、时间和测试结果；并填写 HDPE 膜试样焊接记录表，经现场监理和技术负责人签字后存档。

四、HDPE膜生产焊接

（1）通过试验性焊接后方可进行生产焊接。

（2）在焊接过程中要将焊缝搭接范围内影响焊接质量的杂物清除干净。

（3）焊接中，要保持焊缝的搭接宽度，确保足以进行破坏性试验。

（4）除了在修补和加帽的地方外，坡度大于1：10处不可有横向的接缝。

（5）边坡底部焊缝应从坡脚向场底底部延伸至少1.5m。

（6）操作人员要始终跟随焊接设备，观察焊机屏幕参数，如发生变化，要对焊接参数进行微调。

（7）每一片HDPE膜要在铺设的当天进行焊接，如果采取适当的保护措施可防止雨水进入下面的地表，底部接驳焊缝，可以例外。

（8）只可使用经准许的工具箱或工具袋，设备和工具不可以放在HDPE膜的表面。

（9）所有焊缝做到从头到尾进行焊接和修补。唯一例外的是在锚固沟的接缝可以在坡顶下300mm的地方停止焊接。

（10）在焊接过程中，如果搭接部位宽度达不到要求或出现漏焊的地方，应该在第一时间用记号笔标示，以便做出修补。

（11）需要采用挤压焊接时，在HDPE膜焊接的地方要除去表面的氧化物，并应严格限制只在焊接的地方进行，磨平工作在焊接前不超过1h进行。

（12）临时焊接不可使用溶剂或粘合剂。

（13）通常为了避免出现拱起，边坡与底部HDPE膜的焊接应在清晨或晚上气温较低时进行。

（14）为防止大风将膜刮起、撕开，HDPE膜焊接过程中如遇到下雨，在无法确保焊接质量的情况下，应对已经铺设的膜冒雨焊接完毕，等条件具备后再用单轨挤压焊机进行修补。

（15）在焊缝的旁边用记号笔清楚地标出焊缝的编号、焊接设备的编号、焊接人员的编号、焊接温度、环境温度、焊接速度（预热温度）、接缝长度、日期、时间；并填写HDPE膜热熔（或挤压）焊接检测记录表，经现场监理和技术负责人签字后归档。

（16）每天清扫工作地点，移走和适当处理在安装HDPE膜过程中产生的碎块，并将之放进接收器内。

重点提示

重点掌握HDPE防渗膜铺设、焊接施工技术标准要求，掌握其焊接部分的新增内容。

✏ **实战演练**

［经典例题·多选］关于HDPE膜铺设的施工要点，下列说法正确的有（　　）。

A. 按照斜坡上不出现纵缝的原则确定铺膜方案

B. 铺设的总体顺序一般为"先场底后边坡"

C. 铺设时应将卷材自下而上滚铺

D. 施工中可采取沙袋或土工织物卷材等临时压载物来防止铺设的膜被大风吹起

E. 铺设膜的区域内禁止使用火柴和化学溶剂等

［解析］按照斜坡上不出现横缝的原则确定铺膜方案，选项A错误。填埋场HDPE膜铺设

（左侧竖排）2K316000　　生活垃圾填埋处理工程

总体顺序一般为"先边坡后场底",在铺设时应将卷材自上而下滚铺,选项B、C错误。

[答案] DE

[经典例题·案例节选]

背景资料:

(略)

问题:

1. 生产焊接后,应该在焊缝的旁边用记号笔标识出哪些内容?填写完毕焊接记录表后,经哪些人员签字后进行归档?

[答案]

1.(1)标识的内容包括焊缝的编号、焊接设备的编号、焊接人员的编号、焊接温度、环境温度、焊接速度(预热温度)、接缝长度、日期、时间等。

(2)填写完焊接记录表后,经现场监理和技术负责人签字后归档。

考点 6　HDPE 防渗膜铺设工程质量验收要求★★

一、HDPE 膜材料质量的观感检验和抽样检验

(一) HDPE 膜材料质量的观感检验

(1)每卷 HDPE 膜卷材应标识清楚,表面无折痕、损伤,厂家、产地、性能检测报告、产品质量合格证、海运提单等资料齐全。

(2)HDPE 膜除应符合国家现行标准《垃圾填埋场用高密度聚乙烯土工膜》(CJ/T 234—2006)的有关规定外,还应符合下列要求:

1)厚度不应小于 1.5mm。

2)膜的幅宽不宜小于 6.5m。

(3)HDPE 膜的外观要求应符合表 2K316010-3 的相关规定。

表 2K316010-3　HDPE 膜的外观各项指标要求

项目	要求
切口	平直,无明显锯齿现象
穿孔修复点	不允许
机械(加工)划痕	无或不明显
僵块	每平方米限于 10 个以内
气泡和杂质	不允许
裂纹、分层、接头和断头	不允许
糙面膜外观	均匀,不应有结块、缺损等现象

(二) HDPE 膜材料质量的抽样检验

(1)应由供货单位和建设单位双方在现场抽样检查。

(2)应由建设单位送到国家认证的专业机构检测。

(3)每 10000m² 为一批,不足 10000m² 按一批计。在每批产品中随机抽取 3 卷进行尺寸偏差和外观检查。

(4)在尺寸偏差和外观检查合格的样品中任取一卷,在距外层端部 500mm 处裁取 5m² 进

行主要物理性能指标检验。当有一项指标不符合要求，应加倍取样检测，仍有一项指标不合格，应认定整批材料不合格。

二、HDPE 膜铺设工程施工质量的观感检验与抽样检验

（一）HDPE 膜铺设工程施工质量观感检验

（1）场底、边坡基础层、锚固平台及回填材料要平整、密实，无裂缝、无松土、无积水、无裸露泉眼，无明显凹凸不平、无石头砖块，无树根、杂草、淤泥、腐殖土，场底、边坡及锚固平台之间过渡平缓。

（2）HDPE 膜铺设应规划合理，边坡上的接缝须与坡面的坡向平行，场底横向接缝距坡脚线距离应大于 1.5m。焊接、检测和修补记录标识应明显、清楚，焊缝表面应整齐、美观，不得有裂纹、气孔、漏焊和虚焊现象。HDPE 膜无明显损伤、无褶皱、无隆起、无悬空现象。搭接良好，搭接宽度应符合表 2K316010-4 的规定。

表 2K316010-4　HDPE 膜焊缝的搭接宽度及允许偏差

项目	搭接宽度/mm	允许偏差/mm	检测频率	检测方法
双缝热熔焊接	100	−20～+20	20m	钢尺测量
单缝挤压焊接	75	−20～+20	20m	钢尺测量

（二）HDPE 膜铺设工程施工质量抽样检验

（1）锚固沟回填土按 50m 取一个点检测密实度，合格率应为 100%。

（2）HDPE 膜焊接质量检测应符合下列要求。

1）对热熔焊接每条焊缝应进行气压检测，合格率应为 100%。

2）对挤压焊接每条焊缝应进行真空检测，合格率应为 100%。

3）焊缝破坏性检测，按每 1000m 焊缝取一个 1000mm×350mm 样品做强度测试，合格率应为 100%。

（3）HDPE 膜施工工序质量检测评定应按相关要求填写有关记录。

重｜点｜提｜示

　　重点掌握 HDPE 防渗膜的施工质量的验收项目及对应质量合格标准、要求。

实战演练

［经典例题·单选］HDPE 膜材料质量的抽样检验，应由（　　）送到国家认证的专业机构进行抽样检测。

A. 建设单位　　　　　　　　　　　B. 施工单位
C. 监理单位　　　　　　　　　　　D. 供货单位

［解析］HDPE 膜材料质量的抽样检验，应由建设单位送到国家认证的专业机构检测。

［答案］A

考点 7　填埋区导排系统施工技术

一、卵石粒料的运送和布料

（1）运送使用小吨位（载重 5t 以内）自卸汽车。

（2）在运料车行进路线防渗层上，加铺不少于两层的同规格土工布。

（3）运料车应缓慢行进，不得急停、急起；须直进、直退，严禁转弯。

（4）运料车驶入、驶出防渗层前，由专人将车辆行进方向防渗层上溅落的卵石清扫干净。

二、摊铺导排层、收集渠码砌

（1）摊铺导排层、收集渠码砌均采用人工施工。

（2）对于富裕或缺少卵石的区域，采用人工运出或补齐卵石。

（3）施工中，使用的金属工具尽量避免与防渗层接触。

三、HDPE 渗沥液收集花管连接

（1）阶段划分：预热阶段、吸热阶段、加热板取出阶段、对接阶段、冷却阶段。

（2）施工工艺流程：焊机状态调试→管材准备就位（切削）→管材对正检查（端面间隙 1mm，错边不超壁厚 10%）→预热（210±10℃）→加温熔化（无压保温持续时间为壁厚的 10 倍）→加压对接（取出加热板，10s 内合拢焊机，逐渐加压）→保压冷却（20~30min）。

> **┨重┃点┃提┃示┠**
>
> 　　重点掌握导排花管连接施工工艺流程及导排层铺设要求，可能融入主观案例题考查。尤其是渗沥液收集花管与前文中化学建材管道施工属于同类型，可以结合到一起学习记忆。

四、施工控制要点

（1）填筑导排层卵石，宜采用小于 5t 的自卸汽车，采用不同的行车路线，环形前进，间隔 5m 堆料，避免压翻基底，随铺膜随铺导排层滤料（卵石）。

（2）导排层滤料需要过筛，粒径要满足设计要求。导排层所用卵石 $CaCO_3$ 含量必须小于 10%，防止年久钙化使导排层板结造成填埋区侧漏。

（3）HDPE 管的直径：干管不应小于 250mm，支管不应小于 200mm。HDPE 管的开孔率应保证强度要求。HDPE 管的布置宜呈直线，其转弯角度应小于或等于 20°，其连接处不应密封。

（4）管材或管件连接面上的污物应用洁净棉布擦净，应铣削连接面，使其与轴线垂直，并使其与对应的断面吻合。

（5）导排管热熔对接连接前，两管段各伸出夹具一定自由长度，并应校直两对应的连接件，使其在同一轴线上，错边不宜大于壁厚的 10%。

（6）热熔连接保压、冷却时间，应符合热熔连接工具生产厂和管件、管材生产厂规定，并保证冷却期间不得移动连接件或在连接件上施加外力。

（7）设定工人行走路线，防止反复踩踏 HDPE 土工膜。

考点 8　垃圾填埋场选址★

一、基本规定和要求

（1）垃圾填埋场的使用期限很长，达 10 年以上。

（2）垃圾填埋场的选址，应考虑地质结构、地理水文、运距、风向等因素。

（3）垃圾填埋场与居民区的最短距离为 500m。

（4）生活垃圾填埋场应设在当地夏季主导风向的下风处。

二、生活垃圾填埋场不得建在下列地区

（1）国家、地方自然保护区和珍贵动植物保护区。

（2）地下水集中供水水源地及补给区、水源保护区。

（3）填埋库区与渗沥液处理区边界距河流和湖泊 50m 以内地区。

（4）洪泛区和泄洪道。

（5）尚未开采的地下蕴矿区。

（6）填埋库区与渗沥液处理区边界距民用机场 3km 以内地区。

（7）公园，风景、游览区，文物古迹区，考古学、历史学及生物学研究考察区。

（8）军事要地、军工基地和国家保密地区。

重点提示

　　垃圾填埋场选址主要从地质结构、地理水文、运距、风向、环保等综合方面进行考虑，受现在环保形势的影响，此部分内容考查概率将有所增加。

实战演练

[经典例题·单选] 生活垃圾填埋场应设在当地（　　）。

A. 春季主导风向的上风向　　　　　　　　B. 夏季主导风向的下风向

C. 秋季主导风向的上风向　　　　　　　　D. 冬季主导风向的下风向

[解析] 生活垃圾填埋场应设在当地夏季主导风向的下风处。

[答案] B

[经典例题·单选] 生活垃圾填埋场与居民区的最短距离应为（　　）。

A. 2000m　　　　　B. 1500m　　　　　C. 1000m　　　　　D. 500m

[解析] 垃圾填埋场与居民区的最短距离为 500m。

[答案] D

同步强化训练

一、单项选择题（每题的备选项中，只有 1 个最符合题意）

1. HDPE 膜不得在（　　）期施工。

A. 冬　　　　　　　B. 高温　　　　　　　C. 雨　　　　　　　D. 夏

2. 城市地下雨污水管疏浚检查时，常会从井内冒出一种非常活跃并能置人于死地的高浓度气体是（　　）。

A. 硫化氢　　　　　　　　　　　　　　　B. 二氧化碳

C. 氮气　　　　　　　　　　　　　　　　D. 沼气

二、多项选择题（每题的备选项中，有 2 个或 2 个以上符合题意，至少有 1 个错项）

1. 在保证膨润土拌合土层满足抗渗设计要求的前提下，节约成本的最佳做法有（　　）。

A. 选好土源及拌合场地　　　　　　　　　B. 确定拌合土层的厚度

C. 优选最佳配合比　　　　　　　　D. 严格控制含水率，保证压实度

E. 根据土源土壤的细度减少膨润土的掺加量

2. 生活垃圾填埋场泥质防水层的施工控制要点有（　　　）。

A. 控制膨润土进货质量

B. 确定膨润土的最佳掺量

C. 控制拌合均匀度、含水量及泥质防水层的碾压压实度

D. 控制膨润土垫的铺设质量

E. 保证质量检验

3. 关于土工合成材料膨润土垫（GCL）施工质量控制要点的说法，正确的有（　　　）。

A. 铺设 GCL 前，每一工作面施工前均要对基底进行修整和检验，直至合格

B. 对铺开的 GCL 进行调整，调整搭接宽度，控制在 150±50mm 范围内

C. 拉平 GCL，确保无褶皱、无悬空现象，与基础层贴实

D. GCL 应避免十字搭接，而尽量采用品形下压上的方式分布

E. GCL 需当日铺设当日覆盖，遇雨雪天应停止施工，并将已铺设的 GCL 覆盖好

4. HDPE 膜的单缝热熔焊缝可采用下列（　　　）检测方法。

A. 气压检测法　　　　　　　　　　B. 水压检测法

C. 真空检测法　　　　　　　　　　D. 电火花检测法

E. 破坏性取样检测法

5. 关于生活垃圾卫生填埋场 HDPE 膜的施工要求，正确的有（　　　）。

A. 铺设应一次展开到位

B. 应为膜尺寸变化留出伸缩量

C. 应对膜下保护层采取防、排水措施

D. 应防止膜受风力影响破坏

E. 膜应全部展开后统一焊接

6. 关于生活垃圾填埋场 HDPE 膜铺设的做法，错误的有（　　　）。

A. 总体施工顺序一般为"先边坡后场底"

B. 冬期施工时应有防冻措施

C. 铺设时应反复展开并拖动，以保证铺设平整

D. HDPE 膜施工完成后应立即转入下一工序，以形成对 HDPE 膜覆盖和保护

E. 应及时收集整理施工记录表

7. HDPE 膜材料质量应由（　　　）在现场抽样检查。

A. 供货单位　　　　　　　　　　　B. 施工单位

C. 设计单位　　　　　　　　　　　D. 建设单位

E. 监理单位

参考答案及解析

一、单项选择题

1. ［答案］A

　　［解析］冬期严禁铺设 HDPE 膜。

2. ［答案］A

　　［解析］厌氧分解后的产物中含许多喜热细菌并会对环境造成严重的污染；其中明

显含有有机脂肪酸、乙醛、硫醇（酒味）、硫化氢气体。还夹杂着一些化合物及有害混合物。如硫化氢是一种非常活跃并能置人于死地的高浓度气体，能很快地与一部分废弃有机质结合形成黑色有异味的混合物。

二、多项选择题

1. [答案] ACD

[解析] 泥质防水层施工技术的核心是掺加膨润土的拌合土层施工技术。节约成本的实际做法是：选好土源，检测土壤成分，通过试验对比不同掺量的土样，优选最佳配合比；做好现场拌合工作，严格控制含水率，保证压实度；分层施工同步检验，严格执行验收标准，不符合要求的坚决返工。

2. [答案] ABCE

[解析] 质量技术控制要点有：①施工队伍的资质与业绩；②膨润土进货质量；③膨润土掺加量的确定；④拌合均匀度、含水量及碾压压实度；⑤质量检验。

3. [答案] ACE

[解析] GCL 质量控制要点：①填埋区基底检验合格，进行 GCL 铺设作业，每一工作面施工前均要对基底进行修整和检验。②对铺开的 GCL 进行调整，调整搭接宽度，控制在 250±50mm 范围内，拉平 GCL，确保无褶皱、无悬空现象，与基础层贴实。③掀开搭接处上层 GCL 垫，在搭接处均匀撒膨润土粉，将两层垫间密封，然后将掀开的 GCL 铺回。④根据填埋区基底设计坡向，GCL 的搭接应尽量采用顺坡搭接，即采用上压下的搭接方式；注意避免出现十字搭接，应尽量采用品形分布。⑤GCL 须当日铺设当日覆盖，遇有雨雪天气应停止施工，并将已铺设的 GCL 覆盖好。

4. [答案] CDE

[解析] HDPE 膜焊缝非破坏性检测主要有双缝热熔焊缝气压检测法和单缝挤压焊缝的真空及电火花检测法。破坏性测试适用于两类焊缝。

5. [答案] ABCD

[解析] HDPE 膜铺设时应符合下列要求：①铺设应一次展开到位，不宜展开后再拖动；②应为材料热胀冷缩导致的尺寸变化留出伸缩量；③应对膜下保护层采取适当的防水、排水措施；④应采取措施防止 HDPE 膜受风力影响而破坏；⑤HDPE膜铺设过程中必须进行搭接宽度和焊缝质量控制，监理必须全程监督膜的焊接和检验；⑥施工中应注意保护 HDPE 膜不受破坏，车辆不得直接在 HDPE 膜上碾压。

6. [答案] BC

[解析] HDPE 膜铺设施工要点：①为保证填埋场基底构建面不被雨水冲坏，填埋场 HDPE 膜铺设总体顺序一般为"先边坡后场底"。②根据焊接能力合理安排每天铺设 HDPE 膜的数量，在恶劣天气来临前，减少展开 HDPE 膜的数量，做到能焊多少铺多少。冬期严禁铺设，选项 B 错误。③铺设应一次展开到位，不宜展开后再拖动，选项 C 错误。④防渗层验收合格后应及时进行下一工序的施工，以形成对防渗层的覆盖和保护。⑤应及时填写 HDPE 膜铺设施工记录表，经现场监理和技术负责人签字后存档。

7. [答案] AD

[解析] HDPE 膜材料质量应由供货单位和建设单位双方在现场抽样检查。

2K317000 施工测量与监控量测

📖 学习提示 ▪▫

　　本章内容为考试大纲新增内容，包含施工测量与监控量测两部分。在第一节施工测量的学习中，应侧重理解施工测量的程序及原则，掌握基本的控制桩、控制网、细部测量作业的相关要求，同时注意理解不同工程的测量作业内容。在第二节监控量测的学习中，应结合第三章城市轨道交通工程中的明挖基坑施工与喷锚暗挖（矿山）法施工两节的内容，将监控量测项目作为重点记忆内容。本章以考查客观题为主，所占分值比例在2~3分左右，建议融入施工作业程序理解记忆。

📖 考情分析 ▪▫

近四年考试真题分值统计表　　　　　　　　　　　（单位：分）

节序	节名	2020 年			2019 年			2018 年			2017 年		
		单选	多选	案例	单选	多选	案例	单选	多选	案例	单选	多选	案例
2K317010	施工测量	—	2		1								
2K317020	监控量测	1	—		1								
合计		1	2	—	2	—	—	—	—	—	—	—	—

注：本章内容大纲变化较大，2018年以前真题不做统计参考。

2K317010　施工测量

思维导图 ▶▶▶

考点精讲 ▶▶▶

考点 1 施工测量基本概念、常用仪器及测量方法★★

一、施工测量的基本概念

（一）作用与内容

（1）前提：在工程施工阶段进行，以规划和设计为依据，将图纸中的平面位置、形状和高程标定在现场的地面上，指导施工。

（2）施工测量：包括施工控制测量、构筑物的放样定线、竣工测量和变形观测等。

施工控制测量：交接桩复核、建立平面控制网和高程控制网、点位坐标传递等。

放样定线：现场测量的主体内容，包括施工测图、地下管线测量、土方测量、钉桩放线、细部放样等。

竣工测量：为验收提供技术依据，为城市基础设施运行管理及改造扩建提供基础资料。

变形观测：施工期间以至运行阶段对建（构）筑物和周围环境进行的变形测量（即监控量测），以确保市政公用工程施工和使用的安全。

（3）原则：由整体到局部，先控制后细部。

（二）准备工作

施工测量准备工作如图 2K317010-1 所示。

图 2K317010-1　施工测量准备工作

（三）基本规定

（1）综合性工程使用不同设计文件时，施工控制网测设后，应进行平面控制网联测。

（2）应核对工程占地、拆迁范围，应在现场布测标志桩（拨地钉桩），并标出占地范围内地下构筑物位置；根据已建立平面、高程控制网进行施工布桩、放线测量。

（3）控制桩的恢复与校测按需及时进行，偏移或丢失应及时补测、钉桩。

（4）一个工程的定位桩和与其相应结构的距离宜保持一致，不能保持一致时，必须在桩位上予以准确清晰标明。

（四）作业要求

（1）作业人员，应经专业培训、考核合格，持证上岗。

（2）控制桩要注意保护，经常校测，保持准确。雨后、冻融期或受到碰撞、遭遇损害，应及时校测。

（3）测量记录应按规定填写并按编号顺序保存。测量记录应做到表头完整、字迹清楚、规整，严禁擦改、涂改，必要时可斜线划掉改正，但不得转抄。

（4）应建立测量复核制度。

二、常用仪器及测量方法

（1）常用测量仪器如图 2K317010-2 所示。

全站仪	经纬仪	水准仪	激光铅垂仪	激光扫平仪
棱镜	塔尺	50m大卷尺	线锤	墨斗
5m小卷尺	油漆	毛笔	铅笔	对讲机

图 2K317010-2　常用测量仪器

（2）常用测量仪器的功能及应用见表 2K317010-1。

表 2K317010-1　常用测量仪器的功能及应用

仪器	功能	工程应用
全站仪	（1）采用红外线自动数字显示距离和角度，进行精密三角高程测量以代替水准测量 （2）包含水平角观测、垂直角观测和距离观测 （3）具有水准仪、经纬仪和测距仪功能，可以取代经纬仪使用 （4）组成：接收筒、发射筒、照准头、振荡器、混频器、控制箱、电池、反射棱镜及专用三脚架等	三角高程 三维坐标
经纬仪	（1）电子经纬仪（常用）、光学经纬仪 （2）角度测量：水平角、竖直角 （3）J_2 精度，两半测回角值之差不大于 $\pm 12''$，可取上下两半测回角平均值	测回法
水准仪	（1）控制网水准基准点、高程测量 （2）组成：目镜、物镜、水准管、制动螺旋、微动螺旋、校正螺丝、脚螺旋及专用三脚架等	标高 高程
激光准直仪	（1）角度坐标、定向准直 （2）适用：长距离、大直径隧道或桥梁墩柱、水塔、灯柱等高耸构筑物控制测量的点位坐标传递及同心度找正测量 （3）组成：发射、接收、附件	索塔各层平台是否同心及时纠偏

续表

仪器	功能	工程应用
卫星定位 仪器	（1）组成：基准站（GPS接收器、天线、无线电通信发射系统、电源、基准站控制器）；若干流动站（GPS接收机、天线、无线电通信接听系统、电源、流动站控制器）；无线电通信系统 （2）功能区分：静态（三维坐标）、动态（放样） （3）精度：厘米级；需进行坐标转换（即点校正）	地形复杂 市政工程
陀螺 全站仪	（1）组成：陀螺仪、经纬仪和测距仪组合 （2）作业过程：①已知边上测定仪器常数；②在隧道内定向边上测量陀螺方位角；③仪器上井后重新测定仪器常数；④计算子午线收敛角；⑤计算隧道内定向边的坐标方位角	地下隧道 中线方位校核

（3）测回法如图 2K317010-3 所示。

图 2K317010-3　测回法

（4）高程测设如图 2K317010-4 所示。

$$H_A + a = H_B + b$$

图 2K317010-4　高程测设

（5）准直仪在高耸构筑物中应用如图 2K317010-5 所示。GPS 基准站和流动站如图 2K317010-6、图 2K317010-7 所示。

图 2K317010-5　准直仪在高耸构筑物中应用　**图 2K317010-6　GPS 基准站**　**图 2K317010-7　GPS 流动站**

重点提示

　　此部分内容难度较低，注意记忆测量工作基本原则与区分不同测量工具的应用即可。

实战演练

[2018真题·单选] 采用水准仪测量工作井高程时，测定高程为 3.460m，后视读数为 1.360m，已知前视测点高程为 3.580m，前视读数应为（　　）m。

A. 0.960　　　　　　　　　　　　B. 1.120

C. 1.240　　　　　　　　　　　　D. 2.000

[解析] 前视读数＝3.460＋1.360－3.580＝1.240（m）。

[答案] C

考点 2　施工测量主要内容★★

一、道路施工测量

（1）控制桩：包括起点、终点、转角点与平曲线、竖曲线的基本元素点及中桩、边线桩、里程桩、高程桩等。

（2）桩间距：直线段，10～20m；平曲线和竖曲线，5～10m。

（3）道路高程测量应采用附合水准测量。交叉路口、匝道出入口等不规则地段高程放线应采用方格网或等分圆网分层测定。

（4）道路中心线作平面位置及高程的控制基准。

（5）每填一层恢复一次中线、边线，并进行高程测设，距路床顶1.5m范围应按设计纵、横坡放线控制。道路边线和道路中心线如图2K317010-8、图2K317010-9所示。

（6）高填方或软土地基应按照设计要求进行沉降观测。

图 2K317010-8　道路边线

图 2K317010-9　道路中心线

常见桩代号见表 2K317010-2。

表 2K317010-2　常见桩代号

名称	简称	汉语拼音缩写	英语缩写
交点	—	JD	IP
转点	—	ZD	TP
圆曲线起点	直圆点	ZY	BC
圆曲线中点	曲中点	QZ	MC
圆曲线终点	圆圆点	YZ	EC
公切点	—	GQ	CP
第一缓和曲线起点	直缓点	ZH	TS
第一缓和曲线终点	缓圆点	HY	SC
第二缓和曲线起点	圆缓点	YH	CS
第二缓和曲线终点	缓直点	HZ	ST

二、补充施工测量的工作程序

控制性桩点（现场交桩）→控制点恢复布设（导线点、水准点）→路基中线恢复测量→纵断面测设→横断面测设（中线、边桩）。

三、桥梁施工测量

桥梁施工测量如图 2K317010-10 所示。

图 2K317010-10　桥梁施工测量

（1）控制桩包括中桩及墩台的中心桩和定位桩等。

（2）当水准路线跨越河、湖等水体时，应采用跨河水准测量方法校核，如图 2K317010-11 所示。视线离水面的高度不小于 2m。

图 2K317010-11　跨河水准校核

（3）桥梁基础、墩台与上部结构等各部位的平面、高程均应以桥梁中线位置及其相应的桥面高程为基准，如图 2K317010-12 所示。

图 2K317010-12　桥梁基准中线

（4）施工前应测桥梁中线和各墩台的纵轴与横轴线定位桩，作为施工控制依据。

（5）支座（垫石）和梁（板）定位应以桥梁中线和盖梁中轴线为基准，依施工图尺寸进行平面施工测量，支座（垫石）和梁（板）的高程以其顶部高程进行控制。

（6）桥梁施工过程应按照设计要求进行变形观测，并保护好基点和长期观测点。

四、管道施工测量

管道施工测量示意图如图 2K317010-13 所示。

图 2K317010-13　管道施工测量示意图

（1）控制桩：起点、终点、折点、井位中心点、变坡点等。中线桩间距，对于排水管道宜为 10m，给水等其他管道宜为 15～20m。

（2）检查井等附属构筑物的平面位置放线：矩形井室应以管道中心线及垂直管道中心线的井中心线为轴线进行放线；圆形井室应以井底圆心为基准进行放线；扇形井室应以圆心和夹角为基准进行放线。

（3）排水管道工程高程应以管内底高程作为施工控制基准，给水等压力管道工程应以管道中心高程作为施工控制基准，井室等附属构筑物应以内底高程作为控制基准，控制点高程测量应采用附合水准测量。

（4）挖槽见底前、灌注混凝土基础前、管道铺设或砌筑构筑物前，应校测管道中心及高程。

（5）分段施工时，相邻施工段间的水准点宜布设在施工分界点附近。施工测量时，应对相邻已完成管道进行复核。

五、隧道施工测量

洞外导线通过斜井（横洞）、竖井传递至洞内示意图如图 2K317010-14 所示。

图 2K317010-14　洞外导线通过斜井（横洞）、竖井传递至洞内示意图

（1）施工中应将地面导线测量坐标、方位、水准测量高程，通过竖井、斜井、通道等适时传递到地下，形成地下平面、高程控制网。

（2）洞口控制点应尽可能纳入地面控制网一起平差。洞口平面控制通常分为基本导线（贯通测量用）和施工导线（施工放样用）两级。基本导线与施工导线的布设应统一设计，一般每隔3～5个施工导线点布设1个基本导线点，作为施工导线的起点，并以四等水准布设洞内高程控制。基本导线通常以同等精度独立进行两组观测，当导线点的横坐标差不超过允许误差时取用平均值。

（3）隧道曲线段测设方法：偏角法、弦线支距法（又称长弦纵距法）、切线支距法（又称直角坐标法）或其他适当方式。

（4）开挖放样以施工导线标出的中线为依据，在开挖工作面上标定中线、腰线和开挖轮廓线；贯通段的混凝土衬砌放样以贯通后经过调整配赋的隧道中线为依据，在衬砌断面上标出拱顶、边墙和起拱线的设计位置，支模后再进行检测。

（5）当贯通面一侧的隧道长度进入控制范围时，应提高定向测量精度，一般可采取在贯通距离约1/2处通过钻孔投测坐标点或加测陀螺方位角等方法进行贯通测量。

（6）在工程施工过程中，要及时测绘开挖和衬砌断面，在两侧衬砌边墙上须埋设一定数量的永久标志，并联测高程、里程等数据，作为竣工验收和运行管理的基本资料。

（7）主要仪器：激光准直经纬仪（水准仪）、电子经纬仪、电子水准仪、光电断面测量仪、陀螺经纬仪等仪器。

重点提示

> 此部分内容难度较低，与不同施工项目结合记忆相应测量工作，考查概率较低。

考点 3　场区平面控制网与高程控制网★★

一、平面控制网

（一）控制网类型选择

（1）控制网类型选择见表 2K317010-3。

表 2K317010-3　控制网类型选择

建筑方格网	场地平整的大型场区控制
边角网	建筑场地在山区的施工控制网
导线测量控制网	扩建或改建的施工区，新建区也可采用

（2）当施工控制网与测量控制网发生联系时，应进行坐标系变换，如图 2K317010-15 所示。

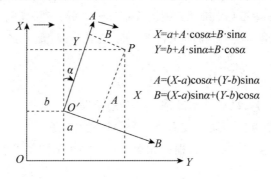

$$X=a+A\cdot\cos\alpha\pm B\cdot\sin\alpha$$
$$Y=b+A\cdot\sin\alpha\pm B\cdot\cos\alpha$$

$$A=(X-a)\cos\alpha+(Y-b)\sin\alpha$$
$$B=(X-a)\sin\alpha+(Y-b)\cos\alpha$$

图 2K317010-15　坐标系变换

（二）准备工作

（1）编制工程测量方案。

（2）办理桩点交接手续，桩点应包括：各种基准点、基准线的数据及依据、精度等级，施工单位应进行现场踏勘、复核。

（3）开工前进行内业、外业复核，复核过程中发现不符或相邻工程矛盾时，应向建设单位提出，进行查询，并取得准确结果。

（三）主要技术要求

（1）当原有控制网不能满足需要时，应在原控制网基础上适当加密控制点。等级和精度符合下列规定：

1）场地大于 1km^2 或重要工业区：一级导线精度。

2）场地小于 1km^2 或一般性建筑区：二、三级导线精度。

（2）平面控制点有效期不宜超过一年，特殊情况下可适当延长，但应经过控制校核。

二、高程控制网

（一）测量等级与方法

（1）场区高程控制网系采用Ⅲ（三）、Ⅳ（四）等水准测量方法建立，大型场区应分两级布设（首级Ⅲ，其下Ⅳ）。小型场区可用Ⅳ等水准一次布设。

（2）在场地适当地点建立高程控制基点组（点数≥3 个），点间距离 50～100m，高差应用Ⅰ等水准测定。

（3）各级水准点标桩要求坚固稳定。

1）Ⅳ等水准点可利用平面控制点，点间距离随平面控制点而定。

2）Ⅲ等水准点一般应单独埋设，点间距离一般以 600m（400～800m）为宜。Ⅲ等水准点一般距离厂房或高大建筑物≥25m，距振动影响范围以外≥5m，距回填土边线≥15m。

（4）水准基点组应采用深埋水准标桩。

（5）埋设两周后进行水准点的观测，成像清晰、稳定时进行。

（二）观测程序

1. 选点与标桩埋设

建（构）筑物高程控制水准点，可单独埋设在平面控制网标桩上，也可利用场地附近水准点，间距宜在 200m 左右。

2. 水准观测

（1）Ⅲ等水准测量宜采用钢瓦水准尺，视线长度 75～100m，观测顺序为"后→前→前→后"。

（2）Ⅳ等水准测量采用红黑两面的水准尺，视线长度不超过 100m，观测顺序为"后→后→前→前"。

3. 水准测量的平差

（1）附合在已知点上构成结点的水准网——结点平差法。

（2）只具有 2～3 个结点，路线比较简单——等权代替法。

（3）场区高程控制水准网（唯一高程起算点）——多边形图解平差法。

（三）主要技术要求

（1）场区控制网应布设成附合环线、路线或闭合环线。高程测量的精度不宜低于三等水准的精度。

（2）施工现场的高程控制点有效期不宜超过半年，如有特殊情况可适当延长有效期，但应经过控制校核。

（3）矩形建（构）筑物应据其轴线平面图进行施工各阶段放线；圆形建（构）筑物应据其圆心施放轴线、外轮廓线。

重点提示

此部分内容难度较低，注意平面控制网与高程控制网的相关测量内容，重点掌握分类、精度与适用时长限制，理解记忆。

考点 **4** 竣工图编绘与实测★★

一、竣工图编绘基本要求

竣工总图编绘完成后，应经施工单位项目技术负责人审核、会签。

二、编绘竣工图的方法和步骤

（一）竣工图的比例尺（1：500）

坐标系统、高程基准、图幅大小、图上注记、线条规格，应与原设计图一致，图例符号应符合现行国家标准规定。

（二）竣工图的编绘

1. 绘制竣工图的依据

（1）设计总平面图、单位工程平面图、纵横断面图和设计变更资料。

（2）控制测量资料、施工检查测量及竣工测量资料。

2. 根据设计资料展点成图

若原设计变更，则应根据变更资料编绘。

3. 展绘竣工图的要求

（1）当平面布置改变超过图上面积 1/3 时，应重新绘制竣工图。

（2）对于大型和较复杂的工程，可根据工程的密集与复杂程度，按工程性质分类编绘竣工图。

4. 根据竣工测量资料或施工检查测量资料展点成图

对凡有竣工测量资料的工程，若竣工测量成果与设计值之差不超过所规定的定位允许偏差时，按设计值编绘；否则，应按竣工测量资料编绘。

5. 展绘竣工位置时的要求

对于各种地上、地下管线，应用各种不同颜色的线体绘出其中心位置，注明转折点及井位的坐标、高程及有关注明在没有设计变更的情况下，通过实测的建（构）筑物竣工位置应与设计原图的位置重合，但坐标及标高数据与设计值比较会有微小出入。

6. 城市桥梁工程竣工的编绘

（1）桥面测量应沿梁中心线和两侧，并包括桥梁特征点在内，以 20～50m 间距施测坐标和高程点。

（2）桥梁工程竣工测量宜提交的资料：1∶500 桥梁竣工图、墩台中心间距表、桥梁中心线中桩高程一览表、竣工测量技术说明。

（三）必须进行现场实测编绘竣工图的情况

（1）由于未能及时提出建筑物或构筑物的设计坐标，而在现场指定施工位置的工程。

（2）设计图上只标明工程与地物的相对尺寸而无法推算坐标和标高。

（3）由于设计多次变更而无法查对设计资料。

（4）竣工现场的竖向布置、围墙和绿化情况，施工后尚保留的大型临时设施。

当平面布置改变超过图上面积 1/3 时，不宜在原施工图上修改和补充，应重新绘制竣工图。

（四）竣工图的附件

（1）地下管线、地下隧道竣工纵断面图。

（2）道路、桥梁、水工构筑物竣工纵断面图。工程竣工以后，应进行有关道路路面（沿中心线）水准测量，以编绘竣工纵断面图。

（3）建（构）筑物所在场地及其附近的测量控制点布置图和坐标与高程一览表。

（4）建（构）筑物沉降、位移等变形观测资料。

（5）工程定位、检查及竣工测量的资料。

（6）设计变更文件。

（7）建（构）筑物所在场地原始地形图。

重点提示

注意记忆竣工图的编绘前提以及相关要求，大多以客观题目形式考查。

实战演练

[2019 真题·单选] 下列工程资料中，属于竣工图绘制依据的是（　　）。

A. 施工前场地绿化图　　　　　　　　　B. 建（构）筑物所在场地原始地形图

C. 设计变更资料　　　　　　　　　　　D. 建（构）筑物沉降、变形观测

[解析] 绘制竣工图的依据：①设计总平面图、单位工程平面图、纵横断面图和设计变更资料；②控制测量资料、施工检查测量及竣工测量资料。

[答案] C

2K317000
施工测量与监控量测

2K317020　监控量测

思维导图 ▶▶▶

考点精讲 ▶▶▶

考点 1　监控量测方案及项目

一、工作原则

（1）可靠性原则（最重要）。

　1）系统要采用技术先进、性能可靠的仪器。

　2）监测点、基准点设置应合理，在监测期间测点得到良好的保护。

（2）方便实用原则。

（3）经济合理原则。

二、工作基本流程

（1）依据设计要求，进行现场情况的初始调查。

（2）编制监测方案和实施细则。

（3）依据获准的监测方案，布设控制网和测点，并取得初始监测值。

（4）现场监控量测，对数据进行整理与分析。

（5）依据有关规定，提交监控量测成果（报告）。

三、方法选择与要求

（1）通常用于变形观测的光学仪器有：精密电子水准仪、静力水准仪、全站仪；机械式仪表常用的有倾斜仪、千分表、轴力计等；电测式传感器可分为电阻式、电感式、差动式和钢弦式。

（2）监控量测精度应根据监测项目、控制值大小、工程要求、国家现行有关标准等综合确定，并应满足对监测对象的受力或变形特征分析的要求。

（3）监控量测过程中，应做好监测点和传感器的保护工作。

（4）监控量测新技术、新方法在应用前，应与传统方法进行验证，且监测精度应符合规范的规定。

四、监控量测项目确定

监控量测分为三个等级，对明挖与盖挖法、矿山法和盾构法施工、周边环境的应测项目和选测项目做出了具体规定。工程监测等级宜根据基坑、隧道工程的自身风险等级、周边环境风险等级和地质条件监控量测复杂程度进行划分。基坑、隧道工程采用工程风险评估的方法确定，也可根据基坑设计深度、隧道埋深和断面尺寸等按表 2K317020-1 划分。

表 2K317020-1　基坑、隧道工程的自身风险等级

表 2K317020-1　基坑、隧道工程的自身风险等级

工程自身风险等级		等级划分标准
基坑工程	一级	设计深度≥20m
	二级	10m≤设计深度＜20m
	三级	设计深度＜10m
隧道工程	一级	超浅埋隧道；超大断面隧道（大于 100m²）
	二级	浅埋隧道；近距离并行或交叠的隧道（1D 以内）；盾构始发与接收区段；大断面隧道（50～100m²）
	三级	深埋隧道；一般断面隧道（10～50m²）

五、监测项目

明挖法、盖挖法基坑支护结构和周围土体监测项目见表 2K317020-2，矿山法隧道支护结构和周围土体监测项目见表 2K317020-3，√——应测项目，○——选测项目。

表 2K317020-2　明挖法、盖挖法基坑支护结构和周围土体监测项目

监测项目	工程监测等级		
	一级	二级	三级
支护桩（墙）、边坡顶部水平位移	√	√	√
支护桩（墙）、边坡顶部竖向位移	√	√	√
支护桩（墙）体水平位移	√	√	○
支护桩（墙）结构应力	○	○	○
立柱结构竖向位移	√	√	○
立柱结构水平位移	√	○	○
立柱结构应力	○	○	○
支撑轴力	√	√	√
顶板应力	○	○	○
锚杆拉力	√	√	○
土钉拉力	○	○	○
地表沉降	√	√	√
竖井井壁支护结构净空收敛	√	√	√
土体深层水平位移	○	○	○
土层分层竖向位移	○	○	○
坑底隆起（回弹）	○	○	○
地下水位	√	√	√
孔隙水压力	○	○	○
支护桩（墙）侧向土压力	○	○	○

表 2K317020-3　矿山法隧道支护结构和周围土体监测项目

监测项目	工程监测等级		
	一级	二级	三级
初期支护结构拱顶沉降	√	√	√
初期支护结构底板竖向位移	√	○	○

续表

监测项目	工程监测等级		
	一级	二级	三级
初期支护结构净空收敛	√	√	√
隧道拱脚竖向位移	○	○	○
中柱结构竖向位移	√	√	○
中柱结构倾斜	○	○	○
中柱结构应力	○	○	○
初期支护结构、二次衬砌应力	○	○	○
地表沉降	√	√	√
土体深层水平位移	○	○	○
土体分层竖向位移	○	○	○
围岩压力	○	○	○
地下水位	√	√	√

六、应实施基坑工程监测的范围

（1）基坑设计安全等级为一、二级的基坑。

（2）开挖深度大于或等于5m的下列基坑：

1）土质基坑。

2）极软岩基坑、破碎的软岩基坑、极破碎的岩体基坑。

3）上部为土体，下部为极软岩、破碎的软岩、极破碎的岩体构成的土岩组合基坑。

（3）开挖深度小于5m，但现场地质情况和周围环境较复杂的基坑。

（4）基坑工程的现场监测应采取仪器监测与现场巡视检查相结合的方法。

考点 2　监控量测报告

一、类型与要求

现场监测资料宜包括外业观测记录、现场巡查记录、记事项目以及仪器、视频等电子数据资料。外业观测记录、现场巡查记录和记事项目应在现场直接记录在正式的监测记录表格中，监测记录表格中应有相应的工况描述。

监控量测报告应标明工程名称、监控量测单位、报告的起止日期、报告编号，并应有监控量测单位用章及项目负责人、审核人、审批人签字。

二、监测报告主要内容

（一）日报

（1）工程施工概况。

（2）现场巡查信息：巡查照片、记录等。

（3）监测项目日报表：仪器型号、监测日期、观测时间、天气情况、监测项目的累计变化值、变化速率值、控制值、监测点平面位置图等。

（4）监测数据、现场巡查信息的分析与说明。

（5）结论与建议。

（二）警情快报

（1）警情发生的时间、地点、情况描述、严重程度、施工工况等。

（2）现场巡查信息：巡查照片、记录等。

（3）监测数据图表：监测项目的累计变化值、变化速率值、监测点平面位置图。

（4）警情原因初步分析。

（5）警情处理措施建议。

（三）阶段性报告

（1）工程概况及施工进度。

（2）现场巡查信息：巡查照片、记录等。

（3）监测数据图表：监测项目的累计变化值、变化速率值、时程曲线、必要的断面曲线图、等值线图、监测点平面位置图等。

（4）监测数据、巡查信息的分析与说明。

（5）结论与建议。

（四）总结报告

（1）工程概况。

（2）监测目的、监测项目和监测依据。

（3）监测点布设。

（4）采用的仪器型号、规格和元器件标定资料。

（5）监测数据采集和观测方法。

（6）现场巡查信息：巡查照片、记录等。

（7）监测数据图表：监测值、累计变化值、变化速率值、时程曲线、必要的断面曲线图、等值线图、监测点平面位置图等。

（8）监测数据、巡查信息的分析与说明。

（9）结论与建议。

重点提示

此部分内容难度较低，但考查频率比较高，直接记忆监测项目即可，多考查客观题。

实战演练

[2019 真题·单选] 关于明挖法和盖挖法基坑支护结构及周围岩土体监测项目的说法，正确的是（   ）。

A. 支撑轴力为应测项目　　　　　　　B. 坑底隆起（回弹）为应测项目

C. 锚杆拉力为选测项目　　　　　　　D. 地下水位为选测项目

[解析] 选项 B，坑底隆起（回弹）为选测项目；选项 C，锚杆拉力为应测项目；选项 D，地下水位为应测项目。

[答案] A

[经典例题·多选] 下列一级基坑监测项目中，属于应测项目的有（   ）。

A. 支护桩（墙）体水平位移　　　　　B. 地表沉降

C. 土体深层水平位移　　　　　　　　D. 地下水位

E. 坑底隆起

[解析] 参照表 2K317020-2，选项 C、E 为选测项目。

[答案] ABD

2K320000　市政公用工程项目施工管理

📖 学习提示

市政公用工程项目施工管理共有 18 个小节，分别为市政公用工程施工招标投标管理、市政公用工程造价管理、市政公用工程合同管理、市政公用工程施工成本管理、市政公用工程施工组织设计、市政公用工程施工现场管理、市政公用工程施工进度管理、市政公用工程施工质量管理、城镇道路工程施工质量检查与检验、城市桥梁工程施工质量检查与检验、城市轨道交通工程施工质量检查与检验、城镇水处理场站工程施工质量检查与检验、城镇管道工程施工质量检查与检验、市政公用工程施工安全管理、明挖基坑与隧道施工安全事故预防、城市桥梁工程施工安全事故预防、市政公用工程职业健康安全与环境管理、市政公用工程竣工验收备案。这部分内容每年仅会出现 3 道左右的选择题目，考查的分值集中在案例题，多以道路、桥梁、轨道交通、管道工程为案例背景考查实际解决问题的能力。学习过程中可将内容分为四大部分，合同与成本管理、施工组织设计与现场管理、进度管理、质量管理，质量检查与检验的内容可结合第一部分施工技术对应进行学习，其中安全专项方案和现场管理作为重点学习内容，以理解掌握为前提，学会灵活运用。

📖 考情分析

近四年考试真题分值统计表 （单位：分）

节序	节名	2020 年			2019 年			2018 年			2017 年		
		单选	多选	案例	单选	多选	案例	单选	多选	案例	单选	多选	案例
2K320010	市政公用工程施工招标投标管理	—	2	—	1	—	—	—	—	—	—	—	—
2K320020	市政公用工程造价管理	1	—	—	—	—	—	—	—	—	—	—	—
2K320030	市政公用工程合同管理	—	—	—	—	2	5	—	—	—	—	—	—
2K320040	市政公用工程施工成本管理	—	—	—	1	—	—	—	—	—	—	—	—
2K320050	市政公用工程施工组织设计	—	—	—	1	—	—	1	4	10	—	—	—
2K320060	市政公用工程施工现场管理	1	—	4	—	—	—	—	—	8	1	—	5
2K320070	市政公用工程施工进度管理	—	—	—	—	2	—	1	—	—	—	—	—

续表

节序	节名	2020 年			2019 年			2018 年			2017 年		
		单选	多选	案例	单选	多选	案例	单选	多选	案例	单选	多选	案例
2K320080	市政公用工程施工质量管理	—	—	—	—	—	4	—	—	2	—	2	—
2K320090	城镇道路工程施工质量检查与检验	—	—	4	—	—	3	1	2	—	—	—	—
2K320100	城市桥梁工程施工质量检查与检验	1	2	—	—	—	4	—	—	—	1	—	—
2K320110	城市轨道交通工程施工质量检查与检验	—	—	—	—	—	—	—	—	—	1	2	—
2K320120	城市水处理场站工程施工质量检查与检验	—	—	—	—	—	—	—	—	—	2	—	—
2K320130	城镇管道工程施工质量检查与检验	—	—	—	—	—	—	—	—	—	—	—	9
2K320140	市政公用工程施工安全管理	—	—	—	1	—	4	—	—	—	1	2	5
2K320150	明挖基坑与隧道施工安全事故预防	—	—	—	—	—	5	1	—	4	—	—	5
2K320160	城市桥梁工程施工安全事故预防	—	—	—	—	—	—	—	—	—	—	—	—
2K320170	市政公用工程职业健康安全与环境管理	—	—	—	—	—	—	—	—	—	—	—	—
2K320180	市政公用工程竣工验收备案	—	2	—	—	—	—	—	—	4	—	—	5
合计		3	6	8	4	4	25	4	6	28	6	6	29

注: 超纲考题的分值分布未计算在列。

2K320000

市政公用工程项目施工管理

2K320010 市政公用工程施工招标投标管理

思维导图 ▶▶▶

考点精讲 ▶▶▶

考点 1 招标投标管理★

一、概述

(1) 原则：公开、公平、公正、诚实信用。

(2) 任何单位和个人不得以任何方式非法干涉工程施工招投标活动。施工招投标活动不受地区或者部门的限制。

(3) 凡项目单项合同估算大于 400 万元的必须进行招标。

二、招标

(1) 招标文件主要内容包括：

1) 招标公告（或投标邀请书）。

2) 投标人须知。

3) 合同主要条款。

4) 投标文件格式。

5) 工程量清单。

6) 技术条款。

7) 设计图纸。

8) 评定标准和方法。

9) 投标其他材料。

(2) 招标方式：公开招标（公告）、邀请招标（三家以上）。

(3) 招标公告。招标公告或者投标邀请书应当至少载明下列内容：

1) 招标人的名称和地址。

2) 招标项目的内容、规模、资金来源。

3) 招标项目的实施地点和工期。

4) 获取招标文件或者资格预审文件的地点和时间。

5) 对招标文件或者资格预审文件收取的费用。

6) 对投标人资质等级的要求。

(4) 资格审查：包括资格预审、资格后审。

三、投标

(1) 投标文件通常由商务部分、经济部分、技术部分组成。

（2）投标文件应包括的主要内容：

1）投标函。

2）投标报价。

3）施工组织设计或施工方案。

4）招标要求的其他文件。

（3）投标保证金。

1）一般不得超过投标总价的 2%，但最高不得超过 50 万元人民币。投标保证金有效期应当与投标有效期一致。

2）投标人应按照招标文件要求的方式和金额，将投标保证金随投标文件提交给招标人。投标人不按招标文件要求提交投标保证金的，该投标文件将被拒绝，作废标处理。

四、电子招标投标

电子招标投标已在建设工程施工招标投标工作中全面展开，不久的将来，电子招标投标文件将全面替代传统书面招标投标文件。

（1）招标文件网上下载。

（2）现场踏勘：招标单位不再组织现场踏勘，投标单位可以根据招标文件上标明的项目地址，去拟投项目的现场自行踏勘。

（3）取消了现场答疑环节：投标单位可以在网上向招标方提出问题，招标单位将以补遗招标文件形式在网上发布，投标单位须重新下载招标补遗文件。

（4）投标：按照招标文件的要求在线上提交投标文件，不再需要打印包装。

（5）投标保证金：投标保证金主要由投标保函体现，开具投标保函主要关注：

1）保函有效期与投标有效期一致并满足招标文件要求。

2）保函的开具银行要注意满足招标文件中的要求。

（6）开标：招标方与投标方第一次的见面，投标单位拿着投标文件的密钥以及招标文件要求参与开标会的资料参加开标会。

特别说明：在政府采购建设项目招标投标过程中，开标也在线上进行

（7）评标：线上进行，无纸质文件翻阅，故投标文件必须根据投标模块对照否决评审条款，逐条仔细编制，以防止由于违反否决条款的规定导致投标文件不能通过初步评审的情况出现。

实战演练

［2019 真题·单选］投标文件内容一般不包括（　　）。

A. 投标报价

B. 商务和技术偏差表

C. 合同主要条款

D. 施工组织方案

［解析］投标文件一般包括投标函、投标报价、施工组织方案、商务和技术偏差表。

［答案］C

考点 **2** 招标条件与程序★★

一、工程施工招标条件

（1）公开招标应具备条件包括：①招标人已依法成立；②初步设计及概算已审核批准；③招标范围、方式、组织形式等已审核批准；④资金来源已经落实；⑤有招标所需的设计图纸及技术资料。

（2）邀请招标可以进行条件包括：①项目技术复杂或有特殊要求，只有少量几家潜在投标人可

供选择的；②受自然地域环境限制的；③涉及国家安全、国家秘密或抢险救灾，适宜招标但不宜公开招标的；④招标费用与项目价值相比不值得的；⑤法律、法规规定不宜公开招标的。

二、工程施工项目招标程序

招标程序与时间节点如图 2K320010-1 所示。

图 2K320010-1 招标程序与时间节点

三、评标程序

工程项目主管部门人员和行政监督部门人员不得作为专家和评标委员会的成员参与评标。

考点 3 投标条件与程序★★

一、投标条件及投标前准备工作

（一）投标人基本条件

招标文件对投标人资格规定的条件主要有：资质要求、业绩要求、财务要求和质量安全。

（二）投标前准备工作

重要的项目或数字，如质量等级、价格、工期等如未填写，将作为无效或作废的投标文件处理。

二、标书编制程序

（一）计算报价

（1）措施项目清单可作调整。

（2）计日工按招标人在其他项目清单中列出的项目和数量，自主确定综合单价并计算计日工费用。暂列金额应按照招标人在招标控制价的其他项目费中相应列出的金额计算，不得修改和调整。

（二）投标报价策略

（1）投标策略：生存型、竞争型和盈利型。

（2）方法：不平衡报价法、多方案报价法、突然降价法、先亏后盈法、许诺优惠条件、争取评标奖励。

三、标书制作

投标文件打印复制后，由投标的法定代表人或其委托代理人签字或盖单位章。签字或盖章的具体要求见投标人须知前附表，包括加盖公章、法人代表签字、注册造价师签字盖专用章以及按招标文件要求的密封标志等。

2K320020　市政公用工程造价管理

思维导图▶▶▶

考点精讲▶▶▶

考点 1　施工图预算的应用★

一、施工图预算的作用

施工图预算的作用见表 2K320020-1。

表 2K320020-1　施工图预算的作用

分类	作用
施工图预算对建设单位的作用	（1）施工图预算是施工图设计阶段确定建设工程项目造价的依据，是设计文件的组成部分 （2）施工图预算是建设单位在施工期间安排建设资金计划和使用建设资金的依据 （3）施工图预算是招投标的重要基础，既是工程量清单的编制依据，又是标底编制的依据 （4）施工图预算是拨付进度款及办理结算的依据
施工图预算对施工单位的作用	（1）施工图预算是确定投标报价的依据 （2）施工图预算是施工单位进行施工准备的依据 （3）施工图预算是项目二次预算测算、控制项目成本及项目精细化管理的依据

二、施工图预算的编制方法

（1）施工图预算的计价模式包括定额计价模式、工程量清单。

（2）施工图预算编制方法：

1）工料单价法。

2）综合单价法：全费用综合单价；部分费用综合单价（未包括措施项目费、规费和税金）。

三、施工图预算的应用

（1）招投标阶段：可作为标底、工程量清单、投标报价的依据。

（2）工程实施阶段：施工准备、施工组织设计时可参考；可作为成本控制、工程费用调整的依据。

考点 2　工程量清单计价的应用★★

一、工程量清单计价有关规定

（1）国有资金投资的建设工程，必须采用工程量清单计价。

（2）工程量清单应采用综合单价计价。

（3）措施项目中的安全文明施工费必须按相关规定计算，不得作为竞争性费用。

（4）工程造价由分部分项工程费、措施项目费、其他项目费和规费、税金组成。

1）分部分项工程量清单应采用综合单价法计价。综合单价包括人工费、材料费、施工机具使用费和企业管理费与利润，以及一定范围内的风险费用。

2）安全文明施工费不得作为竞争性费用。

3）规费和税金不得作为竞争性费用。

二、工程量清单计价与工程应用（工程实施阶段）

（1）计量时，若发现工程量清单中出现漏项、工程量计算偏差，以及工程变更引起工程量的增减，应按承包人在履行合同义务过程中实际完成的工程量计算。

（2）施工中出现施工图纸（含设计变更）与工程量清单项目特征描述不符的，发、承包双方应按新的项目特征确定相应工程量清单的综合单价。

（3）因工程量清单漏项或非承包人原因的工程变更，造成增加新的工程量清单项目，其对应的综合单价按下列方法确定：

1）合同中已有适用的综合单价，按合同中已有的综合单价确定。

2）合同中有类似的综合单价，参照类似的综合单价确定。

3）合同中没有适用或类似的，由承包人提出综合单价，经发包人确认后执行。

（4）非承包人原因引起的工程量增减，该项工程量变化在合同约定幅度以内的，应执行原有的综合单价；该项工程量变化在合同约定幅度以外的，其综合单价及措施费应予以调整。

（5）施工期内市场价格波动超出一定幅度时，应按合同约定调整工程价款；合同没有约定或约定不明确的，应按省级或行业建设主管部门或其授权的工程造价管理机构的规定调整。

（6）因不可抗力事件导致的费用，发、承包双方应按以下原则分担并调整工程价款：

1）工程本身的损害、因工程损害导致第三方人员伤亡和财产损失以及运至施工现场用于施工的材料和待安装的设备的损害，由发包人承担。

2）发包人、承包人人员伤亡由其所在单位负责，并承担相应费用。

3）承包人的施工机械设备的损坏及停工损失，由承包人承担。

4）停工期间，承包人应发包人要求留在施工现场的必要的管理人员及保卫人员的费用，由发包人承担。

5）工程所需清理、修复费用，由发包人承担。

6）工程价款调整报告应由受益方在合同约定时间（14d）内向合同的另一方提出，经对方确认后调整合同价款。

（7）其他项目费用调整应按下列规定计算：

1）计日工应按发包人实际签证确认的事项计算。

2）暂估价中的材料单价应按发、承包双方最终确认价在综合单价中调整；专业工程暂估价应按中标价或发包人、承包人与分包人最终确认价计算。

　实战演练

[经典例题·案例分析]

背景资料：

A公司中标承建某污水处理厂扩建工程，其中沉淀池采用预制装配式预应力混凝土结构。鉴于运行管理因素，在沉淀池施工前，建设单位将预制装配式预应力混凝土结构变更为现浇无粘结预应力结构，并与施工单位签订了变更协议。

项目部造价管理部门重新校对工程量清单，并对地板、池壁、无粘结预应力三个项目的综合单价及主要的措施费进行调整后报建设单位。

问题：

根据清单计价规范，变更后的沉淀池底板、池壁、预应力的综合单价分别应如何确定？

[答案]

（1）底板：按原合同中单价执行。

（2）池壁：参考原合同中类似项目，确定单价。

（3）预应力：原合同中没有，也没有类似项目，双方协商。承包商报价，经监理、业主批准后执行。

2K320030　市政公用工程合同管理

思维导图▶▶▶

考点精讲▶▶▶

考点 1　施工项目合同管理★★

一、合同管理依据

（1）必须遵守《民法典》《建筑法》以及有关法律法规。

（2）必须依据与承包人订立的合同条款执行，依照合同约定行使权力，履行义务。

（3）合同订立主体是发包人和承包人，由其法定代表人行使法律行为；项目负责人受承包人委托，具体履行合同的各项约定。

二、分包合同管理

（一）专业分包管理

（1）实行分包的工程，应是合同文件中规定的工程部分。

（2）分包项目招标文件的编制：

1）依据总承包工程合同和有关规定，确定分包项目划分、分包模式、合同的形式、计价模式及材料（设备）的供应方式，是编制招标文件的基础。

2）计算工程量和相应工程量费用。

3）确定开、竣工日期。

4）确定工程的技术要求和质量标准。

5）拟定合同主要条款：一般合同均分为通用条款、专用条款和协议书三部分。

（3）应经招投标程序选择合格分包方。

（二）劳务分包管理

（1）劳务分包应实施实名制管理。承包人和项目部应加强农民工及劳务管理日常工作。

（2）项目总包、分包人必须分别设置专（兼）职劳务管理员，明确劳务管理员职责；劳务管理员须参加各单位统一组织的上岗培训，地方有要求的，要实行持证上岗。

（三）分包合同履行

履行分包合同时，承包人应当就承包项目向发包人负责；分包人就分包项目向承包人负责；因分包人过失给发包方造成损失，承包人承担连带责任。

三、合同变更与评价

（1）施工过程中遇到的合同变更（工程量增减，质量及特性变更，高程、基线、尺寸等变更，施工顺序变化，永久工程附加工作、设备、材料和服务的变更等），当事人协商一致，可以变更合同，项目负责人必须掌握变更情况，遵照有关规定及时办理变更手续。

（2）承包人根据施工合同，向监理工程师提出变更申请；监理工程师进行审查，将审查结果通知承包人。监理工程师向承包人提出变更令。

（3）承包人必须掌握索赔知识，按施工合同文件有关规定办理索赔手续；准确、合理地计算索赔工期和费用。

重点提示

重点掌握总分包在合同履行时的责任、义务：承包人应当就承包项目向发包人负责；分包人就分包项目向承包人负责；因分包人过失给发包人造成损失，承包人承担连带责任。

实战演练

[经典例题·单选]合同订立主体是发包方和承包人，具体履行合同各项约定的是受承包人委托的（ ）。

A. 法人　　　B. 法定代表人　　　C. 代理人　　　D. 项目负责人

[解析]合同订立主体是发包人和承包人，由其法定代表人行使法律行为；项目负责人受承包人委托，具体履行合同的各项约定。

[答案]D

[经典例题·多选]一般施工合同均分为（ ）等三部分。

A. 通用条款　　　　　　　　　　B. 施工规范

C. 协议书　　　　　　　　　　　D. 验收标准

E. 专用条款

[解析]一般施工合同均分为通用条款、专用条款和协议书三部分。

[答案]ACE

考点 2 索赔的处理原则和程序★★

扫码听课

一、工程索赔的处理原则

承包人索赔前提：

（1）有正当索赔理由和充分证据。

（2）必须以合同为依据。

（3）准确、合理地记录索赔事件和计算工期、费用。

二、索赔的程序

（1）非承包人责任导致项目拖延和成本增加，承包人必须在事件发生后的 28d 内以正式函件向监理工程师提出索赔意向通知书。

（2）在索赔申请发出的 28d 内，承包人应抓紧准备索赔的证据资料，包括索赔依据、索赔天数和索赔费用。

（3）监理工程师在收到承包人送交的索赔报告和有关资料后于 28d 内给予答复，否则视为该项索赔已经认可。

（4）当索赔事件持续进行时，承包人应当阶段性向监理工程师发出索赔意向通知，在索赔事件终了后 28d 内，向监理工程师提出索赔的有关资料和最终索赔报告。

重点提示

索赔的考查较灵活，往往以具体背景为依托，主要考查索赔成立与否及可以得到的索赔量，主要根据发、承包人的责任进行确定。

实战演练

[经典例题·单选] 发生工程变更时，应由承包人以正式函件首先向（　　）提出索赔申请。

A. 发包方负责人　　　　　　　　B. 业主代表

C. 监理工程师　　　　　　　　　D. 主管发包方部门

[解析] 非承包人责任导致项目拖延和成本增加，承包人必须在事件发生后的 28d 内以正式函件向监理工程师提出索赔意向通知书。

[答案] C

考点 3 索赔项目起止日期计算方法★

施工过程中主要是工期索赔和费用索赔。

一、延期发出图纸产生的索赔

接到中标通知书后 28d 内，未收到监理工程师送达的图纸及其相关资料，作为承包人应依据合同提出索赔申请，接中标通知书后第 29 天为索赔起算日。该类项目一般只进行工期索赔。

二、恶劣的气候条件导致的索赔

可分为工程损失索赔及工期索赔。发包方一般对在建项目进行投保，故由恶劣天气影响造成的工程损失可向保险机构申请损失费用；在建项目未投保时，应根据合同条款及时进行索赔。

三、工程变更导致的索赔

工程施工项目已进行施工又进行变更、工程施工项目增加或局部尺寸、数量变化等。计算方法：承包人收到监理工程师书面工程变更令或发包人下达的变更图纸日期为起算日期，变更工程完成日为索赔结束日。

四、以承包人能力不可预见引起的索赔

由于工程投标时图纸不全，有些项目承包人无法作正确计算，以承包人未预见的情况开始出现的第1天为起算日，终止日为索赔结束日。

五、由外部环境而引起的索赔

属发包人原因，由于外部环境影响（如征地拆迁、施工条件、用地的出入权和使用权等）引起的索赔。

根据监理工程师批准的施工计划影响的第1天为起算日。经发包方协调或外部环境影响自行消失日为索赔事件结束日。该类项目一般进行工期及工程机械停滞费用索赔。

六、监理工程师指令导致的索赔

以收到监理工程师书面指令时为起算日，按其指令完成某项工作的日期为索赔事件结束日。

索赔项目概述及内容见表2K320030-1。

表2K320030-1　索赔项目概述及内容

索赔项目	补偿内容		
	工期	费用	利润
延期图纸	√	√	√
恶劣气候条件	√		
工程变更	√	√	√
承包方能力不可预见	√	√	
外部环境	√	√	
监理工程师指令迟延或错误	√	√	√

重点提示

熟悉可以导致索赔的上述几种情况，根据具体事件情况能够计算工期索赔和费用索赔。

实战演练

[经典例题·单选]接到中标通知书后（　）内，未收到监理工程师送达的图纸及其相关资料，承包人可向发包人提出延期发出图纸的索赔。

A. 14d　　　　B. 28d　　　　C. 42d　　　　D. 56d

[解析]接到中标通知书后28d内，未收到监理工程师送达的图纸及其相关资料，作为承包人应依据合同提出索赔申请，接中标通知书后第29天为索赔起算日。该类项目一般只进行工期索赔。

[答案] B

[2013 真题·案例节选]

背景资料：

某项目部针对一个施工项目编制网络计划图，图 2K320030-1（单位：d）是计划图的一部分：

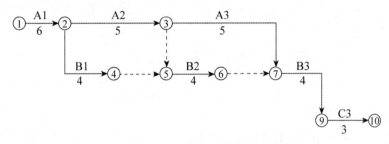

图 2K320030-1 局部网络计划图

该网络计划图其余部分计划工作及持续时间见表 2K320030-2：

表 2K320030-2 网络计划图其余部分的计划工作及持续时间表

工作	紧前工作	紧后工作	持续时间/d
C1	B1	C2	3
C2	C1	C3	3

项目部对按上述思路编制的网络计划图进一步检查时发现有一处错误：工作 C2 必须在工作 B2 完成后，方可施工。经调整后的网络计划图由监理工程师确认满足合同工期要求，最后在项目施工中实施。

工作 A3 施工时，由于施工单位设备事故延误了 2d。

问题：

4. 工作 A3 因设备事故延误的工期能否索赔？说明理由。

[答案]

4. 如果是施工单位向建设单位索赔，工作 A3（设备事故）延误的工期不能索赔；如果是建设单位向施工单位索赔，则索赔成立。因为是施工单位责任，且工作 A3 在关键线路上。

完整的网络计划图如图 2K320030-2 所示（单位：d）。

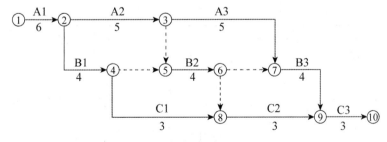

图 2K320030-2 施工网络计划图

[经典例题·案例分析]

背景资料：

某建设单位和施工单位签订了某市政公用工程施工合同，合同中约定：建筑材料由建设单位提供；由于非施工单位原因造成的停工，机械补偿费为 200 元/台班，人工补偿费为 50 元/工日；总工期为 120d；竣工时间提前奖励为 3000 元/d，误期损失赔偿费为

5000 元/d。

经项目监理机构批准的施工进度计划如图 2K320030-3 所示（单位：d）。

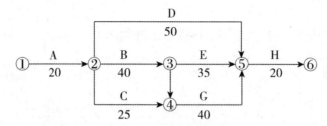

图 2K320030-3　施工网络计划图

施工过程中发生如下事件：

事件一：工程进行中，建设单位要求施工单位对某一构件作破坏性试验，以验证设计参数的正确性。该试验需修建两间临时试验用房，施工单位提出建设单位应该支付该项试验费用和试验用房修建费用。建设单位认为，该试验费属建筑安装工程检验试验费，试验用房修建费属建筑安装工程措施费中的临时设施费，该两项费用已包含在施工合同价中。

事件二：建设单位提供的建筑材料经施工单位清点入库后，在专业监理工程师的见证下进行了检验，检验结果合格。其后，施工单位提出，建设单位应支付建筑材料的保管费和检验费；由于建筑材料需要进行二次搬运，建设单位还应支付该批材料的二次搬运费。

事件三：①由于建设单位要求对工作 B 的施工图纸进行修改，致使工作 B 停工 3d（每停1d 影响 30 工日、10 台班）；②由于机械租赁单位调度的原因，施工机械未能按时进场，使工作 C 的施工暂停 5d（每停 1d 影响 40 工日、10 台班）；③由于建设单位负责供应的材料未能按计划到场，工作 E 停工 6d（每停 1d 影响 20 工日、5 台班）。施工单位就上述三种情况按正常的程序向项目监理机构提出了延长工期和补偿停工损失的要求。

事件四：在工程竣工验收时，为了鉴定某个关键构件的质量，总监理工程师建议采用试验方法进行检验，施工单位要求建设单位承担该项试验的费用。

该工程的实际工期为 122d。

问题：

1. 事件一中建设单位的说法是否正确？为什么？

2. 逐项回答事件二中施工单位的要求是否合理？说明理由。

3. 逐项说明事件三中项目监理机构是否应批准施工单位提出的索赔？说明理由并给出审批结果（写出计算过程）。

4. 事件四中试验检验费用应由谁承担？

5. 分析施工单位应该获得工期提前奖励，还是应该支付误期损失赔偿费？金额是多少？

[答案]

1. 不正确。

理由：依据《建筑安装工程费用项目组成》的规定：①建筑安装工程费（或检验试验费）中不包括构件破坏性试验费；②建筑安装工程措施费中的临时设施费不包括试验用房修建费用。

2.（1）要求建设单位支付保管费合理。

理由：依据《建设工程施工合同（示范文本）》的规定，建设单位提供的材料，施工单位负责保管，建设单位支付相应的保管费用。

（2）要求建设单位支付检验费合理。

理由：依据《建设工程施工合同（示范文本）》的规定，建设单位提供的材料，由施工单位负责检验，建设单位承担检验费用。

（3）要求建设单位支付二次搬运费不合理。

理由：二次搬运费已包含在措施费（或直接费）中。

3.（1）工作B停工3d：应批准工期延长3d，因属建设单位原因（或因非施工单位原因），且工作处于关键线路上；费用可以索赔。

应补偿停工损失：$3 \times 30 \times 50 + 3 \times 10 \times 200 = 10500$（元）。

（2）工作C停工5d：不予索赔，因属施工单位原因。

（3）工作E停工6d：应批准工期延长1d，该停工虽属建设单位原因，但工作E有5d总时差，停工使总工期延长1d；费用可以索赔。

应补偿停工损失：$6 \times 20 \times 50 + 6 \times 5 \times 200 = 12000$（元）。

4. 若构件质量检验合格，由建设单位承担；若构件质量检验不合格，由施工单位承担。

5.（1）由于非施工单位原因使工作B和工作E停工，造成总工期延长4d，工期提前$120 + 4 - 122 = 2$（d），施工单位应获得工期提前奖励。

（2）奖励金额：$2 \times 3000 = 6000$（元）。

考点 4　同期记录及索赔台账★

一、同期记录

（1）索赔意向书提交后，就应认真做好同期记录。每天均应有记录，并经现场监理工程师签认；索赔事件造成现场损失时，还应做好现场照片、录像资料。

（2）同期记录的内容有：事件发生及过程中现场实际状况；现场人员、设备的闲置清单；对工期的延误；对工程损害程度；导致费用增加的项目及所用的工作人员，机械、材料数量、有效票据等。

二、最终报告

最终报告应包括以下内容：

（1）索赔申请表：填写索赔项目、依据、证明文件、索赔金额和日期。

（2）批复的索赔意向书。

（3）编制说明：索赔事件的起因、经过和结束的详细描述。

（4）附件：与本项费用或工期索赔有关的各种往来文件。

三、索赔台账

（1）索赔台账应反映索赔发生的原因，索赔发生的时间、索赔意向提交时间、索赔结束时间，索赔申请工期和费用，监理工程师审核结果，发包人审批结果等内容。

（2）对合同工期内发生的每笔索赔均应及时登记。工程完工时作为工程竣工资料的组成部分。

重点提示

低频考点，了解索赔台账的主要内容即可。

实战演练

[经典例题·多选] 施工索赔同期记录的内容包括（　　）。

A. 人员设备闲置清单　　　　　　　B. 对工期的延误

C. 对工程损害程度　　　　　　　　D. 导致费用增加的项目

E. 计算资料

[解析] 同期记录的内容有：事件发生及过程中现场实际状况；现场人员、设备的闲置清单；对工期的延误；对工程损害程度；导致费用增加的项目及所用的工作人员，机械、材料数量、有效票据等。

[答案] ABCD

考点 5　风险的种类及防范措施★

一、工程常见的风险种类

（1）工程项目的技术、经济、法律等方面的风险。

（2）业主资信风险。

（3）外界环境的风险。

（4）合同风险。

二、合同风险的管理与防范措施

（一）合同风险的规避

充分利用合同条款；增设保值条款；增设风险合同条款；增设有关支付条款；外汇风险的回避；减少承包人资金、设备的投入；加强索赔管理，进行合理索赔。

（二）风险的分散和转移

向保险公司投保；向分包商转移部分风险。

（三）确定和控制风险费

工程项目部必须加强成本控制，制定成本控制目标和保证措施。

重点提示

低频考点，了解合同风险的种类及防范措施即可，能够对具体防范措施进行分类。

实战演练

[经典例题·单选] 以下选项中，属于合同风险分散和转移的措施是（　　）。

A. 增设风险合同条款　　　　　　　B. 加强索赔管理

C. 向保险公司投保　　　　　　　　D. 增设保值条款

[解析] 合同风险的分散和转移的措施包括：向保险公司投保；向分包商转移部分风险。

[答案] C

[2019真题·多选] 按照来源性质分类，施工合同风险有（　　）。

A. 技术风险　　　B. 项目风险　　　C. 地区风险　　　D. 商务风险

E. 管理风险

[解析] 施工合同风险从风险的来源性质可分为政治风险、经济风险、技术风险、商务风

险、公共关系风险和管理风险等。

[答案] ADE

2K320040 市政公用工程施工成本管理

思维导图 ▶▶▶

考点精讲 ▶▶▶

考点 1 施工成本管理原则、流程及措施★

一、施工成本管理遵循的原则

（1）实用性原则。

（2）灵活性原则。

（3）坚定性原则。

（4）开拓性原则。

二、施工成本管理流程

基本流程：成本预测→成本计划→成本控制→成本核算→成本分析→成本考核。

三、施工成本管理措施

（1）加强成本管理观念。

（2）加强定额和预算管理。

（3）完善原始记录和统计工作。

（4）建立健全责任制度。

（5）建立考核和激励机制。

重点提示

低频考点，了解成本管理流程及措施即可。

实战演练

[经典例题·单选] 下列不属于施工成本管理遵循的原则是（ ）。

A. 实用性原则   B. 灵活性原则

C. 成本最低原则   D. 开拓性原则

[**解析**] 施工成本管理遵循的原则有：①实用性原则；②灵活性原则；③坚定性原则；④开拓性原则。

[**答案**] C

考点 2 施工成本目标控制原则及控制依据★

一、施工成本目标控制的原则

（1）成本最低原则。

（2）全员成本原则。

（3）目标分解原则。

（4）动态控制原则。

（5）责、权、利相结合的原则。

二、施工成本目标控制的主要依据

（1）工程承包合同。

（2）施工成本计划。

（3）进度报告。

（4）工程变更。

三、施工成本目标控制的方法

（1）人工费的控制。

（2）材料费的控制。

（3）支架脚手架、模板等周转设备使用费的控制。

（4）施工机械使用费的控制。

（5）构件加工费和分包工程费的控制。

施工成本目标控制的方法见表 2K320040-1。

表 2K320040-1　施工成本目标控制的方法

方法	内容
人工费	单价低于预算价（定额外人工费、关键工序奖励）
材料费	量价分离；预算价格控制采购成本；限额领料控制消耗数量
周转设备使用费	预算控制实际（实际＝使用数×摊销价）
施工机械使用费	预算往往小于实际，合同中约定补贴
构件加工费、分包工程费	施工图预算控制合同金额

四、营业税改增值税后进项税抵扣和成本管理的关系

（1）取得发票与采购定价的策略。（从一般纳税人企业采购材料，取得的增值税发票是按照13%计算增值税额；从小规模纳税人企业进行采购，简易征收，征收率一般为3%）

（2）进项税抵扣必须取得合格的票据。

（3）增值税专用发票必须经过认证才允许抵扣。

（4）增值税后虚开发票的风险增加。

（5）基础工作的规范性影响进项税额的抵扣。

实战演练

［2018真题·单选］施工成本管理的基本流程是（　　）。

A. 成本分析→成本核算→成本预测→成本计划→成本控制→成本考核

B. 成本核算→成本预测→成本考核→成本分析→成本计划→成本控制

C. 成本预测→成本计划→成本控制→成本核算→成本分析→成本考核

D. 成本计划→成本控制→成本预测→成本核算→成本考核→成本分析

［解析］施工成本管理的基本流程：成本预测→成本计划→成本控制→成本核算→成本分析→成本考核。

［答案］C

［经典例题·多选］下列属于施工成本目标控制的主要依据有（　　）。

A. 工程承包合同　　　　　　　　　　B. 施工成本计划

C. 进度报告　　　　　　　　　　　　D. 工程变更

E. 招标公告

［解析］施工成本目标控制的主要依据有工程承包合同、施工成本计划、进度报告、工程变更。

［答案］ABCD

重点提示

低频考点，简单了解即可。

考点 3　项目施工成本核算的方法★

一、项目施工成本核算

（1）项目成本核算的内容：人工费；材料费；施工机械使用费；专业分包费、其他直接费、项目部管理费等。

（2）项目施工成本核算的方法。

1）表格核算法：便于操作、表格格式自由，对项目内各岗位成本的责任核算比较实用。

2）会计核算法：核算严密、逻辑性强、人为调教的因素较小、核算范围较大；对核算人员的专业水平要求很高。

二、项目施工成本分析方法

（1）比较法。

（2）因素分析法：连锁置换法或连环替代法。

（3）差额计算法。

（4）比率法：相关比率、构成比率和动态比率三种。

重点提示

低频考点，了解成本核算方法即可。

2K320050 市政公用工程施工组织设计

思维导图►►►

考点精讲►►►

扫码听课

考点 1 施工组织设计的应用★

市政公用工程施工组织设计，是市政公用工程项目在投标、施工阶段必须提交的技术文件。

一、编制依据

（1）与工程建设有关的法律、法规、规章和规范性文件。

（2）国家现行标准和技术经济指标。

（3）工程施工合同文件。

（4）工程设计文件。

（5）地域条件和工程特点，工程施工范围内及周边的现场条件，气象、工程地质及水文地质等自然条件。

（6）与工程有关的资源供应情况。

（7）企业的生产能力、施工机具状况、经济技术水平等。

二、以施工内容为对象编制施工组织设计

（1）施工组织设计应包括工程概况、施工总体部署、施工现场平面布置、施工准备、施工技术方案、主要施工保证措施等基本内容。

（2）施工组织设计应由项目负责人主持编制。

（3）施工组织设计可根据需要分阶段编制。

三、分部（分项）工程应根据施工组织设计单独编制施工方案

（1）施工方案应包括工程概况、施工安排、施工准备、施工方法及主要施工保证措施等基本内容。

（2）施工方案应由项目负责人主持编制。

（3）由专业承包单位施工的分部（分项）工程，施工方案应由专业承包单位的项目技术负

责人主持编制。

（4）危险性较大的分部（分项）工程施工前，应根据施工组织设计单独编制安全专项施工方案。

四、施工组织设计的审批规定

（1）施工组织设计可根据需要分阶段审批。

（2）施工组织设计应经总承包单位技术负责人审批并加盖企业公章。

五、施工方案的审批规定

（1）施工方案应由项目技术负责人审批。重点、难点分部（分项）工程的施工方案应由总承包单位技术负责人审批。

（2）由专业承包单位施工的分部（分项）工程，施工方案应由专业承包单位的技术负责人审批，并由总承包单位项目技术负责人核准备案。

六、施工组织设计动态管理规定

（1）施工作业过程中发生下列情况之一时，施工组织设计应及时修改或补充：

1）工程设计有重大变更。

2）主要施工资源配置有重大调整。

3）施工环境有重大改变。

（2）经修改或补充的施工组织设计应按审批权限重新履行审批程序。

七、施工组织设计主要内容

（1）工程概况。

（2）施工总体部署包括主要工程目标、总体组织安排、总体施工安排、施工进度计划及总体资源配置等。

（3）施工现场平面布置。

（4）施工准备。

（5）施工技术方案（核心内容）。

（6）主要施工保证措施。

1）进度保证措施。

2）质量保证措施。

3）安全管理措施。

4）环境保护及文明施工管理措施。

5）成本控制措施。

6）季节性施工保证措施。

7）交通组织措施。

8）构（建）筑物及文物保护措施。

9）应急措施。

重点提示

施工组织设计是施工的纲领性文件，历年考查重点主要集中在施工组织设计的内容、编制原则、审批程序三个方面。

✏实战演练

[经典例题·单选] 市政公用工程施工组织设计应经（　　）批准。

A. 项目经理

B. 监理工程师

C. 总承包单位技术负责人

D. 项目技术负责人

[解析] 市政公用工程施工组织设计应经总承包单位技术负责人、总监理工程师批准。

[答案] C

考点 2　施工技术方案的主要内容★

施工技术方案的主要内容包括：

（1）施工方法。

（2）施工机械。

（3）施工组织。

（4）施工顺序。

（5）现场平面布置。

（6）技术组织措施。

重点提示

考频较低，了解施工方案的主要内容即可。

✏实战演练

[经典例题·单选] 下列不属于施工技术方案内容的是（　　）。

A. 施工方法

B. 施工机械

C. 施工顺序

D. 现场总平面布置图

[解析] 施工技术方案包括施工方法、施工机械、施工组织、施工顺序、现场平面布置、技术组织措施。

[答案] D

考点 3　"两专"问题★★

扫码听课

一、专项施工方案的编制与论证

（1）危险性较大的分部分项工程是指建筑工程在施工过程中存在的、可能导致作业人员群死群伤或造成重大不良社会影响的分部分项工程。

（2）施工单位应当在危险性较大的分部分项工程施工前编制专项施工方案。

（3）对于超过一定规模的危险性较大的分部分项工程，施工单位应当组织专家对专项施工方案进行论证。专家论证前专项施工方案应当通过施工单位审核和总监理工程师审查。

二、需要专家论证的工程范围

（一）深基坑工程

开挖深度超过5m（含5m）的基坑（槽）的土方开挖、支护、降水工程。

（二）模板工程及支撑体系

（1）工具式模板工程，包括滑模、爬模、飞模、隧道模等工程。

（2）混凝土模板支撑工程：搭设高度 8m 及以上；搭设跨度 18m 及以上；施工总荷载 15kN/m² 及以上；集中线荷载 20kN/m 及以上。

（3）承重支撑体系：用于钢结构安装等满堂支撑体系，承受单点集中荷载 7kN 以上。

（三）起重吊装及安装拆卸工程

（1）单件起吊重量在 100kN 及以上的起重吊装工程。

（2）起重量 300kN 及以上的起重设备安装工程；高度 200m 及以上，或搭设基础标高在 200m 及以上的起重机械安装和拆卸工程。

（四）脚手架工程

（1）搭设高度 50m 及以上落地式钢管脚手架工程。

（2）提升高度 150m 及以上附着式升降脚手架工程或操作平台工程。

（3）分段架体搭设高度 20m 及以上的悬挑式脚手架工程。

（五）拆除、爆破工程

（1）拆除中容易引起有毒有害气（液）体或粉尘扩散、易燃易爆事故发生的特殊建（构）筑物的拆除工程。

（2）文物保护建筑、优秀历史建筑或历史文化风貌区影响范围内的拆除工程。

（六）其他

（1）跨度大于 36m 及以上的钢结构安装工程。

（2）开挖深度 16m 及以上的人工挖孔桩工程。

（3）水下作业工程。

（4）重量 1000kN 及以上的大型结构整体提升、平移、转体等施工。

（5）采用新技术、新工艺、新材料、新设备及尚无相关技术标准的危险性较大的分部分项工程。

三、专项施工方案编制

（1）实行施工总承包的，专项施工方案应当由施工总承包单位组织编制。其中，起重机械安装拆卸工程、深基坑工程、附着式升降脚手架等专业工程实行分包的，其专项施工方案可由专业承包单位组织编制。

（2）专项施工方案编制应当包括以下内容：①工程概况；②编制依据；③施工计划；④施工工艺技术；⑤施工安全保证措施；⑥施工管理及作业人员配备和分工；⑦验收要求；⑧应急处置措施；⑨计算书及相关图纸。

四、专项施工方案的专家论证

（一）应出席论证会人员

（1）专家组成员。

（2）建设单位项目负责人。

（3）勘察、设计单位项目技术负责人及相关人员。

（4）总包和分包单位技术负责人或授权委派的专业技术人员、项目负责人、项目技术负责人、专项施工方案编制人员、项目专职安全生产管理人员及相关人员。

（5）监理单位项目总监理工程师及专业监理工程师。

（二）专家组构成

专家组成员不得少于 5 名且符合相关专业要求的专家组成。与本项目有利害关系的人员不得以专家身份参加专家论证会。专家组对专项施工方案审查论证时，必须察看施工现场，并听取施工、监理等人员对施工方案、现场施工等情况的介绍。

（三）专家论证的主要内容

（1）专项施工方案内容是否完整、可行。

（2）专项施工方案计算书和验算依据、施工图是否符合有关标准规范。

（3）安全施工的基本条件是否满足现场实际情况，并能确保施工安全。

（四）论证报告

专家论证会后，应当形成论证报告，对专项施工方案提出通过、修改后通过或者不通过的一致意见。专家对论证报告负责并签字确认。专项施工方案经论证后不通过的，施工单位应当按照论证报告修改，并重新组织专家进行论证。

五、危大工程专项施工方案实施和现场安全管理

（1）施工单位应当根据论证报告修改完善专项施工方案，并经施工单位技术负责人签字、加盖单位公章，并由项目总监理工程师签字、加盖执业印章后，方可组织实施。危大工程实行分包并由分包单位编制专项施工方案的，专项施工方案应当由总承包单位技术负责人及分包单位技术负责人共同审核签字并加盖单位公章。

（2）施工单位应当严格按照专项施工方案组织施工，不得擅自修改专项施工方案。因规划调整、设计变更等原因确需调整的，修改后的专项施工方案应当重新组织专家进行论证。

（3）专项施工方案实施前，编制人员或者项目技术负责人应当向施工现场管理人员进行方案交底。施工现场管理人员应当向作业人员进行安全技术交底，并由双方和项目专职安全生产管理人员共同签字确认。

（4）施工单位应当在施工现场显著位置公告危大工程名称、施工时间和具体责任人员，并在危险区域设置安全警示标志。

（5）施工单位应当对危大工程施工作业人员进行登记，项目负责人应当在施工现场履职。项目专职安全生产管理人员应当对专项施工方案实施情况进行现场监督，对未按照专项施工方案施工的，应当要求立即整改，并及时报告项目负责人，项目负责人应当及时组织限期整改。

（6）对于按照规定需要验收的危大工程，施工单位、监理单位应当组织相关人员进行验收。验收合格的，经施工单位项目技术负责人及总监理工程师签字确认后，方可进入下一道工序。

（7）施工单位应当按照规定对危大工程进行施工监测和安全巡视，发现危及人身安全的紧急情况，应当立即组织作业人员撤离危险区域。

（8）危大工程发生险情或者事故时，施工单位应当立即采取应急处置措施，并报告工程所在地住房城乡建设主管部门。建设、勘察、设计、监理等单位应当配合施工单位开展应急抢险工作。

┌─ **重点提示** ─────────────────────────────┐

专项施工方案是历年考查的重点，必须掌握以下几方面：需要编制专项施工方案的范围、专家论证的程序及要求、实施过程中的基本规定。

└──────────────────────────────────────┘

实战演练

[2019真题·单选] 根据住建部《危险性较大的分部分项工程安全管理规定》，属于需要专家论证的是（　　）。

A. 起重量200kN及以下的起重机械安装和拆除工程

B. 分段架体搭设高度20m及以上的悬挑式脚手架工程

C. 搭设高度6m及以下的混凝土模板支撑工程

D. 重量800kN的大型结构整体顶升、平移、转体等施工工艺

[解析] 起重量300kN及以上，或搭设总高度200m及以上，或搭设基础标高在200m及以上的起重机械安装和拆卸工程，需要专家论证，选项A错误。分段架体搭设高度20m及以上的悬挑式脚手架工程，需要专家论证，选项B正确。混凝土模板支撑工程：搭设高度8m及以上，或搭设跨度18m及以上，或施工总荷载（设计值）15kN/m² 及以上，或集中线荷载（设计值）20kN/m 及以上，需要专家论证，选项C错误。重量1 000kN及以上的大型结构整体顶升、平移、转体等施工工艺，需要专家论证，选项D错误。

[答案] B

[2016真题·案例节选]

背景资料：

某公司承建城市桥区泵站调蓄工程，其中调蓄池为地下式现浇钢筋混凝土结构，混凝土强度等级C35，池内平面尺寸为62.0m×17.3m，筏板基础。场地地下水类型为潜水，埋深6.6m。……

调蓄池结构与基坑围护断面图如图2K320050-1所示：

图2K320050-1 调蓄池结构与基坑围护断面图

注：图中尺寸单位：结构尺寸为mm，高程为m。

问题：

1. 列式计算池顶模板承受的结构自重分布荷载 q（kN/m²），混凝土容重 $\gamma = 25$kN/m³；根据计算结果，判断模板支架安全专项施工方案是否需要组织专家论证？说明理由。

2. 计算止水帷幕在地下水中的高度。

[名师点拨] 关于专项施工方案的编制及论证属于常规高频考点，考查中一般以多选题及案例题为主，答题核心为记忆范围。基础记忆点掌握牢固后，需要识别出题陷阱，有一些题目喜欢踩到界线点出题，比如桩基人工挖孔 16m 这个数字。建议考生在选择题中节点数字尽量少选，在案例题中适当降低要求考虑。另外，本题直接给出了混凝土容重，通过乘以厚度转换成面荷载考查，可以有效地节约做题时间，注意图片信息的提取。

[答案]

1.（1）池顶板厚度为 600mm，因此模板承受的结构自重 $q=25\times0.6=15$（kN/m²）。

（2）需要组织专家论证。

理由：根据相关规定，施工总荷载在 15kN/m² 及以上时，需要组织专家论证。

2. 止水帷幕在地下水中的高度：$17.55-6.60=10.95$（m）。

【注意】17.55 为左边帷幕的高程（数字 17550），6.60 为地下水的高程（已知条件给定的）。

考点 4 交通导行★★★

扫码听课

一、现况交通调查

（1）项目部应根据施工设计图纸及施工部署，调查现场及周围的交通车行量及高峰期，预测高峰流量，研究设计占路范围、期限及围挡警示布置。

（2）应对现场居民出行路线进行核查，并结合规划围挡的设计，划定临时用地范围、施工区、办公区等出口位置，应减少施工车辆与社会车辆交叉，以避免出现交通拥堵。

（3）应对预计设置临时施工便道、便桥位置进行实地详勘，以便尽可能利用现况条件。

二、交通导行方案设计原则

（1）满足社会交通流量，保证高峰期的需求，确保车辆行人安全顺利通过施工区域。

（2）有利于施工组织和管理，且使施工对人民群众、社会经济生活的影响降到最低。

（3）根据不同的施工阶段设计交通导行方案。

（4）应与现场平面布置图协调一致。

三、交通导行方案实施

（一）获得交通管理和道路管理部门的批准后组织实施

（1）占用慢行道和便道要获得交通管理和道路管理部门的批准，按照获准的交通疏导方案修建临时施工便道、便桥。

（2）按照施工组织设计设置围挡，严格控制临时占路范围和时间。

（3）按照有关规定设置临时交通导行标志，设置路障、隔离设施。

（4）组织现场人员协助交通管理部门组织交通。

（二）交通导行措施

（1）严格划分警告区、上游过渡区、缓冲区、作业区、下游过渡区、终止区范围。

（2）统一设置各种交通标志、隔离设施、夜间警示信号。

（3）依据现场变化，及时引导交通车辆，为行人提供方便。

（三）保证措施

（1）对作业工人进行安全教育、培训、考核，并应与作业队签订《施工交通安全责任合同》。

（2）施工现场按照施工方案，在主要道路交通路口设专职交通疏导员，积极协助交通民警搞好施工和社会交通的疏导工作；减少由于施工造成的交通堵塞现象。

（3）沿街居民出入口要设置足够的照明装置，必要处搭设便桥，为保证居民出行和夜间施工创造必要的条件。

重点提示

交通导行方案考查频率较高，主要考查方案的设计流程及具体实施的要求，并且近几年逐渐倾向于现场实际化，总体难度不大，重点掌握。

实战演练

[2016真题·案例节选]

背景资料：

某公司承建城市道路改扩建工程，工程包括……，道路横断面布置如图2K320050-2所示。

图2K320050-2　道路横断面布置图

注：图中尺寸以m为单位。

项目部编制的施工组织设计将工程项目划分为三个施工阶段：第一阶段为雨水主管道施工；第二阶段为两侧隔离带、非机动车道、人行道施工；第三阶段为原机动车道加铺沥青混凝土面层。

问题：

2. 用图中所示的节点代号，分别写出三个施工阶段设置围挡的区间。

[名师点拨] 关于现场围挡设置，第一点注意围挡的建设及选材要求，必须采用硬质材料进行建设，第二点注意围挡的设置必须保证连续封闭，以及高度在不同城区中的要求也不同。如果是贴近现场识图类别的题目，比如本例需要考生侧重围挡跟随施工阶段的安排进行动态建设，还要考虑预留施工便道的问题。在一建的考题中也曾经考查过关于围挡的识图类题目，沿道路双侧布设，计算布设长度。

[答案]

2. 第一个阶段，雨水管道施工时，应当在A节点和C节点设置施工围挡；第二个阶段，两侧隔离带、非机动车道、人行道施工时，应当在A节点、C节点、D节点、F节点设置施工围挡；第三个阶段，原机动车道加铺沥青混凝土面层时，在B节点和E节点设置施工围挡。

2K320060　市政公用工程施工现场管理

思维导图 ▶▶▶

考点精讲 ▶▶▶

考点 1　施工现场的平面布置★

市政公用工程的施工平面布置图有明显的动态特性，必须详细考虑好每一步的平面布置及其合理衔接。

施工现场平面布置的内容：

（1）施工图上一切地上、地下建筑物、构筑物以及其他设施的平面位置。

（2）给水、排水、供电管线等临时位置。

（3）生产、生活临时区域及仓库、材料构件、机械设备堆放位置。

（4）现场运输通道、便桥及安全消防设施。

（5）环保、绿化区域位置。

（6）围墙（挡）与入口位置。

-------------------- ✎**实战演练** --------------------

[经典例题·多选] 施工现场管理内容包括（　　）。

A. 施工现场的平面布置与划分　　　　　　　B. 施工现场封闭管理

C. 施工现场的卫生管理　　　　　　　　　　D. 临时设施搭设与管理

E. 劳动力管理

[解析] 施工现场管理内容包括施工现场的平面布置与划分、施工现场封闭管理、施工现场场地与道路、临时设施搭设与管理、施工现场的卫生管理。

[答案] ABCD

考点 2　施工现场封闭管理★★

一、封闭原因

将施工现场与外界隔离，保护环境、美化市容、确保安全。

二、围挡（墙）

（1）施工现场围挡（墙）应沿工地四周连续设置，不得留有缺口。

（2）围挡的用材应坚固、稳定、整洁、美观，宜选用砌体、金属材板等硬质材料，不宜使用彩布条、竹笆或安全网等。

（3）施工现场的围挡一般应高于 1.8m，在市区主要道路内应高于 2.5m，且应符合当地主管部门有关规定。

三、大门和出入口

（1）施工现场应当有固定的出入口，出入口处应设置大门。

（2）施工现场的大门应牢固美观，大门上应标有企业名称或企业标识。

（3）出入口处应当设置专职门卫保卫人员，制定门卫管理制度及交接班记录制度。

（4）施工现场的进口处应有整齐明显的"五牌一图"。

1）五牌：工程概况牌、管理人员名单及监督电话牌、消防安全牌、安全生产（无重大事故）牌、文明施工牌。有些地区还要签署文明施工承诺书（泥浆不外流、轮胎不沾泥、管线不损坏、渣土不乱抛、爆破不扰民、夜间少噪音）。工程概况牌内容一般应写明工程名称、主要工程量、建设单位、设计单位、施工单位、监理单位、开竣工日期、项目负责人（经理）以及联系电话。

2）一图：施工现场总平面图。可根据情况再增加其他牌图，如工程效果图、项目部组织机构及主要管理人员名单图等。

四、警示标牌布置与悬挂

（1）根据国家有关规定，施工现场入口处、施工起重机械、临时用电设施、脚手架、出入通道口、楼梯口、电梯井口、孔洞口、桥梁口、隧道口、基坑边沿、爆破物及有害危险气体和液体存放处等属于危险部位，应当设置明显的安全警示标志。

（2）安全警示标志的类型：禁止标志、警告标志、指令标志、指示标志等 4 种类型。

实战演练

［经典例题·多选］安全警示标志的种类有（　　）标志。

A. 警告　　　　　　　　B. 提示　　　　　　　　C. 指示　　　　　　　　D. 指令

E. 禁止

［解析］安全警示标志的种类有禁止、警告、指令、指示标志。

［答案］ACDE

考点 3　现场场地与道路临时设施搭设与管理★

一、现场场地与道路

（1）施工现场应有良好的排水设施、设置排水沟及沉淀池，现场废水未经允许不得直接排入市政污水管网和河流。

（2）施工现场道路应悬挂限速标志，道路应畅通，应当有循环干道，满足运输、消防要求。

（3）主干道宽度不宜小于3.5m，载重汽车转弯半径不宜小于15m。

二、临时设施的种类

（1）**办公设施**：包括办公室、会议室、保卫传达室。

（2）**生活设施**：包括宿舍、食堂、厕所、淋浴室、阅览娱乐室、卫生保健室。

（3）**生产设施**：包括材料仓库、防护棚、加工棚、操作棚。

（4）**辅助设施**：包括道路、现场排水设施、围墙、大门等。

三、临时设施的搭设与管理

（1）宿舍应当选择在通风、干燥的位置，防止雨水、污水流入；不得在尚未竣工建筑物内设置员工集体宿舍。

（2）宿舍必须设置可开启式窗户，宽0.9m、高1.2m，设置外开门；宿舍内应保证有必要的生活空间，室内净高不得小于2.5m，通道宽度不得小于0.9m，每间宿舍居住人员不应超过16人。

（3）宿舍内的单人床铺不得超过2层，严禁使用通铺，床铺应高于地面0.3m，人均床铺面积不得小于1.9m×0.9m，床铺间距不得小于0.3m。

四、材料堆放与库存

（1）钢筋应当堆放整齐，用方木垫起，不宜放在潮湿处和暴露在外。

（2）砂应堆成方，石子应当按不同粒径规格分别堆放成方。

（3）各种模板应当按规格分类堆放整齐，地面应平整坚实，叠放高度一般不宜超过1.6m。模板上的钉子要及时拔除或敲弯。

> **重点提示**
>
> 施工现场管理的考查要求考生掌握施工现场的布置，重点考查施工现场封闭管理的要求（围挡的设置要求、五牌一图的内容），属于高频考点。

实战演练

[经典例题·多选] 临时设施的种类有（　　）。

A. 安全设施　　　　B. 办公设施　　　　C. 生活设施　　　　D. 辅助设施

E. 生产设施

[解析] 临时设施的种类有生产设施、办公设施、生活设施、辅助设施。

[答案] BCDE

考点 4 环境保护管理要点★★

扫码听课

一、防治大气污染

建设单位：应当将防治扬尘污染的费用列入工程造价，并在施工承包合同中明确施工单位扬尘污染防治责任。

施工单位：应当制定具体的施工扬尘污染防治实施方案。

县级以上地方人民政府环保主管部门：组织建设监测网、开展监测、及时发布信息。

（1）施工场地应按规定进行硬化处理；裸露场地和集中堆放的土方应采取覆盖、固化、绿化、洒水降尘措施。

（2）使用密目式安全网对在建建筑物、构筑物进行封闭，拆除旧有建筑物时，应采用隔离、洒水等措施。

（3）现场不得熔融沥青，严禁焚烧沥青、油毡、橡胶、塑料、皮革、垃圾以及其他产生有毒有害烟尘和恶臭气体的物质。

（4）施工现场应根据风力和大气湿度的具体情况，进行土方回填、转运作业；沿线安排洒水车洒水降尘。

（5）施工现场混凝土搅拌场所应采取封闭、降尘措施；易飞扬的细颗粒建筑材料应密闭存放或覆盖。

（6）施工现场应设置密闭式垃圾站，施工垃圾、生活垃圾应分类存放，并及时清运（专用密闭式容器调运或传送，严禁凌空抛洒）。

（7）从事土方、渣土、砂石、灰浆和施工垃圾等散装、流体物料运输的车辆应采用密闭或覆盖措施；现场出入口处应采取保证车辆清洁的措施；并设专人清扫社会交通路线。

二、防治水污染

县级以上人民政府环保主管部门实施统一监督管理。

（1）排水沟及沉淀池，必须防止污水、泥浆泄漏外流；污水应按规定排入市政污水管道或河流，泥浆应采用专用罐车外弃。

（2）现场存放的油料、化学溶剂等应设专门库房，地面应进行防渗漏处理。

三、防治施工噪声污染

（1）施工现场的强噪声设备宜设置在远离居民区的一侧。

（3）确需在 22 时至次日 6 时施工时，应申请批准，并公告。

（3）夜间运料车：严禁鸣笛，装卸材料轻拿轻放。

（4）会产生噪声和振动的施工机具，应采取消声、吸声、隔声措施；禁止在夜间进行打桩作业；规定时间内不得使用噪声大的机具，如必须使用，应采用隔声棚降噪。

四、防治施工固体废弃物污染

禁止任何单位或个人向江河、湖泊、运河、渠道、水库及其最高水位线以下的滩地和岸坡等法律、法规规定禁止倾倒、堆放废弃物的地点倾倒、堆放固体废物。

（1）运输砂石、土方、渣土和建筑垃圾的车辆，出场前一律用苫布覆盖，要采取密封、避免泄漏、遗撒，并按指定地点倾卸。

（2）运送车辆不得装载过满；车辆出场前设专人检查，在场地出口处设置洗车池；司机在转弯、上坡时应减速慢行，避免遗撒；行驶路线应有专人检查，发现遗撒及时清扫。

五、防止施工照明污染

现场照明灯具应配备定向照明灯罩，使用前调整射角，夜间施工照明灯罩使用率达 100%。

重点提示
随着近几年环保形势的严峻，环境保护和文明施工考查概率将有所增加，重点掌握施工现场常见的污染形式及防治措施。

［经典例题·案例分析］

背景资料：

某公司承建城市道路改扩建工程，主管道沟槽开挖由东向西按井段逐段进行，拟定的槽底宽度为 1600mm、南北两侧的边坡坡度分别为 1：0.50 和 1：0.67，采用机械挖土，人工清底；回用土存放在沟槽北侧，南侧设置管材存放区，弃土运至指定存土场地。

问题：

施工现场土方存放与运输时应采取哪些环保措施？

［答案］

（1）现场堆放的土方应当采取覆盖、固化、绿化、洒水降尘等措施。

（2）从事土方、渣土和施工垃圾运输车辆应采用密闭或覆盖措施；现场出入口处应采取保证车辆清洁的措施；并设专人清扫社会交通路线，或采取洒水降尘措施。

考点 5　劳务管理要点★★

总承包项目内推行劳务实名制管理。

一、管理范围

（1）进入施工现场的建设单位、承包单位、监理单位的项目管理人员及建筑工人均纳入建筑工人实名制管理范畴。

（2）实名制管理的内容：包括个人身份证、个人执业注册证或上岗证件、个人工作业绩、个人劳动合同或聘用合同等内容。

（3）由招标投标代理公司负责市政公用工程项目招标投标代理的，应将监理企业和拟参与投标的施工企业的项目部领导机构报市政公用工程市场管理部门备案，未通过备案的项目部领导机构，不得进入招标投标市场。

二、管理措施

（1）劳务企业要与劳务人员依法签订书面劳动合同，明确双方权利义务。

（2）劳务工必须符合国家规定的用工条件，对关键岗位和特种作业人员，必须持有相应的职业（技术）资格证书或操作证书。

（3）"三无"人员不得进入现场施工。

（4）现场一线作业人员年龄不得超过 50 周岁，辅助作业人员不得超过 55 周岁。

（5）备案：劳务人员花名册、身份证、劳动合同文本、岗位技能证书复印件报总包方项目部备案，确保人、册、证、合同相符统一。

（6）要逐人建立劳务人员入场、继续教育培训档案。

（7）进场施工人员应佩戴工作卡（卡上注明姓名、身份证号、工种、所属分包企业）。

（8）劳务企业要根据劳务人员花名册编制考勤表，每日点名考勤；逐人记录工作量完成情况，并定期制定考核表。考核表须报总包方项目部备案。

（9）劳务企业要根据劳务人员考勤表按月编制工资发放表，并报总包方项目部备案（每月25 日提供上月情况）。

（10）劳务企业要按所在地政府要求，根据劳务人员花名册为劳务人员缴纳社会保险，并将缴费收据复印件、缴费名单报总包方项目部备案。

（11）提高劳务队伍文化，搞好文明施工。

三、管理方法

（1）IC卡可实现的管理功能包括人员信息管理；工资管理；考勤管理；门禁管理。

（2）监督检查。

1）项目部：每月一次。

检查内容：劳务管理人员身份证、上岗证；劳务人员花名册、身份证、岗位技能证书、劳动合同证书；考勤表、工资表、工资发放公示单；劳务人员岗前培训、继续教育培训记录；社会保险缴费凭证。

2）总包方：每季度一次，年底综合评定，适时抽查。

重点提示

随着施工现场管理的不断规范化，尤其对于劳务人员的管理要求越来越高，近几年考频也在不断增加，重点掌握实名制管理的内容及方法，结合案例作答。

实战演练

[经典例题·单选] 不得进入施工现场的"三无"人员中，不含（　　）人员。

A. 无身份证　　　　B. 无劳动合同　　　　C. 无居住证　　　　D. 无岗位证书

[解析]"三无"人员指无身份证、无岗位证书、无劳动合同的人员。

[答案] C

[2015 真题·案例节选]

背景资料：

A公司中标承建小型垃圾填埋场工程。施工过程中，A公司例行检查发现，少数劳务人员所戴胸牌与人员登记不符，且现场无劳务队的管理员在场。

问题：

2. 针对检查结果，简述对劳务人员管理的具体规定。

[答案]

2. 劳务人员管理的具体规定：

（1）劳务企业要与劳务人员依法签订书面劳动合同，明确双方权利义务。

（2）劳务工必须符合国家规定的用工条件，对关键岗位和特种作业人员，必须持有相应的职业（技术）资格证书或操作证书。

（3）"三无"人员不得进入现场施工。

（4）现场一线作业人员年龄不得超过50周岁，辅助作业人员不得超过55周岁。

（5）备案：劳务人员花名册、身份证、劳动合同文本、岗位技能证书复印件报总包方项目部备案，确保人、册、证、合同、证书相符统一。

（6）要逐人建立劳务人员入场、继续教育培训档案。

（7）劳务人员现场管理实名化。进场施工人员应佩戴工作卡（卡上注明姓名、身份证号、工种、所属分包企业）。

（8）劳务企业要根据花名册编制出勤表、考核表并报总包方项目部备案。

（9）劳务企业要根据劳务人员花名册按月编制工资台账，并报总包方项目部备案。（每月

25 日提供上月情况)

（10）劳务企业要按施工所在地政府要求，根据劳务人员花名册为劳务人员缴纳社会保险，并将缴费收据复印件、缴费名单报总包方项目部备案。

（11）提高劳务队伍文化，搞好文明施工。

2K320070　市政公用工程施工进度管理

思维导图 ▶▶▶

考点精讲 ▶▶▶

考点 1　横道图的绘制★

采用横道图的形式表达单位工程施工进度计划可比较直观地反映出施工资源的需求及工程持续时间。

图 2K320070-1 所示为分成两个施工段的某一基础工程施工进度计划横道图。该基础工程的施工过程是：挖基槽→垫层→基础→回填。

图 2K320070-1　施工进度计划横道图

一、流水施工组织中可能存在的窝工或间歇

一般的流水施工是指不窝工的流水施工形式。

二、公路工程流水施工分类

(一) 按流水节拍的流水施工分类

(1) 有节拍（有节奏）流水。

1) 等节拍（等节奏）流水是理想化的流水，既没有窝工又没有多余间歇。

2) 异节拍（异节奏）流水：等步距异节拍（异节奏）流水是理想化的流水；异步距异节拍流水实际上是按照无节拍流水组织流水施工。

(2) 无节拍（无节奏）流水。

(二) 按施工段在空间分布形式的流水施工分类

按施工段在空间分布形式不同，流水施工可分为流水段法流水施工和流水线法流水施工。

三、公路工程常用的流水参数

(1) 工艺参数：施工过程数 n（工序），流水强度 V。

(2) 空间参数：工作面、施工段 m、施工层。

(3) 时间参数：流水节拍、流水步距、技术及组织间歇。

重点提示

(1) 当不窝工的流水组织时，其流水步距计算是同工序各节拍值累加构成数列。

(2) 当不间歇的流水组织时，其施工段的段间间隔计算是同段各节拍值累加构成数列。

(3) 消除窝工和消除多余间歇，采用累加数列错位相减取大差的方法。

横道图的考查频率近几年有所下降，主要是由于目前施工进度多要求用双代号网络图，但要掌握横道图基本的绘图规则，具备识图能力，能够通过横道图计算工期完成向双代号网络图的转化。

实战演练

[经典例题·案例分析]

背景资料：

某施工单位承接了一 4×20m 简支梁桥工程。桥梁采用扩大基础，墩身平均距离10m。项目为单价合同，且全部钢筋由业主提供，其余材料由施工单位自采或自购。

项目部拟就1～3号排架组织流水施工，各段流水节拍见表 2K320070-1。

表 2K320070-1　排架各段流水节拍

段落工序	1 号排架	2 号排架	3 号排架
扩大基础施工（A）	10d	12d	15d
墩身施工（B）	15d	20d	15d
盖梁施工（C）	10d	10d	10d

注：表中排架由基础、墩身和盖梁三部分组成。

根据施工组织和技术要求，基础施工完成后至少10d才能施工墩身。施工期间，还发生了如下事件：

施工单位准备开始墩身施工时，由于供应商的失误，将一批不合格的钢筋运到施工现场，致使墩身施工推迟了10d开始，承包商拟就此向业主提出工期和费用索赔。

问题：

1. 计算排架施工的流水工期（列出计算过程），并绘制流水横道图。

2. 针对发生的事件，承包商是否可以提出工期和费用索赔？说明理由。

[答案]

1. 按照"累加数列错位相减取大差"计算：

$$
\begin{array}{ccc}
10 & 22 & 37 \\
& 15 & 35 & 50 \\
-) & & 10 & 20 & 30
\end{array}
$$

$K_{AB} = \max\ \{10,\ 7,\ 2,\ -50\} = 10\ (d)$

$K_{BC} = \max\ \{\ \ \ \ \ 15,\ 25,\ 30,\ -30\} = 30\ (d)$

所以：$T = (10+30) + (10+10+10) + 10 = 80\ (d)$。

流水施工横道图如图 2K320070-2 所示。

工序	工期/d														
	5	10	15	20	25	30	35	40	45	50	55	60	65	70	75	80
A	1号		2号		3号										
B			间隙		1号			2号			3号				
C											1号		2号		3号

图 2K320070-2　排架流水施工横道图

2. （1）可以。

（2）理由：造成墩身施工推迟是由于业主的原因，而且该推迟会使工期延长，并会带来人员、设备的窝工，所以承包商可以提出工期和费用索赔。

考点 **2**　**双代号网络图的计算★★★**

双代号网络图表达进度计划，能揭示各项工作之间的相互制约和相互依赖关系，并能明确反映出进度计划中的主要矛盾；可采用计算软件进行计算、优化和调整。

图 2K320070-3 为用双代号网络计划表示的进度计划。

图 2K320070-3　双代号网络图进度计划

（1）网络图的绘制规则：紧前工作、紧后工作、虚工作。双代号网络图逻辑关系示例如图 2K320070-4 所示。

图 2K320070-4　双代号网络图逻辑关系示例

（2）关键线路的判断：持续时间最长的一条线路，如图 2K320070-5 所示。

【注意】整理口诀：沿线累加，逢圈取大。

图 2K320070-5　双代号网络图示例

（3）索赔前提：

1）确定合同关系。

2）明确责任主体。

（4）索赔内容：工期、费用（工期与费用必须经过计算，而非直接产生的延误和损失）。

（5）索赔计算：（两种情况）

1）发生延误事件在关键线路上：定责后直接判断。

2）发生延误事件不在关键线路上：判断拖延时间是否超过机动时间（通过时差体现）。

（6）总时差快速计算：

依据管理课程中六时标注法可以计算出总时差，但耗时较长，且计算过程复杂、容易出现错误。因而在实务解题过程中可以采取简便方法，如果线路上只有一项工作发生了延误，那么该工作的总时差为：

$$TF = |（通过延误工作最长的一条线路的持续时间）-（关键线路持续时间）|$$

【注意】结果取绝对值。

（7）判断是否可以进行索赔：

上述（6）中计算出的总时差 TF，与延误时间进行比较。

1）如果二者相同或者总时差大于延误时间，则不能提出工期索赔。

2）如果总时差小于延误时间，则可以提出工期索赔，能索赔的天数为二者的差值。

┌───┐
│ 重点提示   │
│ 　　双代号网络图是进度的考查重点，主要考查以下几方面：工期的计算、关键线路的判 │
│ 断、网络图漏项补充、网络图的调整等，高频考点且分值较大，重点掌握。 │
└───┘

✐ 实战演练

[2019 真题·多选] 图 2K320070-6 为某道路工程施工进度计划网络图，总工期和关键线路正确的有（　　）。

图 2K320070-6　施工进度计划网络图

A. 总工期 113 天　　　　　　　　　　　　B. 总工期 125 天

C. ①—②—③—④—⑦—⑧　　　　　　　　D. ①—②—③—⑤—⑦—⑧

E. ①—②—③—⑥—⑦—⑧

[解析] 根据双代号网络图，关键线路有两条，分别是①—②—③—⑤—⑦—⑧和①—②—③—⑥—⑦—⑧，总工期为关键线路的总持续时间，为 125 天。

[答案] BDE

[经典例题·案例分析]

背景资料：

某项目部将管道基槽划分为Ⅰ、Ⅱ、Ⅲ段，并组织基槽开挖、管道安装和土方回填三个施工队进行流水作业施工，根据合同工期要求绘制网络进度计划如图 2K320070-7 所示：

图 2K320070-7　流水施工网络计划图

施工中由于业主提供的地下管线资料与实际不符，导致该项目部在管道安装Ⅰ的过程中与既有的通信管道净距不能满足施工规范要求，经设计变更程序后，对既有管线进行改移处理耽误了 3d 工期。

问题：

1. 请完善该双代号网络图使其逻辑关系更合理，并指出关键线路和计算工期。

2. 该项目部能提出延期索赔吗？能索赔几天？为什么？

[名师点拨] 双代号网络图配合索赔问题考查，是进度管理常规的出题模式，在市政实务中尤其以逻辑关系及简单的索赔问题考查居多。如果单纯考查逻辑关系，进行补图，注意从缺失图片的前端开始进行逻辑梳理，避免漏掉内容。如果考查索赔问题，严格按照前文所列举的做题顺序，首先判断索赔时间责任方，再进行后续的索赔判断。另外特别提示，有些题目难度相对较高，可能由于前面的事件，已经导致进度计划发生了调整，而逻辑后面的事件，需要结合前一个事件的影响，按照调整后的进度计划执行，但这类题目在市政中比较少见，理解即可，注意区分题干的问法。如果单纯提问对进度计划的影响，也不需要考虑前后的逻辑关系。

[答案]

1. （1）管道安装Ⅰ到管道安装Ⅱ用虚线连上（即③--------▶⑤），箭头指向管道安装Ⅱ；管道安装Ⅱ到管道安装Ⅲ用虚线连上（即⑥--------▶⑧），箭头指向安装Ⅲ，完善后的流水施工网络计划如图 2K320070-8 所示：

图 2K320070-8　完善后的流水施工网络计划图

（2）关键线路：①—②—④—⑧—⑨—⑩；计算工期25d。

2.（1）该项目部能提出延期索赔；能索赔延期1d。

（2）理由：由于业主的原因导致其在管道安装I施工过程中工期延误3d，因管道安装I不在关键线路上，经计算可知管道安装I工作的总时差是2d，即该延误使总工期延后1d，故只能索赔1d。

考点 3　施工进度调控措施★★

一、总、分包工程控制

（1）分包单位的施工进度计划必须依据承包单位的施工进度计划编制。

（2）承包单位应将分包的施工进度计划纳入总进度计划的控制范围。

（3）总、分包之间相互协调，处理好进度执行过程中的相关关系，承包单位应协助分包单位解决施工进度控制中的相关问题。

二、进度计划保证措施

（1）严格履行开工、延期开工、暂停施工、复工及工期延误等报批手续。

（2）在进度计划图上标注实际进度记录，并跟踪记载每个施工过程的开始日期、完成日期、每日完成数量、施工现场发生的情况、干扰因素的排除情况。

（3）进度计划应具体落实到执行人、目标、任务，并制定检查方法和考核办法。

（4）跟踪工程部位的形象进度，对工程量、总产值、耗用的人工、材料和机械台班等的数量进行统计与分析，以指导下一步工作安排；并编制统计报表。

（5）按规定程序和要求，处理进度索赔。

三、进度调整

调整内容应包括工程量、起止时间、持续时间、工作关系、资源供应。

重点提示

能够根据具体案例制定相关进度调整措施。

实战演练

[经典例题·多选] 施工进度计划在实施过程中要进行必要的调整，调整内容包括（　　）。

A. 起止时间　　　　　B. 网络计划图　　　　C. 持续时间　　　　D. 工作关系

E. 资源供应

[解析] 施工进度计划的调整内容包括工程量、起止时间、持续时间、工作关系、资源供应。

[答案] ACDE

考点 4　施工进度计划执行情况的检查、报告与总结★

一、工程进度报告主要内容

（1）工程项目进度执行情况的综合描述。

（2）实际施工进度图。

（3）工程变更，价格调整，索赔及工程款收支情况。

（4）进度偏差的状况和导致偏差的原因分析。

（5）解决问题的措施。

（6）计划调整意见和建议。

二、施工进度控制总结内容

(1) 合同工期目标及计划工期目标完成情况。

(2) 施工进度控制经验与体会。

(3) 施工进度控制中存在的问题及分析。

(4) 施工进度计划科学方法的应用情况。

(5) 施工进度控制的改进意见。

重点提示

考频较低，了解进度控制报告及进度控制的内容即可。

2K320080　市政公用工程施工质量管理

思维导图▶▶▶

考点精讲▶▶▶

考点 1　质量保证计划编制★

一、编制的原则

质量保证计划应由施工项目负责人主持编制，项目技术负责人、质量负责人、施工生产负责人应按企业规定和项目分工负责编制。

二、质量保证计划的内容

(1) 明确质量目标。

(2) 确定管理体系与组织机构。

(3) 质量管理措施。

(4) 质量控制流程。

三、质量计划实施的基本规定

(1) 承包方对工程施工质量和质量保修工作向发包方负责。分包工程的质量由分包方向承包方负责。承包方对分包方的工程质量向发包方承担连带责任。分包方应接受承包方的质量管理。

(2) 质量控制应实行样板制和首件（段）验收制。施工过程均应按要求进行自检、互检和交接检。隐蔽工程、指定部位和分项工程未经检验或已经检验定为不合格的，严禁转入下道工序施工。

重点提示

> 低频考点，了解质量保证计划的内容即可。

实战演练

[经典例题·单选] 质量保证计划应由（　　）主持编制。

A. 施工项目负责人　　　　　　　　B. 项目总工程师

C. 总监理工程师　　　　　　　　　D. 企业技术负责人

[解析] 质量保证计划应由施工项目负责人主持编制。

[答案] A

考点 2　质量管理与控制重点★

（1）关键工序和特殊过程。

（2）质量缺陷。

（3）施工经验较差的分项工程。

（4）新材料、新技术、新工艺、新设备。

（5）实行分包的分项、分部工程。

（6）隐蔽工程。

重点提示

> 掌握质量控制重点，结合具体案例能够识别以上要点。
>
> 关于质量控制重点的设置，在考题中一般以列举类问题出现，此类问题涉及考点中所涵盖的（2）～（5）条目，可以快速识别提取。而（1）、（6）条目往往不会体现在背景资料中，需要考生结合施工工艺流程，挑选流程中的关键工序、特殊过程，注意隐蔽工程的辨识。此类问题，如果考试时没有解题思路，可以将工艺流程进行串联，也能获得一定分数。

考点 3　施工准备阶段质量管理内容★★★

一、组织准备

（1）组建施工组织机构。

（2）确定作业组织。

（3）施工项目部组织全体施工人员进行质量管理和质量标准的培训，并应保存培训记录。

二、技术管理的准备工作

（1）熟悉设计文件。

（2）编制能指导现场施工的实施性施工组织设计。

（3）根据施工组织，分解和确定各阶段质量目标和质量保证措施。

（4）确认分项、分部和单位工程的质量检验与验收程序、内容及标准等。

三、技术交底与培训

单位工程、分部工程和分项工程开工前，项目技术负责人对承担施工的负责人或分包方全体人员进行书面技术交底。技术交底资料应办理签字手续并归档。

四、物资准备

（1）项目负责人按质量计划中关于工程分包和物资采购的规定，经招标程序选择并评价分包方和供应商，保存评价记录。

（2）机具设备根据施工组织设计进场，性能检验应符合施工需求。

（3）按照安全生产规定，配备足够的质量合格的安全防护用品。

五、现场准备

（1）对设计技术交底、交桩中给定的工程测量控制点进行复测。

（2）做好设计、勘测的交桩和交线工作，并进行测量放样。

（3）建设符合国家或地方标准要求的现场试验室。

（4）按照交通疏导（行）方案修建临时施工便道、导行临时交通。

（5）按施工组织设计中的总平面布置图搭建临时设施包括：施工用房、用电、用水、用热、燃气、环境维护等。

┋重点提示┋

准备阶段的质量管理重点掌握技术交底的程序及要求。

✐实战演练

［经典例题·单选］对设计技术交底、交桩中给定的工程测量控制点进行复测，属于（　　）。

A. 组织准备　　　　　B. 物资准备　　　　　C. 技术准备　　　　　D. 现场准备

［解析］对设计技术交底、交桩中给定的工程测量控制点进行复测，属于现场准备。

［答案］D

考点 4　施工过程质量控制★

一、施工质量因素控制

（1）施工人员控制。

（2）材料的质量控制。

（3）机械设备的质量控制。

二、分项工程（工序）控制

施工管理人员在每分项工程（工序）施工前应对作业人员进行书面技术交底，交底内容包括工具及材料准备、施工技术要点、质量要求及检查方法、常见问题及预防措施。

三、特殊过程控制

（1）对特殊过程的控制，除应执行一般过程控制的规定外，还应由专业技术人员编制专门的作业指导书。

（2）不太成熟的工艺或缺少经验的工序应安排试验，编制成作业指导书，并进行首件（段）验收。

（3）编制的作业指导书，应经项目部或企业技术负责人审批后执行。

四、不合格产品控制

（1）控制不合格物资进入项目施工现场，严禁不合格工序或分项工程未经处置而转入下道工序或分项工程施工。

（2）对发现的不合格产品和过程，应按规定进行鉴别、标识、记录、评价、隔离和处置。

（3）应进行不合格评审。

（4）不合格处置应根据不合格严重程度，按返工、返修，让步接收或降级使用，拒收或报废四种情况进行处理。

重点提示

　　过程质量控制主要根据案例具体内容，满足上述控制要求。通用条款，要根据具体案例具体分析。

实战演练

[经典例题·单选] 施工过程质量控制中，不包括（　　）。

A. 质量计划制定　　　　　　　　　B. 分项工程（工序）控制

C. 特殊过程控制　　　　　　　　　D. 不合格产品控制

[解析] 施工过程质量控制包括分项工程（工序）控制、特殊过程控制、不合格产品控制。

[答案] A

2K320090　城镇道路工程施工质量检查与检验

思维导图 ▶▶▶

考 点 精 讲 ▶▶▶

考点 1 **石灰稳定土基层★**

石灰稳定土基层的材料,应符合下列规定:

(1) 宜采用塑性指数 10~15 的粉质黏土、黏土,土中的有机物含量宜小于 10%。

(2) 宜用 1~3 级的新石灰,其技术指标应符合规范要求;磨细生石灰,可不经消解直接使用,块灰应在使用前 2~3d 完成消解,未能消解的生石灰应筛除,消解石灰的粒径不得大于 10mm。

(3) 宜使用饮用水或不含油类等杂质的清洁中性水 (pH 值为 6~8)。

······ ✍实战演练 ······

[经典例题·单选] 在拌制石灰稳定土时,宜用 1~3 级的新石灰,可不经消解直接使用是 ( )。

A. 2 级生石灰
B. 磨细生石灰
C. 块状生石灰
D. 粒径大于 10mm 生石灰

[解析] 磨细生石灰可不经消解直接使用。

[答案] B

考点 2 **水泥稳定土基层★**

一、材料

(1) 应采用初凝时间 3h 以上和终凝时间 6h 以上的 42.5 级普通硅酸盐水泥、32.5 级及以上矿渣硅酸盐水泥、火山灰质硅酸盐水泥。水泥应有出厂合格证与生产日期,复验合格方可使用。贮存期超过 3 个月或受潮,应进行性能试验,合格后方可使用。

(2) 宜选用粗粒土、中粒土。

(3) 粒料可选用级配碎石、砂砾、未筛分碎石、碎石土、砾石和煤矸石、粒状矿渣等材料;用作基层时,粒料最大粒径不宜超过 37.5mm;用作底基层粒料最大粒径:城镇快速路、主干路不得超过 37.5mm;次干路及以下道路不得超过 53mm。

二、施工

(1) 宜采用摊铺机摊铺,施工前应通过试验确定压实系数。

(2) 水泥稳定土自拌合至摊铺完成,不得超过 3h;分层摊铺时,应在下层养护 7d 后,方可摊铺上层材料。

(3) 宜在水泥初凝时间到达前碾压成型。

(4) 宜采用洒水养护,保持湿润,常温下成型后应经 7d 养护,方可在其上铺筑面层。

······ ✍实战演练 ······

[经典例题·单选] 用于水泥稳定土基层的土宜选用 ( ) 土。

A. 粗粒、中粒
B. 均匀系数小于 5 的
C. 细粒
D. 塑性指数小于 8 的

[解析] 用于水泥稳定土基层的土宜选用粗粒土、中粒土,土的均匀系数不应小于 5,宜

大于 10，塑性指数宜为 10～17。

[答案] A

考点 3 石灰工业废渣基层★

一、拌合运输

(1) 在城镇人口密集区，应使用厂拌石灰土，不得使用路拌石灰土，宜采用强制式拌合机拌合，配合比设计应遵守设计与规范要求。

(2) 应做延迟时间试验，确定混合料在贮存场（仓）存放时间及现场完成作业时间。

(3) 应采用集中拌制，运输时，应采取遮盖封闭措施防止水分损失和遗撒。

二、施工

(1) 混合料在摊铺前其含水量宜为最佳含水量±2%。摊铺中发生粗、细集料离析时，应及时翻拌均匀。

(2) 应在潮湿状态下养护，养护期视季节而定，常温下不宜少于 7d。采用洒水养护时，应及时洒水，保持混合料湿润。

(3) 采用喷洒沥青乳液养护时，应及时在乳液面撒嵌丁料。

(4) 养护期间宜封闭交通，需通行的机动车辆应限速，严禁履带车辆通行。

实战演练

[经典例题·多选] 关于二灰混合料拌合、运输和施工的说法，正确的有（　　　）。

A. 宜采用强制式拌合机拌合

B. 运输时，应采取遮盖封闭措施防止水分损失和遗撒

C. 摊铺中发生粗、细集料离析时，应及时翻拌均匀

D. 碾压应在自然含水量时进行

E. 应在潮湿状态下养护，常温下不宜少于 14d

[解析] 碾压应在最佳含水率的允许范围内进行，选项 D 错误。应在潮湿状态下养护，常温下不宜少于 7d，选项 E 错误。

[答案] ABC

考点 4 半刚性基层质量检查

石灰稳定土、水泥稳定土、石灰工业废渣（石灰粉煤灰）稳定砂砾（碎石）等无机结合料稳定基层质量检验项目主要有：集料级配，混合料配合比、含水量、拌合均匀性，基层压实度、7d 无侧限抗压强度等。

重点提示

> 考频较低，了解不同基层材料的质量标准要求即可。

考点 5 沥青混合料面层质量检验★★

按照《城镇道路工程施工与质量验收规范》（CJJ 1—2008），沥青混合料面层施工质量验收要点有：

扫码听课

（1）施工质量检测与验收<u>一般项目</u>包括：平整度、宽度、中线偏位、纵断面高程、横坡、井框与路面的高差、抗滑性能。

（2）沥青混凝土面层施工质量验收<u>主控项目</u>：原材料、混合料、压实度、面层厚度、弯沉值。

（3）检查验收时，应注意压实度测定中标准密度的确定，是沥青混合料拌合厂试验室马歇尔密度还是试验路钻孔芯样密度。标准密度不同，压实度要求也不同，比较而言后者要求更高。如对城镇快速路、主干路的沥青混合料面层，交工检查验收阶段的压实度代表值应达到试验室马歇尔试验密度的96％或试验路钻孔芯样密度的98％。

> **重点提示**
>
> 高频考点，掌握沥青混合料面层质量验收的主控项目内容，与一般项目进行区分。

> ✏️ **实战演练**
>
> ［经典例题·单选］《城镇道路工程施工与质量验收规范》（CJJ 1—2008）规定，沥青混凝土面层的（ ）是主控项目。
>
> A. 平整度、厚度和弯沉值　　　　　　B. 压实度、平整度和面层厚度
>
> C. 压实度、平整度和弯沉值　　　　　D. 压实度、面层厚度和弯沉值
>
> ［解析］沥青混凝土面层主控项目为原材料、混合料、压实度、面层厚度和弯沉值。
>
> ［答案］D

考点 6　材料与配合比★

（1）城镇快速路、主干路应采用42.5级以上的道路硅酸盐水泥或硅酸盐水泥、普通硅酸盐水泥；其他道路可采用矿渣水泥，其强度等级宜不低于32.5级。水泥应有出厂合格证（含化学成分、物理指标），并经复验合格，方可使用。不同等级、厂牌、品种、出厂日期的水泥不得混存、混用。出厂期超过三个月或受潮的水泥，必须经过试验，合格后方可使用。

（2）宜采用质地坚硬，细度模数在2.5以上，符合级配规定的洁净粗砂、中砂。使用机制砂时，还应检验砂浆磨光值，其值宜大于35，不宜使用抗磨性较差的水成岩类机制砂。海砂不得直接用于混凝土面层。淡化海砂不得用于城镇快速路、主干路、次干路，可用于支路。

（3）传力杆（拉杆）、滑动套材质、规格应符合规定。胀缝板宜用厚20mm，水稳定性好，具有一定柔性的板材制作，且经防腐处理。填缝材料宜用树脂类、橡胶类、聚氯乙烯胶泥类、改性沥青类填缝材料，并宜加入耐老化剂。

> ✏️ **实战演练**
>
> ［经典例题·单选］城镇快速路、主干路、次干路的水泥混凝土面层不得采用（ ）。
>
> A. 江砂　　　　　　B. 机制砂　　　　　　C. 淡化海砂　　　　　　D. 河砂
>
> ［解析］城镇快速路、主干路、次干路的水泥混凝土面层不得采用淡化海砂。
>
> ［答案］C

考点 7　水泥混凝土路面施工★

一、振捣密实

（1）已铺好的混凝土，应迅速振捣密实，并控制混凝土振动时间，不应过振，且不宜少于

30s，移动间距不宜大于 500mm，以达到表面不再下沉并泛出水泥浆为准。

（2）振动器的振动顺序为：插入式振捣器→平板式振捣器→振动梁（重）→振动梁（轻）→无缝钢管滚杆提浆赶浆。

二、抹面养护

（1）现场应采取防风、防晒等措施；抹面拉毛等应在跳板上进行，振捣密实时严禁在面板混凝土上洒水、撒水泥粉。

（2）混凝土抹面不宜少于 4 次，先找平抹平，待混凝土表面无泌水时再抹面，并依据水泥品种与气温控制抹面间隔时间。

三、做好接缝处理

（1）纵缝。小型机具施工时，通常是按一个车道的宽度（3～4m）一次施工，纵缝一般采用平缝加拉杆的形式，拉杆采用螺纹钢筋，其位置设在板厚的中央。

（2）胀缝。一般采用真缝形式。胀缝应与路中心线垂直，缝壁必须垂直，缝宽宜为 20mm，缝隙宽度应一致，缝中不得连浆，缝隙下部设胀缝板，上部灌注嵌缝料。胀缝应设传力杆，传力杆设在板厚中间，平行于混凝土板面及路面中心线。传力杆可动的一端应很光滑，这一段传力杆在 50mm 范围内需涂上沥青或油漆，套上 100mm 长有润滑剂的套管。胀缝使用的传力杆一般采用光圆钢筋。

（3）横缩缝。一般采用假缝形式，缝宽 4～6mm，假缝可在混凝土结硬后锯切或在混凝土浇筑过程中做出压入缝。与压入缝相比，切缝做出的缩缝质量较好，接缝处比较平顺，因此，缩缝施工应尽量采用切缝法施工。

（4）灌注嵌缝材料。混凝土养护期满后，缝槽应及时填缝，在填缝前必须保持缝内清洁，可用空气压缩机将缝槽内垃圾清理干净，并保持混凝土干燥。嵌缝料灌注高度，夏天宜与板面平，冬天宜稍低于板面。

┌───┐
重点提示

　　低频考点，了解水泥混凝土路面施工的基本质量要求即可。
└───┘

实战演练

[经典例题·单选] 关于水泥混凝土路面接缝的说法，错误的是（　　　）。

A. 胀缝处一般设置传力杆　　　　　　　B. 纵向接缝处一般设置拉杆

C. 缩缝处一般设置连接钢筋　　　　　　D. 传力杆一般采用光圆钢筋

[解析] 胀缝应设置传力杆，纵向缩缝处一般设置拉杆（螺纹钢筋），横向缩缝处一般设置传力杆（光圆钢筋），选项 C 错误。

[答案] C

考点 8　雨期施工质量控制★★★

一、雨期施工基本要求

（1）加强与气象部门联系，掌握天气预报，安排在不下雨时施工。

（2）调整施工步序，集中力量分段施工。

（3）做好防雨准备，在料场和搅拌站搭雨棚。

（4）建立完善的排水系统，防排结合。

（5）道路工程如有损坏，及时修复。

二、路基施工

（1）对于土路基施工，要有计划地集中力量，组织快速施工，分段开挖，切忌全面开花或挖段过长。

（2）挖方地段要留好横坡，做好截水沟。坚持当天挖完、填完、压完，不留后患。

（3）填方地段施工，应留 2‰～3‰ 的横坡整平压实，以防积水。

三、基层施工

（1）对稳定类材料基层，摊铺段不宜过长，应坚持拌多少、铺多少、压多少、完成多少，当日碾压成型。

（2）下雨来不及完成时，要尽快碾压，防止雨水渗透。未碾压的料层受雨淋后，应进行测试分析，按配合比要求重新搅拌。及时开挖排水沟或排水坑，以便尽快排除积水。

（3）在多雨地区，应避免在雨期进行石灰土基层施工；施工石灰稳定中粒土和粗粒土时，应采用排除地表面水的措施，防止集料过分潮湿，并应保护石灰免遭雨淋。

（4）雨期施工水泥稳定土，特别是水泥土基层时，应特别注意天气变化，防止水泥和混合料遭雨淋。降雨时应停止施工，已摊铺尽快碾压密实。路拌法应排除下承层表面水，防止集料过湿。

四、面层施工

（1）沥青面层不允许在下雨或下层潮湿时施工。雨期应缩短施工工期，加强施工现场与气象部门和沥青拌合厂的联系，做到及时摊铺、及时完成碾压。

（2）水泥混凝土路面施工时，应勤测粗细集料的含水率，适时调整加水量，保证配合比准确性。

重 点 提 示

　由于路基和基层施工受降雨影响相对较大，因此道路雨期施工时应重点掌握两者的质量控制措施。

实战演练

[经典例题·案例分析]

背景资料：

某项目部承建一城市主干路工程。该道路总长 2.6km，其中 K0＋550～K1＋220 穿过农田，地表存在 0.5m 的种植土。道路宽度为 30m，路面结构为：20cm 石灰稳定土底基层，40cm 石灰粉煤灰稳定砂砾基层，15cm 热拌沥青混凝土面层；路基为 0.5～1.0m 的填土。

在农田路段路基填土施工时，项目部排除了农田积水，在原状地表土上填方 0.2m，并按大于或等于 93％ 的压实度标准（重型击实）压实后达到设计路基标高。

底基层施工过程中，为了节约成本，项目部就地取土（包括农田地表土）作为石灰稳定土用土。基层施工时，因工期紧，石灰粉煤灰稳定砂砾基层按一层摊铺，并用18t重型压路机一次性碾压成型。

沥青混凝土面层施工时正值雨期，项目部制定了雨期施工质量控制措施：①加强与气象部门、沥青拌合厂联系，并根据雨天天气变化，及时调整产品供应计划；②沥青混合料运输车辆采取防雨措施。

问题：

1. 指出农田路段路基填土施工措施中的错误，并改正。

2. 是否允许采用农田地表土作为石灰稳定土用土？说明理由。

3. 该道路基层施工方法是否合理？说明理由。

4. 沥青混凝土面层雨期施工质量控制措施不全，请补充。

[答案]

1. 错误之处：没有清表，直接在原状土上回填；压实度控制标准按≥93%控制。

正确做法：应清除地表的种植土；清表后分层回填，分层压实，该道路为主干路，路床地面0～80cm范围内，土路基的压实标准（重型击实）≥95%。

2. 不允许。

理由：农田地表土是腐殖土（含有植物根系），有机质含量过高（或超过10%），不适合做石灰稳定用土。

3. 不合理。

理由：二灰砂砾摊铺每层最大压实厚度为20cm，该案例中40cm应分两次摊铺、碾压。

4. 还应补充的措施有：集中力量分段施工；做好防雨准备；做好排水措施；快速施工、及时摊铺、及时完成碾压；下雨时立即停止施工；雨后若下层潮湿，采取措施使其干燥后再摊铺；坚持拌多少铺多少碾压完成多少。

考点 9　冬期施工质量控制★★★

一、冬期施工基本要求

（1）当施工现场日平均气温连续5d稳定低于5℃，或最低环境气温低于−3℃时，应视为进入冬期施工。

（2）科学合理安排施工部署，尽量将土方和土基施工项目安排在上冻前完成。

（3）在冬期施工中，既要防冻，又要快速，以保证质量。

（4）准备好防冻覆盖和挡风、加热、保温等物资。

二、路基施工

（1）采用机械为主、人工为辅方式开挖冻土，挖到设计高程立即碾压成型。

（2）如当日达不到设计高程，下班前应将操作面刨松或覆盖，防止冻结。

（3）室外平均气温低于−5℃时，填土高度随气温下降而减少。

（4）城镇快速路、主干路的路基不得用含有冻土块的土料填筑。

三、基层施工

（1）石灰及石灰粉煤灰稳定土（粒料、钢渣）类基层，宜在临近多年平均进入冬期前

30～45d停止施工，不得在冬期施工。

（2）水泥稳定土（粒料）类基层，宜在进入冬期前15～30d停止施工。当上述材料养护期进入冬期时，应在基层施工时向基层材料中掺入防冻剂。

四、沥青混凝土面层

（1）城镇快速路、主干路的沥青混合料面层严禁冬期施工。次干路及其以下道路在施工温度低于5℃时，应停止施工；粘层、透层、封层严禁施工。

（2）必须进行施工时，适当提高沥青混合料拌合、出厂及施工时的温度。运输中应覆盖保温，并应达到摊铺和碾压的温度要求。下承层表面应干燥、清洁、无冰、雪、霜等。施工中做好充分准备，采取"快卸、快铺、快平"和"及时碾压、及时成型"的方针。摊铺时间宜安排在一日内气温较高时进行。

五、水泥混凝土面层

（1）搅拌站应搭设工棚或其他挡风设备，混凝土拌合物的浇筑温度不应低于5℃。

（2）当昼夜平均气温在0～5℃时，应将水加热至60℃（不得高于80℃）后搅拌；必要时还可以加热砂、石，但不宜高于50℃，且不得加热水泥。

（3）混凝土拌合料的温度应不高于35℃。拌合物中不得使用带有冰雪的砂、石料，可加经优选确定的防冻剂、早强剂，搅拌时间适当延长。

（4）混凝土板浇筑前，基层应无冰冻、不积冰雪，摊铺混凝土温度不应低于5℃。

（5）尽量缩短各工序时间，快速施工。成型后，及时覆盖保温层，减缓热量损失，混凝土面层的最低温度不应低于5℃。

（6）混凝土板弯拉强度低于1MPa或抗压强度低于5MPa时，严禁受冻。

（7）养护时间不少于28d。

---

i **实战演练**

[经典例题·多选] 沥青混凝土面层如必须进行冬期施工时，应做到（　　　）。

A. 适当提高沥青混合料拌合、出厂及施工温度

B. 摊铺时间宜安排在一天内气温较高时进行

C. 碾压完成后应及时覆盖保温

D. 应快卸、快铺、快平，及时碾压成型

E. 下承层表面应清洁、干燥、无冰、雪、霜等

[解析] 沥青混凝土面层如必须进行冬期施工时，应做到适当提高沥青混合料拌合、出厂及施工温度；摊铺时间宜安排在一天内气温较高时进行；应快卸、快铺、快平，及时碾压成型；下承层表面应清洁、干燥、无冰、雪、霜等。

[答案] ABDE

重点提示

　　由于面层施工和基层施工受低温影响相对较大，因此道路冬期施工重点掌握两者的质量控制措施。

2K320100　城市桥梁工程施工质量检查与检验

思维导图 ▶▶▶

考点精讲 ▶▶▶

考点 1　孔口高程及钻孔深度的误差★

（1）孔深测量应采用丈量钻杆的方法，取钻头的 2/3 长度处作为孔底终孔界面，<u>不宜采用测绳测定孔深</u>。

（2）对于端承桩钻孔的终孔高程应以桩端进入持力层深度为准，不宜以固定孔深的方式终孔。因此，钻孔到达桩端持力层后应及时取样鉴定，确定钻孔是否进入桩端持力层。

考点 2　孔径误差★

（1）孔径误差主要是由于作业人员疏忽错用其他规格的钻头，或因钻头陈旧，磨损后直径偏小所致。

（2）对于直径 800～1200mm 的桩，钻头直径比设计桩径小 30～50mm 是合理的。每根桩开孔时，应验证钻头规格，实行签证手续。

考点 3　钻孔垂直度不符合规范要求★

（1）场地平整度和密实度差，钻机安装不平整或钻进过程发生不均匀沉降，导致钻孔偏斜。

（2）钻杆弯曲、钻杆接头间隙太大，造成钻孔偏斜。

（3）钻头翼板磨损不一，钻头受力不均，造成偏离钻进方向。

（4）钻进中遇到软硬土层交界面或倾斜岩面时，钻压过高使钻头受力不均，造成偏离钻进方向。

考点 4　塌孔与缩径★

塌孔与缩径产生的原因基本相同，主要是地层复杂、钻进速度过快、护壁泥浆性能差、成孔后放置时间过长没有灌注混凝土等原因所造成。

考点 5　水下混凝土灌注和桩身混凝土质量问题★★

水下灌注混凝土示意图如图 2K320100-1 所示。

图 2K320100-1　水下灌注混凝土示意图

一、初灌时埋管深度达不到规范要求

规范规定，灌注导管底端至孔底的距离应为 0.3～0.5m，初灌时导管首次埋深应不小于1.0m。在计算混凝土的初灌量时，除计算桩长所需的混凝土量外，还应计算导管内积存的混凝土量。

二、灌注混凝土时堵管

（一）灌注混凝土时发生堵管原因分析

主要由灌注导管破漏、灌注导管距孔底深度太小、完成二次清孔后灌注混凝土的准备时间太长、隔水栓不规范、混凝土配制质量差、灌注过程中灌注导管埋深过大等原因引起。

（二）预防措施

（1）灌注导管在安装前应有专人负责检查。

（2）灌注导管使用前应进行水密承压和接头抗拉试验。

（3）导管使用前应进行水密承压和接头抗拉试验，严禁用气压。水密试验水压不应小于孔内水深 1.5 倍的压力。

（4）灌注导管底部至孔底的距离应为 300～500mm，在灌浆设备的初灌量足够的条件下，应尽可能取大值。隔水栓直径和椭圆度应符合使用要求，其长度应不大于 200mm。

（5）完成第二次清孔后，应立即开始灌注混凝土，若因故推迟灌注混凝土，应重新进行清孔。

三、灌注混凝土过程中钢筋骨架上浮

（一）主要原因

（1）混凝土初凝和终凝时间太短，使孔内混凝土过早结块，当混凝土面上升至钢筋骨架底时，结块的混凝土托起钢筋骨架。

（2）清孔时孔内泥浆悬浮的砂粒太多，混凝土灌注过程中砂粒回沉在混凝土面上，形成较密实的砂层，并随孔内混凝土逐渐升高，当砂层上升至钢筋骨架底部时托起钢筋骨架。

（3）混凝土灌注至钢筋骨架底部时，灌注速度太快，造成钢筋骨架上浮。

（二）预防措施

除认真清孔外，当灌注的混凝土面距钢筋骨架底部 1m 左右时，应降低灌注速度。当混凝土面上升到骨架底口 4m 以上时，提升导管，使导管底口高于骨架底部 2m 以上，然后恢复正常灌注速度。

四、桩身混凝土夹渣或断桩

桩身混凝土夹渣或断桩主要原因分析：

（1）初灌混凝土量不够，造成初灌后埋管深度太小或导管根本就没有进入混凝土。

（2）混凝土灌注过程拔管长度控制不准，导管拔出混凝土面。

（3）混凝土初凝和终凝时间太短，或灌注时间太长，使混凝土上部结块，造成桩身混凝土夹渣。

（4）清孔时孔内泥浆悬浮的砂粒太多，混凝土灌注过程中砂粒回沉在混凝土面上，形成沉积砂层，阻碍混凝土的正常上升，当混凝土冲破沉积砂层时，部分砂粒及浮渣被包入混凝土内。严重时可能造成堵管事故，导致混凝土灌注中断。

五、桩顶混凝土不密实或强度达不到设计要求

主要原因是超灌高度不够、混凝土浮浆太多、孔内混凝土面测定不准。

｜重｜点｜提｜示｜

掌握钻孔灌注桩在施工过程中常见的几种质量事故，理解其产生的原因，掌握质量事故的控制措施，适合主观题的考查。

✍ 实战演练

［2014 真题·单选］关于钻孔灌注桩垂直度控制技术措施的说法，错误的是（   ）。

A. 施工场地应平整压实　　　　　　　　B. 钻机钻杆应保持竖直

C. 钻头翼板大小应该保持一致　　　　　D. 在软硬土层交界面应高速钻进

［解析］在软硬土层交界面或倾斜岩面处钻进，应低速低钻压钻进。

［答案］D

［经典例题·单选］钻孔灌注桩初灌水下混凝土时，导管首次埋入混凝土的深度不应小于（   ）m。

A. 0.7　　　　　　　　B. 0.8　　　　　　　　C. 0.9　　　　　　　　D. 1.0

［解析］钻孔灌注桩初灌水下混凝土时，导管首次埋入混凝土的深度不应小于 1m。

［答案］D

｜考点｜6｜ 裂缝分类★

按深度的不同，分为表面裂缝、深层裂缝及贯穿裂缝三种。

（1）表面裂缝主要是温度裂缝，一般危害性较小，但影响外观质量。

（2）深层裂缝部分地切断了结构断面，对结构耐久性产生一定危害。

（3）贯穿裂缝是由混凝土表面裂缝发展为深层裂缝，最终形成贯穿裂缝；它切断了结构的

断面，可能破坏结构的整体性和稳定性，其危害性是较严重的。

实战演练

[2017真题·单选] 裂缝对混凝土结构的危害性由大到小的排列顺序是（　　）。

A. 贯穿裂缝、深层裂缝、表面裂缝

B. 深层裂缝、表面裂缝、贯穿裂缝

C. 贯穿裂缝、表面裂缝、深层裂缝

D. 深层裂缝、贯穿裂缝、表面裂缝

[解析] 大体积混凝土出现的裂缝按深度的不同，分为表面裂缝、深层裂缝及贯穿裂缝三种：①表面裂缝主要是温度裂缝，一般危害性较小，但影响外观质量。②深层裂缝部分地切断了结构断面，对结构耐久性产生一定危害。③贯穿裂缝是由混凝土表面裂缝发展为深层裂缝，最终形成贯穿裂缝；切断了结构的断面，可能破坏结构的整体性和稳定性，其危害性是较严重的。

[答案] A

考点 7　裂缝发生原因分析★

（1）水泥水化热影响：混凝土内部的温度与混凝土的厚度及水泥用量有关，混凝土越厚，水泥用量越大，内部温度越高。

（2）内外约束条件的影响。

（3）外界气温变化的影响：混凝土内部温度是由水泥水化热引起的绝热温度、浇筑温度和散热温度三者的叠加。

（4）混凝土的收缩变形。

（5）混凝土的沉陷裂缝。

考点 8　大体积混凝土质量控制要点★★★

一、大体积混凝土施工组织设计

（1）大体积混凝土浇筑体温度应力和收缩应力计算结果。

（2）施工阶段主要抗裂构造措施和温控指标的确定。

（3）原材料优选、配合比设计、制备与运输计划。

（4）主要施工设备和现场总平面布置。

（5）温控监测设备和测试布置图。

（6）浇筑顺序和施工进度计划。

（7）保温和保湿养护方法。

（8）应急预案和应急保障措施。

（9）特殊部位和特殊气候条件下的施工措施。

二、混凝土非沉陷裂缝的预防

防止混凝土非沉陷裂缝的关键是混凝土浇筑过程中温度和混凝土内外部温差控制。

三、质量控制主要措施

（一）优化混凝土配合比

（1）选用水化热较低的水泥，以降低水泥水化所产生的热量，从而控制大体积混凝土的温度升高。

（2）充分利用混凝土的中后期强度，尽可能降低水泥用量。

（3）严格控制骨料的级配及其含泥量。

（4）选用合适的缓凝剂、减水剂等外加剂，以改善混凝土的性能。

（5）控制好混凝土坍落度，不宜大于 180mm，一般在 120±20mm 即可。

（二）浇筑与振捣措施

采取分层浇筑混凝土，利用浇筑面散热，如图 2K320100-2 所示。

（1）全面分层。要求结构的平面尺寸不宜太大，施工时从短边开始，沿长边推进比较合适。

（2）分段分层。要求单位时间内供应的混凝土较少，结构物厚度不太大而面积或长度较大的工程。

（3）斜面分层。要求斜面的坡度不大于 1/3，适用于结构的长度大大超过厚度 3 倍的情况。

（4）入模温度宜控制在 5～30℃。

（5）浇筑层厚度应根据所用振捣器作用深度及混凝土的和易性确定。整体连续浇筑时宜为 300～500mm。

（a）　　　　　　　　　　（b）　　　　　　　　　　（c）

图 2K320100-2　大体积混凝土分层浇筑示意图

（a）全面分层；（b）分段分层；（c）斜面分层

（三）养护措施

（1）混凝土的中心温度与表面温度之间、混凝土表面温度与室外最低气温之间的差值均应小于 20℃。

（2）混凝土拆模时，混凝土的表面温度与中心温度之间、表面温度与外界气温之间的温差不超过 20℃。

（3）采用内部降温法来降低混凝土内外温差。内部降温法是在混凝土内部预埋水管，通入冷却水，降低混凝土内部最高温度。

（4）保温法是在结构外露的混凝土表面以及模板外侧覆盖保温材料。

（5）大体积混凝土湿润养护时间应满足相关规定。硅酸盐水泥、普通硅酸盐水泥 14d；其他水泥 21d。

┌─ 重 点 提 示 ────────────────────────┐

　　大体积混凝土浇筑施工质量的考查主要集中在其裂缝的控制上，主要考查以下几个方面：裂缝的分类、裂缝产生的原因、裂缝的控制措施。高频考点，重点掌握。

└──────────────────────────────────┘

---

i 实战演练

[经典例题·多选] 大体积混凝土浇筑时控制混凝土水化热的常用方法有（　　）。

A. 优先采用水化热较低的水泥

B. 充分利用混凝土的中后期强度，尽可能降低水泥用量

C. 控制浇筑层厚度和进度，以利散热

D. 控制浇筑温度，设测温装置，加强观测，做好记录

E. 适量增加砂、砾石

[解析] 大体积混凝土浇筑时控制混凝土水化热的常用方法是优先采用水化热较低的水泥；充分利用混凝土的中后期强度，尽可能降低水泥用量；控制浇筑层厚度和进度，以利散热；控制浇筑温度，设测温装置，加强观测，做好记录等。

[答案] ABCD

[经典例题·多选] 大体积混凝土构筑物产生裂缝的原因有（　　）。

A. 构筑物体积过大　　　　　　　　　B. 内外约束条件

C. 混凝土收缩变形　　　　　　　　　D. 外界气温变化

E. 水泥水化热影响

[解析] 大体积混凝土构筑物产生裂缝的原因有水泥水化热影响、内外约束条件的影响、外界气温变化的影响、混凝土收缩变形、混凝土的沉陷裂缝。

[答案] BCDE

[2014真题·案例节选]

背景资料：

事件二： T梁钢筋绑扎、钢绞线安装、支模等工作完成并检验合格后，项目部开始浇筑T梁混凝土，浇筑采用从一端向另一端全断面一次性浇筑完成。

问题：

5. 事件二中，T梁混凝土应如何正确浇筑？

[答案]

5. 首先，请监理工程师完成钢筋等隐蔽工程的验收，验收合格并形成文件，签字归档后进行浇筑。其次，案例中的T梁属于大体积混凝土，故应分层分块进行浇筑，而且应采取斜面分层的浇筑方法。

考点 **9** **张拉人员及设备的控制★**

扫码听课

一、人员控制

(1) 承担预应力施工的单位应具有相应的施工资质。

(2) 预应力张拉施工应由工程项目技术负责人主持。

(3) 张拉作业人员应经培训考核，合格后方可上岗。

二、设备控制

(1) 张拉设备的校准期限不得超过半年，且不得超过200次张拉作业。

(2) 张拉设备应配套校准，配套使用。

（3）准备阶段质量控制：预应力施工应按设计要求，编制专项施工方案和作业指导书，并按相关规定审批。

（4）"六不张拉"：没有预应力筋出厂材料合格证、预应力筋规格不符合设计要求、配套件不符合设计要求、张拉前交底不清、准备工作不充分、安全设施未做好、混凝土强度达不到设计要求，不张拉。

重点提示

预应力的张拉是桥梁上部结构施工中重点的安全控制项目，主要从人员、单位的资质、设备的控制及安全操作的"六不张拉"原则几个方面控制。高频考点，重点掌握。

实战演练

[经典例题·单选] 预应力张拉应由（　　）主持。

A. 操作班长　　　　　　　　　　B. 施工员

C. 技术员　　　　　　　　　　　D. 项目技术负责人

[解析] 预应力张拉应由项目技术负责人主持。

[答案] D

2K320110　城市轨道交通工程施工质量检查与检验

本节内容已融入技术部分，故在此不再列举。

2K320120　城镇水处理场站工程施工质量检查与检验

思维导图 ▶▶▶

考点精讲 ▶▶▶

考点 1　混凝土结构水处理构筑物质量验收主控项目★

（1）水处理构筑物结构类型、结构尺寸以及预埋件、预留孔洞、止水带等规格、尺寸应符合设计要求。

（2）混凝土强度符合设计要求；混凝土抗渗、抗冻性能符合设计要求。

（3）混凝土结构外观无严重质量缺陷。

（4）构筑物外壁不得渗水。

（5）构筑物各部位以及预埋件、预留孔洞、止水带等的尺寸、位置、高程、线形等的偏差，不得影响结构性能和水处理工艺的平面布置、设备安装、水力条件。

重 点 提 示

　　低频考点，了解混凝土结构水处理构筑物质量验收主控项目内容即可。

实战演练

[2016真题·单选] 不属于混凝土结构水处理构筑物质验收主控项目的是（　　　）。

A. 结构类型和结构尺寸符合设计要求

B. 混凝土结构外观无严重质量缺陷

C. 构筑物外观不得渗水

D. 结构表面应光洁平顺、线形流畅

[解析] 本题考查水处理构筑物施工质量检查与验收知识，选项 D 不是主控项目。

[答案] D

考点 2　构筑物变形缝质量验收主控项目★

（1）构筑物变形缝的止水带、柔性密封材料等的产品质量保证资料应齐全，每批的出厂质量合格证明书及各项性能检验报告应符合规定和设计要求。

（2）止水带位置应符合设计要求；安装固定稳固，无孔洞、撕裂、扭曲、褶皱等现象。

（3）先行施工一侧的变形缝结构端面应平整、垂直，混凝土或砌筑砂浆应密实，止水带与结构咬合紧密；端面混凝土外观严禁出现严重质量缺陷，且无明显一般质量缺陷。

重 点 提 示

　　低频考点，了解水处理构筑物变形缝质量验收的基本内容即可。

考点 3　给水排水混凝土构筑物防渗漏措施

一、设计应考虑的主要措施

（1）合理增配构造（钢）筋，提高结构抗裂性能。构造配筋应尽可能采用小直径、小间距。全断面的配筋率不小于0.3%。

（2）避免结构应力集中。避免结构断面突变产生的应力集中，当不能避免断面突变时，应做局部处理，设计成逐渐变化的过渡形式。

（3）按照设计规范要求，设置变形缝或结构单元。如果变形缝超出规范规定的长度时，应采取有效的防开裂措施。

二、施工应采取的措施

（一）一般规定

（1）给水排水构筑物施工时，应按"先地下后地上、先深后浅"的顺序施工，并应防止各构筑物交叉施工时相互干扰。对建在地表水水体中、岸边及地下水位以下的构筑物，其主体结构宜在枯水期施工。

（2）对沉井和构筑物基坑施工降水、排水，应对其影响范围内的原有建（构）筑物和拟建水池进行沉降观测，必要时采取防护措施。

（二）混凝土原材料与配合比

（1）严格控制混凝土原材料质量：砂和碎石要连续级配，含泥量不能超过规范要求。水泥宜为质量稳定的普通硅酸盐水泥。外加剂和掺合料必须性能可靠，有利于降低混凝土凝固过程的水化热。

（2）使混凝土配合比有利于减少和避免裂缝出现，在满足混凝土强度、耐久性和工作性能要求的前提下，宜适当减少水泥用量和水用量，降低水胶比中的水灰比；通过使用外加剂改善混凝土性能，降低水化热峰值。

（3）热期浇筑水池，应及时更换混凝土配合比，且严格控制混凝土坍落度。抗渗混凝土宜避开冬期和热期施工，减少温度裂缝产生。

（三）模板支架（撑）安装

（1）模板支架、支撑应符合施工方案要求，在设计、安装和浇筑混凝土过程中，应采取有效的措施保证其稳固性，防止沉陷性裂缝的产生。

（2）后浇带处的模板及支架应独立设置。

（四）浇筑与振捣

（1）避免混凝土结构内外温差过大：首先，降低混凝土的入模温度，且不应大于25℃，使混凝土凝固时其内部在较低的温度起升点升温，从而避免混凝土内部温度过高。

（2）控制入模坍落度，做好浇筑振捣工作：在满足混凝土运输和布放要求前提下，要尽可能减小入模坍落度，混凝土入模后，要及时振捣，并做到既不漏振，也不过振。重点部位还要做好二次振捣工作。

（3）合理设置后浇带：对于大型给水排水混凝土构筑物，合理的设置后浇带有利于控制施工期间的较大温差与收缩应力，减少裂缝。设置后浇带时，要遵循"数量适当，位置合理"的原则。

2K320130　城镇管道工程施工质量检查与检验

思维导图 ▶▶▶

考点精讲 ►►►

考点 1　工程质量验收的规定★

一、工程质量验收分为"合格"和"不合格"

不合格的不予验收，直到返修、返工合格。经过返修仍不能满足安全使用要求的工程，严禁验收。

二、工程质量验收按分项、分部、单位工程划分

（1）分项工程包括下列内容。

1）沟槽、模板、钢筋、混凝土（垫层、基础、构筑物）、砌体结构、防水、止水带、预制构件安装、检查室、回填土等土建分项工程。

2）管道安装、焊接、无损检验、支架安装、设备及管路附件安装、除锈及防腐、水压试验、管道保温等安装分项工程。

3）换热站、中继泵站的建筑和结构部分等的质量验收按国家现行有关标准的规定划分。

（2）分部工程可按长度划分为若干个部位，当工程规模较小时，可不划分。

（3）单位工程为具备独立施工条件并能形成独立使用功能的工程，可为一个或几个设计阶段的工程。

三、验收评定应符合下列要求

（1）分项工程符合下列两项要求者为"合格"：

1）主控项目的合格率应达到100%。

2）一般项目的合格率不应低于80%，且不符合规范要求的点，其最大偏差应在允许偏差的1.5倍之内。

（2）凡达不到合格标准的分项工程，必须返修或返工，直到合格。

（3）分部工程的所有分项工程均为合格，则该分部工程为合格。

（4）单位工程的所有分部工程均为合格，则该单位工程为合格。

> **重点提示**
>
> 低频考点，了解燃气、供热管道施工质量检查与验收的单位划分及合格依据。

实战演练

[经典例题·多选] 工程质量验收分为（　　）。

A. 优　　　　　　　　　　　　　　B. 良

C. 中　　　　　　　　　　　　　　D. 合格

E. 不合格

[解析] 工程质量验收分为合格和不合格。

[答案] DE

考点 2　对焊工资格的检查★★

（1）从事燃气、热力工程施工的焊工，必须按《特种设备焊接操作人员考核细则》的规定考试合格；并持有原国家质检总局统一印制的《特种设备作业人员证》，证书应在有效期内。

（2）焊工的焊接工作不能超出持证项目允许范围。

（3）中断焊接工作超过6个月，再次上岗前应重新考试。

重点提示

掌握焊工的基本要求，对于其他工种要求也基本类似，理解记忆。

实战演练

[经典例题·单选]焊工中断焊接工作超过（　　）个月，再次上岗前应重新考试。

A. 1　　　　　　　　B. 2　　　　　　　　C. 3　　　　　　　　D. 6

[解析]焊工中断焊接工作超过6个月，再次上岗前应重新考试。

[答案]D

考点 3　燃气管道质量检查与验收★

一、回填质量应符合的规定

（1）管道主体安装检验合格后，沟槽应及时回填，但需留出未检验的安装接口。回填前，必须将槽底施工遗留的杂物清除干净。

（2）回填土压实后，应分层检查密实度，沟槽各部位的密实度应符合下列要求。

1）对（Ⅰ）、（Ⅱ）区部位，密实度不应小于90%。

2）对（Ⅲ）区部位，密实度应符合相应地面对密实度的要求。

燃气管道回填土断面示意图如图2K320130-1所示。

图2K320130-1　燃气管道回填土断面示意图

二、燃气管道及附件的防腐应符合的规定

新建的下列燃气管道必须采用外防腐层辅以阴极保护系统的腐蚀控制措施：

（1）设计压力大于0.4MPa的燃气管道。

（2）公称直径大于或等于100mm，且设计压力大于或等于0.01MPa的燃气管道。

三、燃气管道对焊接质量检验

（1）不应在管道焊缝上开孔。管道开孔边缘与管道焊缝的间距不应小于100mm。当无法避开时，应对以开孔中心为圆心，1.5倍开孔直径为半径的圆中所包容的全部焊缝进行100%

射线照相检测。

(2) 管道焊接完成后，强度试验及严密性试验之前，必须对所有焊缝进行外观检查和对焊缝内部质量进行检验，外观检查应在内部质量检验前进行。

(3) 焊缝内部质量的抽样检验应符合下列要求。

1) 管道内部质量的无损探伤数量，应按设计规定执行。当设计无规定时，抽查数量不应少于焊缝总数的 15%，且每个焊工不应少于一个焊缝。抽查时，应侧重抽查固定焊口。

2) 对穿越或跨越铁路、公路、河流、桥梁、有轨电车及敷设在套管内的管道环向焊缝，必须进行 100% 的射线照相检验。

3) 当抽样检验的焊缝全部合格时，则此次抽样所代表的该批焊缝应为全部合格；当抽样检验出现不合格焊缝时，对不合格焊缝返修后，按下列规定扩大检验：

①每出现一道不合格焊缝，应再抽检两道该焊工所焊的同一批焊缝，按原探伤方法进行检验。

②如第二次抽检仍出现不合格焊缝，则应对该焊工所焊全部同批的焊缝按原探伤方法进行检验。对出现的不合格焊缝必须进行返修，并应对返修的焊缝按原探伤方法进行检验。

③同一焊缝的返修次数不应超过 2 次，根部缺陷只允许返修 1 次。

四、法兰连接应符合的规定

(1) 法兰与管道组对应符合下列要求：法兰端面应与管道中心线相垂直，其偏差值可采用角尺和钢尺检查，当管道公称直径小于或等于 300mm 时，允许偏差值为 1mm；当管道公称直径大于 300mm 时，允许偏差值为 2mm。

(2) 法兰应在自由状态下安装连接，并应符合下列要求：

1) 法兰连接时应保持平行，其偏差不得大于法兰外径的 1.5‰，且不得大于 2mm，不得采用紧螺栓的方法消除偏斜。

2) 法兰连接应保持同一轴线，其螺孔中心偏差不宜超过孔径的 5%，并应保证螺栓自由穿入。

3) 螺栓紧固后应与法兰紧贴，不得有楔缝。需要加垫片时，每个螺栓所加垫片每侧不应超过 1 个。

4) 法兰直埋时，须对法兰和紧固件按管道相同的防腐等级进行防腐。

五、管道附件和设备安装应符合的规定

(1) 阀门、排水器及补偿器等在正式安装前，应按其产品标准要求单独进行强度和严密性试验，经试验合格的设备、附件应做好标记，并应填写试验记录。

(2) 阀门、补偿器及调压器等设施严禁参与管道的清扫。

(3) 管道附件、设备安装完成后，应与管线一起进行严密性试验。

(4) 阀门安装应符合的规定：

1) 安装有方向性要求的阀门时，阀体上的箭头方向应与燃气流向一致。

2) 法兰或螺纹连接的阀门应在关闭状态下安装，焊接阀门应在打开状态下安装。焊接阀门与管道连接焊缝宜采用氩弧焊打底。

3) 安全阀应垂直安装，在安装前必须经法定检验部门检验并铅封。

(5) 补偿器安装规定。填料式补偿器安装应符合下列要求：

1) 应与管道保持同心，不得歪斜。

2）导向支座应保证运行时自由伸缩，不得偏离中心。

重点提示

　　重点掌握燃气管道回填质量规定中回填区域的划分及对应的压实度要求，掌握管道焊接质量的检验要求。适合案例题的考查。

✎实战演练

　　[经典例题·单选] 城市燃气管道回填Ⅱ区，压实度至少达到（　　）。

　　A. 90％　　　　　　B. 93％　　　　　　C. 95％　　　　　　D. 97％

　　[解析] 城市燃气管道回填Ⅰ、Ⅱ区，压实度不应小于90％，对Ⅲ区部位，密实度应符合相应地面对密实度的要求。

　　[答案] A

考点 4　城镇供热管道施工质量检查与验收★

一、管沟及检查室砌体结构质量应符合的规定

　　(1) 砌筑方法应正确，不应有通缝；砂浆应饱满，配合比应符合设计要求。

　　(2) 清水墙面应保持清洁，刮缝深度应适宜，勾缝应密实，深浅一致，横竖缝交接处应平整。

　　(3) 砌体的允许偏差及检验方法应符合规定，其中，砂浆抗压强度和砂浆饱满度为主控项目。

二、卷材防水应符合的规定

　　(1) 卷材及其胶粘剂应具有良好的耐水性、耐久性、耐刺穿性、耐腐蚀性和耐菌性。

　　(2) 长边搭接宽度不小于100mm，短边搭接宽度不小于150mm。

　　(3) 变形缝应使用经检测合格的橡胶止水带，不得使用再生橡胶止水带。

三、钢筋工程质量应符合的规定

　　按照《混凝土结构工程施工质量验收规范》（GB 50204—2015）的规定：

　　(1) 主控项目：钢筋的力学性能和重量偏差，机械连接接头、焊接接头的力学性能，受力钢筋的品种、级别、规格、数量、连接方式、弯钩和弯折等。

　　(2) 检查方法：检查产品合格证、出厂检验报告、进场复验报告、接头力学性能试验报告；观察；钢尺检查。

四、混凝土质量应符合的规定

　　(1) 主控项目：基础垫层高程、混凝土抗压强度、构筑物混凝土抗压强度、混凝土抗渗等。

　　(2) 检查方法：通过复测以及查看检验报告进行检查。

五、回填质量应符合的规定

　　(1) 回填土时沟槽内应无积水，不得回填淤泥、腐殖土及有机物质。

　　(2) 不得回填碎砖、石块、大于100mm的冻土块及其他杂物。

　　(3) 回填土的密实度应逐层进行测定，设计无规定时，宜按回填土部位划分，回填土的密实度应符合下列要求：

1）胸腔部位（Ⅰ区内）不应小于 95％。

2）结构顶上 500mm 范围（Ⅱ区内）不应小于 87％。

3）Ⅲ区不应小于 87％，或应符合道路、绿地等对地面回填的要求。

4）直埋管线胸腔部位、Ⅱ区的回填材料应按设计要求执行或填砂夯实。回填土部位划分示意图如图 2K320130-2 所示。

图 2K320130-2　回填土部位划分示意图

六、管道支、吊架安装质量应符合的规定

管道支、吊架安装的允许偏差及检验方法，见表 2K320130-1。

表 2K320130-1　管道支、吊架安装的允许偏差及检验方法

序号	项目		允许偏差/mm	检验方法
1	支、吊架中心点平面位置		0～25	用钢尺测量
2	△支架标高		−10～0	用水准仪测量
3	两个固定支架间的其他支架中心线	距固定支架每10m处	0～5	用钢尺测量
		中心处	0～25	用钢尺测量

注：表中带△为主控项目，其余为一般项目。

七、管道、管件安装质量检验应符合的规定

管道、管件安装允许偏差及检验方法，见表 2K320130-2、表 2K320130-3。

表 2K320130-2　管道安装允许偏差及检验方法

序号	项目	允许偏差及质量标准/mm			检验频率		检验方法
					范围	点数	
1	△高程	±10			50m	—	用水准仪测量，不计点
2	中心线位移	每10m不超过5，全长不超过30			50m	—	挂边线用尺量，不计点
3	立管垂直度	每米不超过2，全高不超过10			每根	—	用垂线，用尺量，不计点
4	△对口间隙（mm）	壁厚	间隙	偏差	每10个口	1	用焊口检测器量取最大偏差值，计1点
		4～9	1.5～2.0	±1.0			
		≥10	2.0～3.0	−2.0～+1.0			

注：表中带△为主控项目，其余为一般项目。

表 2K320130-3　管件安装对口间隙允许偏差及检验方法

项目	允许偏差及质量标准/mm			检验频率		检验方法
				范围	点数	
△对口间隙	壁厚	间隙	偏差	每个口	2	用焊口检测器量取最大偏差值，计1点
	4～9	1.0～1.5	±1.0			
	≥10	1.5～2.0	−1.5～+1.0			

注：表中带△为主控项目。

八、压力表安装应符合的规定

（1）压力表宜安装内径不小于10mm的缓冲管。

（2）压力表和缓冲管之间应安装阀门，蒸汽管道安装压力表时不得用旋塞阀。

九、防腐和保温工程应符合的规定

（1）防腐材料在运输、储存和施工过程中应采取防止变质和污染环境的措施。涂料应密封保存，不得遇明火和曝晒。

（2）涂料的涂刷层数、涂层厚度及表面标记等应按设计规定执行，设计无规定时，应符合下列规定：

1）涂刷层数、厚度应符合产品质量要求。

2）涂料的耐温性能、抗腐蚀性能应按供热介质温度及环境条件进行选择。

（3）保温材料的品种、规格、性能等应符合设计和环保要求，产品应具有质量合格证明文件。

（4）保温材料应按下列要求进行检验：

1）预制直埋保温管的复验项目应包括保温管的抗剪切强度、保温层的厚度、密度、压缩强度、吸水率、闭孔率、导热系数及外护管的密度、壁厚、断裂伸长率、拉伸强度、热稳定性。

2）按工程要求可进行现场抽检。

（5）保护层应做在干燥、经检查合格的保温层表面上，应确保各种保护层的严密性和牢固性。

（6）保护层质量检验应符合下列规定：

1）缠绕式保护层应裹紧，搭接部分应为100~150mm，不得有松脱、翻边、褶皱和鼓包等缺陷，缠绕的起点和终点应采用镀锌钢丝或箍带捆扎结实，接缝处应进行防水处理。

2）保护层表面应平整、光洁，轮廓整齐，镀铸钢丝头不得外露，抹面层不得有酥松和裂缝。

3）金属保护层不得有松脱、翻边、豁口、翘缝和明显的凹坑。保护层的环向接缝应与管道轴线保持垂直。纵向接缝应与管道轴线保持平行。保护层的接缝方向应与设备、管道的坡度方向一致。保护层的不圆度不得大于10mm。

十、对焊接工程质量检查与验收

（一）焊接质量检验次序

（1）对口质量检验。

（2）外观质量检验。

（3）无损探伤检验。

（4）强度和严密性试验。

（二）对口质量检验项目

（1）对口质量应检验坡口质量、对口间隙、错边量和纵焊缝位置。

（2）不宜在焊缝及其边缘上开孔。当必须在焊缝上开孔或开孔补强时，应对开孔直径1.5倍或开孔补强板直径范围内的焊缝进行射线或超声检测，确认焊缝合格后，方可进行开孔。

2K320000

市政公用工程项目施工管理

（三）焊缝无损探伤检测应符合的规定

（1）焊缝无损探伤检测应由有资质的检测单位完成。

（2）无损检测人员应按国家特种设备无损检测人员考核的相关规定取得资格。

（3）宜采用射线探伤。当采用超声波探伤时，应采用射线探伤复检，复检数量应为超声波探伤数量的20％。角焊缝处的无损检测可采用磁粉或渗透探伤。

（4）当使用两种无损探伤方法进行检验，只要有一种检验不合格，该道焊缝即判定为不合格。

（5）无损检测数量应符合设计的要求，当设计未规定时，应符合下列规定：

1）干线管道与设备、管件连接处和折点处的焊缝应进行100％无损探伤检测。

2）穿越铁路、高速公路的管道在铁路路基两侧各10m范围内，穿越城市主要道路的不通行管沟在道路两侧各5m范围内，穿越江、河、湖等的管道在岸边各10m范围内的焊缝应进行100％无损探伤检测。

3）不具备强度试验条件的管道焊缝，应进行100％无损探伤检测。

4）现场制作的各种承压设备、管件，应进行100％无损探伤检测。

5）每个焊工不应少于一个焊缝。

（6）当无损探伤抽样检验出现不合格焊缝时，对不合格焊缝返修后，应按规定扩大检验（同燃气管道）。

（四）固定支架安装的检查项目

（1）固定支架位置。

（2）固定支架结构情况（钢材型号、材质、外形尺寸、焊接质量等）。

（3）固定支架混凝土浇筑前情况（支架安装相对位置，上、下生根情况，垂直度等）。

（4）固定支架混凝土浇筑后情况（支架相对位置、垂直度、防腐情况等）。

重点提示

> 重点掌握供热管道回填质量规定中回填区域的划分及对应压实度要求，掌握管道对接及焊接质量的检验要求。适合考查案例题。

实战演练

[经典例题·多选] 城市热力管道对口质量应检验（　　）。

A. 坡口质量 　　　　　　　　　　B. 对口间隙

C. 错边量 　　　　　　　　　　　D. 焊缝表面质量

E. 纵焊缝位置

[解析] 城市热力管道对口质量应检验坡口质量、对口间隙、错边量、纵焊缝位置。

[答案] ABCE

[经典例题·多选] 城市热力管道焊接质量检验有（　　）。

A. 对口质量检验 　　　　　　　　B. 外观质量检验

C. 渗透探伤检验 　　　　　　　　D. 无损探伤检验

E. 强度和严密性试验

[解析] 城市热力管道焊接质量检验有对口质量检验、外观质量检验、无损探伤检验、强度和严密性试验。

（左侧竖排）2K320000　市政公用工程项目施工管理

[答案] ABDE

考点 5 回填前的准备工作及回填作业★

柔性管道是指在外荷载作用下变形显著，在市政公用工程中通常指采用钢管、柔性接口的球墨铸铁管和化学建材管等管材敷设的管道。

一、准备工作

（1）管内径大于 800mm 的柔性管道，回填施工时应在管内设竖向支撑。中小管道应采取防止管道移动措施。

（2）试验段长度应为一个井段或不少于 50m；按照施工方案的回填方式进行现场试验，以便确定压实机具和施工参数；因工程因素变化改变回填方式时，应重新进行现场试验。

二、回填作业

（一）回填

（1）管道两侧和管顶以上 500mm 范围内的回填材料，应由沟槽两侧对称运入槽内，不得直接扔在管道上；回填其他部位时，应均匀运入槽内，不得集中推入。

（2）管基有效支承角范围应采用中粗砂填充密实，与管壁紧密接触，不得用土或其他材料填充。

（3）管道回填时间宜在一昼夜中气温最低时段，从管道两侧同时回填，同时夯实。

（4）管道回填从管底基础部位开始到管顶以上 500mm 范围内，必须采用人工回填；管顶 500mm 以上部位，可用机械从管道轴线两侧同时夯实；每层回填高度应不大于 200mm。

（二）压实

（1）管道两侧和管顶以上 500mm 范围内胸腔夯实，应采用轻型压实机具，管道两侧压实面的高差不应超过 300mm。

（2）压实时，管道两侧应对称进行，且不得使管道位移或损伤。

（3）同一沟槽中有双排或多排管道但基础底面的高程不同时，应先回填基础较低的沟槽。

重点提示

重点掌握柔性管道回填质量规定中对回填及压实作业的要求（重点从控制施工过程中管道变形控制的角度考虑）。适合考查案例题。

实战演练

[经典例题·单选] 关于柔性管道回填的说法，错误的是（　　）。

A. 柔性管道的沟槽回填质量控制是柔性管道工程施工质量控制的关键

B. 现场试验段主要用以确定压实机械和施工参数

C. 在设计的管基有效支承角范围必须用中粗砂、黏土填充密实，与管壁紧密接触

D. 管道回填从管底基础部位开始到管顶以上 500mm 范围内，必须采用人工回填

[解析] 在设计的管基有效支承角范围必须用中粗砂填充密实，与管壁紧密接触，不得用土或其他材料填充，选项 C 错误。

[答案] C

考点 6 柔性管道变形检测与超标处理★★

柔性管道回填至设计高程时，应在12～24h内测量并记录管道变形率。

（1）钢管或球墨铸铁管道变形率超过2%，但不超过3%时，化学建材管道变形率超过3%，但不超过5%时：

1）挖出回填材料至露出管径85%处，管道周围应人工挖掘以避免损伤管壁。

2）挖出管节局部有损伤时，应进行修复或更换。

3）重新夯实管道底部的回填材料。

4）选用适合回填材料按《给水排水管道工程施工及验收规范》（GB 50268—2008）第4.5.11条的规定重新回填施工，直至设计高程。

5）按本条规定重新检测管道的变形率。

（2）钢管或球墨铸铁管道的变形率超过3%时，化学建材管道变形率超过5%时，应挖出管道并会同设计研究处理。

重点提示

考频较低，了解管道变形检测与超标处理的基本要求即可。

考点 7 柔性管道回填土压实度要求

柔性管道沟槽回填部位与压实度示意图如图2K320130-3所示。

		地面		
原土分层回填		≥90%		管顶500~1000mm
符合要求的原土或中、粗砂、碎石屑，最大料径小于40mm的砂砾回填	≥90%	85±2%	≥90%	管顶以上500mm，且不小于一倍管径
分层回填密实，压实后每层厚度100~200mm	≥95%	D_i	≥95%	管道两侧
中、粗砂回填	≥95%	$2\alpha+30°$	≥95%	$2\alpha+30°$ 范围
中、粗砂回填		≥90%		管底基础，一般大于或等于150mm
		槽底，原状土或经处理回填密实的地基		

图2K320130-3　柔性管道沟槽回填部位与压实度示意图

重点提示

掌握柔性管道回填质量规定中对于回填区域的划分及对应压实度要求，与燃气及供热管道对比记忆。

2K320140　市政公用工程施工安全管理

思维导图 ▶▶▶

考点精讲 ▶▶▶

考点 1　施工安全风险识别与预防措施

一、施工安全风险的识别

风险识别的方法有：故障类型及影响分析（FMEA）、预计危险分析（PHA）、危险与可操作性分析（HAZOP）、事故树分析（ETA）、人的可靠性分析（HRA）等。

二、施工安全风险的预防措施

市政公用工程项目部可以从以下步骤来考虑施工安全风险的预防措施：

（1）首先对危险源与不利环境因素分析，确定本工程的重大危险源与不利环境因素。

（2）根据本工程的重大危险源与不利环境因素来确定本工程危险性较大的分部分项工程。

（3）编制本工程危险性较大的分部分项工程专项施工方案。

📝 实战演练

［2019真题·单选］安全风险识别方法不包括（　　）。

A. 故障类型及影响分析　　　　　　　　B. 预计危险分析

C. 事故树分析　　　　　　　　　　　　D. 突发性事故模拟

［解析］安全风险识别方法包括：故障类型及影响分析、预计危险分析、危险与可操作性分析、事故树分析、人的可靠性分析等。

［答案］D

考点 2　安全管理职责的确定

一、项目负责人员的主要安全职责

（1）项目经理应对本项目安全生产负总责，并负责项目安全生产管理活动的组织、协调、考核、奖惩。

（2）项目副经理（包括项目技术负责人）应对分管范围内的职能部门（或岗位）安全生产管理活动负责。

二、各职能部门职责

（1）技术管理部门（或岗位）负责安全技术的归口管理，提供安全技术保障，并控制其实施的相符性。

（2）施工管理部门（或岗位）负责安全生产的归口管理，组织落实生产计划、布置、实施活动的安全管理。

（3）材料管理部门（或岗位）负责物资和劳防用品的安全管理。

（4）动力设备管理部门（或岗位）负责机具设备和临时用电的安全管理。

（5）安全管理部门（或岗位）负责安全管理的检查、处理的归口管理。

（6）其他管理部门（或岗位）分别负责对人员、分包单位的安全管理，以及安全宣传教育、安全生产费用、消防、卫生防疫、劳动保护、环境保护、文明施工等的管理。

三、落实方法

（1）项目经理作为项目部安全生产第一责任人批准项目管理层，各职能部门（或岗位）的安全管理职责并予以发布。

（2）按照本项目部的安全生产管理网络图的安全生产隶属关系，实施由上一级作为交底人，本部门（或岗位）作为被交底人的各级、各层次的安全职责的交底手续，交底人与被交底人在责任书分别签字予以确认。

（3）项目经理主持并发布本项目部的安全生产责任制考核与奖罚标准，依照安全生产管理网络的隶属关系，定期实施上一级对下一级的各级安全责任制考核，并作为实施奖罚的依据。

考点 3 项目施工风险控制与资源配置

一、项目施工风险控制策划内容和方法

由项目技术负责人会同项目安全总监和其他相关施工、安全、质量、技术、材料设备等岗位人员组成专项施工方案编制小组，必要时可邀请专业分包和劳务分包单位有关人员参加。其工作流程是：

（1）综合学习经公司审批通过的施工组织（总）设计，细化本工程项目施工工艺和工序，充分利用新工艺、新技术使施工流程更科学、合理、安全。

（2）针对本工程项目的施工组织（总）设计，列出本工程项目的危险性较大的分部分项工程和需由专家进行论证的危大工程清单（以下简称清单）。

（3）根据"清单"内容，由项目技术负责人根据各位编制小组成员的施工业务专长和安全控制策划能力组成若干小组承担"清单"中各项危大工程专项施工方案的编写任务。其中专项施工方案的主体安全施工内容由专业施工技术人员担任，相关安全控制与事故预防方案（安全技术措施）可由安全、材料设备、质量等管理人员担任，以充分发挥各类管理人员的专长，最大程度地保证专项施工方案的编制质量。

（4）需由专家进行论证的危大工程专项施工方案应按住房城乡建设部、交通运输部、地方建设行政主管部门的有关规定组织专家论证，对专家论证中提出的各项意见和建议作出认真落

实修改后形成正式方案。

二、编制资源配置计划的方法

相关资源配置计划可由项目副经理负责，由项目技术负责人，技术、施工管理，材料管理，动力设备管理，安全管理，其他管理部门（或岗位）人员组成编制小组并实施分工。

（1）安全生产法律法规、标准规范、规章制度、操作规程由各岗位人员收集，项目技术负责人负责汇总形成有效文件清单。

（2）施工技术与工艺由项目技术负责人负责，技术、施工等管理岗位人员汇总整理后形成文件，应重点要求尽可能采取能降低安全风险的施工技术和工艺。

（3）技术、管理人员、分包单位和作业班组的选择与配置由项目副经理、技术负责人负责，要求注意以下方面的选择条件：

1）在各类管理人员选择与配置中，对专职安全员的要求是：

①市政工程合同价在 5000 万元以下时应配置 1 名及以上专职安全员。当配置 1 名时，必须要求该人员具有施工现场综合性的安全管理知识和技能。

②当市政工程合同价在 5000 万元以上，1 亿元以下时应配置 2 名及以上专职安全员。配置 2 名时，可要求 1 名人员具有现场安全管理与监控的技能，另 1 名人员具有项目安全、文明施工资料管理及安全教育与培训管理和内部协调的能力。

③当市政工程合同价在 1 亿元以上时，应配置 3 名及以上专职安全员。配置 3 名时，可要求 1 名人员具有现场综合安全管理与监控的技能（安全部门主管），1 名人员具有安全检查与安全验收的技能，1 名人员具有项目安全、文明资料及安全教育与培训管理的能力。

2）对作业单位（含作业班组）的选择要求是曾具有担任类似施工任务的业绩且自身具有良好的安全管理能力。

（4）物资、设施、设备、检测器具和劳防用品的配置，由项目副经理、技术负责人负责，技术、施工管理，材料管理、动力设备管理、安全管理等岗位人员按岗位职责分工编制汇总后形成文件清单，内容要求符合性、适用性、有效性和安全性等。

（5）安全生产费用的编制由项目副经理负责。施工、预算、安全、文明施工、材料等岗位人员按岗位职责分工编制汇总后形成文件清单。

考点 4　安全教育培训与分包队伍管理

一、安全教育培训

（一）安全教育培训的内容

（1）项目部各类管理人员安全教育培训的考试与继续教育培训。

（2）各类进场的特种作业人员的安全继续教育培训。

（3）新进场各类作业人员的三级安全教育培训。

（4）施工全过程中的经常性安全教育、季节性安全教育以及其他安全教育等。

（二）安全教育培训的方法

针对各类管理人员安全教育证书（如建造师的 B 证、安全员的 C 证等）的有效性。项目部负责安全教育培训岗位人员应建立起台账，对证书有效期提前两个月设置警示提醒标志，一旦得到警示就及时与该持证人员联系，安排其及时参加安全继续教育培训，使证书的有效性得以延续。一旦施工中有该类人员离岗，必须及时收集新上岗人员有关安全教育证书，并验证其有效性。

二、分包队伍控制与管理要点

（一）项目部对分包队伍的审核内容

（1）营业执照、资质证书和安全生产许可证是否有效，其资质证书所许可的承包范围是否和该工程发包内容相符。

（2）前三年来的安全生产业绩。

（3）以往承担类似工程项目的业绩和安全质量标准化考评结果。

（二）依法登记分包合同、签订安全生产协议等文件、明确双方的安全生产责任和义务

（1）与专业分包队伍不能签订劳务分包合同；同样与劳务分包队伍不能签订专业分包合同。

（2）安全生产协议与分包队伍进场安全生产总交底中应明确以下要求。

1）根据分包合同的造价，应明确：

①专业分包队伍提供相应数量专职安全员进场。

②劳务分包队伍按劳务工程量以及施工过程中在场劳务人员人数（按50人以下配置1名专职安全员；50～200人配置2名专职安全员；200人以上配置3名及以上专职安全员且不得少于工程施工人员总人数的5‰的配备标准）。

2）在分包合同中应对安全生产、文明施工费用进行界定，明确数额、实施方以及操作流程。

3）在分包方进场安全生产总交底中应针对合同施工内容补充填写针对性的交底，专业分包队伍补充其承担的危大工程的风险与预防控制措施，劳务分包队伍补充其承担的作业工种的各类安全技术操作规程和相应的劳务作业过程中的风险与预防控制措施。

（三）对分包队伍实施管理的要点

（1）组织审核、审批分包单位的施工组织设计和专项施工方案。

1）专业分包单位应根据合同界定的分包标的，组织相关人员编制施工组织设计和专项施工方案，完成本单位内对该方案的审批流程后提交总承包单位审批。

2）总承包单位审核通过，再提交项目监理单位审核批准后方可实施。

3）如需有局部修改、完善的意见时，必须对原方案进一步修改后再次提交直至审批通过。

4）如有原则性的重大修改意见则需重新编制，再进入下一步审批流程。

（2）确保分包单位进入项目部班组及从业人员的资格并进行针对性的安全教育培训和安全施工交底，形成双方签字认可的记录。分包单位内部的安全教育培训与安全施工交底应由其自行实施，总包要关注并督促其实施，必要时可索取其有关记录存档。

（3）对分包单位进场的物质、设施、设备的安全状态进行验收。

（4）对分包单位的安全生产、文明施工费用的使用情况进行监督、检查。

（5）对分包单位的安全生产、文明施工的管理活动进行监督、检查、定期考核。

考点 5 安全技术交底与安全验收

一、安全技术交底

（1）施工前项目部的技术负责人应组织相关岗位人员依据风险控制措施要求，组织对专业分包单位、施工作业班组安全技术交底并形成双方签字的交底记录。

（2）安全技术交底包括下列内容：

1）施工部位、内容和环境条件。

2）专业分包单位、施工作业班组应掌握的相关现行标准规范、安全生产、文明施工规章制度和操作规程。

3）资源的配备及安全防护、文明施工技术措施。

4）动态监控以及检查、验收的组织、要点、部位及节点等相关要求。

5）与之衔接、交叉的施工部位、工序的安全防护、文明施工技术措施。

6）潜在事故应急措施及相关注意事项。

（3）施工要求发生变化时应对安全技术交底内容进行变更并补充交底。

二、安全验收

（1）安全验收应分阶段按以下要求实施：

1）施工作业前，对安全施工的作业条件验收。

2）危大工程、其他重大危险源工程以及设施、设备施工过程中，对可能给下一道工序造成影响的节点进行过程验收。

3）物资、设施、设备和检测器具在投入使用前进行使用验收。

4）建立必要的安全验收标识。未经安全验收或安全验收不合格，不得进入后续工序或投入使用。

（2）总包项目部应在作业班组或专项工程分包单位自验合格的基础上，组织相关职能部门（或岗位）实施安全验收，风险控制措施编制人员或技术负责人应参与验收。必要时，应根据规定委托有资质的机构检测合格后，再组织实施安全验收。

考点 6　安全检查与应急预案

一、安全检查

（一）施工安全检查内容

施工安全检查包括施工全过程中的资源配置、人员活动、实物状态、环境条件、管理行为等内容。

（二）施工安全检查方法

（1）实行总承包施工的，应在分包项目部自查的基础上，由总包项目部组织实施。

（2）各类安全检查。

1）综合安全检查可每月组织一次，由项目经理（或项目副经理、项目技术负责人）带领，组织项目部各职能部门（或岗位）负责人参加，对项目现场当时施工的资源配置、人员活动、实物状态、环境条件、管理行为等进行全方位的安全检查。

2）专项安全检查可在特定的时间段进行，也可与季节性安全检查一并实施。可由项目部各职能部门（或岗位）负责人组织专业人员实施。

3）季节性安全检查随特定季节开展的专项安全检查。可由项目部专职安全、劳动保护岗位人员组织相关分包队伍、班组人员实施。

4）特定条件下的安全检查，可随国家、地方及企业各上级主管部门的具体要求进行，带有较明显的形势要求。由项目负责人组织实施。

5）专业分包队伍、班组每日开展安全巡查，活动由分包队伍负责人、班组长实施。

6）项目部每周开展一次安全巡查活动，由项目部指定当周安全值岗人员组织实施。

7）项目部所属上级企业每月开展一次安全巡查活动，由企业分管安全生产负责人或安全主管部门负责人组织实施。

（三）安全检查后的整改和复查

（1）项目部对检查中发现的安全隐患，应落实相关职能部门（或岗位）、分包单位、班组实施整改，整改告知单上应明确整改时间、人员和措施要求并分类记录，作为安全隐患排查的依据。

（2）对检查中发现的不合格情况，还应要求被查方采取纠正并预防同类情况再次发生的措施。

（3）对于外来的整改要求，项目部应及时向提出整改要求的相关方反馈整改情况和结果。

（4）整改的有效性应经提出整改要求的相关方复查确认，通过后方可进行后续工序施工或使用。

二、动态监控

（1）项目部应依据风险控制要求，对易发生生产安全事故的部位、环节的作业活动实施动态监控。

（2）方式：旁站监控、远程监控等。

（3）由项目部副经理、技术负责人负责安排施工、安全、技术、设备等岗位人员落实各自安全生产职责范围内的监控人员；监控人员应熟悉相关专业的操作规程和施工安全技术并持本单位培训合格考核证上岗，配备人数应满足实际需要。

（4）监控人员发现重大险情（或险兆）以及违反风险控制措施要求的情况时，应立即制止，必要时可责令暂时停止施工作业，组织作业人员撤离危险区域并向项目经理报告。

三、应急和事故处理

（1）由本项目技术负责人任组长，吸收有关职能部门与岗位人员组成编制工作小组，结合专项施工方案前期的重大危险源和危险性较大分部分项工程辨识与评估，参照本公司综合应急预案和专项应急预案文本并结合本工程、本项目实际，细化制定本项目部的综合应急预案和专项应急预案。

（2）项目经理应依据应急预案，结合现场实际，配备应急物资器材，开展事故应急预案的培训与演练，并在事故发生时立即启动实施。

1）应急物资器材（包含应急救援队伍）的配置：①项目部本身有能力配置的资源储备；②上级公司与行业系统可借用、依靠的资源储备；③邻近工程所在地的社会资源储备。

2）建立资源储备单位清单，包括类别、名称、数量、贮存地点、联系电话等，并建立经常性的沟通与联络。

3）应急预案的培训与演练。

（3）在事故应急预案演练或应急抢险实施后，项目部应对事故应急预案的可操作性和有效性进行评价，必要时进行修订。

（4）本项目工程发生事故（或险兆）时，项目部应当第一时间启动应急响应，按照预案要求组织力量进行救援，并按照规定将事故（险兆）信息及应急响应启动情况报告上级公司，再由上级公司报告项目工程所在地县级以上人民政府应急管理部门和其他负有安全生产监督管理职责的部门。

（5）事故发生后，项目部应配合查清事故原因，处理责任人员、教育从业人员，吸取事故教训，落实整改和防范措施。

四、考核与奖惩

（1）总承包项目部应建立本工程项目部的安全生产考核和奖惩办法：

1）对分包项目部应在工程承包合同或安全生产协议书条款中明确按总包安全生产考核和奖惩办法进行。

2）对各管理层人员可在安全生产责任制交底书上确认。

（2）总承包项目部和分包项目部应根据安全生产考核奖惩办法，分别对各自的职能部门（或岗位）施工班组安全生产职责的履行情况进行考核。

2K320150　明挖基坑与隧道施工安全事故预防

本节已融入技术部分，故在此不再列举。

2K320160　城市桥梁工程施工安全事故预防

思维导图 ▶▶▶

考点精讲 ▶▶▶

考点 1 沉入桩施工安全控制要点★

一、混凝土桩制作

（1）钢筋码放时，整捆码垛高度不宜超过 2m，散捆码垛高度不宜超过 1.2m。

（2）加工成型的钢筋笼、钢筋网和钢筋骨架等应水平放置。码放高度不得超过 2m，码放层数不宜超过 3 层。

二、桩的吊运、堆放

混凝土桩支点应与吊点在一条竖直线上，堆放层数不宜超过 4 层。钢桩堆放层数不得超过 3 层。

考点 2 钻孔灌注桩施工安全控制要点★★

一、场地要求

旱地区域地基应平整、坚实；浅水区域应采用筑岛方法施工；深水河流中必须搭设水上作业平台，作业平台应根据施工荷载、水深、水流、工程地质状况进行施工设计，其高程应比施工期间的最高水位高 700mm 以上。

二、钻孔施工

（1）不得在高压线下施工。施工现场附近有电力架空线路时，施工中应设专人监护，确认钻机的安全距离符合表 2K320160-1 的规定。

表 2K320160-1　高压线线路与钻机的安全距离表

电压	1kV 以下	1～10kV	35～110kV
安全距离/m	4	6	8

（2）钻孔应连续作业。相邻桩之间净距小于 5m 时，邻桩混凝土强度达 5MPa 后，方可进行钻孔施工；或间隔钻孔施工。

（3）泥浆沉淀池周围应设防护栏杆和警示标志。

三、钢筋笼制作与安装

加工好的钢筋笼应水平放置，堆放场地平整、坚实。码放高度不得超过 2m，码放层数不宜超过 3 层。

重点提示

　　桩基础安全施工的考查主要集中在钻孔灌注桩，注意钻孔施工在高压线下的规定（一建案例曾涉及）。

实战演练

［经典例题·单选］加工成型的钢筋笼、钢筋网和钢筋骨架等应水平放置，（　　）。

A. 码放高度不得超过 2m；码放层数不宜超过 2 层

B. 码放高度不得超过 2m；码放层数不宜超过 3 层

C. 码放高度不得超过 3m；码放层数不宜超过 2 层

D. 码放高度不得超过 3m；码放层数不宜超过 3 层

［解析］加工成型的钢筋笼、钢筋网和钢筋骨架等应水平放置，码放高度不得超过 2m；码放层数不宜超过 3 层。

［答案］B

2K320170　市政公用工程职业健康安全与环境管理

思维导图 ▶▶▶

市政公用工程职业健康安全与环境管理	项目职业健康安全管理与环境管理

2K320000

市政公用工程项目施工管理

考点 1　项目职业健康安全管理与环境管理★

一、建立项目职业健康安全管理体系

（1）管理体系建立要求：由总承包单位负责策划建立。

（2）管理目标：项目部或项目总承包单位负责制定并确保项目的职业健康安全目标。

（3）项目负责人（经理）是项目职业健康安全生产第一责任人，对安全生产负全面领导责任。

二、管理体系与过程控制

（一）安全风险控制措施计划制定与评审

（1）目的：改善项目劳动作业条件、防止工伤事故、预防职业病和职业中毒。

（2）种类：职业健康安全技术措施、工业卫生安全技术措施、辅助房屋及设施、安全宣传教育设施。

（3）编制审批：项目负责人（经理）主持，经有关部门批准后，由专职安全管理人员进行现场监督实施。

（二）项目职业健康安全过程控制

（1）控制重点：施工过程中人的不安全行为、物的不安全状态、作业环境的不安全因素和管理缺陷。

（2）安全生产"六关"：措施关、交底关、教育关、防护关、检查关、改进关。

三、识别本工程项目的安全技术方面的设施

（1）各类施工机械及电器设备等传动部分的防护装置及安全装置。

（2）电刨、电锯、砂轮等小型机具上的防护装置，有碎片、屑末、液体飞出及有裸露导电体等处所安设的防护装置。

（3）各类起重机上的各种防护装置。

（4）为安全而设的信号装置以及在操作过程中为安全而设的信号装置。

（5）锅炉、压力容器、压缩机械及各种有爆炸危险的机器设备的安全装置和信号装置。

（6）各种运输机械上的安全启动和迅速停车装置。

（7）电器设备的防护性接地或接零以及其他防触电设施。

（8）施工区域内危险部位所设置的标志、信号和防护设施。

（9）在高处作业时为避免工具等物体坠落伤人以及防人员坠落而设置的工具箱或安全网。

（10）防火防爆所必需的防火间距、消防设施等。

四、职业卫生方面设施措施

（1）为保持空气清洁或使温度符合职业卫生要求而安设的通风换气装置和采光、照明设施。

（2）为消除粉尘危害和有毒物质而设置的除尘设备和消毒设施。

（3）防治辐射、热危害的装置及隔热、防暑、降温设施。

（4）为改善劳动条件而铺设的各种垫板。

（5）为职业卫生而设置的对原材料和加工材料消毒的设施。

（6）减轻或消除工作中的噪声及振动的设施。

（7）为消除有限空间空气含氧量不达标或毒物作业人员专用的淋浴设备。

五、环境管理体系的要求

（1）建立并保持环境管理体系。

（2）策划制定本项目的环境管理模式，实施。

（3）应严格贯彻执行本企业环境方针。

（4）识别环境因素，判别影响程度，针对全过程展开评估。

1）向空气的排放——扬尘、噪声、光、废（毒）气污染。

2）向水体的排放——泥浆、废水、废油等污染。

3）向土壤的排放——建筑垃圾、废水、废油等污染。

4）对地方或社区的环境问题的互相影响。

（5）制定并保持本项目环境管理方案。

重点提示

了解职业卫生方面的设施要求，能够根据具体案例补充其设施设置要求或者纠正错误的做法。

实战演练

［经典例题·单选］下列不属于职业健康安全管理采取的措施是（   ）。

A. 采取通风换气装置和采光、照明设施

B. 采取隔热、防暑、降温设施

C. 采取除尘设备和消毒

D. 搭设遮阳棚

［解析］职业健康安全管理采取的措施包括：①为保持空气清洁或使温度符合职业卫生要求而安设的通风换气装置和采光、照明设施；②为消除粉尘危害和有毒物质而设置的除尘设备和消毒设施；③防治辐射、热危害的装置及隔热、防暑、降温设施；④为职业卫生而设置的对原材料和加工材料消毒的设施；⑤减轻或消除工作中的噪声及振动的设施。

［答案］D

2K320180　市政公用工程竣工验收备案

思维导图 ▶▶▶

考点精讲 ▶▶▶

考点 1　施工质量验收规定★★

一、施工质量验收程序

（1）检验批及分项工程应由监理工程师组织施工单位项目专业质量（技术）负责人等进行验收。

（2）分部工程应由总监理工程师组织施工单位项目负责人和项目技术、质量负责人等进行验收；地基与基础、主体结构分部工程的勘察、设计单位工程项目负责人也应参加相关分部工程验收。

（3）单位工程完工后，施工单位应自行组织有关人员进行自检，总监理工程师应组织专业监理工程师对工程质量进行竣工预验收，对存在的问题，应由施工单位及时整改。整改完毕后，由施工单位向建设单位提交工程竣工报告，申请工程竣工验收。

（4）单位工程中的分包工程完工后，分包单位应对所承包的工程项目进行自检，并应按相关规范规定的程序进行验收。验收时，总包单位应派人参加。分包单位应将所分包工程的质量控制资料整理完整后，交总包单位，并应由总包单位统一归入工程竣工档案。

（5）建设单位收到工程竣工报告后，应由建设单位（项目）负责人组织施工（含分包单位）、设计、勘察、监理等单位（项目）负责人进行单位工程验收。

二、施工质量验收基本规定

（1）检验批的质量应按主控项目和一般项目验收。

（2）工程质量的验收均应在施工单位自检合格的基础上进行。

（3）隐蔽工程在隐蔽前应由施工单位通知监理工程师进行验收，并应形成验收文件，验收合格后方可继续施工。

（4）参加工程施工质量验收的各方人员应具备规定的资格。

（5）涉及结构安全的试块、试件以及有关材料，应按规定进行见证取样检测。

（6）承担见证取样检测及有关结构安全、使用功能等项目的检测单位应具备相应资质。

（7）工程的观感质量应由验收人员现场检查，并应共同确认。

重点提示

> 熟悉不同验收单位的验收程序（由谁组织）及质量验收的基本规定。

实战演练

[经典例题·单选] 检验批及分项工程应由（　　）组织施工单位项目专业质量（技术）负责人等进行验收。

A. 项目经理

B. 项目技术负责人

C. 总监理工程师

D. 监理工程师

[解析] 检验批及分项工程应由监理工程师组织施工单位项目专业质量（技术）负责人等进行验收，分部工程验收应由总监理工程师组织实施，单位工程验收应由建设单位组织实施。

[答案] D

考点 **2** 质量验收合格的依据与退步验收规定★

一、质量验收合格的依据

检验批合格→分项工程合格→分部（子分部）工程合格→单位（子单位）工程合格。

二、质量验收不合格的处理（退步验收）规定

（1）经返工返修或经更换材料、构件、设备等的验收批，应重新进行验收。

（2）经有相应资质的检测单位检测鉴定能够达到设计要求的验收批，应予以验收。

（3）经有相应资质的检测单位检测鉴定达不到设计要求，但经原设计单位验算认可能够满足结构安全和使用功能要求的验收批，可予以验收。

（4）经返修或加固处理的分项工程、分部（子分部）工程，虽然改变外形尺寸但仍能满足结构安全和使用功能要求，可按技术处理方案文件和协商文件进行验收。

（5）通过返修或加固处理仍不能满足结构安全或使用功能要求的分部（子分部）工程、单位（子单位）工程，严禁验收。

重点提示

> 低频考点，熟悉质量验收合格的依据，了解退步验收的规定即可。

考点 **3** 工程竣工报告★

（1）办理竣工验收签证书、竣工验收证书必须有建设单位、监理单位、设计单位及施工单位的签字方可生效。

（2）由施工单位编制，在工程完工后提交建设单位。

（3）在施工单位自行检查验收合格基础上，申请竣工验收。

（4）工程竣工报告应包含的主要内容：

1）工程概况。

2）施工组织设计文件。

3）工程施工质量检查结果。

4）符合法律法规及工程建设强制性标准情况。

5）工程施工履行设计文件情况。

6）工程合同履约情况。

重点提示

低频考点，了解工程竣工报告的主要内容即可。

考点 4　工程档案编制要求与工程竣工备案规定★

一、工程档案编制要求

（一）工程资料管理的有关规定

（1）基本规定：工程资料应为原件，应随工程进度同步收集、整理并按规定移交。

（2）分类：基建文件、监理资料、施工资料。

（二）施工资料管理

1. 基本规定

总承包工程项目，由总承包单位负责汇集，并整理所有有关施工材料；分包单位应主动向总承包单位移交有关施工资料。

2. 提交企业进行保管的施工资料

企业保管的施工资料包括：施工管理资料、施工技术文件、物资资料、测量监测资料、施工记录、验收资料、质量评定资料等全部内容。

3. 移交建设单位保管的施工资料

竣工图表；施工图纸会审记录；设计变更和技术核定单；材料、构件的质量合格证明；隐蔽工程检查验收记录；工程质量评定和质量事故处理记录，工程测量复检及预验记录、工程质量检验评定资料、功能性试验记录等；主体结构和重要部位的试件、试块、材料试验、检查记录；永久性水准点的位置、构造物在施工中的测量定位记录；其他技术决定；设计变更通知单、洽商记录；工程竣工验收报告与验收证书。

（三）工程档案资料编制要求

（1）所有竣工图均应加盖竣工图章。

（2）利用施工图改绘竣工图，必须标明变更修改依据；凡施工图结构、工艺、平面布置等有重大改变，或变更部分超过图面 1/3 的，应当重新绘制竣工图。

二、工程竣工备案的有关规定

（一）竣工验收备案基本规定

施工单位自检→总监理工程师组织专业监理工程师预验收→施工单位整改→施工单位向建设单位工程提交竣工报告→建设单位组织施工（含分包）单位、设计单位、勘察单位、监理单位等进行单位工程验收。

1. 验收前

（1）建设单位必须在竣工验收 7 个工作日前，书面通知工程质量监督机构。

（2）建设单位组织施工（含分包）单位、设计单位、勘察单位、监理单位等进行单位工程验收。

2. 验收后

（1）工程质量监督机构：竣工验收之日起 5 个工作日内，向备案机关提交工程质量监督报告。

（2）建设单位：自工程竣工验收合格之日起 15 个工作日内，提交竣工验收报告，向工程所在地县级以上人民政府建设行政主管部门（备案机关）备案。3 个月内，向城建档案馆报送一套符合规定的建设工程档案。

（二）竣工验收备案应提供的资料

（1）基建文件。

（2）质量报告：勘察单位质量检查报告、设计单位质量检查报告、施工单位工程竣工报告、监理单位工程质量评估报告。

（3）认可文件。

（4）质量验收资料。

（5）其他文件。

重点提示

> 掌握工程档案编制要求的一般规定，重点考查总分包之间对于资料的一些责任问题。

实战演练

［经典例题·单选］竣工验收前建设单位应请（ ）对施工技术资料进行预验收。

A. 城建主管部门 　　　　　　　　　B. 当地城建档案部门

C. 监理单位 　　　　　　　　　　　D. 质量监督部门

［解析］竣工验收前建设单位应请当地城建档案部门对施工技术资料进行预验收。

［答案］B

［经典例题·单选］建设单位必须在竣工验收（ ）个工作日前将验收的时间、地点及验收组名单书面通知负责监督该工程的工程质量监督机构。

A. 15 　　　　　　　　　　　　　　B. 10

C. 7 　　　　　　　　　　　　　　D. 5

［解析］建设单位必须在竣工验收 7 个工作日前将验收的时间、地点及验收组名单书面通知负责监督该工程的工程质量监督机构。

［答案］C

考点 5　工程竣工验收报告★

工程竣工验收报告应由建设单位编制。

（1）竣工验收报告主要内容包括：

1）工程概况。

2）建设单位执行基本建设程序情况。

3）对工程勘察、设计、施工、监理等方面的评价。

4）工程竣工验收时间、程序、内容和组织形式。

5）工程竣工验收意见。

（2）各单位提交的竣工质量报告见表 2K320180-1。

表 2K320180-1　各单位提交的竣工质量报告

参建单位	提交报告
建设单位	竣工验收报告
施工单位	工程竣工报告
勘察、设计单位	质量检查报告
监理单位	质量评估报告
质量监督机构	工程监督报告

重点提示

注意工程竣工验收报告应由建设单位编制，了解竣工验收报告主要内容。

同步强化训练

一、单项选择题（每题的备选项中，只有1个最符合题意）

1. 某市政公用工程采用工程量清单计价，其中某分部分项工程清单工程量为 25000m³，综合单价为 21 元/m³。合同约定该分部分项工程量增加（或减少）幅度在 15％ 以内执行原有综合单价；工程量增幅大于 15％ 时，超过部分按原综合单价的 0.9 倍计算。在结算时，该分部分项工程的实际工程量为 30000m³，则结算费用应为（　　）元。

    A. 525000
    B. 567000
    C. 627375
    D. 630000

2. 建设单位必须在竣工验收（　　）个工作日前将验收的时间、地点及验收组名单书面通知工程质量监督机构。

    A. 15
    B. 10
    C. 7
    D. 5

3. 地基与基础主体结构分部工程施工验收应由（　　）组织。

    A. 施工项目负责人
    B. 总监理工程师
    C. 监理工程师
    D. 建设单位负责人

4. 下列因素中，不属于施工进度计划编制依据的是（　　）。

    A. 工程项目所在地自然条件
    B. 施工单位投入资源情况
    C. 工程项目所在地资源情况
    D. 建设单位组织机构设置

二、多项选择题（每题的备选项中，有2个或2个以上符合题意，至少有1个错项）

1. 依法必须招标的工程建设项目，应当具备（　　）才能进行施工招标。

    A. 招标人已经依法成立
    B. 初步设计及概算应当履行审批手续的，已经批准
    C. 招标范围、招标方式和招标组织形式等应当履行核准手续的，已经核准
    D. 有相应资金或资金来源已经落实
    E. 不需要施工图

2. 关于项目实施过程质量管理的说法，正确的有（　　）。

　　A. 承包方应对分包工程质量负主要责任，分包方承担连带责任

　　B. 关键工序、质量风险大的分项工程应作为质量管理控制的重点

　　C. 隐蔽工程未经检验严禁转入下一道工序

　　D. 质量控制的要点应随工程进度、施工条件变化进行调整

　　E. 不合格验收批经返工后即可直接进入下一道工序

3. 危险性较大工程中的工具式模板工程包括（　　）项目。

　　A. 滑动模板　　　　　　　　　　　　B. 大块钢模板

　　C. 飞模工程　　　　　　　　　　　　D. 水平构件模板支撑

　　E. 爬模

三、案例分析题

背景资料：

某市政跨河桥，上部结构为长 13m 单跨简支预制板梁，下部结构由灌注桩基础、承台和台身构成。施工单位按合同工期编制了施工进度网络计划，如图 2K320000-1 所示，经监理工程师批准后实施。

图 2K320000-1　施工进度网络计划图

在施工过程中发生了以下事件：

事件一：在进行 1 号基础灌注桩施工时，由于施工单位操作不当，造成灌注桩钻孔偏斜，为处理此质量事故造成 3 万元损失，工期延长了 5d。

事件二：工程中所使用的钢材由业主提供，由于钢材进场时间比施工单位要求的日期拖延了 4d，1 号基础灌注桩未按计划开工，施工单位经济损失 2 万元。

问题：

1. 根据网络图计算该工程的总工期，找出关键线路。

2. 事件一、二中，施工单位是否可以索赔费用和工期？并说明理由。

3. 事件一中造成钻孔偏斜的原因可能有哪些？

参考答案及解析

一、单项选择题

1. ［答案］C

　　［解析］25000 × （1 ＋ 15%）＝ 28750（m³）＜30000m³，故超过 28750m³ 的部分单价需进行调整。结算费用＝ 21 × 28750 ＋ 21 × 0.9 × （30000 － 28750）＝ 627375（元）。

2. ［答案］C

[解析] 建设单位必须在竣工验收 7 个工作日前将验收的时间、地点及验收组名单书面通知工程质量监督机构。

3. [答案] B

[解析] 单位工程验收由建设单位组织。分部工程验收由总监理工程师主持。分项工程验收、检验批验收由监理工程师主持。

4. [答案] D

[解析] 施工进度计划的编制依据有：合同工期；设计图纸、材料定额、机械台班定额、工期定额、劳动定额；机具设备和主要材料的供应及到货情况；项目部可能投入的施工力量及资源情况；工程所在地水文、地质及其他方面自然情况；工程项目所在地资源可利用情况；影响施工的经济条件和技术条件；工程项目的外部条件等。

二、多项选择题

1. [答案] ABCD

[解析] 依法必须招标的工程建设项目应当具备的条件有：①招标人已经依法成立；②初步设计及概算应当履行审批手续的，已经批准；③招标范围、招标方式和招标组织形式等应当履行核准手续的，已经核准；④有相应资金或资金来源已经落实；⑤有招标所需的设计图纸及技术资料。

2. [答案] BCD

[解析] 承包方和分包方应对分包工程质量向业主承担连带责任，选项 A 错误。不合格验收批经返工后应重新进行验收，合格即可转入下一道工序，选项 E 错误。

3. [答案] ACE

[解析] 滑模、爬模、飞模等工具式模板，施工单位须编制专项施工方案，并组织专家论证。

三、案例分析题

1. （1）总工期＝3＋10＋2＋16＋20＋20＋5＋15＋3＝94（d）。

（2）关键线路：①—②—③—④—⑥—⑧—⑨—⑩—⑪—⑫。

2. （1）事件一中，施工单位不可以索赔费用和工期。

理由：由于施工单位操作不当造成的损失应由施工单位承担。

（2）事件二中，施工单位可以索赔费用 2 万元，索赔工期 4d。

理由：由业主提供的钢材，进场时间拖延的责任应由业主承担，且 1 号基础灌注桩是关键工作，因此既可以索赔费用，也可以索赔工期。

3. 造成钻孔偏斜的原因有：①人员教育及交底不充分；②钻机安装不平整或钻进过程发生不均匀沉降；③钻杆弯曲、钻杆接头间隙太大；④遇到软硬交界地层，未采取正确钻进措施；⑤场地平整度和密实度差。

2K330000 市政公用工程项目施工相关法规与标准

📖 学习提示

市政公用工程项目施工相关法规与标准分为三章：第一章市政公用工程项目施工相关法律规定；第二章市政公用工程项目施工相关标准；第三章二级建造师（市政公用工程）注册执业管理规定及相关要求。主要内容为一部分法律相关条文，内容不多，考查分值也不多，多以选择题的形式出现，且考查均为基础性知识。建议在学习之初，通读掌握，冲刺阶段仅针对重点内容进行强化即可，例如城市道路管理和城市绿化管理的有关规定。

📖 考情分析

近四年考试真题分值统计表　　　　　　　　　　　　　（单位：分）

章序	章名	2020 年			2019 年			2018 年			2017 年		
		单选	多选	案例	单选	多选	案例	单选	多选	案例	单选	多选	案例
2K331000	市政公用工程项目施工相关法律规定	—	—	—	—	—	—	—	—	2	—	—	—
2K332000	市政公用工程项目施工相关标准	—	—	—	—	—	—	—	—	—	—	—	—
2K333000	二级建造师（市政公用工程）注册执业管理规定及相关要求	—	—	—	1	—	—	—	—	—	—	—	—
	合计	—	—	—	1	—	—	—	—	2	—	—	—

注：超纲考题的分值分布未计算在列。

2K331000　市政公用工程项目施工相关法律规定

2K331010　城市道路管理有关规定

思维导图▶▶▶

```
城市道路管理          《城市道路管理条例》规定
有关规定
```

扫码听课

考点 1　《城市道路管理条例》规定★★

（1）因工程建设需要占用、挖掘道路，或者跨越、穿越道路架设、增设管线设施，应当事先征得道路主管部门的同意；影响交通安全的，还应当征得公安机关交通管理部门的同意。未经市政工程行政主管部门和公安交通管理部门批准，任何单位或个人不得占用或者挖掘城镇道路。

（2）因特殊情况需要临时占用城镇道路的，须经市政工程行政主管部门和公安交通管理部门批准，方可按照规定占用。

（3）因工程建设需要挖掘城镇道路的，应当持城镇规划部门批准签发的文件和有关设计文件，到市政工程行政主管部门和公安交通管理部门办理审批手续，方可按照规定挖掘。

（4）未按照批准的位置、面积、期限占用或者挖掘城镇道路，或者需要移动位置、扩大面积、延长时间，未提前办理变更审批手续的，由市政工程行政主管部门或者其他有关部门责令限期改正，可以处以2万元以下的罚款；造成损失的，应当依法承担赔偿责任。

（5）施工作业单位应当在经批准的路段和时间内施工作业，并在距离施工作业地点来车方向安全距离处设置明显的安全警示标志，采取防护措施；施工作业完毕，应当迅速清除道路上的障碍物，消除安全隐患，经道路主管部门和公安机关交通管理部门验收合格，符合通行要求后，方可恢复通行。

（6）对未中断交通的施工作业道路，应当由公安机关交通管理部门负责加强交通安全监督检查，维护道路交通秩序。

（7）未经批准，擅自挖掘道路、占用道路施工或者从事其他影响道路交通安全活动的，由道路主管部门责令停止违法行为，并恢复原状，可以依法给予罚款；致使通行的人员、车辆及其他财产遭受损失的，依法承担赔偿责任。

（8）道路施工作业或者道路出现损毁，未及时设置警示标志、未采取防护措施，或应当设置交通信号灯、交通标志、交通标线而没有设置或者应当及时变更交通信号灯、交通标志、交通标线而没有及时变更，致使通行的人员、车辆及其他财产遭受损失的，负有相关职责的单位应当依法承担赔偿责任。

┌───┐
│ 重点提示
│ 　　掌握施工中涉及临时占用城镇道路的审批手续，必须经市政工程行政主管部门和公安
│ 交通管理部门批准，并且严格按照批准的方案实施。
└───┘

实战演练

［经典例题·单选］任何单位，必须经公安交通管理部门和（　　）的批准，才能按规定占用和挖掘城市道路。

A. 当地建设管理部门　　　　　　　　　B. 市政工程行政主管部门

C. 市政工程养护部门　　　　　　　　　D. 当地建设行政主管部门

［解析］未经市政工程行政主管部门和公安交通管理部门批准，任何单位或个人不得占用或者挖掘城镇道路。

［答案］B

2K331020　城市绿化管理有关规定

思维导图▶▶▶

考点精讲▶▶▶

考点 1　保护城市绿地的规定★

（1）任何单位和个人都不得擅自改变城市绿化规划用地性质或者破坏绿化规划用地的地形、地貌、水体和植被。

（2）任何单位和个人都不得擅自占用城市绿化用地；占用的城市绿化用地，应当限期归还。因建设或者其他特殊需要临时占用城市绿化用地，须经城市人民政府城市绿化行政主管部门同意，并按照有关规定办理临时用地手续。

┌───┐
│ 重点提示
│ 　　掌握施工中涉及临时占用城市绿化用地的审批手续，须经城市人民政府城市绿化行政
│ 主管部门同意，并按照有关规定办理临时用地手续。
└───┘

考点 2　保护城市的树木花草和绿化设施的规定★

（1）任何单位和个人都不得损坏城市树木花草和绿化设施。

（2）砍伐城市树木，必须经城市人民政府城市绿化行政主管部门批准，并按照国家有关规定补植树木或者采取其他补救措施。

┌───┐
│ 重点提示   │
│ 　　掌握施工中涉及城市树木花草和绿化设施的审批手续，须经城市人民政府城市绿化行 │
│ 政主管部门同意，并按照国家有关规定补植树木或者采取其他补救措施。 │
└───┘

实战演练

［经典例题·单选］因建设或其他原因需要临时占用城市绿化用地时，须经城市人民政府（　　）部门批准，办理临时用地手续。

A. 绿化规划　　　　　　　　　　　B. 园林绿化

C. 绿化管理　　　　　　　　　　　D. 绿化行政主管

［解析］任何单位和个人都不得擅自占用城市绿化用地；占用的城市绿化用地，应当限期归还。因建设或者其他特殊需要临时占用城市绿化用地时，须经城市人民政府城市绿化行政主管部门同意，并按照有关规定办理临时用地手续。

［答案］D

2K332000　市政公用工程项目施工相关标准

2K332010　城镇道路工程施工及质量验收的有关规定

思维导图▶▶▶

```
                          ┌─ 城镇道路工程施工过程技术管理的基本规定
城镇道路工程施工及 ─┤
质量验收的有关规定    └─ 城镇道路工程施工开放交通的规定
```

考点精讲▶▶▶

考点 1　城镇道路工程施工过程技术管理的基本规定★

（1）城镇道路施工中必须建立安全技术交底制度，并对作业人员进行相关的安全技术教育与培训。作业前主管施工技术人员必须向作业人员进行详尽的安全交底，并形成文件。

（2）城镇道路施工中，前一分项工程未经验收合格严禁进行后一分项工程施工。

（3）人机配合土方作业，必须设专人指挥。机械作业时，配合作业人员严禁处在机械作业和走行范围内。配合人员在机械走行范围内作业时，机械必须停止作业。

（4）沥青混合料面层不得在雨、雪天气及环境最高温度低于5℃时施工。

考点 2　城镇道路工程施工开放交通的规定★

（1）热拌沥青混合料路面应待摊铺层自然降温至表面温度低于50℃后，方可开放交通。

（2）水泥混凝土路面在面层混凝土弯拉强度达到设计强度且填缝完成前不得开放交通。

（3）当面层混凝土弯拉强度未达到1MPa或抗压强度未达到5MPa时，必须采取防止混凝土受冻的措施，严禁混凝土受冻。

（4）铺砌面层完成后，必须封闭交通，并应湿润养护，当水泥砂浆达到设计强度后，方可开放交通。

2K332020　城市桥梁工程施工及质量验收的有关规定

思维导图▶▶▶

```
城市桥梁工程施工及 ─── 城市桥梁工程施工质量验收的规定
质量验收的有关规定
```

考点 精讲 ▶▶▶

考点 **1**　城市桥梁工程施工质量验收的规定★

《城市桥梁工程施工与质量验收规范》规定:

(1) 工程施工质量应符合本规范和相关专业验收规范的规定。

(2) 工程施工应符合工程勘察、设计文件的要求。

(3) 参加工程施工质量验收的各方人员应具备规定的资格。

(4) 工程质量的验收均应在施工单位自行检查评定的基础上进行。

(5) 隐蔽工程在隐蔽前,应由施工单位通知监理工程师和相关单位进行隐蔽验收,确认合格后,形成隐蔽验收文件。

(6) 监理应按规定对涉及结构安全的试块、试件、有关材料和现场检测项目,进行平行检测、见证取样并确认合格。

(7) 检验批的质量应按主控项目和一般项目进行验收。

(8) 对涉及结构安全和使用功能的分部工程应进行抽样检测。

(9) 承担见证取样检测及有关结构安全检测的单位应具有相应的资质。

(10) 工程的外观质量应由验收人员通过现场检查共同确认。

重点 提示

　掌握桥梁质量验收的基本规定,案例中经常涉及错项的考查。

✎实战演练

[2015 **真题·多选**] 根据《城市桥梁工程施工与质量验收规范》(CJJ 2—2008),关于工程的说法,正确的有( )。

A. 工程施工质量应符合相关规范的规定

B. 参加工程施工质量验收的人员应具备规定的资格

C. 只有具备相应检测资质的单位才能承担见证取样检测业务

D. 隐蔽工程验收可在下道工序开始后组织

E. 工程施工结束后,应先由施工单位自行组织验收

[解析] 选项 D,隐蔽工程在隐蔽前,应由施工单位通知监理工程师和相关单位进行隐蔽验收,确认合格后,形成隐蔽验收文件。

[答案] ABCE

2K332030　地下铁道工程施工及质量验收的有关规定

思维 导图 ▶▶▶

```
地下铁道工程施工及      ┌─── 喷锚暗挖法隧道施工的规定
质量验收的有关规定 ─┤
                      └─── 地下铁道工程施工质量验收的规定
```

考点精讲 ▶▶▶

考点 1 **喷锚暗挖法隧道施工的规定★**

隧道采用钻爆法施工时，必须事先编制爆破方案，报城市主管部门批准，并经公安部门同意后方可实施。

重点提示

掌握爆破方案的审批程序，通用条款，其他专业中涉及爆破施工亦是如此。

考点 2 **地下铁道工程施工质量验收的规定★**

地下铁道工程质量验收应注意：

(1) 采用明挖法质量验收应包括基坑围护、地基处理、结构部分。

(2) 采用盖挖法应包括围护结构、铺盖体系、地基处理、主体结构和内部结构部分。

(3) 采用矿山法应包括地层超前支护及加固、土石方工程、初支结构、钢筋混凝土主体结构工程、附属结构工程部分。

(4) 轻型井点降水工程的抽水系统不应漏水、漏气。

(5) 集水明排工程应检查排水沟的断面、坡度以及集水坑（井）数量。

(6) 地下防水工程应按设计文件要求确定的防水等级进行验收，并应符合：

1) 地下车站、区间机电设备集中区段的防水等级应为一级，不应有渗漏，结构表面应无湿渍。

2) 区间隧道及连接通道附属的结构防水等级应为二级，顶部不应有滴漏，其他部位不应有漏水，结构表面可有少量湿渍。

(7) 防水层施工、验收完成前，应保持地下水位稳定在施工作业面以下 0.5m。

2K332040 给水排水构筑物工程施工及质量验收的有关规定

思维导图 ▶▶▶

```
                              ┌── 给水排水构筑物工程所用材料、产品的规定
给水排水构筑物工程施工 ──┤
及质量验收的有关规定          └── 水池气密性试验的要求
```

考点精讲 ▶▶▶

考点 1 **给水排水构筑物工程所用材料、产品的规定★**

给水排水构筑物工程所用的原材料、半成品、成品等产品的品种、规格、性能必须满足设计要求，其质量必须符合国家有关规定的标准；接触饮用水的产品必须符合有关卫生性能要求。严禁使用国家明令淘汰、禁用的产品。

考点 2　水池气密性试验的要求★

一、试验要求

（1）需进行满水试验和气密性试验的池体，<u>应在满水试验合格后，再进行气密性试验。</u>

（2）工艺测温孔的加堵封闭、池顶盖板的封闭、安装测温仪、测压仪及充气截门等均已完成。

（3）所需的空气压缩机等设备已准备就绪。

二、水池气密性试验合格标准

（1）试验压力宜为池体工作压力的 1.5 倍。

（2）24h 的气压降不超过试验压力的 20%。

【重点提示】
> 低频考点，了解水池气密性试验的基本要求及合格标准即可。

实战演练

［经典例题·多选］关于水池气密性试验的要求，符合规范的有（　　）。

A. 需进行满水试验和气密性试验的池体，应在气密性试验合格后，再进行满水试验

B. 工艺测温孔加堵封闭、池顶盖板封闭

C. 测温仪、测压仪及充气截门等均已安装完成

D. 试验压力宜为池体工作压力的 1.25 倍

E. 24h 的气压降不超过试验压力的 20%

［解析］需进行满水试验和气密性试验的池体，应在满水试验合格后，再进行气密性试验，选项 A 错误。试验压力宜为池体工作压力的 1.5 倍，选项 D 错误。

［答案］BCE

2K332050　给水排水管道工程施工及质量验收的有关规定

思维导图▶▶▶

```
                          ┌─ 给水排水管道工程施工质量控制的规定
给水排水管道工程施工 ──────┤
及质量验收的有关规定       ├─ 给水排水管道沟槽回填的要求
                          │
                          └─ 给水排水管道内外防腐蚀技术要求
```

考点精讲▶▶▶

考点 1　给水排水管道工程施工质量控制的规定★

给水排水管道工程质量控制应符合下列规定：

（1）各分项工程应按照施工技术标准进行质量控制，每分项工程完成后，必须进行检验。

（2）相关各分项工程之间，必须进行交接检验，所有隐蔽分项工程必须进行隐蔽验收，未经检验或验收不合格不得进行下道分项工程。

考点 2 给水排水管道沟槽回填的要求★★

（1）压力管道水压试验前，除接口外，管道两侧及管顶以上回填高度不应小于0.5m；水压试验合格后，应及时回填沟槽的其余部分。

（2）无压管道在闭水或闭气试验合格后应及时回填。

重点提示

区分压力管道和无压管道沟槽回填的区别。

实战演练

[经典例题·单选] 压力管道水压试验前，除接口外，管道两侧及管顶以上回填高度不应小于（　　）。

A. 0.5m

B. 0.4m

C. 0.3m

D. 0.2m

[解析] 压力管道水压试验前，除接口外，管道两侧及管顶以上回填高度不应小于0.5m。

[答案] A

考点 3 给水排水管道内外防腐蚀技术要求

（1）管体的内外防腐层宜在工厂内完成，现场连接的补口按设计要求处理。

（2）水泥砂浆内防腐层可采用机械喷涂、人工抹压、拖筒或离心预制法施工。

（3）工厂预制时，在运输、安装、回填土过程中，不得损坏水泥砂浆内防腐层。

（4）管道端点或施工中断时，应预留搭接。

（5）水泥砂浆抗压强度应符合设计要求，且不低于30MPa。

（6）采用人工抹压法施工时，应分层抹压。

（7）水泥砂浆内防腐层成形后，应立即将管道封堵，终凝后进行潮湿养护；普通硅酸盐水泥砂浆养护时间不应少于7d，矿渣硅酸盐水泥砂浆不应少于14d；通水前应继续封堵，保持湿润。

2K332060 城镇供热管网工程施工及质量验收的有关规定

思维导图 ▶▶▶

```
                          ┌──────────────────────────┐
                          │  供热管道焊接施工单位应具备的条件  │
  ┌──────────────┐       └──────────────────────────┘
  │ 城镇供热管网工程施工 │───┤
  │ 及质量验收的有关规定 │       ┌──────────────────────────┐
  └──────────────┘       │  直埋保温接头的规定  │
                          └──────────────────────────┘
```

考点精讲 ▶▶▶

考点 1　供热管道焊接施工单位应具备的条件 ★★

（1）有负责焊接工艺的焊接技术人员、检查人员和检验人员。

（2）有符合焊接工艺要求的焊接设备且性能稳定可靠。

（3）有保证焊接工程质量达到标准的措施。

（4）焊工应持有效合格证，并应在合格证准予的范围内焊接。施工单位应对焊工进行资格审查，并按该规范规定填写焊工资格备案表。

考点 2　直埋保温接头的规定 ★

直埋保温管接头的保温和密封应符合下列规定：

（1）接头保温的工艺应有合格的检验报告。

（2）接头保温的结构、保温材料的材质和厚度应与预制直埋管相同。

（3）接头保温施工应在工作管强度试验合格、沟内无积水、非雨天的条件下进行，当雨、雪天施工时应采取防护措施。

（4）当管段被水浸泡时，应清除被浸湿的保温材料后方可进行接头保温。

（5）接头处的钢管表面应干净、干燥。

（6）有监测系统的预制保温管，监测系统应与管道安装同时进行；在安装接头处的信号线前，应清除保温管两端潮湿的保温材料；接头处的信号线应在连接完毕并检测合格后进行接头保温。

（7）接头外护层安装完成后，必须全部进行气密性检验并应合格；气密性检验应在结构外护管冷却到 40℃ 以下进行；气密性检验的压力应为 0.02MPa，保压时间不应小于 2min，压力稳定后应采用涂上肥皂水的方法检查，无气泡为合格。

（8）应采用发泡机发泡，发泡后应及时密封发泡孔。

（9）接头外观不应出现过烧、鼓包、翘边、褶皱或层间脱离等缺陷。

（10）管道在穿套管之前应完成结构保温施工，在穿越套管时不得损坏直埋热水管的保温层及外护管。

重点提示

（1）重点掌握对于供热管道焊接施工单位的要求，对于其他专业的施工单位要求类似，做到举一反三。

（2）直埋保温接头的规定属于低频考点，了解上述直埋保温管接头的保温和密封的基本规定即可。

实战演练

[2015 真题·单选] 关于城镇供热直埋保温接头的说法，错误的是（　　）。

A. 一级管网现场安装的 85% 的接头应进行气密性检验

B. 接头的保温和密封应在接头焊接检验合格后方可进行

C. 预警线断路后，短路检测应在接头安装完毕后进行

D. 外观检验是质量验收主控项目

[解析] 一级管网的现场安装的接头密封应进行 100% 的气密性检验，二级管网的现场安

装的接头密封应进行不少于20%的气密性检验，选项A错误。

[答案] A

[经典例题·多选] 供热管道焊接施工单位应有负责焊接工艺的焊接（　　　）。

A. 技术人员　　　　　　B. 负责人　　　　　　C. 检查人员　　　　　　D. 焊工

E. 检验人员

[解析] 供热管道焊接施工单位应有负责焊接工艺的焊接技术人员、检查人员、检验人员。

[答案] ACE

2K332070　城镇燃气输配工程施工及质量验收的有关规定

思维导图 ▶▶▶

```
                              ┌── 钢管焊接人员应具备的条件
城镇燃气输配工程施工 ──┤
及质量验收的有关规定          └── 聚乙烯燃气管道连接的要求
```

考点精讲 ▶▶▶

考点 1　钢管焊接人员应具备的条件 ★★

（1）承担燃气钢质管道、设备焊接的人员，必须具有锅炉压力容器压力管道特种设备操作人员资格证（焊接）焊工合格证书。

（2）在证书的有效期及合格范围内从事焊接工作。

（3）间断焊接时间超过6个月的，再次上岗前应重新考试。

（4）当使用的安装设备发生变化时，应针对该设备操作要求进行专门培训。

重点提示

重点掌握对于钢管焊接人员的要求，对于其他专业的施工人员要求类似，做到举一反三。

✎实战演练

[经典例题·单选] 承担燃气钢质管道、设备焊接的人员，不能上岗的条件是（　　　）。

A. 具有锅炉压力容器、压力管道特种设备操作人员资格证（焊接）焊工合格证书

B. 焊接范围在证书注明的合格范围内

C. 证书在有效期内

D. 间断焊接时间超过6个月

[解析] 间断焊接时间超过6个月，再次上岗前应重新考试和技术评定。

[答案] D

考点 2　聚乙烯燃气管道连接的要求 ★

对不同级别、不同熔体流动速率的聚乙烯原料制造的管材或管件，不同标准尺寸比

（SDR 值）的聚乙烯燃气管道连接时，**必须采用电熔连接**。施工前应进行试验，判定试验连接质量合格后，方可进行电熔连接。

〖重〗〖点〗〖提〗〖示〗

　　电熔连接质量较好，能够保证不同级别、不同熔体流动速率的聚乙烯原料制造的管材或管件，不同标准尺寸比（SDR 值）的聚乙烯燃气管道的焊接质量。

实战演练

〔**经典例题·单选**〕下列聚乙烯燃气管道中，非必须采用电熔连接的是（　　）。

A. 不同级别的聚乙烯原料制造的管材或管件

B. 不同熔体流动速率的聚乙烯原料制造的管材或管件

C. 不同标准尺寸比（SDR 值）的聚乙烯燃气管道

D. 直径 90mm 以上的聚乙烯燃气管材或管件

〔**解析**〕对不同级别、不同熔体流动速率的聚乙烯原料制造的管材或管件，不同标准尺寸比（SDR 值）的聚乙烯燃气管道连接时，必须采用电熔连接。

〔**答案**〕D

2K333000 二级建造师（市政公用工程）注册执业管理规定及相关要求

思维导图 ▶▶▶

考点精讲 ▶▶▶

考点 1　二级建造师注册执业规模标准★

（1）二级建造师可以执业中、小型项目。

（2）一般而言合同额大于等于 3000 万元属于大型项目；大于等于 1000 万元小于 3000 万元属于中型项目；小于 1000 万元属于小型项目。

（3）另外，交通安全设施 500 万元，机电设备安装 1000 万元，庭院工程 1000 万元，绿化工程 500 万元是大、中型项目的分界点。

重点提示

　　注意大中型项目金额的分界点，能够根据具体案例判断是否属于二级建造师注册执业规模。

✎实战演练

[经典例题·多选]市政公用工程专业二级注册建造师可以承接单项工程合同额 500 万元以下的工程项目是（　　）。

A. 中型交通安全防护工程　　　　　　　　B. 中型机电设备安装工程

C. 中型绿化工程　　　　　　　　　　　　D. 中型管道工程

E. 中型污水处理厂

[解析]市政公用工程专业二级注册建造师可以承接单项工程合同额交通安全防护工程小于 500 万元、机电设备安装工程小于 1000 万元、庭院工程小于 1000 万元、绿化工程小于 500 万元的工程项目。

[答案]AC

考点 2　二级建造师注册执业范围★

（1）城镇道路属于公路工程专业执业范围。

（2）轻轨轨道铺设属于铁路工程专业执业范围。

（3）住宅区的采暖工程属于建筑专业执业范围。

（4）长输管线工程不属于市政工程的范畴。

（5）园林中的古建筑修缮属于建筑专业执业范围。

重点提示

了解二级建造师的注册执业范围。

实战演练

[2019真题·单选] 下列工程中，属于市政公用工程二级建造师执业范围的是（　　）。

A. 古建筑工程   B. 燃气长输管线工程

C. 采暖工程   D. 城镇燃气混气站工程

[解析] 城市供热工程包括热源、管道及其附属设施（含储备场站）的建设与维修工程，不包括采暖工程。城市燃气工程包括气源、管道及其附属设施（含调压站、混气站、气化站、压缩天然气站、汽车加气站）的建设与维修工程，但不包括长输管线工程，选项D正确。

[答案] D

[经典例题·单选] 城市供热工程不包括（　　）的建设与维修。

A. 热源   B. 管道及其附属设施

C. 储备场站   D. 采暖工程

[解析] 城市供热工程不包括采暖工程的建设与维修。

[答案] D

考点 3　注册建造师签章的法规规定★

（1）分包工程施工管理文件应当由分包企业注册建造师签章。分包企业签署质量合格的文件上，必须由担任总包项目负责人的注册建造师签章。

（2）修改注册建造师签字并加盖执业印章的工程施工管理文件，应当征得所在企业同意后，由注册建造师本人进行修改；注册建造师本人不能进行修改的，应当由企业指定同等资格条件的注册建造师修改，并由其签字并加盖执业印章。

重点提示

了解二级注册建造师签章的基本规定。

实战演练

[经典例题·单选] 分包企业签署质量合格的文件上，必须由（　　）的注册建造师签章。

A. 分包企业   B. 担任总包项目负责人

C. 担任分包企业质量负责人   D. 担任总包项目质量负责人

[解析] 分包工程施工管理文件应当由分包企业注册建造师签章。分包企业签署质量合格的文件上，必须由担任总包项目负责人的注册建造师签章。

[答案] B

同步强化训练

一、单项选择题（每题的备选项中，只有1个最符合题意）

1. 任何单位都必须经公安交通管理部门和（　　　）的批准，才能按规定占用和挖掘城市道路。
   A. 上级主管部门
   B. 当地建设管理部门
   C. 市政工程行政主管部门
   D. 市政道路养护部门

2. 间断焊接时间超过（　　　）个月时，需再次上岗前重新考试。
   A. 3
   B. 6
   C. 9
   D. 12

3. 关于参加燃气管道焊接工作的焊工，下列不属于该焊工应该具备的条件是（　　　）。
   A. 必须具有焊工合格证书
   B. 必须在证书的有效期内从事焊接工作
   C. 必须在证书的合格范围内从事焊接工作
   D. 当使用的安装设备发生变化时，应针对该设备重新进行作业指导书编制

4. 不同级别的聚乙烯燃气管道连接时，必须采用（　　　）。
   A. 热熔连接
   B. 电熔连接
   C. 螺纹连接
   D. 法兰连接

二、多项选择题（每题的备选项中，有2个或2个以上符合题意，至少有1个错项）

1. 直埋保温管接头外观不应出现（　　　）等现象。
   A. 过烧
   B. 鼓包
   C. 翘边
   D. 烂边
   E. 层间脱离

参考答案及解析

一、单项选择题

1. ［答案］C
   ［解析］因特殊情况需要临时占用城市道路的，须经市政工程行政主管部门和公安交通管理部门批准，方可按照规定占用。

2. ［答案］B
   ［解析］间断焊接时间超过6个月，再次上岗前应重新考试。

3. ［答案］D
   ［解析］当使用的安装设备发生变化时，应针对该设备操作要求对焊工进行专门培训。

4. ［答案］B
   ［解析］对不同级别、不同熔体流动速率的聚乙烯原料制造的管材或管件，不同标准尺寸比（SDR值）的聚乙烯燃气管道连接时，必须采用电熔连接。

二、多项选择题

1. ［答案］ABCE
   ［解析］直埋保温管接头规定：外观不应出现过烧、鼓包、翘边、褶皱或层间脱离等缺陷。

附　录

技术部分考点汇总

模块一：城镇道路工程

(1) 路基施工、基层施工、面层施工。

(2) 季节性施工质量保证措施。

模块二：城市桥梁工程

(1) 下部结构：桩基础施工。

(2) 上部结构：装配式、支架法、悬臂法。

(3) 管涵、箱涵。

模拟三：城市轨道交通工程

(1) 明挖基坑。

(2) 喷锚暗挖：开挖、加固支护、衬砌、防水。

模块四：城镇水处理场站工程

(1) 现浇水池。

(2) 沉井施工。

(3) 满水试验。

模块五：城市管道工程

(1) 给水排水：开槽、不开槽。

(2) 供热：连接、附件。

(3) 燃气：连接、穿越、附件。

模块六：生活垃圾填埋处理工程

(1) 填埋处理工程：泥质防水层、GCL 垫、HDPE 膜。

(2) 渗沥液收集倒排系统施工：导排层铺设、导排层压实、收集花管连接。

模块七：施工测量与监控量测

(1) 施工测量：测量仪器、测量程序、控制网、竣工测量。

(2) 监控量测项目：明挖基坑、隧道施工。

管理部分模块划分

模块一：施工组织设计、总平面布置图、现场临时工程

一、施工组织设计

（1）施工组织设计内容。

（2）施工组织设计编制审批流程。

编制：项目负责人主持。

审核：项目经理部技术负责人、企业技术管理部门。

批准：企业技术负责人、总监、业主。

二、总平面布置图（生产、生活、办公、其他辅助）

总平面布置原则：

（1）尽可能减少施工用地。

（2）材料避免二次搬运。

（3）尽量减少各工种干扰。

（4）减少临时设施搭设，尽可能利用原有建筑物。

（5）方便生产和生活，办公用房靠近施工现场，福利设施应在生活区范围之内，并远离施工区。

三、现场临时工程

（1）现场设置（封闭管理、围挡设置）。

1）选址要求。

2）大门及出入口：工程简介牌；施工平面图；安全生产操作规程牌；文明施工牌；消防保卫牌；廉政监督牌。

3）警示警告标志标牌。

4）排水设施、场地硬化处理、便道。

（2）环境保护和文明施工。

1）防治大气污染、固体废弃物。

2）防治水污染。

3）防治施工噪声污染。

模块二：合同

（1）变更流程、变更估价。

（2）施工合同索赔（28d）。

1）索赔前提：正当理由和充分证据；合同为依据；准确计算工期、费用。

2）索赔项目概述见下表：

索赔项目	补偿内容		
	工期	费用	利润
延期图纸	√	√	√
恶劣气候条件	√		

续表

索赔项目	补偿内容		
	工期	费用	利润
工程变更	√	√	√
承包方能力不可预见	√	√	
外部环境	√	√	
监理工程师指令迟延或错误	√	√	√

（3）合同责任。

模块三：进度管理

一、网络计划图

解题思路：

（1）关键线路的判断：沿线累加，逢圈取大。

（2）索赔前提：

1）合同关系。

2）明确责任主体。

（3）索赔计算：工期、费用。

1）在关键线路上：定责后直接判断。

2）不在关键线路上：判断拖延时间是否超过机动时间。

（4）总时差快速计算。

二、横道图

（1）流水节拍：某施工过程的施工班组在一个施工段上完成施工任务所需时间。

（2）流水步距：相邻各专业工作队在保证施工顺序、满足连续施工、最大限度搭接和保证工程质量要求下，相继投入施工的最小时间的间隔。（累加错位相减）

（3）技术间隔时间。

（4）无窝工＝流水步距和＋最后一道工序的节拍和＋要求间隔和。

模块四：成本计算问题

（1）综合单价确定。

1）相同。

2）相似。

3）全新。

（2）工程量变化超过合同约定幅度（按照合同约定）。

（3）市场价格变化超过合同约定幅度（按照合同约定）。

（4）进度款、预付款、预付款扣回计算（按照合同约定）。

模块五：质量管理

分析思路：人机料法环。人（施工技术及管理人员）；机（机械）；料（材料进场检验及存放、使用）；法（施工方法、技术措施）；环（自然环境与现场环境）。

（1）质量控制关键点。

1）关键工序和特殊过程。

2）质量缺陷。

3）施工经验较差的分项工程。

4）新材料、新技术、新工艺、新设备。

5）实行分包的分项、分部工程。

6）隐蔽工程。

（2）技术交底与培训。

（3）隐蔽工程验收。重新检查后果（前提是施工单位自检合格）：

1）未通知监理已覆盖。

2）通知监理进行验收。

（4）质量检查与检验：重点记忆检验项目。

模块六：安全管理

分析思路：人物环管。人（施工技术人员持证上网、管理人员匹配）；物（材料、设备管理）；环（自然环境与现场环境）；管（管理人员、管理措施、管理责任）。

（1）危险源识别、专项施工方案及论证、应急预案。

（2）专项施工方案、专家论证、安全技术交底、专项施工方案的落实。"两专"问题范围识别。

（3）专家论证要求。

1）专家组：5名及以上符合相关专业要求的专家。项目参建各方的人员不得以专家身份参加论证会。

2）出席论证会人员：专家组成员；建设单位项目负责人或技术负责人；监理单位项目总监理工程师及相关人员；施工单位安全负责人、技术负责人、项目负责人；勘察、设计单位技术负责人。

（4）个人安全防护、现场安全设施与管理。

（5）特种设备安全控制。

参考文献

[1] 中华人民共和国住房和城乡建设部．城镇道路工程施工与质量验收规范：CJJ 1—2008 [S]．北京：中国建筑工业出版社，2008.

[2] 中华人民共和国住房和城乡建设部．混凝土结构工程施工质量验收规范：GB 50204—2015 [S]．北京：中国建筑工业出版社，2014.

[3] 中华人民共和国住房和城乡建设部．城市桥梁工程施工与质量验收规范：CJJ 2—2008 [S]．北京：中国建筑工业出版社，2008.

[4] 北京市城乡建设委员会．地下铁道工程施工及验收规范：GB 50299—1999 [S]．北京：中国计划出版社，2004.

[5] 中华人民共和国住房和城乡建设部．建筑基坑支护技术规程：JGJ 120—2012 [S]．北京：中国建筑工业出版社，2012.

[6] 中华人民共和国住房和城乡建设部．建筑与市政工程地下水控制技术规范：JGJ 111—2016 [S]．北京：中国建筑工业出版社，2016.

[7] 国家人民防空办公室．地下工程防水技术规范：GB 50108—2008 [S]．北京：中国计划出版社，2009.

[8] 中华人民共和国住房和城乡建设委员会．盾构法隧道施工及验收规范：GB 50446—2017 [S]．北京：中国建筑工业出版社，2017.

[9] 中华人民共和国住房和城乡建设委员会．给水排水管道工程施工及验收规范：GB 50268—2008 [S]．北京：中国建筑工业出版社，2008.

[10] 中华人民共和国住房和城乡建设委员会．城镇供热直埋热水管道技术规程：CJJ/T81—2013 [S]．北京：中国建筑工业出版社，2013.

[11] 中华人民共和国住房和城乡建设委员会．城镇供热管网工程施工及验收规范：CJJ 28—2014 [S]．北京：中国建筑工业出版社，2014.

[12] 中华人民共和国住房和城乡建设部．城镇燃气输配工程施工及验收规范：CJJ 33—2005 [S]．北京：中国建筑工业出版社，2005.

[13] 中国工程建设标准化协会化工分会．工业设备及管道防腐蚀工程施工质量验收规范：GB 50727—2011 [S]．北京：中国计划出版社，2011.

[14] 中国机械工业联合会．机械设备安装工程施工及验收通用规范：GB 50231—2009 [S]．北京：中国计划出版社，2009.

[15] 中华人民共和国住房和城乡建设委员会．生活垃圾渗沥液处理技术规范：CJJ 150—2010 [S]．北京：中国建筑工业出版社，2010.

[16] 中华人民共和国住房和城乡建设委员会．生活垃圾卫生填埋处理技术规范：GB 50869—2013 [S]．北京：中国计划出版社，2013.

[17] 中交第一公路工程局有限公司．公路桥涵施工技术规范：JTG/T F50—2011 [S]．北京：人民交通出版社，2011.

亲爱的读者：

　　如果您对本书有任何 感受、建议、纠错，都可以告诉我们。

我们会精益求精，为您提供更好的产品和服务。

祝您顺利通过考试！

扫码参与有奖调查

环球网校建造师考试研究院